高等院校环境科学与工程系列教材

环境化学教程

第三版

邓南圣 吴峰 编著

WUHAN UNIVERSITY PRESS

武汉大学出版社

图书在版编目(CIP)数据

环境化学教程/邓南圣,吴峰编著. —3 版. —武汉:武汉大学出版社,2017.8

高等院校环境科学与工程系列教材

ISBN 978-7-307-19491-5

Ⅰ.环… Ⅱ.①邓… ②吴… Ⅲ.环境化学—高等学校—教材 Ⅳ.X13

中国版本图书馆 CIP 数据核字(2017)第 174420 号

责任编辑:谢文涛　　责任校对:汪欣怡　　版式设计:马　佳

出版发行:**武汉大学出版社**　(430072　武昌　珞珈山)

(电子邮件:cbs22@whu.edu.cn　网址:www.wdp.com.cn)

印刷:湖北民政印刷厂

开本:787×1092　1/16　印张:22.5　字数:532 千字　插页:1

版次:2000 年 1 月第 1 版　　2006 年 9 月第 2 版

2017 年 8 月第 3 版　　2017 年 8 月第 3 版第 1 次印刷

ISBN 978-7-307-19491-5　　定价:45.00 元

第三版前言

环境中的化学物质具有不同的运动形式，化学过程是其中之一。国际上对全球变化的研究认为：地球系统中发生的物理、化学和生物学过程对地球系统起着调节作用且相互耦合。由此可见，化学过程对维护地球系统正常运行的重要性。众所周知，化学物质在环境中发生的化学过程有不同的类型，如氧化还原过程、光化学过程、配位过程，等等。而同一类型的化学过程，可以在地球系统的不同圈层发生。我们以为，如果以化学物质在环境中发生的主要化学过程为基本框架构建环境化学教材，可能更有利于阐述环境中化学过程的基本规律与理论，更有利于学生对这些问题的认知，便于学习。基于这样的认识，《环境化学教程》从第一版开始就致力于打造这一风格。

时光荏苒，《环境化学教程》第二版的出版已十多年。期间，国内外环境化学的研究不断深入，硕果累累，对许多问题的了解、认识与十年前不可同日而语，对一些问题有了较一致的看法。我国在环境化学领域研究的实力不断增强，成为国际环境化学研究的重要力量，对环境化学的发展做出了重要贡献。在过去的十年，我国的环境化学教学也取得了长足的进步。各种版本的环境化学教材不断涌现，呈现出百花齐放的繁荣景象。面对国内外环境化学研究与教学如此发展的态势，在使用《环境化学教程》（第二版）的过程中，发现教材仍存在不少问题。例如，没有及时反映新兴污染物（如环境内分泌干扰物、药物及个人护理品、新的持久性有机污染物等）的研究热点，未能将计算化学引入环境化学教学，有些数据资料比较陈旧，还存在一些文字错误，等等。为了满足环境化学学科发展对环境化学教育教学的需要，也积极响应学习者、教师和出版社对《环境化学教程》改版的需求，我们对《环境化学教程》第二版进行了适当的修订，力求第三版能够较好地反映一些新的研究成果。主要的修订内容如下：

改写了第一章绪论中的第一节环境中的化学物质、第二节环境化学与全球变化部分；增加并改写了第二章第三节土壤有机质部分；改写了第三章第一节分配与分配系数；增加了第三章第六节分配系数的估算方法；增加了第四章第四节中的环境介质中的水解平衡部分的水解速率常数的计算；改写了第六章第二节矿物微粒-水的界面过程；增加了第九章第三节中的 HYDRA/MEDUSA 软件简介；改写并增加了第十章第一节化学物质在两环境间的迁移部分。

在第三版修订过程中，得到了李进军教授以及李苏奇、张维东等研究生的大力帮助，他们修正了一些文字错误，搜集并翻译了部分文献资料。谢文涛编辑为本教程的第三版修订也付出了辛苦的劳动。对历届环境科学专业本科生在使用本教程中发现的问题，提出的意见与建议，我们一并表示感谢。

　　限于时间、精力与业务水平，教程中难免还有一些错误与纰漏，请同行与同学们不吝赐教，帮助我们积极改进。

编者
2017 年 5 月于珞珈山

目　　录

第一章 绪 论

自工业革命以来，人类社会步入快速发展的轨道，工业、农业迅速发展，人们的生活水平、生活质量得到不断提高。与此同时，在人类的生产活动、生活活动及其他活动过程中，所用的化学物质及产生的各种废物最终都会进入我们赖以栖身的自然环境，由此产生了诸多环境污染事件。例如，20 世纪发生的影响极大的八大公害事件：1930 年比利时马斯河谷烟雾事件，1944 年美国洛杉矶光化学烟雾事件，1948 年美国多诺拉冶炼厂烟雾事件，1952 年英国伦敦烟雾事件，1953 年日本水俣病事件，1955 年日本四日市重油烟雾事件，1955 年日本富山县"痛痛病"事件，1968 年日本的米糠油多氯联苯中毒事件。再如，近年来人们十分关注的持久性有机污染物(persistent organic pollutants, POPs)、环境内分泌干扰物、溴代阻燃剂的污染问题。除此之外，人们还面临酸雨、平流层臭氧损耗、全球变暖、物种消亡、热带雨林锐减等重大全球环境变化问题。

人类各种活动或自然因素作用于环境而使环境质量发生变化，由此对自身的生产、生活、生存与可持续发展造成不利影响的问题称为环境问题。大量的事实与研究结果表明，绝大多数环境问题的产生直接或间接与化学物质及其在环境中发生的物理、化学、生物学过程有关。例如，经过多年的调查研究，1968 年 9 月，日本政府确认水俣病是由于人们长期食用含汞和甲基汞的鱼、贝造成的中枢神经汞中毒。其原因是化肥厂排放的废水含无机汞，在海水中可转化为甲基汞，水中的汞与甲基汞经生物富集作用后进入鱼和贝，从而造成水俣病。洛杉矶光化学烟雾是由于汽车排放的氮氧化物、非甲烷烃化合物在一定的气象条件、地理条件下，由阳光引发的光化学反应而形成的。大气平流层臭氧的损耗，其中一个重要原因是人们使用化学与热稳定性好的制冷剂——氯氟烃(也称氯氟碳，商品名为氟利昂)释放于大气，进入平流层后发生光化学反应所致。全球变暖主要是由于人类大量使用化石燃料，使大气中的二氧化碳浓度不断增加而引起的。

环境化学正是在研究化学物质如何引起环境问题以及如何解决这些问题的过程中诞生和不断发展的，现在已经成为环境科学众多分支学科的一门举足轻重的学科。环境化学需了解化学物质通过何种途径进入环境，认识它们在环境中分布、存在状态与浓度以及表现出什么样的物理与化学性质，揭示它们在环境中的迁移、转化与归宿的规律，弄清它们对生物、生态系统、人体健康有何影响，阐明解决环境化学污染与人类可持续发展之间的关系，提出控制和消除它们对环境不利影响的措施与方法。环境化学以化学物质引起的环境问题为研究对象，以解决环境问题为目标。因此，在人类保护环境以及实现可持续发展的各种努力中，环境化学发挥着十分重要的作用，它是化学学科的一个重要分支，也是环境科学与工程科学的核心组成部分。

第一节 环境中的化学物质与化学污染物

20 世纪初以来，化学物质造成的各种环境问题日趋严重，既有局部环境污染问题，也有全球环境变化问题。在人类认识、解决化学污染问题以及化学物质对全球环境变化贡献问题的过程中，环境化学已经做出了杰出的贡献，也必将继续发挥其重要、独特的作用。讨论环境化学，绕不开环境中的化学物质与化学污染物。

一、环境中的化学物质

化学物质概念是我们非常熟悉的，在不同学科，这一概念会稍有一些差别。国际纯粹和应用化学会（IUPAC）认为：在化学学科，化学物质是物质的一种形态，具有恒定的化学组成和特征性质。在美国的《有毒物质控制法》（the Toxic Substances Control Act，TSCA）中，化学物质这一术语是指特定分子同一性的有机或无机物质，包括这些物质以全部或部分作为化学反应结果产生的任一结合体或存在于自然的这些物质，包括元素或未反应的自由基。本教程的所谓化学物质采用后一种定义。

人类的现代生活离不开化学物质，随着人们生活需求的不断增加以及科学研究的发展，人造的化学物质的数量不断增加。进入 21 世纪后，化学物质数量增加的速度尤为惊人。2009 年 9 月 10 日，Richard Van Noordent 在 *Nature* 的新闻博客上，就 9 月 7 日美国化学学会的分支机构——化学文摘社（Chemical Abstracts Service，CAS）公布收录的第 5 千万个化学物质的事件做了评论，标题为 "50 million chemicals, and accelerating"，给出了从 1965 年以来人造化学物质数量增加统计图（图 1.1）。由图可知，从 1965 至 1975 年，人造化学品的数量大约不超过 400 万，这只是该期间人类制造出的化学品的数量，而进入环境的化学品数量则难以估计。近年来，所收录的化学物质数量仍在急速增加（表 1.1）。

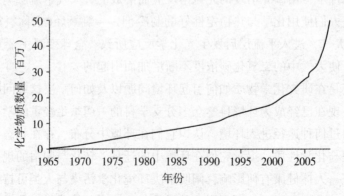

图 1.1 在 CAS 登记备案的化学物质增长趋势（1965—2009 年）

资料来源：http://blogs.nature.com/news/2009/09/50_million_chemicals_and_accel_1.html.

表 1.1	近年来 CAS 收录化学物质数量的递增
时　间	CAS 收录的化学物质数量
2008. 11. 21	第 4 千万个物质
2009. 9. 7	第 5 千万个物质
2011. 5. 24	第 6 千万个物质
2012. 12. 6	第 7 千万个物质
2013. 11. 11	第 7 千 5 百万个物质
2014. 5. 25	第 8 千 8 百万个物质
2014. 8. 6	第 8 千 9 百万个物质
2015	第 9 千 7 百万个物质

资料来源：CAS 网站（http://www.cas.org/）

　　化学的发展对于人们生活质量的不断提高是毋庸置疑的。然而，人类使用、制造的林林总总的化学物质最终会从不同途径进入自然环境。如今，在我们生活的环境中到处都有它们的踪迹。

二、化学污染物

　　通常把环境中无论是对人体健康、还是对生物、生态系统以及对地球系统功能产生不同程度不利影响的化学物质称为化学污染物。化学污染物种类繁多，国内外目前尚没有统一的分类方法，通常首先把化学污染物分为无机污染物和有机污染物两大类，或者人造化学品与天然化合物两大类。但进一步如何划分，是按其危害作用还是按其化学结构划分，至今没有定论。纵观在环境保护与环境科学研究发展的不同阶段，可以发现一个有意思的现象，在不同的时期，由于有不同的关注侧重点，对某些相同的化学污染物可有不同的类型称谓。下面简要介绍几个典型例子，试图说明化学污染物类型的多样性以及分类的困难，从而使读者对环境中化学污染物所产生危害的复杂性有一初步的认识。

　　（一）从杀虫剂到内分泌干扰物

　　20 世纪 60 年代初期，是全球环境保护兴起的年代，为了改变人们对人与自然关系原有的认识，普及保护环境的科学知识，1962 年 9 月，海洋生物学家 Rachel Carson 出版了《寂静的春天》(*Silent Spring*)。作者指出，1947 年美国生产了 12 425.9 万磅农药，到 1960 年生产了 63 766.6 万磅农药，增加了 5 倍多。书中介绍了 DDT、2,4-D、狄试剂、氯丹、七氯等有机氯杀虫剂和有机磷杀虫剂的毒性，并详尽地描述了广泛喷洒杀虫剂对野生生物的杀戮以及对环境和生态系统造成的巨大、难以逆转的危害。该书的出版，使公众认识到人类使用农业化学品所造成环境问题的严重性，开启了群众性的现代环境保护运动。

　　20 世纪 70—80 年代，一些研究者已经关注环境中低含量的某些人造化学物质对野生生物和人体健康的影响：发现了 DDT 及其类似物、多氯联苯、氯代芳烃等具有雌激素活性，观察到一些化学品能够改变生物体的激素合成、储存与释放、运输与清除，能够改变激素受体的识别与键合，能够改变激素-受体结合物的活化作用；观察到野生生物繁殖能力下降、一些种群消失等现象；在受化学物质污染的地区，雄性鱼性器官退化，雌性鱼性器官雄性化；美国佛罗里达 Apopka 湖的美洲鳄数量明显减少。到了 20 世纪 90 年代，关注此问题的科学家越来越多，相关的研究论文与研究报告快速增加，内分泌干扰物(endo-crine disruptor)[也称内分泌干扰化学品(endocrine-disrupting chemicals)、环境激素(envi-ronmental hormones)等]概念明确提出。其中世界自然基金会的科学家 Theo Colborn 相关工作尤为突出，90 年代初期，她发表了一系列相关研究论文，例如 1993 年，在其发表的"Developmental Effects of Endocrine-Disrupting Chemicals in Wildlife and Humans"一文中就明确指出，自第二次世界大战以来，许多具有生殖健康、内分泌干扰效应的化学品已经大量地进入环境(表 1.2)；1996 年，Colborn 等人著的《我们被盗窃的未来》(*Our Stolen Future*)面世，当时的美国副总统戈尔为这部书作了序，指出该书提出的问题与 30 年前 Carson 在《寂静的春天》里提出的问题一样，具有重大的意义。作者在书中以生动、易读的笔法，介绍了科学家从 20 世纪 50 年代以来，在没有直接使用杀虫剂和其他化学品的地区观察到一些野生生物种群下降的现象，介绍了正在开展有关广泛使用的人造化学品如何破坏微妙的内分泌系统的研究，明确指出这些化学污染物是"妨碍传宗接代的毒物"。如同《寂静的春天》一样，该书在世界范围引起了人们对环境中低浓度化学污染物影响人类生殖健康与野生生物繁殖问题的关注。此后，内分泌干扰物成为国内外环境科学的研究热点。

从上面的介绍可知，在环境保护研究开展的初期，人们对杀虫剂关注的是其高剂量的急性毒性对生物造成的野蛮杀戮。到了环境科学研究深入时期，人们关注的是杀虫剂低剂量、长期作用问题，发现环境中这类污染物对人类与生物的繁殖、人类生殖健康可能产生有害的影响。同样是杀虫剂，内分泌干扰物的称谓体现了人们对人造化学物质环境行为认识的深化。

表 1.2　　　　环境中广泛分布的具有生殖与内分泌干扰效应的化学品

pesticides 农药				industrial chemicals 工业化学品
herbicides 除草剂	fungicides 杀真菌剂	insecticides 杀虫剂	nematocides 杀线虫剂	cadmium 镉
2, 4-D 2,4-二氯苯氧乙酸	benomyl 苯菌灵	β-HCH β-六氯环己烷	aldicarb 涕灭威	dioxin (2, 3, 7, 8-TCDD) 二噁英
2, 4, 5-T 2,4,5-三氯苯氧乙酸	hexachlorobenzene 六氯苯	carbaryl 西维因	DBCP 二溴氯丙烷	lead 铅
alachlor 草不绿	mancozeb 代森锰锌	chlordane 氯丹		mercury 汞
amitrole 氨基三唑,杀草强	maneb 代森锰	dicofol 笛高福		PBBs 多溴联苯
atrazine 阿特拉津	metiram-complex 代森联复合物	dieldrin 狄氏剂		PCBs 多氯联苯
metribuzin 草克净	tributyl tin 三丁基锡	DDT and metabolites DDT 及其代谢产物		pentachlorophenol (PCP)五氯苯酚
nitrofen 除草醚	zineb 代森锌	endosulfan 硫丹		penta-tononylphenols 戊基-壬基酚

pesticides 农药			industrial chemicals 工业化学品
trifluralin 氟乐灵	ziram 福美锌	heptachlor and H-epoxide 七氯及其环氧化物	phthalates 酞酸酯
		lindane（γ-HCH） 林丹	styrenes 苯乙烯
		methomyl 灭多威	
		methoxychlor 甲氧滴滴涕	
		mirex 灭蚁灵	
		oxychlordane 氧化氯丹	
		parathion 对硫磷	
		synthetic pyrethroids 合成除虫菊酯	
		toxaphene 毒杀芬	
		transnonachlor 反式九氯	

资料来源：T Colborn, F S vom Saal, and A M Soto, Environ. Health. Perspect. 1993, 101(5)：379.

（二）从"优先污染物"到"持久性有机污染物"

众所周知，20 世纪 60—70 年代正是世界范围环境保护工作蓬勃开展的时期，如何监测、控制如此众多的化学品，是当时各国面临的必须解决的难题。因为，无论从人力、物力、财力和时间角度，还是从化学物质的危害程度、环境中出现的频率等实际情况，不可能对环境中的每一种化学污染物都开展监测与控制。20 世纪 70 年代初以来，美国为了能够有重点、有针对性地控制化学污染物、保护环境，联邦政府颁布了诸如联邦水污染控制法（Federal Water Pollution Control Acts）和安全饮用水法（Safe Drinking Water Act of 1974）等法律，并责成美国环保局（USEPA）提交优先污染物（priority pollutants）名单。为此，美国环保局开展优先污染物的筛选方法、优先污染物的确认以及分析方法的建立等方面工作，共耗资 6 千万美元。1977 年公布了 129 种优先污染物名单，其中 114 种有机物，14 种无机物。优先污染物的概念由美国首先提出，通常是指从众多的化学污染物中筛选出在环境中分布广、毒性强、难降解和残留时间长的化学污染物作为优先控制的污染物。USEPA 于 1981 年在有毒污染物的名单中已删除双氯甲基醚（Bis（chloromethyl）ether）、三氯氟甲烷（trichlorofluoromethane）和二氯二氟甲烷（Dichlorodifluoromethane）三个污染物，因此在 129 种优先污染物名录中相应删除了第 17、49 和 50 号三个污染物，现为 126 种优先污染物（表 1.3）。欧共体、德国、日本、前苏联等国家也分别制定了本国控制的有毒污染物的名单、监测方法以及控制方法。

表1.3   美国环保局的优先污染物名单

001 Acenaphthene	047 Bromoform (tribromomethane)	090 Dieldrin
002 Acrolein	048 Dichlorobromomethane	091 Chlordane (technical mixture and
003 Acrylonitrile	051 Chlorodibromomethane	metabolites)
004 Benzene	052 Hexachlorobutadiene	092 4,4-DDT
005 Benzidine	053 Hexachloromyclopentadiene	093 4,4-DDE (p,p-DDX)
006 Carbon tetrachloride	054 Isophorone	094 4,4-DDD (p,p-TDE)
(tetrachloromethane)	055 Naphthalene	095 Alpha-endosulfan
007 Chlorobenzene	056 Nitrobenzene	096 Beta-endosulfan
008 1,2,4-trichlorobenzene	057 2-nitrophenol	097 Endosulfan sulfate
009 Hexachlorobenzene	058 4-nitrophenol	098 Endrin
010 1,2-dichloroethane	059 2,4-dinitrophenol	099 Endrin aldehyde
011 1,1,1-trichloroethane	060 4,6-dinitro-o-cresol	100 Heptachlor
012 Hexachloroethane	061 N-nitrosodimethylamine	101 Heptachlor epoxide
013 1,1-dichloroethane	062 N-nitrosodiphenylamine	(BHC-hexachlorocyclohexane)
014 1,1,2-trichloroethane	063 N-nitrosodi-n-propylamin	102 Alpha-BHC
015 1,1,2,2-tetrachloroethane	064 Pentachlorophenol	103 Beta-BHC
016 Chloroethane	065 Phenol	104 Gamma-BHC (lindane)
018 Bis(2-chloroethyl) ether	066 Bis(2-ethylhexyl) phthalate	105 Delta-BHC (PCB-polychlorinated
019 2-chloroethyl vinyl ether (mixed)	067 Butyl benzyl phthalate	biphenyls)
020 2-chloronaphthalene	068 Di-N-Butyl Phthalate	106 PCB-1242 (Arochlor 1242)
021 2,4,6-trichlorophenol	069 Di-n-octyl phthalate	107 PCB-1254 (Arochlor 1254)
022 Parachlorometa cresol	070 Diethyl Phthalate	108 PCB-1221 (Arochlor 1221)
023 Chloroform (trichloromethane)	071 Dimethyl phthalate	109 PCB-1232 (Arochlor 1232)
024 2-chlorophenol	072 1,2-benzanthracene (benzo(a)an-	110 PCB-1248 (Arochlor 1248)
025 1,2-dichlorobenzene	thracene)	111 PCB-1260 (Arochlor 1260)
026 1,3-dichlorobenzene	073 Benzo(a)pyrene (3,4-benzo-pyrene)	112 PCB-1016 (Arochlor 1016)
027 1,4-dichlorobenzene	074 3,4-Benzofluoranthene (benzo(b)	113 Toxaphene
028 3,3-dichlorobenzidine	fluoranthene)	114 Antimony
029 1,1-dichloroethylene	075 11,12-benzofluoranthene (benzo(b)	115 Arsenic
030 1,2-trans-dichloroethylene	fluoranthene)	116 Asbestos
031 2,4-dichlorophenol	076 Chrysene	117 Beryllium
032 1,2-dichloropropane	077 Acenaphthylene	118 Cadmium
033 1,2-dichloropropylene	078 Anthracene	119 Chromium
(1,3-dichloropropene)	079 1,12-benzoperylene (benzo(ghi)	120 Copper
034 2,4-dimethylphenol	perylene)	121 Cyanide, Total
035 2,4-dinitrotoluene	080 Fluorene	122 Lead
036 2,6-dinitrotoluene	081 Phenanthrene	123 Mercury
037 1,2-diphenylhydrazine	082 1,2,5,6-dibenzanthracene (dibenzo	124 Nickel
038 Ethylbenzene	(,h)anthracene)	125 Selenium
039 Fluoranthene	083 Indeno (,1,2,3-cd) pyrene	126 Silver
040 4-chlorophenyl phenyl ether	(2,3-o-pheynylene pyrene)	127 Thallium
041 4-bromophenyl phenyl ether	084 Pyrene	126 Silver
042 Bis(2-chloroisopropyl) ether	085 Tetrachloroethylene	128 Zinc
043 Bis(2-chloroethoxy) methane	086 Toluene	129 2,3,7,8-tetrachloro-dibenzo-p-dioxin
044 Methylene chloride (dichloromethane)	087 Trichloroethylene	(TCDD)
045 Methyl chloride (dichloromethane)	088 Vinyl chloride (chloroethylene)	
046 Methyl bromide (bromomethane)	089 Aldrin	

资料来源：Appendix A to 40 CFR, Part 423-126 Priority Pollutants, http://www.epa.gov/region1/npdes/permits/generic/prioritypollutants.pd.

我国于 1989 年 4 月，原国家环保局公布了《水中优先控制污染物》名单，包括 14 类 68 种化合物，其中 58 种为有机化合物，10 种为无机化合物（表 1.4）。

表 1.4　　　　　　　　　　　我国水中优先控制污染物

	类别	化 合 物
1	挥发性卤代烃	二氯甲烷,三氯甲烷,四氯化碳,1,2-二氯乙烷,1,1,1-三氯乙烷,1,1,2-三氯乙烷,1,1,2,2-四氯乙烷,三氯乙烯,四氯乙烯,三溴甲烷(溴仿)
2	苯系物	苯,甲苯,乙苯,邻二甲苯,间二甲苯,对二甲苯
3	氯代苯类	氯苯,邻二氯苯,对二氯苯,六氯苯
4	多氯联苯	1 个
5	酚类	苯酚,间甲酚,2,4-二氯酚,2,4,6-三氯酚,五氯酚,对-硝基酚
6	硝基苯类	硝基苯,对硝基甲苯,2,4-二硝基甲苯,三硝基甲苯,对硝基氯苯,2,4-二硝基氯苯
7	苯胺类	苯胺,二硝基苯胺,对硝基苯胺,2,6-二氯硝基苯胺
8	多环劳烃类	萘,荧蒽,苯并(b)荧蒽,苯并(k)荧蒽,苯并(a)芘,茚并(1,2,3-c,d,)芘,苯并(ghi)芘
9	酞酸酯类	酞酸二甲酯,酞酸二丁酯,酞酸二辛酯
10	农药	六六六,滴滴涕,敌敌畏,乐果,对硫磷,甲基对硫磷,除草醚,敌百虫
11	丙烯腈,	1 个
12	亚硝胺类	N-亚硝基二乙胺,N-亚硝基二正丙胺
13	氰化物,	1 个
14	重金属及其化合物	砷及其化合物,铍及其化合物,镉及其化合物,铬及其化合物,铜及其化合物,铅及其化合物,汞及其化合物,镍及其化合物,铊及其化合物

资料来源：周文敏，傅德黔，孙宗光. 水中优先控制污染物黑名单. 中国环境监测，1990，6(4)：1-3.

随着人们对化学污染物在环境中行为认识的深入，人们发现许多有机污染物具有一些共同的环境性质：对人体健康、生物和环境产生不利影响，生物蓄积性强，在环境中残留时间长，远距离迁移能力强。国际社会认为有必要对这类污染物加以控制。1995 年 9 月，联合国环境规划署通过了有关持久性有机污染物的第 18/32 号决议，要求对 12 种持久性有机污染物进行评估，经过多年努力，终于在 2001 年 5 月 23 日达成共识，签署了《关于持久性有机污染物的斯德哥尔摩公约》（简称《公约》）。2004 年 5 月 17 日该公约生效。

《公约》从化学品的持久性、生物蓄积性、远距离环境迁移潜力以及不利影响 4 方面，提出了持久性有机污染物的鉴别标准：

（1）持久性：化学品在水中的半衰期大于两个月，或在土壤中的半衰期大于六个月，或在沉积物中的半衰期大于六个月；该化学品具有其他足够持久性、因而足以有理由考虑

将之列入本公约适用范围的证据;

（2）生物蓄积性：化学品在水生物种中的生物富集系数或生物累积因子大于5 000，或如无生物富集系数和生物累积因子数据，$\log K_{OW}$ 值大于5；表明该化学品有令人关注的其他原因的证据，例如在其他物种中的生物累积因子值较高，或具有高度的毒性或生态毒性；或生物区系的监测数据显示，该化学品所具有的生物蓄积潜力足以有理由考虑将其列入本公约的适用范围;

（3）远距离迁移的潜力：在远离其排放源的地点测得的该化学品的浓度可能会引起关注；监测数据显示，该化学品具有向某一环境受体转移的潜力，且可能已通过空气、水或迁徙物种进行了远距离迁移；或环境转归特性和/或模型结果显示，该化学品具有通过空气、水或迁徙物种进行远距离迁移的潜力，以及转移到远离物质排放源地点的某一环境受体的潜力。对于通过空气大量迁移的化学品，其在空气中的半衰期应大于两天;

（4）不利影响：化学品对人类健康或对环境产生不利影响，因而有理由将之列入本公约适用范围的证据；或表明该化学品可能会对人类健康或对环境造成损害的毒性或生态毒性数据。

《公约》首先确定了12种持久性有机污染物，要求签约国停止生产与使用这些有机物（表1.5），2009年5月4—8日，全球160多个国家的政府部长及官员出席了在日内瓦举行的《关于持久性有机污染物的斯德哥尔摩公约》第四次缔约方大会，一致同意《公约》新增加9种持久性有机污染物。至2017年新增的持久性有机污染物已达14种（表1.6）。

表 1.5　　　　　　　　斯德哥尔摩公约确定的首批 12 种持久性有机污染物

化学品	相关环境行为性质	化学结构
艾氏剂 Aldrin	持久性　半衰期　<0.4 天(空气) 　　　　　　　~1.1—3.4 年(水、土壤) 生物积累作用　$K_{OW} \sim 10^6$；BAF/BCF~6 100	
狄氏剂 Dieldrin	持久性　半衰期　~1.3—4.2 天(空气)； 　　　　　　　~1.1—3.4 年(水、土壤) 生物积累作用　$K_{OW} \sim 10^{5.2}$；BAF/BCF~920 000	
异狄氏剂 Endrin	持久性　半衰期：~2.2 天(空气)， 　　　　　　　~1.0—4.1 年(水)， 　　　　　　　~4—14 年(土壤) 生物积累作用　$K_{OW} \sim 10^{5.2}$；BAF/BCF~7 000	

续表

化学品	相关环境行为性质	化学结构
氯丹 Chlordane	持久性　半衰期　~1.3—4.2 天(空气); ~1.1—3.4 年(水、土壤) 生物积累作用　K_{OW} ~10^6;BAF/BCF~250 000	
七氯 Heptachlor	持久性　半衰期　~1.3—4.2 天(空气); ~0.03—0.11 年(水)、 ~0.11—0.34 年(土壤) 生物积累作用　K_{OW} ~$10^{5.27}$;BAF/BCF~8 500	
灭蚁灵 Mirex	持久性　半衰期　~4.2—12.5 天(空气); ~0.34—1.14 年(水)、 >3.4 年(土壤) 生物积累作用　K_{OW} ~$10^{6.9}$; BAF/BCF~2 400 000	
滴滴涕 DDT	持久性　半衰期　~4.2—12.5 天(空气), ~0.34—1.14 年(水), ~1.1—3.4 年(土壤) 生物积累作用　K_{OW} ~$10^{6.19}$; BAF/BCF ~1 800 000	
毒杀芬 Toxaphene	持久性　半衰期　~417—1250 天(空气); >3.4 年(水、土壤) 生物积累作用　K_{OW} ~$10^{5.5}$; BAF/BCF ~110 000	
六氯苯 Hexachloro- benzene	持久性　半衰期:~2.2 天(空气), ~1.0—4.1 年(水), ~4—14 年(土壤) 生物积累作用　K_{OW} ~$10^{5.2}$;BAF/BCF ~7 000	

续表

化学品	相关环境行为性质	化学结构
多氯联苯 Polychlorinated Biphenyls	持久性　半衰期　~4.2 天(空气)， ~5.7 年(水) ~1.14 年(土壤)同系物 生物积累作用　$K_{OW} \sim 10^{6.5}$； BAF/BCF ~3 000 000	
多氯代二苯并- p-二噁英 Polychlorinated Dibenzo-p-Dioxins	持久性　半衰期　4.2—12.5 天(空气)； ~0.11—0.34 年(水)， ~0.34—1.1 年(土壤) 生物积累作用　$K_{OW} \sim 10^{6.9}$； BAF/BCF ~130 000	
多氯代二苯并呋喃 Polychlorinated Dibenzofurans	持久性　半衰期　~4.2—12.5 天(空气)； ~0.11—0.34 年(水)， 1.1—3.4 年(土壤) 生物积累作用　$K_{OW} \sim 10^{6.1}$；BAF/BCF ~61 000	

注：(1)资料来源：The Foundation for Global Action on Persistent Organic Pollutants：A United States Perspective，2-4—2-15. EPA/600/P-01/003F NCEA-I-1200 March 2002.

(2)BAF(bioaccumulation factor)-生物累积因子。

BCF(bioconcentration factor)-生物富集系数。

K_{OW}(octanol-water partition coefficient)- 辛醇-水分配系数。

表 1.6　　　　　　　　　　**新增加的持久性有机污染物**

化学品	相关环境行为性质	化学结构
α-六氯环己烷 β-六氯环己烷 γ-六氯环己烷(林丹)	持久性　半衰期　~76.25 天(空气)； ~150 天(水、土壤)； 生物积累作用　$K_{OW} \sim 10^{4.26}$； BAF/BCF　~307.5	
四溴联苯醚	持久性　半衰期　~10.67 天(空气)； ~150 天(水、土壤)； 生物积累作用　$K_{OW} \sim 10^{6.77}$； BAF/BCF~32 560	

续表

化学品	相关环境行为性质	化学结构
五溴联苯醚	持久性　半衰期　~19.46 天(空气)； 　　　　　　　　~150 天(水、土壤)； 生物积累作用　K_{ow}~$10^{7.66}$； BAF/BCF~8 058	
六溴联苯醚	持久性　半衰期　~46.25 天(空气)； 　　　　　　　　~150 天(水、土壤)； 生物积累作用　K_{ow}~$10^{8.55}$； BAF/BCF~486.3	
七溴联苯醚	持久性　半衰期　~66.67 天(空气)； 　　　　　　　　~150 天(水、土壤)； 生物积累作用　K_{ow}~$10^{9.44}$； BAF/BCF~29.35	
六溴联苯	持久性　半衰期　~82.92 天(空气)； 　　　　　　　　~150 天(水、土壤)； 生物积累作用　K_{ow}~$10^{9.10}$； BAF/BCF~360.7	
五氯苯	持久性　半衰期　~185 天(空气)； 　　　　　　　　~150 天(水、土壤)； 生物积累作用　K_{ow}~$10^{5.22}$； BAF/BCF~1 909	
十氯酮	持久性　半衰期　~4 166.67 天(空气)； 　　　　　　　　~150 天(水、土壤)； 生物积累作用　K_{ow}~$10^{4.91}$； BAF/BCF~2 922	

续表

化学品	相关环境行为性质	化学结构
全氟辛基磺酸 全氟辛基磺酸盐	持久性　半衰期　~76.25 天(空气)； 　　　　　　　　　~150 天(水、土壤)； 生物积累作用　K_{OW}~$10^{6.28}$； BAF/BCF~56.23	
全氟辛基磺酰氟	持久性　半衰期　~4 166.67 天(空气)； 　　　　　　　　　~150 天(水、土壤)； 生物积累作用　K_{OW}~$10^{9.62}$； BAF/BCF~16.78	
技术级硫丹及 其异构体	持久性　半衰期　~1.3 天(空气)； 　　　　　　　　　~150 天(水、土壤)； 生物积累作用　K_{OW}~$10^{3.50}$； BAF/BCF~177.5	
六溴环十二烷	持久性　半衰期　~1.75 天(空气)； 　　　　　　　　　~60 天(水、土壤)； 生物积累作用　K_{OW}~$10^{7.74}$； BAF/BCF~6 211	

资料来源：各性质参数来自 EPI 软件计算。

　　从上述讨论可看出，"优先污染物"是 20 世纪 70 年代环境保护与环境科学蓬勃发展时期，从如何更好控制名目繁多的化学污染物这一角度提出的概念，而"持久性有机污染物"则是从对污染物的环境性质与环境行为有了更为深入的了解后提出的概念。

（三）从"消耗臭氧层物质"到"温室气体"

臭氧是平流层大气的重要组分，分布于离地面 $10\sim50km$ 的范围内，浓度峰值在 $20\sim25km$ 高度处。臭氧能够吸收波长小于 290nm 的太阳辐射，对于地球生命而言，平流层中的臭氧至关重要。

前面提及，大气平流层臭氧的损耗是因人们使用化学与热稳定性好的制冷剂——氯氟烃所致。氯氟烃为卤代低碳脂肪烃，于 1928 年首次在实验室合成，1931 年杜邦公司开始生产、销售 CFC-11（$CFCl_3$）及 CFC-12（CF_2Cl_2）两种主要产品。20 世纪 70 年代以来它们在大气中的浓度以及大气化学行为的问题受到人们的关注，例如：1973 年，Wilkniss P. E. 等人在 Nature Physical Science 上发文指出 CFC-11 在大气中的浓度为 $40\sim80ppb$；1974 年，美国科学家 F. Shewood Rowland 和 Mario J. Molina 在《自然》（Nature）杂志发表论文，明确指出 CFC-11 与 CFC-12，由于其化学惰性，能够在大气停留 40—150 年，而在平流层通过光解生成 Cl 原子而摧毁 O_3。随后，在 1970—1980 年间，美国、加拿大、欧共体、日本等发达国家相继禁止制造、使用 CFC-11 和 CFC-12。1985 年 3 月，联合国环境规划署在奥地利召开会议，通过了《维也纳保护臭氧层协定》。1985 年 5 月英国南极观测站的科学家 J. C. Farman，B. G. Gardiner 和 J. D. Shanklin 在《自然》杂志发表文章指出，南极上空臭氧总量损失巨大，南极臭氧空洞比估计要大。1985 年 8 月美国航空航天署发表南极上空臭氧洞的卫星观测照片。国际社会加速了淘汰消耗臭氧层物质的行动，1987 年 9 月，联合国环境规划署通过了《关于消耗臭氧层物质的蒙特利尔议定书》，1991 年 1 月 1 日生效。蒙特利尔议定书中对 CFC-11、CFC-12、CFC-113、CFC-114、CFC-115 等五项氟氯碳化物及三项哈龙的生产做了严格的管制规定（表 1.7）。

表 1.7　　1987 年的《关于消耗臭氧层物质的蒙特利尔议定书》附件 A：控制物质

类　别	物质代码	消耗臭氧潜能值[*]
第一类		
$CFCl_3$	CFC-11	1
CF_2Cl_2	CFC-12	1
$C_2F_3Cl_3$	CFC-113	0.8
$C_2F_4Cl_2$	CFC-114	1
C_2F_5Cl	CFC-115	0.6
第二类		
CF_2BrCl	halon-1211	3
CF_3Br	halon-1301	10
$C_2F_4Br_2$	halon-2402	6

注：（1）资料来源：1987 年的《关于消耗臭氧层物质的蒙特利尔议定书》，http://www.zhb.gov.cn/ztbd/gjcyr/gjgy/200409/t20040903_61146.htm.

（2）消耗臭氧潜能值（OZONE DEPRESSION POTENTIAL, ODP），表示大气中氯氟碳化物质对臭氧破坏的相对能力，以 CFC-11 为 1.0。ODP 值越小，制冷剂的环境特性越好。根据当时的水平，认为 ODP 值小于或等于 0.05 的制冷剂是可以接受的。

《关于消耗臭氧层物质的蒙特利尔议定书》经过多次修正，到 1997 年，控制的物质增加了 CFC-13、CFC-111、CFC-112、CFC-211、CFC-212、CFC-213、CFC-214、CFC-215、CFC-216、CFC-217、四氯化碳、1，1，1-三氯乙烷、HBFCs、HCFC 和甲基溴。

人们对温室气体和温室效应的认识始于 19 世纪初期，1824 年，Joseph Fourier 的研究论文将大气层的作用比喻为玻璃温室，1896 年，Svante Arrhenius 首次定量计算了二氧化碳对温室效应的贡献。在很长一段时间人们关注的是二氧化碳和水蒸气的温室效应。在 1950—1960 年代，已经知道诸如 N_2O、CH_4、NH_3、HNO_3、C_2H_4、SO_2、CFCs 以及 CCl_4 等大气中痕量气体在波长 $7 \sim 14\mu m$ 之间具有红外吸收带，能够显著影响大气的热结构。这些痕量气体温室效应的定量引起人们的关注，美国科学家 Veerabhadran Ramanathan1975 年首次计算了 CFCs 的增温作用，发现大气中 1kg CFCs 的增温效应是 1kg CO_2 的 10000 倍。其论文在 *Science* 上发表。随后 1976 年，J. E. Hansen 率先量化了 N_2O、CH_4、NH_3、HNO_3 对温室效应的贡献。

对温室气体影响地球气候的系统评估工作始于 1988 年。当年，联合国成立了政府间气候变化专业委员会(Intergovernmental Panel on Climate Change，IPCC)，其任务是对世界范围有关全球气候变化现有的科学认识、技术和社会经济的信息进行全面、客观、公开和透明的评估。该委员会从 1990 年起，大约每 5 年发表有关气候变化的评估报告，到 2014 年已经发布了五次评估报告。1990 年 IPCC 首次发布的报告为《气候变化科学评估》(*Climate Change，The Science Assessment*)，该报告确认了有关气候变化问题的科学基础，促使联合国大会作出了制定联合国气候变化框架公约的决定。经多年的工作，《联合国气候变化框架公约》(United Nations Framework Convention on Climate Change，UNFCCC)于 1992 年 5 月在联合国总部通过。1992 年 6 月，《联合国气候变化框架公约》在巴西里约热内卢召开的世界各国政府首脑参加的联合国环境与发展会议期间开放签署，1994 年 3 月 21 日生效。公约的最终目标是将大气中温室气体的浓度稳定在防止气候系统受到危险的人为干扰的水平上。在 IPCC 的第一次评估报告中，就非常关注 CFCs 温室气体及其温室效应。报告指出：这些人造化学品在大气中寿命长，自工业化以来浓度不断增加(表 1.8)，它们对辐射强迫的贡献(图 1.2)仅次于 CO_2，达 24%。这一科学的评估，使决策者和公众对进入大气环境的这类人造化学品具有多重的环境影响行为有了更清楚的认识。

表 1.8　　　　　　　　　　　　　受人类活动影响的关键温室气体概要

	CO_2	CH_4	CFC-11	CFC-12	N_2O
大气浓度	ppmv	ppmv	pptv	pptv	ppbv
工业化前(1750—1800)	280	0.8	0	0	288
当今(1990)	353	172	280	484	310
当前每年变化率	1.8 (0.5%)	0.015 (0.5%)	9.5 (4%)	17 (4%)	0.8 (0.25%)
大气寿命(年)	(50—200)*	10	65	130	150

* CO_2 被海洋和生物圈吸收的途径并不简单，不能给出一个值，需参考主要报告进一步讨论。

资料来源：IPCC，Climate Change，The Science Assessment，1990，Policymakers Summary XVI.

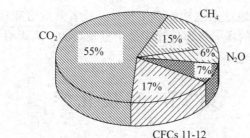

图 1.2　1980—1990 年人造温室气体对于辐射强迫变化的贡献，
臭氧的贡献可能也是重要的，但目前尚不能定量

　　注：（1）资料来源：IPCC，Climate Change，The Science Assessment，1990，Policymakers Summary XX.
　　　　（2）辐射强迫是对某个因子改变地球-大气系统入射和逸出能量平衡的影响程度的度量，是一种指数，反映该因子在气候变化机制中的重要性。正强迫使地表增暖，负强迫使地表变冷。

　　从上面的讨论可知，CFCs 既是破坏臭氧层的污染物，也是对气候变化有重要影响的温室气体，这是由它们自身的物理化学性质以及在环境中不同的化学行为决定的。这种现象在环境化学研究中经常遇到，这也是与纯粹的化学研究之间有明显区别的一个例子。

　　（四）从经典环境污染物到新兴污染物

　　在环境化学发展初期，人们关注的化学污染物多与局部环境污染问题有关，如导致上世纪出现的八大公害事件的化学污染物。之后，关注与化学污染物有关的全球性环境问题，如酸雨、臭氧层破坏等。涉及的化学污染物有 Hg、Cd、Cr、As、Pb、石棉、二氧化硫、氮氧化物、有机氯农药、有机磷农药、多环芳烃、多氯联苯、氯氟烃、哈龙，等等，通常将这些污染物称之为经典的化学污染物。

　　随着环境化学研究的不断推进，人们对化学污染物的认识更为深入。发现许多原来就存在于环境中的化学物质或对人体健康，或对生物、生态系统有不同程度的危害，只不过原来对此认识不足。20 世纪末，出现了用 emerging pollutants 或 emerging contaminants 这样的术语来描述这类污染物。例如，2000 年在蒙特利尔举行的学术会上，环境毒理学与化学学会（Society of Environmental Toxicology and Chemistry，SETAC）使用了 Emerging Pollutants 的标题，2003 年，美国环保局举行了"Emerging Pollutants Workshop"。在此期间，大量的相关研究论文发表。国内对"Emerging Pollutants"有不同的译名，我们称之为新兴污染物。有关新兴污染物目前还没有明确的定义，通常是指那些已存在于环境中或对其危害认识不足或没有认识，当时的测试、监测能力有限而未被检出，或新出现的化学污染物。这类污染物一般包括：

　　内分泌干扰物 Endocrine Disruptor、多氟代化合物 Polyfluorinated Compounds［全氟辛酸、全氟辛烷磺酸及其类似物，perfluorooctanoic acid（PFOA）、Perfluorooctanesulfonate（PFOS）］、溴代阻燃剂 Brominated Flame Retardants（BFRs）、药品与个人护理品 Pharmaceuticals and Personal Care Products（PPCPs）、纳米材料 Nanomaterials。

　　上面介绍的是有关化学污染物类型及其环境行为的几个较为重要的例子，这些污染物名称虽有不同，但它们的危害本质是一样的，或对人体健康产生伤害，或对生物和生态系统产生不利的影响，或对地球系统功能产生扰动，或者其危害兼而有之。由此我们领悟到，环境中的化学污染物的环境行为与效应是十分复杂的，人类对它们的认识还很肤浅，对它们如何分类还有待研究。

第二节　环境化学

一、环境化学发展概况

环境化学作为一门学科，是在人类解决环境污染问题和全球环境问题的过程中逐步形成和不断发展的。

（一）环境化学的形成与发展

有关环境化学形成、发展阶段的划分，目前尚未有统一的认识。我们以为，环境化学的形成与发展大致可划分为三个阶段：形成阶段（1972 年以前），快速发展阶段（1972—1995 年）和趋向成熟的发展阶段（1995 年以后）。

1. 形成阶段

这一时期的时间段大致为 20 世纪 50 年代至 1972 年斯德哥尔摩联合国人类环境会议的召开。在此之前，人们已经对水化学、大气化学、土壤化学开展了多年的研究，但这不是现代意义上的环境化学。正如前面讨论所指出，20 世纪 30—50 年代，已经出现了一些因污染而造成严重后果的事件，为了解这些问题产生的原因，化学、生物学、地学、医学等传统学科的研究人员从不同角度开展了研究。通过多年的研究，使人们对这些环境污染问题产生的原因有较好的了解，建立了环境中微量污染物的分析方法，并认识到化学物质在环境中的行为相当复杂。在这一时期内，环境化学的教材和专著开始出现，1969 年美国化学学会出版了《净化我们的环境，行动的化学基础》，次年出版了 *Environmental Science & Technology* 杂志，1972 年 S. E. Manahan 编著的《环境化学》出版。

2. 快速发展阶段

这一时期的时间段可以认为从 1972 年斯德哥尔摩联合国人类环境会议的召开至 1995 年。在此期间，环境化学的研究范围不断扩大，对化学物质在大气、水体、土壤等自然环境中的迁移、转化和归宿及效应开展了多方面的研究。比较著名的有：超音速飞机在平流层飞行过程中排出大量的氮氧化物对臭氧层破坏作用机理的研究，氟利昂在平流层破坏臭氧层的机制的研究等。

3. 趋向成熟的发展阶段

几十年来，通过各国科研人员的努力工作，环境化学得到了长足的进步，已经步入趋向成熟的发展阶段，最显著的标志是 1995 年度的 Nobel 化学奖授予了三位环境化学家，他们是：California 大学 Irvine 分校的 F. Sherwood Rowland 教授，麻省理工学院的 Mario Molina 教授和德国的 Max Planck 化学研究所的大气化学部主任 Paul Crutzen 教授。这一事件充分肯定了环境化学在解决局部环境问题和全球环境问题中发挥的重要作用，也标志着环境化学已趋于成熟，并为世界主流科学认可。这一时期，环境化学的研究与其他学科交叉渗透，不断开拓新的研究领域，研究不断深入，学科体系逐步形成。

(二)环境化学的内涵

1. 环境化学的定义

环境化学学科研究所涵盖的范围目前仍未有一致意见。纵观环境化学的发展历程和国内外目前研究的动态,环境化学有广义和狭义的两个稍有不同的定义。

广义的环境化学定义:环境化学是一门研究化学物质在自然环境中的来源、存在、化学特性、行为和效应及其控制的化学原理和方法的学科。

狭义的环境化学定义:环境化学是一门研究化学物质在自然环境中的来源、存在、化学特性、行为和效应的学科。

为了使读者了解环境化学学科的概貌,本教材在第一章介绍环境化学时,采用广义的定义,而全书所介绍的内容则局限于狭义的定义所涉及的范围。

2. 环境化学研究的内容

环境化学研究的内容可归纳如下:

(1)环境中化学物质的来源、分布、迁移、转化、归宿与效应;

(2)全球环境各圈层中化学物质发生的各种物理、化学、生物化学过程及其变化规律;

(3)人类活动产生的化学物质对全球环境各圈层中发生的各种物理、化学、生物过程的干扰、影响的机理以及对生物圈和人类生存的影响;

(4)各种污染物的减少和消除的原理与方法。

3. 环境化学的特点

环境化学在原子、分子微观的水平上,研究和阐明化学物质引起的宏观环境现象和变化的化学原因、过程机制及其防治途径,这是其十分突出的特点。

环境化学的重心是环境中化学物质化学转化的规律、所产生的效应以及化学污染控制的原理与方法。

二、环境化学的分支学科及其研究内容

(一)环境化学的分支学科

环境化学分支学科的分类及其名称迄今尚不一致,根据国际以及我国近 30 年环境化学教学和科研的实践,对环境化学的分支学科作以下划分(表 1.9)。

表 1.9 环境化学的分支学科

环 境 化 学	
环境分析化学	污染控制化学
(1)环境有机分析化学	(1)大气污染控制化学
(2)环境无机分析化学	(2)水污染控制化学
大气、水体和土壤环境化学	(3)土壤与固体废弃物污染控制化学
(1)大气环境化学	污染生态化学
(2)水环境化学	理论环境化学
(3)土壤环境化学	

（二）分支学科研究的内容

1. 环境分析化学

环境分析化学是一门运用现代科学理论和先进实验技术，建立自然环境中化学物质的种类、成分、形态及含量的鉴定和分析方法的学科。

环境分析化学是环境化学的一个重要分支，也是环境科学研究和各项环境保护工作极为重要的基础。其主要研究内容有：环境中痕量和超痕量污染物的分离、分析方法，形态的区分与分析方法，实时在线分析方法，环境标准物的研制，典型污染物的分析，等等。

2. 大气、水体、土壤环境化学

大气、水体、土壤环境化学通常也简称环境化学，即前面提及的狭义环境化学。

它研究在全球环境各圈层中化学物质的来源、迁移、所发生的各种物理、化学与生物化学过程的规律，及人类各种活动所产生的污染物对这些过程的干扰与影响。

（1）大气环境化学。

大气中化学物质（包括污染物）的表征；大气中化学物质的化学过程的研究，主要涉及大气光化学、自由基反应、非均相化学过程等；对流层、平流层中痕量气体（CO、CH_4、O_3 和卤代有机物等）的化学过程研究；大气污染化学模式（光化学烟雾模式、酸性干湿沉降模式等）的研究；室内空气质量的研究，等等。

（2）水环境化学。

水体界面化学过程的研究；金属元素形态及其转化动力学的研究；有机物化学转化的研究；水中有机物光化学过程研究；有机物迁移转化模型的研究；金属和类金属元素的环境甲基化研究；污染物在水体多介质体系中的迁移、转化研究，等等。

（3）土壤环境化学。

化学物质在土壤中迁移与转化；土壤中金属元素存在形态及转化过程的研究（存在形态、土壤固/液界面作用等）；稀土元素的迁移转化及其效应问题；土壤中温室气体释放的研究（CH_4、CO_2、N_2O 等的排放）。

3. 污染控制化学

污染控制化学与环境工程学、化学工程学有着密切的关系。它研究与污染控制有关的化学机制与工艺技术中的化学基础性问题，以便最大限度地控制化学污染，为开发经济而高效的污染控制技术，发展清洁工艺提供科学依据。

污染控制目前有两种模式，一种为传统的管端控制（end-of-pipe control）或称末端控制模式，另一种为污染预防（pollution prevention）或清洁生产（cleaner production）模式。

末端污染控制模式是在污染产生的终端进行处理，可细分为大气污染控制化学、水污染控制化学和土壤与固体废弃物污染控制化学。

（1）大气污染控制化学。

主要研究燃煤和燃油产生的硫氧化物和氮氧化物、挥发性有机物等污染物的控制，包括新型吸附剂、催化剂制备与表征及性能的研究，吸附、催化机理的研究；室内化学污染物控制的研究，等等。

（2）水污染控制化学。

主要有水污染控制材料的化学基础性研究，包括高效絮凝剂的制备、表征与性能及絮凝机制的研究。水污染控制的光化学原理与方法的研究，包括高效光催化剂的制备、表征、光催化降解污染物机制的研究；高效生物处理方法与技术的研究；化学方法与生物方法联合处理技术的研究，等等。

（3）土壤和固体废弃物污染控制化学。

对于土壤污染控制化学而言，主要表现在土壤的化学修复方面，研究的主要内容有：污染土壤修复机理及技术；用于污染土壤修复的表面活性剂、化学固化/吸附剂、液相萃取、超临界萃取、光降解和膜分离等化学处理原理与技术的研究；化学方法和生物方法相结合的污染土壤修复技术的研究。

固体废弃物的污染控制集中在农用地膜覆盖残体及各种废弃塑料的化学降解原理与方法的研究，工业废渣与固体废弃物综合利用中的化学基础性问题，等等。

清洁生产/污染预防的污染控制模式正在逐步取代末端污染控制模式，从而使污染控制化学的研究正在发生根本的转变。相关的化学研究也称绿色化学或环境无害化学，是从化学反应入手，研究能够在源头上减少或消除环境污染，并创造出生产单位产品的产污系数最低、而且资源及能源消耗最少的先进工艺技术。

4. 污染生态化学

污染生态化学主要研究化学污染物质引起的生态效应的化学原理、过程和机制。在宏观上研究化学物质在维持和破坏生态平衡中的基本化学问题，在微观上研究化学物质和生物体相互作用过程的化学机制。它是环境化学、生物学、医学等学科的边缘领域，目前正处于发展的初期阶段，近年来越来越受到国内外环境界的重视。

目前，国内外主要研究的方向有：化学污染物与生物体的相互作用的过程与机制；复合化学污染物胁迫的生态效应；化学污染物低剂量、长期的生物与生态效应；化学污染物对人体健康的低剂量、长期效应；化学污染物的生态风险评估，等等。

5. 理论环境化学

理论环境化学涉及自然环境中化学物质的化学动力学，化学污染物结构与性质和生物活性的相关性，化学计量学在环境化学研究中的应用，多介质系统化学物质迁移、转化模式及预测，等等。

三、环境化学在环境科学中的地位与作用

环境化学是环境科学的一门极其活跃的分支学科。改善环境质量、合理利用资源、社会的持续发展和保护人体健康已经成为当代国民经济建设发展战略的重要组成部分，所有这些都离不开环境化学。它在环境科学中的地位与作用体现在以下几方面：

（1）环境化学是环境科学的核心学科。大量的局部和全球环境问题都直接或间接与化学物质有关，对许多环境问题的认识与解决离不开环境化学。

（2）环境化学可揭示全球环境问题产生的本质。如臭氧损耗、温室效应这些问题都是宏观现象，正是环境化学从微观的原子、分子水平上研究，阐明了宏观的环境现象和环境变化的原因、过程机制，提出了防治途径。

（3）环境化学可揭示局部环境问题的症结。如富营养化的研究，光化学烟雾的研究，水俣病的研究等，都是通过环境化学的研究，揭示了产生这些问题的原因。

（4）环境化学可为国际、国家及各级政府制定环境决策提供理论支持。

（5）环境化学可为环境污染的控制提供新理论、新方法和新技术。

第三节　环境化学与全球变化研究

《21世纪议程》指出："目前，全球变化是几百年来最快的。"从20世纪80年代以来，为了了解地球系统在行星尺度上发生变化的原因，了解人类社会生存的基础，解决人类社会的可持续发展等重大问题，世界各国科学界开展了全球变化研究。迄今，全球变化研究已经成为国际科学界和政治界最为关注、参与的国家和科研人员最多、涉及的学科领域最广、国际合作最为密切、综合研究的要求最高、影响最为广泛的跨世纪重大研究主题。

本节对全球变化研究作一简要的介绍，其目的是：一方面使读者了解这一重大研究的发展过程与目前开展的研究活动；另一方面希望读者思考在全球变化研究的背景下，环境化学如何更好地开展研究。

一、全球变化与全球变化研究

在不同的时间尺度和空间尺度上，地球自诞生以来一直在发生演化。人类进入工业文明后，其干扰环境的能力大大增强，正以空前的规模与速度在改变自然环境，由此造成一系列的全球性环境问题，这既有地球自身变化的问题也有人类活动对地球系统演化的叠加作用。

（一）全球变化

所谓全球变化是地球在行星尺度上发生的变化，尤指影响地球系统功能的变化。全球变化多于气候变化，它由人类活动引起的在全球尺度上的多种变化构成，许多全球变化正在被加速，它们相互作用，并且与局地或区域尺度的环境变化相互作用。

在时间尺度上的全球变化可以分为五个时间段（表1.10）。

表1.10　　　　　　　　　　全球变化时间段的划分

几百万至几十亿年	几天至几个季度
几千年至几十万年	几秒至几小时
几十年至几百年	

当前，人类最为关注的是几十年至几百年的时间尺度上的全球变化。原因有三：

（1）此时间尺度的全球变化是地核、地幔、岩石圈、水圈、大气圈和生物圈之间的相互作用的结果，并由外部能量——太阳辐射驱动；

（2）人类活动已成为推动地球系统变化的一种强迫力量，其产生的结果在十年到百年尺度的变化上已与自然发生的变化相当或过之；

（3）在此时间尺度内，人类历经几代人的生活，人类社会感受到的全球变化影响也最为强烈。

当今，许多全球变化已经呈现在世人的面前。2001 年出版的《国际地圈-生物圈计划科学》(*IGBP Science*)杂志第 4 期列举了诸如天然固氮与人工固氮的变化、人口增加、物种消失、大气中二氧化碳浓度增加等方面的全球变化。2004 年以来，海洋酸化成为国际关注另一个重要的全球变化，2008 年 10 月在摩纳哥召开了第二届"高二氧化碳世界中的海洋"大会，2011 年 4 月"国际地圈-生物圈计划"出版了《海洋酸化》(*Ocean Acidification*)的报告，指出自工业革命以来，海洋酸化已经增加 30%，海洋生物如何或者是否适应酸化的海洋还是个未知数。

这些现象的出现与增强，表明地球系统的结构与功能正在发生变化，人类活动对地球系统的扰动日益增强，地球系统的演化进入一个新的突变期。

(二)全球变化研究概况

当今，人类活动对全球环境的影响已从农业文明时代的局部影响进入了全球影响的时代，出现了许多全球性环境问题，如平流层臭氧损耗、温室气体增加引发全球变暖、酸雨等。1992 年 9 月，联合国在巴西里约热内卢召开了"环境与发展"的全球会议，所发表的文件《21 世纪议程》指出："目前，全球变化是几百年来最快的"。全球性环境问题的出现、人类对地球系统作用的明显增强等迹象表明，地球系统的结构与功能正在发生变化，地球系统的演化正进入一个新的突变期。

人类只有一个地球，保护全球环境是人类的共同责任。一方面为了更好地认识我们居住的行星，从根本上了解全球变化产生的各种自然原因以及人类活动的影响，从而采取有效的措施，保护人类与生物赖以生存的地球，使人类社会得以持续发展；另一方面由于地球环境是由一系列密切联系的物理、化学、生物和社会经济系统构成的，在这些系统中发生着大尺度的相互作用，欲达到上述目的，需要世界各国科学界开展全球变化研究。

全球变化研究是跨地球科学、环境科学、生物学等自然科学和经济学、管理学、人口学等社会科学的交叉、综合的研究体系，其任务是描述和理解人类赖以生存的地球系统及其运转的机制、变化规律以及人类活动对地球系统的影响，提高对地球系统未来变化的预测能力，为解决全球环境问题和可持续发展的决策提供科学依据。

全球变化研究是一个涉及人类社会可持续发展甚至地球的可居住性等的重大战略性课题，受到世界各国人民的普遍关注。全球变化的研究是从 20 世纪 70 年代末开始的，80 年代初开始提出、规划，并从 80 年代中、后期陆续开始实施，以 1986 年 9 月在瑞士伯尔尼召开的国际科学联合理事会(International Council for Scientific Unions, ICSU)第 21 届大会为标志，此次大会一致通过发起国际地圈-生物圈研究计划(IGBP)。

进行全球变化研究之所以能从 20 世纪 80 年代中期得以开展，主要有三个原因：

(1)通过近几十年来对地球系统的研究，获得了许多新的认识和了解；

(2)当时科学技术的发展为全球变化研究提供了有力的技术保证；

(3)世界科学界一致认识到，欲充分了解地球系统复杂的运行机制、各自然圈层复杂的相互作用关系和人类活动对地球系统的影响，必须进行跨学科、全球性的合作研究。

全球变化研究开展至今，世界上已有 100 多个国家的科学家参与了这些项目的研究，中国科学院从 1987 年起，组织院属若干研究所近百名科学家进行了中国的全球变化预研究，并成立了国家全球变化研究委员会。目前，70 多个国家和地区成立了全球变化研究国家委员会，协调和组织各自国家的全球变化研究工作，研究已经取得了丰硕的成果。全球变化研究无论在科学研究的组织管理、研究计划的设计与制定方面，还是在研究工作各个环节的衔接与配合以及研究能力的建设等方面，已逐渐形成了一套有机的、较为完整的框架体系，它整体推动着全球变化研究的深入开展。

（三）全球变化研究的主要课题

1. 国际地圈-生物圈计划（International Geosphere-Biosphere Programme，IGBP）

国际地圈-生物圈计划建立于 1987 年，当时是为了配合国际开展全球和区域尺度化学和物理过程的相互作用及其与人类系统的相互作用研究而设立。

1）IGBP 的任务

IGBP 的目标是"描述和认识对整个地球系统起调节作用的相互作用的物理、化学和生物学过程，为地球生命提供的独特环境，发生在该系统的变化和人类活动对这些变化的影响"。

IGBP 认为，在迅速的全球变化时期，其使命是提供有关地球系统的关键科学引导能力和基础知识，以指引人类社会步入可持续的道路。

2）IGBP 的研究项目

二十多年来，IGBP 开展了大量卓有成效的研究工作，一些项目已经完成，有的项目仍在继续。现在，IGBP 已经明确把地球系统作为相互作用的生物学、化学、物理和社会经济过程构成的多维系统进行观察与研究。

目前正在执行的核心项目有：

（1）地球系统的分析综合与模拟（Analysis, Integration and Modelling of the Earth System，AIMES）

（2）全球陆地项目（Global Land Project，GLP）

（3）国际全球大气化学（International Global Atmospheric Chemistry，IGAC）

（4）陆地生态系统-大气过程集成研究（Integrated Land Ecosystem-Atmosphere Processes Study，ILEAPS）

（5）海洋生物地球化学与生态系统集成研究（Integrated Marine Biogeochemistry and Ecosystem Research，IMBER）

（6）陆地-海洋在海岸带的相互作用（Land-Ocean Interaction in the Coastal Zone，LOICZ）

（7）过去的全球变化（Past Global Changes，PAGES）

（8）海洋表层-低层大气研究（Surface Ocean-Lower Atmosphere Study，SOLAS）

已完成的项目有：

（1）水循环的生物圈领域（Biosphere Aspects of the Hydrological Cycle，BAHC，1991—2003）

（2）数据与信息系统（Data and Information Systems，DIS，1993—2001）

（3）全球分析的综合与模拟（Global Analysis Integration and Modelling，GAIM，1993—2004）

（4）全球变化与陆地生态系统（Global Change and Terrestrial Ecosystems, GCTE, 1992—2003）

（5）联合的全球海洋通量研究（The Joint Global Ocean Flux Study, JGOFS, 1988—2003）

（6）陆地利用与覆盖变化（Land Use and Cover Change, LUCC, 1994—2005）

2. 世界气候研究计划（World Climate Research Programme, WCRP）

世界气候研究计划于 1980 年设立，由国际科学理事会与世界气象组织（World Meteorological Organism, WMO）共同负责。1993 年，联合国教科文组织（UNESCO）的政府间海洋学委员会（Inter Govermental Oceanographic Commission）成为又一负责机构。

1）WCRP 的任务与目标

WCRP 的任务是推进对地球系统变动性与变化的分析和预测，以便不断扩大社会实际应用的范围。

WCRP 有两个总体目标：确定气候的可预测性，确定人类活动对气候的影响。

2）WCRP 的研究项目

目前正在执行的核心项目：

（1）气候-低温层（Climate-Cryosphere, CliC）

（2）气候变化程度与预测（Climate Variability and Predictability, CLIVAR）

（3）全球能量与水循环试验（Global Energy and Water Cycle Experiment, GEWEX）

（4）平流层过程及其在气候中的作用（Stratospheric Processes and Their Role on Climate, SPARC）

已经完成的核心项目：

（1）热带区域海洋全球大气（Tropical Ocean Global Atmosphere, TOGA）；

（2）世界海洋环流试验（World Ocean Circulation Experiment, WOCE）；

（3）极地气候系统（Arctic Climate System Study, ACSYS）。

3. 国际全球环境变化的人文领域计划（lnternational Human Dimensions Programme of Global Environmental Change, IHDP）

1990 年 11 月，国际社会科学理事会（International Social Science Council, ISSC）第 18 届大会通过了《全球环境变化的人文领域研究计划纲要》，称为《全球环境变化的人文领域计划》（Human Dimensions Programme of Global Environmental Change, HDP），由 ISSC 负责，1996 年国际科学理事会加入成为共同负责机构，同时更名为 IHDP。

1）IHDP 的任务

IHDP 强调其研究必须考虑人类活动对全球环境变化的作用以及全球环境变化对人类社会的影响，强调人文社会科学研究必须与自然科学研究结合，强调必须开展跨学科的研究。IHDP 有四重使命：促进（catalyze），协调（collaborate），巩固（strengthen），推动（facilitate）。即促进社会科学研究的完善；协调自然科学与社会科学的研究，促成跨学科的互动；巩固科学研究与政策社团的研究能力，不断增加我们的团队；推动科学与决策之间的对话，包括所有层面的决策者，以保证我们的研究结果注入被告之的选择与行动。

2）IHDP 的研究项目课题

(1) 生物多样性与生态系统服务（Biodiversity and Ecosystem Services）

(2) 气候变化（Climate Change）

(3) 海岸带（Coastal Zones）

(4) 环境管理（Environmental Governance）

(5) 极度风险（Extreme Risks）

(6) 绿色经济（Green Economy）

(7) 健康（Health）

(8) 人类的行为（Human Behaviour）

(9) 人类安全（Human Security）

(10) 人口压力（Population Pressures）

(11) 可持续性（Sustainability）

(12) 城市化（Urbanization）

(13) 脆弱性与适应（Vulnerability and Adaptation）

4. DEVERSITAS

生物多样性支撑着我们行星的生命支持系统，为了更好地了解和保护生物多样性，1991 年，由联合国教科文组织（UNESCO）、环境问题科学委员会（Scientific Committee on Problems of the Environment，SCOPE）和生物科学国际联合会（International Union of Biological Science，IUBS）设立了生物多样性国际研究计划，采用拉丁文"DIVERSITAS"作为计划的名称。

1996 年，国际科学理事会和国际微生物学协会联合会（International Union of Microbiological Societies，IUMS）成为该项目的另外两个主办机构。

DIVERSITAS 的发展可分为生物多样性在全球范围受到关注、生物多样性科学的国际框架形成、生物多样性和生态系统服务科学发展三个阶段：

1）DIVERSITA 的任务

DIVERSITAS 是生物多样性科学的一个国际计划，具有双重任务：

(1) 联合生物学、生态学和社会科学，推进综合的生物多样性科学，产生相关的新知识。

(2) 为生物多样性的保育和永续利用提供科学基础。

2）研究项目

DIVERSITAS 的核心项目有：

(1) 发现生物多样性以及预测其变化（discovering biodiversity and predicting its changes）。

(2) 评估生物多样性变化的影响（assessing impacts of biodiversity changes）。

(3) 发展生物多样性保育和可持续利用科学（developing the science of the conservation and sustainable use of biodiversity）。

5. 地球系统科学联盟

随着全球变化研究的不断推进，人们愈发认识到以目前的四大计划进行研究组成复杂的、且组成元素之间相互作用与耦合的巨系统——地球系统，有些力不从心。为了更好地认识地球系统运行规律、人类活动对地球系统运行的影响，推动全球变化研究的集成与交叉，2001年7月，第一届全球变化科学开放大会在阿姆斯特丹举行，来自100多个国家的1400多位科学家出席大会，会议发表了《全球变化的阿姆斯特丹宣言》(the Amsterdam Declaration on Global Change)，号召加强在全球变化研究计划内的合作，号召应更好地进行环境与发展课题、自然科学与社会科学等多学科交叉与集成。为了响应宣言，国际全球环境变化四大计划 IGBP、IHDP、WCR、PDIVERSITAS 联合组成了地球系统科学联盟(Earth System Science Partnership, ESSP)，制定了四大联合研究项目，其目标是了解、认识和阐明全球环境变化与碳循环变化、全球水系统、食物系统、人体健康之间的关系、人类驱动的全球环境变化对于地球系统基本功能影响的实质，以期把全球变化研究推向新的更高水平。

ESSP 开展的联合项目有：

(1)全球碳项目(Global Carbon Project, GCP)

(2)全球环境变化与食品系统(Global Environmental Change and Food Systems, GE-CAFS)

(3)全球水系统项目(Global Water System Project, GWSP)

(4)全球环境变化与人的健康(Global Environmental Change and Human Health, GECHH)

从上面的介绍可以清楚地了解到，经过多年的努力，人们已经认识到相互作用的生物学、化学、物理以及人类活动过程对地球系统起调节作用。全球变化研究将围绕这四个过程开展多学科的交叉与集成工作，达到科学管理浩瀚宇宙中的蓝色星球，使地球与人类社会得以持续、和谐地发展的目标。

二、环境化学在全球变化研究中的地位与作用

全球变化的研究范围极其广泛，涉及自然科学、工程技术科学、人文社会科学等诸多学科。不同多学科在全球变化研究中所处的地位不同，各自发挥不同的作用，使全球变化研究不断向前推进。

（一）环境化学在全球变化研究中的地位

作为环境科学的一门分支学科，环境化学在全球变化研究中处于十分重要的位置，发挥着独特的作用。

1. 环境化学研究是全球变化研究的重要基础

在全球变化研究中，探索生物学过程、化学过程、物理过程以及人类活动过程及其相互作用是全球变化研究的本原，其他名目繁多的研究均衍生于此。

例如 ESSP 的全球环境变化与人类健康项目提出6个课题，第一个就是大气组成变化及其健康的影响(atmospheric composition changes and their health impacts)。再如 IGBP 的陆地生态系统-大气过程集成研究提出了研究4个课题，而排在第一位的是：相互作用的物理、化学和生物过程怎样通过陆地-大气系统传输并转化能量、动量和物质。

环境化学的研究为此做出了杰出贡献，其研究的基础地位已经得到学界的公认。1970年，德国科学家 Paul Crutzen 研究研究了氮氧化物与平流层臭氧的反应机制；1974年，美国科学家 Mario Molina 与 Sherwood Rowland 研究了氯氟烃与平流层臭氧发生的化学过程。这些研究结果揭示了平流层臭氧损耗的原因，为全球控制消耗臭氧层物质的行动提供了科学基础，使世界各国于1987年签署了《关于消耗臭氧层物质的蒙特利尔议定书》，结束了氟利昂、哈龙等消耗平流层臭氧物质的生产与使用。该议定书被联合国秘书长誉为国际上迄今履行最为成功的环境保护协议，是基础研究为公共决策服务最为著名的例子。

2. 重要的全球变量是环境化学长期监测的目标可为全球变量提供基本化学信息

20世纪80年代，美国国家航空和宇航管理局的地球系统科学委员会就指出，一些化学物质是全球变化研究中的重要变量（表1.11），必须进行长期的监测，并制订了相应的监测计划。由此可获得、积累这些化学物质长期变化的基础数据，为认识全球变化的规律提供科学支撑。

表1.11　　　　　　　全球变化研究中重要的全球变量的持久、长期测量

变　量	重要性	分析结果的质量
对辐射和化学有重要影响的微量成分		
CO_2	★★★	A
N_2O	★★	A
CH_4	★★	B
CFC_S	★★	A
对流层 O_3	★★	C
CO	★★	D
平流层 O_3	★★★	C
平流层 H_2O	★★	C
平流层 NO_2	★	C
平流层 HNO_3	★	C
平流层 HCl	★	C
平流层气溶胶	★★	B

注：重要性—对说明和理解全球变化而言；★★★—必不可少的，★★—很重要，★—重要；分析结果的质量：A—高质量，标定过，B—容易识别，但绝对精度可疑，C—有用，识别力差，D—用于定性，但解释不确定。

资料来源：美国国家航空和宇航管理局地球系统科学委员会. 地球系统科学. 陈泮勤，马振华，王庚辰译. 北京：地震出版社，1992.

3. 环境化学研究是认识宏观现象与微观机制关联性的基础

全球变化是在行星尺度上的宏观现象，其诸如全球变暖、平流层臭氧减少等，非常容易引起决策者与公众的高度关注。欲使全球能够采取统一行动，减缓这些变化的负面影

响，必须依赖分子水平的研究以揭示全球变化产生的微观机制。

2012 年，Frank Raes（欧洲委员会联合研究中心气候风险管理办公室主任）出版了 *Air & Climate Conversations About Molecules And Planets，With Humans In between* 一书，介绍了与他称之为"空气污染与气候变化科学'父亲级别'"的 8 位科学家进行的对话，其中 3 位是将分子水平研究与宏观的全球变化现象相结合的杰出代表，他们是德国的 Paul Crutzen，美国的 Mario Molina 和 Veerabhadran Ramanathan。

Paul Crutzen、Mario Molina 从分子水平的研究揭示了平流层臭氧损耗的微观机制。为此，他们获得了 1995 年的 Nobel 化学奖。在该书中，Raes 再一次用化学反应式展示了他们在探索平流层臭氧损耗微观机制的开创性、影响深远的工作：

$$O_3+NO \longrightarrow NO_2+O_2$$
$$O_3+hv \longrightarrow O_2+O$$
$$NO_2+O \longrightarrow NO+O_2$$
$$\overline{\qquad\qquad\qquad\qquad\qquad}$$
$$2O_3+hv \longrightarrow 3O_2$$

$$O_3+Cl \longrightarrow ClO+O_2$$
$$O_3+hv \longrightarrow O_2+O$$
$$O+ClO \longrightarrow O_2+Cl$$
$$\overline{\qquad\qquad\qquad\qquad\qquad}$$
$$2O_3+hv \longrightarrow 3O_2$$

Veerabhadran Ramanathan 以氯氟烃（CFCs）的分子振动吸收与红外辐射为切入点，首次将化学与气候进行关联研究，量化计算了 CFCs 的温室效应潜能，发现大气中 1kg CFCs 的温室效应是 1kg CO_2 的 10 000 倍。该研究开创了"气候-化学相互作用的新领域"，论文（Greenhouse effect due to chlorofluorocarbons：climatic implications）于 1975 年在《科学》（*Science*）发表。从分子振动与转动能级变化的水平揭示了氯氟烃对温室效应的贡献。

4. 环境化学研究是了解多种过程相互作用机制的重要环节

全球变化研究认为，相互作用的生物学、化学、物理以及社会经济四大过程对地球系统起调节作用。以往研究获得的初步知识认为，这些相互作用是通过能量的传输、化学物质的交换与转化进行的。例如，IPCC 第四次评估报告第七章（Couplings Between Changes in the Climate System and Biogeochemistry）用一小节的篇幅讨论了"reactive gases and the climate system"，给出了对流层化学过程、生物地球化学循环、人类活动与气候系统之间多重相互作用的示意图（图 1.3）。由图可知，这些过程的相互作用都是通过化学物质的交换、转化及其能量转换完成的。但是，这些过程的耦合是复杂的，因为涉及数量多的物理、化学和生物学过程，而这些过程并没有都很好量化。

因此，化学过程是了解四大过程相互作用的重要环节，受到全球变化研究的高度重视。ESSP 的全球碳项目 Global Carbon Project（GCP）三个研究主题之一是"过程与相互作

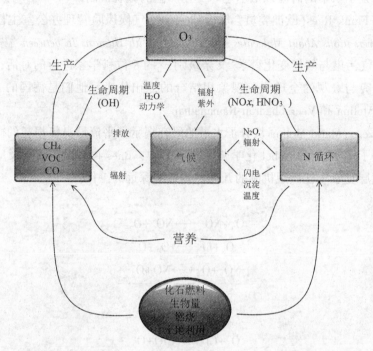

图 1.3　对流层化学过程、生物地球化学循环、人类活动与气候系统之间相互作用的示意图　*RF*: *represents radiative forcing*, *UV ultraviolet radiation*, *T temperature and HNO₃ nitric acid*.

资料来源: IPCC 第四次评估报告 Couplings Between Changes in the Climate System and Biogeochemistry, 2007: 539.

用: 控制与反馈机制是什么-人类活动与非人类活动-决定碳循环的动态变化"。再如, 国际地圈-生物圈计划的核心项目——国际全球大气化学(International Global Atmospheric Chemistry, IGAC)提出对大气圈中的光化学、云层化学、非均相化学(图 1.4)等开展多种过程整合研究。

(二)环境化学研究在全球变化研究中的作用

全球变化的环境化学是环境科学的一个重要的分支学科, 研究化学物质在自然环境中的来源、存在、化学特性、行为和效应及其控制的化学原理和方法。其特点是在原子、分子微观的水平上, 研究和阐明化学物质引起的宏观环境现象和变化的化学原因、过程机制及其防治途径。

环境化学在全球变化研究所起的作用表现在以下几个方面:

(1)可为全球变化研究提供基本化学信息和相关的研究方法;

(2)可为全球变化研究提供;

(3)可为地球系统科学管理的理论框架提供基础;

(4)可为决策者与公众不断提供科学知识;

(5)可为解决全球环境问题和可持续发展的决策提供科学依据。

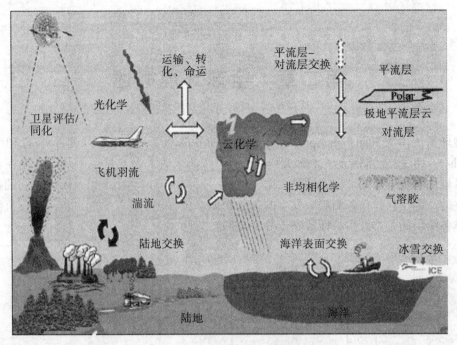

图 1.4 IGAC 研究内容示意图

资料来源：T Bates and M Schales. Science Plan and Implementation Strategy. IGAC，2004，11.

复习思考题

1. 何谓环境化学？环境化学有哪些分支学科？

2. 环境化学的任务与特点是什么？

3. 环境化学常采用哪些研究方法？

4. 何谓全球变化？

5. 全球变化的时间尺度有哪几个时间段？

6. 为什么要开展全球变化研究？

7. 为什么人类对几十年至几百年时间尺度的全球变化特别关注？

8. 当前全球变化研究的主要计划有哪些？

9. 如何理解环境化学在全球变化研究中的地位和作用？

10. 地球系统科学联盟的意义何在？

11. 举例说明诸如环境内分泌干扰物、药物和个人护理品等新兴污染物及其潜在的生态环境风险。

第二章　全球环境概述

地球系统由大气圈(atmosphere)、水圈(hydrosphere)、岩石圈(lithosphere)和生物圈(biosphere)四个自然圈层构成(图 2.1)，是一个相互作用、复杂的巨系统。发生在该系统中的区域性和全球性的环境问题是太阳、地核、人类活动的作用下以及圈层之间的相互作用产生的。为了认识在各圈层中发生的各种物理、化学与生物化学的过程与反应机制，了解地球各圈层的基本结构与性质是十分必要的。

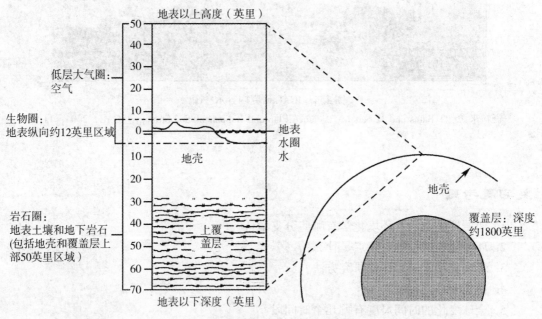

图 2.1　地球四个自然圈层示意图

诚然，这四个自然圈层的结构与性质是十分复杂的，本章只是试图从环境化学的角度来描述四个圈层的基本结构与性质，使读者在进行后续章节的学习时有一个较好的基础。

第一节　大　气　圈

大气圈是包围在地球表面并随地球旋转的空气层，它是人类重要的资源之一。在地球表面，大气的平均压力为一个大气压，大气的质量为 5.1×10^{18} kg。

一、大气圈的结构

大气圈的层次结构通常有两种划分方法：一是按照化学组成分为同质层和异质层(或均质层和非均质层)两个层次。同质层为从地表到80km左右的大气层，其密度随高度的增加而减少，它的成分除个别有变动外一般都相当稳定；高于80km的大气层称为异质层。二是按照大气在垂直方向上温度变化和运动特点划分，一般分为4个层次(图2.2)。

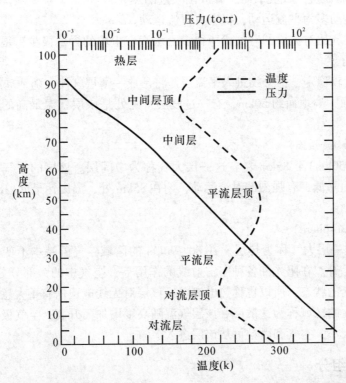

图2.2 大气圈各层次温度(－ － － －)、压力(———)变化轮廓线

资料来源：B J Finlayson-Pitts and J N Pitts, et al. Atmospheric Chemistry：Fundamentals and Experimental Techniques. Joohn Wiley & Sons Inc., 1986：9.

1. 对流层(troposphere)

大气层接近地面的这一部分称为对流层，其厚度随纬度变化而不同。在赤道上空约16km，在两极上空约10km，中纬度地区一般为10~12km。这一层大气的质量占整个大气质量的3/4，有以下特点：

(1)对流层的气温随高度的增加而下降，温度随高度下降的速率称为气温垂直递减率，约为-6.5℃/km。对流层上面有一过渡层，称为对流层顶，是该层中温度最低的区域，厚度为1~3km。然而，在地面至2km的范围内，由于受地表特性和地面辐射的影响，会出现逆温现象，即气温随高度而增加或几乎不变。

(2)空气的垂直对流运动强烈。由于近地面的空气受地表热辐射的影响向上运动，而上面的冷空气下降,形成强烈的对流运动。

(3)云、雨、雪、冰雹和雷电等气候现象都发生在这一层。

2. 平流层(stratosphere)

从对流层顶开始到50km左右这一层大气,称为平流层。这一层的特点是:

(1)在平流层的下层(12~20km),随高度的增加,气温不变或变化很小,气温趋于稳定。然后,气温随高度增加而升高,原因是平流层中的臭氧吸收太阳光的紫外线分解为O和O_2,当它们重新反应生成臭氧时,释放出大量的热。

(2)大气的运动多为平流运动,很少有对流运动。

(3)该层的空气比对流层的空气稀薄得多,水汽、尘埃的含量极少,很少出现天气现象,大气透明度好。

(4)该层大气较稳定,污染物进入平流层,将形成一薄层气流,随地球旋转而运动。

在平流层上面,离地面约50km,有一过渡层,此处是该层气温最高的地方,称为平流层顶。

3. 中间层(mesosphere)

从平流层顶(50km)至85km左右这一层大气称为中间层。该层的空气更为稀薄,气温随高度的增加而降低,有强烈的对流运动,约在85km处,温度达最低(180K),此区域称为中间层顶。

4. 热层(thermosphere)

85~700km这一层大气称为热层。在80~90km的区域,气温基本不变,随后温度随高度增加而迅速上升。在阳光和各种宇宙射线的作用下,空气中的大部分分子发生电离,空气处于高度电离的状态,所以也称热电离层,该层对无线电通信有重大意义。

700~3 000km的区域称为逸散层。该层气温随高度增加而升高,空气极为稀薄,由于空气受地心引力极小,空气和微粒可从该层进入宇宙。

二、大气的组分

当代大气的化学组成是很复杂的,其组分大致可分为两大类:气体组分和大气颗粒物。

(一)大气的气体成分及分布

1. 大气的气体成分

清洁大气的气体组分见表2.1。

表2.1　　　　　　　　　　　大气的气体组分

组分	分子式	丰度 (%, ppm, ppb)	组分	分子式	丰度 (%, ppm, ppb)
氮	N_2	(78.084±0.004)%	甲烷	CH_4	2ppm
氧	O_2	(20.948±0.002)%	氢	H_2	0.5ppm
氩	Ar	(0.93±0.001)%	氧化亚氮	N_2O	0.3ppm

续表

组分	分子式	丰度 （%，ppm，ppb）	组分	分子式	丰度 （%，ppm，ppb）
水蒸气	H_2O	可变（%～ppm）	一氧化碳	CO	0.05～0.2ppm
二氧化碳	CO_2	325ppm	臭氧	O_3	可变（0.02～10ppm）
氖	Ne	18ppm	氨	NH_3	4ppb
氦	He	5ppm	二氧化氮	NO_2	1ppb
氪	Kr	1ppm	二氧化硫	SO_2	1ppm
氙	Xe	0.08ppm	硫化氢	H_2S	0.05ppb

资料来源：O Hutzinger. The Handbook of Environmental Chemistry. Springer-Verlag, Berlin Heidelberg, 1986：2.

2. 大气中主要成分的分布

氮、氧、氩、二氧化碳和水蒸气占大气总体积的 99.9%，其中与大气化学、温室效应有关的成分为氮、氧、二氧化碳和水蒸气。它们在空间的分布有以下特点：

（1）氮占大气总体积3/4强，它的分布从地面一直延伸到100km 以上，氮分子（N_2）的最大浓度出现在50km 以下的空间，氮原子（N）主要分布于 50～100km 的空间。

（2）氧约占大气总体积的1/5，在120km 高度的空间都存在。在低于60km 的空间，主要以氧分子（O_2）存在，在高于此高度的空间占优势的是氧原子（O）。

（3）二氧化碳在大气中所占比例很小，它与生物圈有很密切的关系，主要存在于50km 以下的空间，集中于2km 高度的空间。

（4）水蒸气是大气中含量最易变的成分，出现于10km 高度的空间，约90%集中在6km 以下的空间。

（二）大气颗粒物

大气中另一大类物质是颗粒物，其尺寸分布很广，粒径一般在 10^{-7}～10^{-2} cm，由于重力作用，它们在大气中的沉降速度不同，因而悬浮停留的时间也不同（表2.2）。

表2.2 　　颗粒物的沉降速度（静止空气，0℃，1atm，比重 $1g/cm^3$）

颗粒物粒径（μm）	沉降速度（cm/s）
<0.1	忽略不计
0.1	8×10^{-5}
1.0	4×10^{-3}
10.0	0.3
100	25

资料来源：R A Bailey, et al. Chemistry of the Environment. Academic Press, 1978.

　　通常可以把大气颗粒物分为两大类：尘埃和气溶胶粒子。尘埃是指粒径大于 $10\mu m$ 的固体颗粒物，它们在大气中悬浮停留的时间很短；大气气溶胶粒子通常是指悬浮在大气中粒径在 $10^{-3} \sim 10^{1}\mu m$ 的固体或液体粒子。

　　环境化学早期对大气颗粒物（particulate matter）的研究着重于总悬浮颗粒物（total suspended particulate，TSP），20 世纪 70 年代末以来，人们关注粒径小的颗粒物。1978 年，美国国家环保局把粒径小于 $15\mu m$ 的颗粒物称为可吸入粒子，此后，国际标准化组织根据研究工作的深入，将粒径小于 $10\mu m$ 的颗粒物定为可吸入粒子，称为 PM_{10}。90 年代后，环境化学的研究转向粒径更小的颗粒物，如粒径为 $5\mu m$（PM_5）、$2.5\mu m$（$PM_{2.5}$）的颗粒物，甚至超细（nm）粒子。

1. 大气气溶胶

　　大气气溶胶（aerosol）是指固态或液态微粒均匀分散在气体中而形成的稳定体系。

　　大气是一种气溶胶体系，大气中固态或液态微粒称为分散相，大气气体为分散介质。通常把大气中细小的固体和液体物质称为气溶胶粒子，简称气溶胶。

　　大气气溶胶粒子的粒径是其重要属性，目前普遍采用空气动力学直径（aerodynamic diameter）来表示。定义为：在空气中与所研究粒子有相同终端降落速率、密度为 1（$1g/cm^3$）的球体的直径，用 D_P 表示。采用这种方法表示气溶胶粒子的粒径是非常有用的，因为它可以反映粒子的大小与沉降速率之间的关系。D_P 由下式给出：

$$D_P = D_g \cdot k \cdot \sqrt{\frac{\rho_P}{\rho_0}}$$

式中：D_g 为几何直径；ρ_P 为忽略了空气浮力影响的粒子密度；ρ_0 为参考密度；k 为形状因子，当粒子为球状时，$k=1$。

2. 大气气溶胶的来源与分类

　　大气中的气溶胶有两种来源，天然源和人为源。来自地球表面天然过程的直接排放和宇宙活动的这样一类来源称为天然源，主要有火山喷发、海洋表面的水的飞溅、森林火灾、土壤碎屑的飞扬、生物物质（如花粉、细菌、真菌等）、流星碎屑等；来自人类活动直接排放的这样一类来源称为人为源（表 2.3），这些排放的 90% 进入对流层中。

表2.3　　　　　　　　　　　　大气气溶胶的天然源和人为源估计量　　　　　　　　　　$10^6 t \cdot a^{-1}$

来　源	所有粒径	粒径<$5\mu m$
天　然　源		
一次产物		
海盐	300~1 000	500
风扬灰尘	7~500	250
火山排放	4~150	25
流星碎屑	0.02~10	0
森林火	3~15	5
总量	314~1 810	780

来 源	所有粒径	粒径<5μm
二次产物		
转化生成的硫酸盐	37~420	335
转化生成的硝酸盐	75~700	60
转化生成的碳氢化合物	75~1 095	75
总量	187~2 215	470
天然源总量	501~4 025	1 250
人 为 源		
一次产物		
交通运输	2.2	1.8
固定燃烧	43.3	9.6
工业排放	56.4	12.4
固体废弃物处置	2.4	0.4
其他	28.8	5.4
总量	37~133	30
二次产物		
转化生成的硫酸盐	112~220	200
转化生成的硝酸盐	23~34	35
转化生成的碳氢化合物	19~50	15
总量	148~350	250
人为源总量	185~483	280
天然源与人为源总量	686~4 508	1 530

资料来源：H A Bridgman. Global Air Pollution：Problems for the 1990s. Belhaven Press，1990.

由天然和人类活动直接排放的物质所形成的气溶胶称为一次气溶胶（primary aerosols）。排入大气的物质(包括气体物质、一次气溶胶和大气气体组分)经过化学转化而形成的气溶胶称为二次气溶胶(secondary aerosols)。

气溶胶粒子的尺寸分布范围很广，通常是以气溶胶粒子的粒径大于或小于 5μm 来划分，粒径小于 5μm 的气溶胶称为细气溶胶，大于 5μm 的称为粗气溶胶。一般而言，一次气溶胶粒子要大于二次气溶胶粒子。二次气溶胶能够通过开始形成的核($<0.1\mu m$)很快生长成为较大的粒子(一般可大到$2\mu m$)。

3. 大气气溶胶粒子的化学组成

大气气溶胶粒子的化学组成十分复杂,粒子的来源不同其组成也相差很大。一般而言,一次气溶胶往往含有 Fe、Zn、Mg、Cu、As、Mn、Pb 等金属元素和颗粒态有机碳。二次气溶胶的气溶胶粒子则含有大量的硫酸盐、硝酸盐和有机物等。有人对气溶胶中金属元素的含量作了总结,见表2.4。

表2.4　　　　　全球大气气溶胶中痕量金属元素的浓度范围　　　　　$ng \cdot m^{-3}$

元素	位置			研究次数
	远离人类活动区	乡 村	城 市	
Fe	0.62~4 160	55~14 530	21~32 820	84
Zn	0.03~460	11~430	15~8 340	87
Cu	0.029~12	3~280	2~6 810	107
As	0.007~1.9	1.0~2.8	2~2 320	39
Mn	0.01~16.7	3.7~99	1.7~850	99
Pb	0.007~64	2~1 700	1.3~96 270	111
Hg	0.005~1.3	0.05~160	0.58~458	25
Sb	0.000 8~1.19	0.6~7	0.5~470	50
V	0.001~14	2.7~97	0.4~1 460	69
Ni	0.01~60	0.6~78	0.3~1 400	59
Cd	0.003~1.1	0.4~1 000	0.2~7 000	95
Co	0.001~0.9	0.08~10.1	0.2~83	48
Cr	0.005~11.2	1.1~44	痕量~277	65
Se	0.005 6~0.19	0.01~30	0.01~127	50

资料来源：H A Bridgman. Global Air Pollution：Problems for the 1990s. Belhaven Press, 1990.

气溶胶粒子含有的有机物因其来源和粒径的不同而不同。细颗粒物的有机物则更为复杂,在非城市地区上空气溶胶粒子中的有机质通常为脂肪烃(碳链较长)、多环芳烃、极性有机物、有机酸、有机碱等五大类;而城市地区大气气溶胶粒子中有机物多为植物蜡、树脂、长链碳氢化合物等。另外还发现有双官能团取代的烷烃衍生物,这类物质是大气中的光化学产物,其通式为

$$X—(CH_2)_n—X \quad 或 \quad X—\overset{\overset{\displaystyle CH_3}{|}}{CH}—(CH_2)_{n-1}—X$$

式中：$n = 1 \sim 5$；X 为有机官能团,一般为—COOH、—CHO、—CH$_2$OH、—CH$_2$ONO、—COONO或—COONO$_2$。Schuctzle 等人和 Cronn 等人报道过一次气溶胶和二次气溶胶中检出的双官能团有机物(表2.5)。

表 2.5　　　　　　　　　　气溶胶中检出的双官能团有机物

化　合　物	n
$HOOC(CH_2)_nCOOH$	1~8
$HOOC(CH_2)_nCHO$	3~5
$HOOC(CH_2)_nCH_2OH$	3~5
$HOOC(CH_2)_nCH_2ONO$ 或 $CHO(CH_2)_nCH_2ONO_2$	3~5
$CHO(CH_2)_nCH_2OH$	3~5
$CHO(CH_2)_nCHO$	3~5
$HOOC(CH_2)_nCOONO$ 或 $CHO(CH_2)_nCOONO$	3~5
$CHO(CH_2)_nCOONO$	3, 4
$HOOC(CH_2)_nCOONO_2$	4, 5
$HOOC(CH_2)_nCH_2ONO_2$	3, 5

资料来源: B J Finlayson-Pitts and J N Pitts, et al. Atmospheric Chemistry: Fundamentals and Experimental Techniques. John Wiley & Sons Inc., 1986: 803.

近年来, 我国环境科学家对大气气溶胶的研究取得了较多的成果。例如, 张仁健, 王明星等人对北京不同高度大气气溶胶金属元素的分布有了较好的了解(表 2.6)。傅家谟等人研究了珠江三角洲地区内主要城市不同功能区气溶胶中正构烷烃的分布规律: 广州为 $C_{14~}C_{36}$, 珠海和深圳为 $C_{13}~C_{37}$, 香港为 $C_{14}~C_{35}$, 澳门为 $C_{12}~C_{36}$。

表 2.6　　　　　　　　　不同高度大气气溶胶中金属元素的分布　　　　　　　ng/m^3

元素	细粒态			粗粒态			总浓度比值
	47m	6m	比值	47m	6m	比值	
Al	3 212.5	3 386.5	0.95	10 002.9	7 922.7	1.26	1.17
Si	2 883.3	2 479.1	1.16	16 492.7	12 127.5	1.36	1.33
P	495.5	515.3	0.96	686.0	678.0	1.01	0.99
S	2 194.9	3 594.8	0.61	1 095.6	1 741.0	0.63	0.62
Cl	1 130.5	1 060.0	1.07	462.4	684.8	0.68	0.91
K	956.7	633.3	1.51	1 240.7	986.7	1.26	1.36
Ca	845.9	634.8	1.33	6 810.7	6 700.9	1.02	1.04
Ti	67.2	47.2	1.42	440.2	341.6	1.29	1.31
V	1.2	0.7	1.71	8.2	5.0	1.64	1.65
Cr	12.3	9.3	1.32	15.7	12.2	1.29	1.30

续表

元素	细粒态			粗粒态			总浓度比值
	47m	6m	比值	47m	6m	比值	
Mn	52.6	77.6	0.68	124.0	103.8	1.19	0.97
Fe	828.3	574.8	1.44	4 378.0	3 317.8	1.32	1.34
Ni	21.1	13.9	1.52	83.9	51.7	1.62	1.60
Cu	25.1	35.7	0.70	73.0	53.5	1.36	1.10
Zn	155.9	165.4	0.94	126.0	125.7	1.00	0.97
As	27.5	24.1	1.14	40.8	29.1	1.40	1.28
Se	13.4	5.6	2.39	26.5	9.0	2.94	2.73
Br	34.9	22.7	1.54	28.8	11.0	2.58	1.88
Sr	5.9	8.2	0.72	46.4	49.5	0.94	0.91
Pb	117.6	143.0	0.82	122.4	62.5	1.96	1.17

资料来源：张仁健，王明星，等. 北京冬春季气溶胶化学成分及其谱分布研究. 气候与环境研究，2000，5(1)：8.

4. 大气气溶胶的效应

由于大气气溶胶粒径小，能够长期停留在大气中，由此可产生一系列的效应，主要表现在以下几个方面：

(1)影响空气质量。由于气溶胶粒子的散射作用，气溶胶可使大气的能见度降低，气溶胶粒子能长期悬浮于大气中，并能够远距离传送，因而不仅对局地的空气质量，而且还会对区域和全球范围的空气质量有影响。

(2)危害人体健康。由于粒径小，容易通过呼吸道沉积于支气管和肺部，对人体健康造成危害。

(3)影响气候。气溶胶对气候的影响主要表现为气溶胶粒子对气候系统的热辐射收支平衡的破坏，可分为直接影响和间接影响：

直接影响指大气中的气溶胶粒子通过吸收、散射太阳辐射和地面射出长波辐射从而影响地-气辐射收支。模式计算表明，人类活动引起大气气溶胶增加，由此产生的地面变冷趋势可部分抵消温室气体增加引起的地表温度上升。

气溶胶对气候的间接影响是指气溶胶因浓度变化而影响云的形成，进而造成一系列的影响。气溶胶粒子增加的一个最直接的影响是使云的数量增加，其结果总的来说是使地表降温。另外，云的增加可引起降水增加，而改变地表湿度和植被，使地表反照率变化而进一步影响气候，这一连串的间接影响至今尚无法定量计算，是研究气溶胶对气候影响的一个重要的课题。

(4)影响大气化学过程。最近的研究表明气溶胶与臭氧层的破坏、酸雨的形成、烟雾事件的发生都有密切的关系。我国学者研究指出，作为非均相反应的界面，沙尘气溶胶的存在可以加速二氧化硫向硫酸盐的转化，使硫酸盐增加20%～40%。

（三）大气组分浓度表示方法

大气中各种成分的浓度常使用不同的单位，浓度的表示方法有以下几种：

1. ppm，pphm，ppb，ppt 表示法

$$1ppm = \frac{1}{10^6} \qquad\qquad 1pphm = \frac{1}{10^8}$$

$$1ppb = \frac{1}{10^9} \qquad\qquad 1ppt = \frac{1}{10^{12}}$$

2. 个数/cm³ 表示法

当物质的浓度比 ppt 还低时，通常用这种方法来表示大气中自由基、分子、原子等的浓度。在大气压为 101 325Pa，温度为 25℃（298K）时，每立方厘米的分子数可由下式给出：

$$\frac{n}{V} = \frac{P}{RT} = \frac{101\ 325Pa}{0.082\ 6 \times \dfrac{1 \times 101\ 325Pa}{K \times mol} \times 298K} = 0.041mol/L$$

换算为每立方厘米的分子数：

$$\frac{n}{V} = 0.041(mol/L) \times 10^{-3}(L/cm^3) \times 6.02 \times 10^{23}(分子/mol)$$

$$= 2.46 \times 10^{19}(分子/cm^3)$$

即 1ppm 相当于 2.46×10^{13} 分子/cm³，1ppt 相当于 2.46×10^7 分子/cm³。表2.7给出了在 1atm、25℃时上述单位的换算关系。

3. mg/m³、μg/m³ 表示法

$$x(mg/m^3) = \frac{污染物重量(g)}{空气的采样体积(m^3)} \times 10^3$$

$$x(\mu g/m^3) = \frac{污染物重量(g)}{空气的采样体积(m^3)} \times 10^6$$

表2.7　　　　　　　**ppm、pphm、ppb、ppt 与个数/cm³ 单位之间的换算**

单　位	分子、原子、自由基个数/cm³
1ppm	2.46×10^{13}
1pphm	2.46×10^{11}
1ppb	2.46×10^{10}
1ppt	2.46×10^7

μg/m³ 与 ppm、pphm、ppb、ppt 之间的换算关系如下（式中 M 为物质的摩尔质量）：

$$\mu g/m^3 = ppm \times 40.9 \times M$$

$$\mu g/m^3 = pphm \times 0.409 \times M$$

$$\mu g/m^3 = ppb \times 0.0409 \times M$$

$$\mu g/m^3 = ppt \times 4.09 \times 10^{-5} \times M$$

三、大气组分对太阳辐射的衰减

(一)太阳辐射

太阳是最靠近地球的恒星，日地间的平均距离约为 1.5×10^8 km。地球系统的能量来源主要是太阳辐射，地球上的绝大部分生命过程都是依赖太阳辐射能来维持的。太阳可看成一个直径为 1.4×10^6 km，距地面 1.5×10^8 km 的球形光源，入射到地球表面的阳光可看成是准直角为 $0.5°$ 的平行光束。地球接受太阳辐射，同时向空间辐射长波($2 \sim 40 \mu m$，最大强度在 $10 \mu m$ 附近)。下面介绍有关太阳辐射的一些基本概念。

1. 太阳光谱

太阳发射的电磁辐射几乎包括了整个电磁波谱，它在大气层顶上能量随波长的分布称为太阳光谱(图 2.3)。从图中可知，太阳辐射波长的最大值在电磁波谱的可见光范围($400 \sim 800$ nm)，它们占总发射能量的50%；紫外光($200 \sim 400$ nm)占7%；红外辐射($0.8 \sim 4.0 \mu m$)占43%。太阳辐射短波的能量占优势，因此也称太阳辐射为短波辐射。

另外，从图 2.3 还知道，由于臭氧对紫外光的吸收，到达地球表面的太阳辐射的波长只含有部分近紫外光，且波长大于 290nm。通常，把达到地面的太阳辐射的紫外光分为两部分：UV-A($320 \sim 380$ nm)；UV-B($290 \sim 320$ nm)，对地表面生物有危害的为 UV-B 范围的紫外辐射。

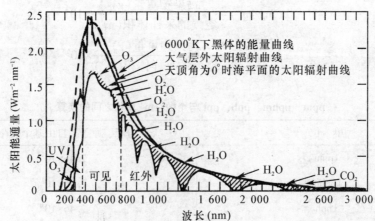

图 2.3　在大气层外和海平面太阳辐射的通量，并与 6 000℃黑体辐射比较
同时给出了主要成分(O_3、H_2O 等)在不同波长范围对太阳辐射的吸收

资料来源：B J Finlayson-Pitts and J N Pitts, et al. Atmospheric Chemistry: Fundamentals and Experimental Techniques. John Wiley & Sons Inc., 1986：96.

2. 太阳天顶角(solar zenith angle)

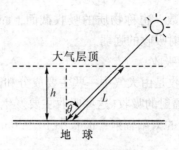

图 2.4 太阳天顶角的定义

相对于地球表面一固定点的太阳角度,常用太阳天顶角(θ)来表示。其定义为太阳对该点的直射光线与地球表面此点垂线之间的夹角(图 2.4)。中午,太阳光垂直于地球表面,$\theta = 0$,日照强度最大。随天顶角的增大,同样数量的太阳能散布在较大面积的地面上,单位面积上得到的能量较少,即光强减少。日出和日落时,$\theta = 90°$,光强最小。

3. 太阳常数

当日地处于平均距离时,在大气层顶上,垂直于太阳光线的单位面积上的太阳能通量称为太阳常数。按世界气象组织 1981 年公布的数据,太阳常数的平均值为 1 367±7W/m^2。

4. 阳光、天空光和日光

(1)阳光(sunlight)从太阳直接达到地球表面的光。

(2)天空光(skylight)由地球大气层中各种成分(气体分子、水滴、各种颗粒物)造成的散射光。

(3)日光(daylight)阳光与天空光之和称为日光。

(二)大气组分对太阳辐射的吸收作用

由于大气中各种成分对太阳辐射有吸收和散射作用,使太阳辐射不能全部到达地面。晴天时,在赤道也只有 75% 的太阳辐射到达海平面。

大气对太阳辐射的吸收是因为大气中的各种成分对太阳辐射的选择性吸收。大气的主要成分为氮、氧、氩,它们的含量为 99.99%,其次为 CO_2、水汽和其他的微量成分。能吸收太阳辐射紫外光的主要成分有 O_2、O_3、N_2、N,含量很少的 O_3、CO_2、H_2O、N_2O、CH_4 和氯氟烃对太阳红外光和地表长波辐射也有吸收。

大气各种成分对太阳辐射的吸收可以用 Beer-Lambert 定律来描述。在溶液中,该定律的表达式为

$$\lg\left(\frac{I_0}{I}\right) = \varepsilon cl$$

式中:I_0 为入射光强;I 为透过光强;c 为吸光物质的浓度,mol/L;l 为光程,cm;ε 为摩尔吸光系数,$L \cdot mol^{-1} \cdot cm^{-1}$。

在大气化学中,吸光物质的浓度常用分子数·cm^{-3} 表示,符号为 N,光程长用 l 表示,单位为 cm,并采用自然对数,Beer-Lambert 定律的表达式变为

$$\ln\left(\frac{I_0}{I}\right) = \sigma N l$$

式中：σ 为气体物质的吸收系数，也称物质的吸收截面，$cm^2/$分子。通常以 σ 的大小来比较大气中气体物质对太阳辐射吸收的强弱。

1. 大气对太阳短波辐射的吸收

大气对太阳短波辐射的吸收是由大气中一些主要成分和微量成分引起的。

(1)氮分子与原子对太阳辐射的吸收(这些吸收主要发生在平流层)。

N_2：吸收波长小于 120nm 的太阳辐射；波长小于 79.6nm 的太阳辐射将使 N_2 光解。

N：在 1~100nm 有吸收。

(2)氧分子的光吸收。

在 200~300nm 之间有连续吸收，称为 Herzberg 连续吸收。

在低于 200nm 的紫外区有强烈的吸收。这一吸收在对流层中是不重要的，而在平流层中是重要的，因为吸收导致 O_2 的光解。在 130~200nm 的吸收称为 Schuman-Runge 系。

O_2 在可见光区的 760nm 和红外区(1.27 和 $1.07\mu m$)还有弱吸收，称为大气氧带。

(3)O_3 的光吸收。

在紫外可见光区，O_3 的吸收光谱共有三个谱带：

200~300nm 的吸收称为 Hartly 带，为强吸收带，主要发生在平流层，这一强吸收使到达对流层太阳辐射的波长不小于 290nm。

300~360nm 的吸收称为 Huggins 带。

400~850nm 的吸收称为 Chappius 带。

由于大气中这些物质对太阳辐射吸收的选择性，而使大气对太阳辐射的吸收主要在紫外区和真空紫外区(图 2.5)。

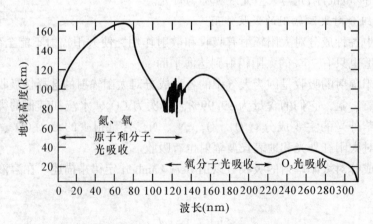

图 2.5　大气中的原子、分子态物质对太阳辐射最大吸收随高度和波长变化的大致范围

资料来源：B J Finlayson-Pitts and J N Pitts, et al. Atmspheric Chemistry：Fundamentals and Experimental Techniques. John Wiley & Sons Inc., 1986：96.

(4)氮氧化物的光吸收。

二氧化氮的光吸收：二氧化氮在 180~410nm 有吸收。

NO_3 的光吸收：气态 NO_3 在 570~670nm 有吸收，在 298K，波长 622nm，其吸收截面为 $2.28×10^{-17}cm^2$/分子。

N_2O_5 的光吸收：N_2O_5 在 290~380nm 有较强的吸收，吸收强度与温度(T，单位为 K)和波长有下列关系：

$$\ln\sigma = 0.432\,537 + \frac{4\,728.48 - 17.126\,9\lambda}{T}$$

N_2O_3 的光吸收：N_2O_3 在 300~400nm 有吸收。

N_2O 的光吸收：N_2O 在 245~325nm 有吸收。

(5)SO_2 的光吸收：SO_2 在 240~330nm 的范围内有强吸收，在 340~400nm 范围内有弱吸收。

2. 大气微量成分对太阳和地表长波辐射的吸收

大气中的某些微量成分能够吸收太阳辐射中的红外光，这些成分主要有 CO_2、O_3、H_2O、CH_4、N_2O 和氟利昂等。它们对红外光的吸收是因为红外辐射引起了分子的转动能级和振动能级的变化，并且有的在大气中的停留时间较长，这些成分对长波辐射的吸收带列于表 2.8。

表 2.8　　　　　　　大气中重要温室气体的主要特征和对大气增温的影响

特　　征	H_2O	CO_2	CH_4	N_2O	CFC-11	CFC-12	O_3
吸收红外辐射的主要波长(μm)	6.3~8.0 >15	4.3,15	3.3 7.6	4.5,7.6 8.6	9.22 11.22	8.68,9.12 10.93	4.75 9.6
1975—1985 年的增加率(%)	可变	4.6	11.0	3.5	103.0	101.0	可变
大气中的寿命(a)	可变	2	5~10	120	65	110	0.1~0.3
捕捉红外能量($W\cdot m^{-2}$)							
1985 年	可变	约50	1.7	1.3	0.05	0.12	1.2
2050 年	可变	约53	2.5	1.5	0.3	0.6	1.7
增加气温的估计(K)	可变	0.71	0.14*	0.10	0.24	0.12	0.06

注：* 最近的估计值为 0.20~0.25。

资料来源：H A Bridgman. Global Air Pollution：Problems for the 1990s. Belhaven Press，1990：91.

3. 温室效应与温室气体

地球表面温度是通过进入到地球的太阳辐射能量与返回空间热量之间的平衡来维持的，进入地球大气的能量是 $8.4×10^4J\cdot m^{-2}\cdot min^{-1}$(1 400W · m^{-2})，其中约47%可直接或散射后到达地球表面和近地的大气，包括部分紫外光、可见光。在地球表面具有最大强度的辐射在 483nm 附近，红外辐射被大气的组分吸收并向空间各方向发射长波辐射，从而加热大气层。被加热的地球能够以长波辐射的形式发射被其吸收的能量，波长在红外区域(2 000~40 000nm)，其最大强度在 10 000nm 附近。这些长波辐射的大部分不能够通过大气层到达外层空间，而被大气层中能够吸收长波辐射的成分吸收，并且在所有方向上重新发射红外辐射，这样的辐射转化为热量，于是地球大气层被加热，这种现象称为温室效应（greenhouse effects），它是地球大气层的自然特征。如果没有大气层，全球地表年平均温度为256K，即-17℃，由于有了这一层大气，全球地表平均温度维持在15℃左右，即比没有大气的高32℃，而且日变化和季节变化幅度大为减少，随纬度的变化也比较平缓。我们将具有"温室效应"的气体称为温室气体（greenhouse gases）。能产生温室效应的气体主要有：CO_2、H_2O、O_3、CH_4、N_2O、人为排放的氯氟碳（CFC_s）等微量气体。

4. 化学物质的源与汇

在环境化学中，源（sources）和汇（sinks）是两个常用的重要概念。源是指环境中化学物质来源的位置或过程（包括物理与化学过程），化学物质由源产生的强度称为源强。汇是指环境中化学物质去除的位置或过程（包括物理与化学过程），化学物质由汇去除的强度称为汇强。下面讨论一些重要温室气体的源与汇。

（1）CO_2。

大气中的二氧化碳是微量成分，但却是重要的温室气体，它对全球气候有较大的影响，其人为源见表2.9。根据冰岩芯气泡中气体和树木年轮中碳同位素的分析研究证明，在工业化之前很长时间内，大气中的二氧化碳的浓度大致稳定在280±10ppm。自1958年Mauno Los观测站的观测和其后在南极和其他大气成分本底观测站的观测都证明，在过去30年里，全球大气中二氧化碳的平均浓度增加了约70ppm，年增长率0.4%。

表2.9   20世纪80年代 CO_2 的人为源 Pg^*/a

源	燃烧产生	产生的碳	碳所占的分数
化石燃料燃烧	–	4.58	–
a. 煤	2.47	1.75	0.71
b. 液体燃料	2.31	1.94	0.84
c. 天然气	1.40	0.78	0.56
d. 天然气火炬	0.21	0.11	0.56
生物质燃料燃烧	2.50	1.00	0.40
a. 木炭	1.90	0.76	0.40
b. 农作物残留物	0.50	0.20	0.40
c. 干粪	0.10	0.04	0.40
d. 植物燃烧	0.20	0.07	0.33
牧草燃烧	4.80	1.60	0.33
烧荒	1.00	0.33	0.33

注：* $Pg=10^{15}g$，后同。

资料来源：H A Bridgman. Global Air Pollution：Problems for the 1990s. Belhaven Press，1990：14.

（2）O_3。

自然大气中有微量臭氧存在，其浓度随高度而变化（0.02～10ppm），平流层（地面

20~25km)臭氧浓度最大。臭氧能吸收大量的太阳紫外辐射，同样也能吸收来自太阳、地面和四周大气的红外辐射，因而它也是重要的温室气体。

平流层中臭氧的源为 O_2 的光化学反应，汇则为氯氟烃引发的光化学反应。在对流层大气中臭氧的浓度很低，其最大值为 20~60ppb，目前认为天然对流层中的 O_3 有两个来源：其一是从平流层的注入，对流层中臭氧的浓度一般为整个大气圈臭氧总浓度的 10%。从上至下，对流层的温度增加，因此平流层空气混入对流层受到阻止。但是，由于气候现象，在某一特殊的区域，可导致温度间断的周期性短期崩溃，而使含有臭氧的平流层空气短暂的混入对流层，这种观点从 1985 年后已被接受。这种现象通常用以在排除 O_3 光化学产生的时间内，臭氧浓度迅速变化并出现峰值来表征。其二是氮氧化物与非甲烷有机化合物的光化学反应生成 O_3，将在后面有关章节讨论。

尽管 O_3 在大气中的含量很少，但它对人类和地表生物却是极为重要的，这主要有以下几个原因：首先，O_3 对太阳紫外辐射有强烈的吸收，使得低于 290nm 的辐射不能到达地面，从而保护了地面的生物和人。另外，如果地面附近 O_3 浓度过多，人和其他动物的呼吸系统将会受到严重损害。最近几年的研究表明，当地面的 O_3 相对浓度达到 0.1ppm 时，就会引起人的呼吸道发炎，浓度达到 5ppm 时，就会危及人的生命。其次，臭氧对大气环流的形成和全球气候的影响是一个重要因子。O_3 对太阳紫外辐射的吸收是平流层的主要热源，平流层 O_3 随高度的分布直接影响平流层的温度结构，平流层 O_3 的减少将使平流层上层的温度降低。因此，大气中微量的臭氧对全球气候起着重要的作用。最后，大气 O_3 的天然含量很低，很容易受到人类活动的冲击，而这种冲击会对全球环境有何影响，目前尚无清楚的认识。

(3)氯氟烃。

氯氟烃俗称氯氟碳(chlorofluorocarbons，CFC_S)是只含氯原子和氟原子的碳氢化合物，商品名为氟利昂。研究表明，氯氟烃具有强烈的温室效应，如 1 千克 CFC-11 在 100 年中作为一种温室气体的强度比 1 千克二氧化碳的大 3 500 倍。另外，氯氟烃的化学性质非常稳定，在对流层难以分解，在平流层因发生光解而严重破坏臭氧层，从而危害地球上的生灵。

常用的氟利昂有 CFC-11 (CCl_3F)，CFC-12 (CCl_2F_2)，CFC-13 ($CClF_3$)，CFC-22 ($CHClF_2$)，CFC-113(CCl_2FCClF_2)，CFC-114($CClF_2CClF_2$)，CFC-115($CClF_2CF_3$)。

CFC 之后的数字分别表示 F、H、C 的原子数：右面第一个数字表示 F 原子的个数，第二个数字减 1 所得的数值表示 H 原子数，第三个数字加 1 所得的数值表示 C 原子数(如果碳原子数为 1，则省略)。这种表示方法没有计及 Cl 原子数。

氯氟碳化合物完全是人工合成的化学品，自 1930 年工业化以来，用量激增，1988 年世界产量已达 113 万 t。它们在大气中的总浓度已由 30 多年前的零达到 20 世纪 80 年代中期的 1ppb 左右。

(4) CH_4。

甲烷是一种非常重要的温室气体，这是因为：甲烷有强烈的红外吸收和辐射作用，甲烷吸收和发射谱带的区域在长波范围内，而在这个区域 CO_2 和水蒸气不吸收(即所谓的窗口区域)；有浓度增加的较大趋势。

　　近年来，国内外对甲烷的源与汇进行了研究，取得了一些定量数据，但仍存在不确定性。就全球尺度而言，大气 CH_4 的源主要是天然湿地、稻田、反刍动物、化石燃料生产与运输过程的泄漏、垃圾处理及浅水湖沼。其汇主要是大气化学反应、土壤的吸收（表 2.10）。

表 2.10　　　　　　　　　　　　　　甲烷源与汇的估计　　　　　　　　　　　Tg^*CH_4/a

源		
自然源		
·湿地	115	（100~200）
·白蚁	20	（10~50）
·海洋	10	（5~20）
·淡水	5	（1~25）
·甲烷水合物	5	（0~5）
人为源		
·采矿，天然气和石油工业	100	（70~120）
·水稻田	60	（20~150）
·肠道发酵	80	（65~100）
·动物排泄物	25	（20~30）
·污水管道	25	？
·垃圾填埋坑	30	（20~70）
·生物质燃烧	40	（20~80）
汇		
大气（对流层+平流层）去除量	470	（420~520）
土壤去除量		
大气中增长	32	（28~37）

注：* $Tg=10^{12}g$，后同。
资料来源：R G Prinn. 互相间作用着的大气：全球大气生物圈化学. AMBIO，1994：23，51.

　　我国主要 CH_4 源的排放总量及未来变化趋势如表 2.11 所示。

表 2.11　　　　　　　中国主要 CH_4 源的排放总量及未来变化趋势　　　　　　　Tg/a

源	排放总量	
	1988 年	2000 年
稻田	17±2	17±2
家畜	5.5	8.5
煤矿	6.1	8.0
天然湿地	2.2	2.2
农村堆肥	3.2	3.2
城镇	0.6	0.6
总计	35±10	40±10

资料来源：王明星等. 中国 CH_4 排放量的估算. 大气科学，1993（17）：52-64.

（5）N_2O。

目前大气中 N_2O 的含量约为 1 500 亿 kg（以 N 计），并且每年以 0.2%~0.3% 的速度不断增加。目前对 N_2O 的源与汇的了解比以往增加了很多，天然源主要有海洋、土壤、湿地、森林、草地等；人为源主要有耕地土壤、生物物质的燃烧、工业生产、交通运输等。N_2O 的汇主要为平流层的光解和土壤（表 2.12）。应当指出，对于 N_2O 的源与汇的了解仍存在不确定性，因此其长期增长趋势的估计是很不确定的。

表 2.12 N_2O 源强估算及其纬度分布和汇强

源（Tg N/a）		源分布 （%）	
天然			
·海洋	1.4~2.6	·90°N~30°N	22~34
·热带土壤	3.8~4.8	·30°N~0°	32~39
·湿地森林	3.2~3.7	·0°~30°S	20~29
·干热带草原	0.5~2.0	·30°S~90°S	11~15
·温带土壤	0.6		
·森林	0.05~2.0		
·草地	?		
人为		汇（Tg N/a）	
·耕地土壤	0.03~3.0	·土壤去除量	?
·生物质燃烧	0.2~1.0	·平流层光解	7~13
·固定燃烧	0.1~0.3	·大气增加	3~45
·流动源	0.2~0.6		
·己二酸生产	0.4~0.6		
·硝酸生产	0.1~0.3		

资料来源：R G Prinn. 相互间作用着的大气：全球大气生物圈化学. AMBIO, 1994(23)：50.

（三）大气对太阳辐射的散射

大气由各种气体分子、粒子组成，当太阳辐射在大气中传输时，会与这些分子和粒子相互作用，使太阳辐射的传播方向及能量在空间发生重新分布，这种现象成为大气的散射。大气对太阳辐射的散射作用主要发生在可见光区，结果使太阳辐射减弱，同时大气成为散射辐射源。散射辐射的强度与入射辐射的强度与波长、粒子的尺寸与形状、以及粒子的物理性质（折射率）有关，散射辐射的偏振状态也随散射角而变化。它们之间已经建立了定量关系，本节主要讨论它们之间的定性关系。大气散射主要有以下几种类型：

1. 分子散射

大气中的分子对太阳辐射可产生散射。分子的半径（r）远小于入射光的波长（$r \ll \lambda$），当光照射分子时，光子与分子相互碰撞而发生的散射称为分子散射。分子散射有两种类型：

（1）Rayleigh 散射。在散射过程中光子与分子不发生能量交换，散射光的强度和偏振度随散射方向而变化，散射光的频率与入射光的频率相同，这种散射称为 Rayleigh 散射（弹性散射）。其特点是，前向散射光和后向散射光强度最大，且二者相等；垂直于入射光方向上的散射光强度最小，只有前向和后向散射光的 1/2。前向散射光与后向散射光是非偏振的，在与入射光线垂直方向的散射光是全偏振的，在其他方向上则为部分偏振；散射光通量密度与波长的四次方成反比，即波长越短的光线在大气中衰减越厉害。晴天天空呈蓝色，日出、日没时太阳呈红色是这种散射的结果。

（2）Raman 散射。在散射过程中光子与分子发生能量交换，散射光的频率与入射光的频率不同，这种散射称为 Raman 散射。频率的差值称为 Raman 频移，大气中各种成分的 Raman 频移量是已知的，通过测量 Raman 散射频率可以确定大气中污染气体的成分和含量。

2. 气溶胶粒子的散射（Mie 散射）

气溶胶粒子的半径 (r) 一般在 $0.001 \sim 100 \mu m$ 的范围内，较接近光的波长。当粒子的半径与波长的比值 (r/λ) 处于 $10 > r/\lambda > 0.1$ 范围时，所产生的散射称为气溶胶粒子散射，可用 Mie 氏理论解释。

不同半径的粒子对光的散射作用不一样，如，$r = 0.3 \mu m$ 的水滴对紫光的散射强，对红光的散射弱；$r = 0.7 \mu m$ 的水滴对红光的散射强，对紫光的散射弱，当大气中充满了 $0.7 \mu m$ 的水滴时，天空将呈红色；如果 $r = 1.4 \mu m$，则在可见光范围内散射波长与入射波长无关，即从紫光到红光各种散射波长散射能是一样的，大气中存在大量的这类较大粒子时，天空呈现一片白色。

3. 大粒子散射

大气中粒子的半径与波长的比值 (r/λ) 处于 $100 > r/\lambda > 10$ 的范围时，所产生的散射称为大粒子散射，一般可用衍射理论解释。大气中发生的一种光学现象"华"就是由这种散射引起的，"华"是透过高积云可看到紧挨日、月的彩色光环，其内圈为白色，外圈为红色。

4. 巨大粒子散射

当粒子的半径与波长的比值 (r/λ) 处于大于 100 的范围时，所产生的散射，可用几何光学解释。这样大小的粒子在大气中主要是水滴和冰晶，大气中的虹就是太阳光线经过大量水滴散射的结果，日晕和月晕则是光线在冰晶上折射形成的。

由于大气组分对太阳辐射的吸收和散射，使到达地球表面的太阳辐射的波长和能量都有所衰减，可归纳于表 2.13。

表2.13 太阳辐射被大气的衰减

波长范围（nm 或 μm）									高度	大气层范围
120~200 nm	200~290 nm	290~320 nm	320~350 nm	350~550 nm	550~900 nm	900nm~2.5μm	2.5~7 μm	7~20 μm		
O_2几乎全部吸收							能量小	能量很小	超过60km	热层 ←85km
	O_2和O_3对190~210nm辐射有可观吸收								60~33km	中间层 ←50km
		O_3的吸收不重要	O_3吸收产生的衰减比散射产生的衰减小	此波长的辐射范围大部分被永久性气体散射	H_2O的吸收是主要的，CO_2在2μm有弱吸收，水蒸气（或冰晶）在21km以上还存在			在9.6μm有强吸收，在12~17μmCO_2有强吸收	33~11km	平流层 ←11km
		这一波长范围的辐射透过不超过11km；此范围辐射可透过"清洁"大气到达海平面	辐射透过"清洁"大气到达海平面的能量约40%	含量变化大的尘埃、水和烟霾因散射对320~700nm范围的辐射产生衰减；尘埃上升高度可超过4km	辐射可透过2km，能量损失小；尘埃上升高度可超过4km	此波长范围的辐射透过约2km，在约1.2μm，1.6μm和2.2μm的"窗口"到达海平面	除了在3.8μm和4.9μm"窗口"区，此波长范围的辐射不能明显透过2km	由于大气中许多气体对此波长范围的辐射有许多吸收带，透过辐射带，辐射能量损失为中等	2km至海平面	对流层

资料来源：B J Finlayson-Pitts and J N Pitts, et al. Atmospheric Chemistry: Fundamentals and Experimental Techniques. John Wiley & Sons Inc., 1986：98-99.

第二节 水　圈

我们所居住行星的一个显著特征是其表面覆盖了大量的水(图2.6)，它是地球上生命支持系统的关键元素之一，并在气候调节和生物地球化学循环中起着十分重要的作用。

图2.6 水圈示意图

一、水圈的结构

水圈(hydrosphere)有不同的定义，Webster1913年编撰的词典认为水圈是覆盖地球的水层，包括海洋、所有的湖泊、河流、地下水以及大气圈的水蒸气。R. A. Horne 1978年提出了总水圈(total hydrosphere)的概念(表2.14)，认为水圈是地球表面和接近地球表面各类贮水体中水的总称。《中国大百科全书——地理学》认为，水圈是液态和固态水体所覆盖的地球空间，水圈中的水上界可达大气对流层顶部，下界至深层地下水的下限，包括大气中的水汽、地表水、土壤水、地下水和生物体内的水。由此可见，地球系统水圈的概念有狭义水圈和总水圈之分。

二、天然水的分布

地球上的水总量为14.1亿 km³。如果这些水均匀覆盖地球表面，水层厚度约达3 000m。地球上水的分布不均匀，大部分为海洋水，约占全球总水量的97.41%,淡水约占2.59%，淡水中的76.6%被储存在冰帽和冰川中，22.9%是地下水，约0.54%为湖泊、土壤、河水、水蒸气和生物体内的水(图2.7)。在全球水资源中，可供人类使用的淡水只占0.64%。落到地面上的降水是维持人类和其他陆栖生物所需淡水的主要来源，全球的年降水量为110 305km³，其中65%通过地面蒸发回到大气层，其余部分补给地下水层、河流和湖泊。全球各大陆的年可利用的总水量见表2.15。

表 2.14   总 水 圈

大气圈 ⎰ 雨
      ⎱ 雹、冻雨、雪 第二相
        水蒸气

生物圈 ⎰ 体液(外部)
      ⎱ 细胞液(内部)
        水合生物聚合物

岩石圈 ⎰ 地下水
      ⎱ 岩浆源水
        水合物水

狭义水圈 ⎰ 陆地水 ⎰ 泉水、沼泽水
                  ⎱ 池塘水、湖水、冰盖和雪盖
                    溪流、河流、冰川
                    海湾
        ⎱ 海洋 ⎰ 海
                大洋
                海洋沉积物间隙水

资料来源: R A Horne. The Chemistry of Our Environment. John Wiley & Sons Inc., 1978: 236.

图 2.7 地球上水的分布

资料来源: 国际环境与发展研究所, 世界资源研究所编. 世界资源 1988—1989. 中国科学院, 国家计划委员会自然综合考察委员会译. 北京: 北京大学出版社, 1990.

表 2.15   年可利用水总量   km³/a

			径 流		
	降水	蒸散	河川径流量	地表(洪水)径流	稳定(基流)径流
欧洲	71 651	4 055	3 110	2 045	1 065
亚洲	32 690	19 500	13 190	9 780	3 410
非洲	20 780	165 551	4 225	2 760	1 465
北美	13 910	7 950	5 960	4 220	1 740
南美	29 355	18 975	10 380	6 640	3 740
澳大利亚和大洋洲	6 405	4 440	1 965	1 500	4 65
整个住人大陆合计	110 305	71 475	38 830	26 945	11 885

资料来源: 国际环境与发展研究所, 世界资源研究所编. 世界资源 1988—1989. 中国科学院、国家计划委员会自然综合考察委员会译. 北京: 北京大学出版社, 1990.

我国地表水体的贮水量总计 6 388km³ 左右，其中冰川贮水占 85%，湖泊(水库)贮水占 17.4%，河流水占 1.3%，沼泽贮水占 0.8%。我国属贫水国，按人均占有径流量计算，每人每年平均大约 2 600t，只相当世界人均占有量的 1/4(表 2.16)。我国江河众多，流域面积在 100km² 以上的河流约5 000多条，流域面积在1 000km² 以上的河流约1 500条。绝大多数河流分布在东部湿润多雨的季风区。西北、内蒙古和青藏高原中西部等地区干燥少雨，河流较少，有面积广大的无流区。

表 2.16   **1987 年某些被选国由本国降水所形成的年径流**

	总量(km³)	按面积平均 (1 000m³/hm²)	按人口平均 (1 000m³/人)
富水国			
冰岛	170	16.96	685.18
新西兰	397	14.78	117.53
加拿大	2 901	3.15	111.74
挪威	405	13.16	97.40
尼加拉瓜	175	14.74	49.97
巴西	5 190	6.14	36.69
厄瓜多尔	314	11.34	31.64
澳大利亚	343	0.45	21.30
喀麦隆	208	4.43	19.93
前苏联	4 384	1.97	15.44
印度尼西亚	2 530	13.97	14.67
美国	2 478	2.70	10.23
贫水国			
埃及	1.00	0.01	0.02
沙特阿拉伯	2.20	0.01	0.18
巴巴多斯	0.05	1.16	0.21
新加坡	0.60	10.53	0.23
肯尼亚	14.80	0.26	0.66
荷兰	10.00	2.95	0.68
波兰	49.40	1.62	1.31
南非	50.00	0.41	1.47
海地	11.00	3.99	1.59
秘鲁	40.00	0.31	1.93
印度	1 850.00	6.22	2.35
中国	2 800.00	3.00	2.58

资料来源：国际环境与发展研究所，世界资源研究所编. 世界资源 1988—1989. 中国科学院，国家计划委员会自然综合考察委员会译. 北京：北京大学出版社，1990.

三、天然水的化学组成

天然水是海洋、江河、湖泊、沼泽、冰雪等地表水与地下水的总称。天然水在循环过程中不断与环境中的各种物质接触，并能或多或少溶解它们，因此天然水是一种成分复杂的溶液。

1. 淡水的化学成分

淡水的化学成分(表2.17)受诸多因素的影响，一般有以下特点：

(1)离子强度较低(一般 $10^{-2} \sim 10^{-3}$ mol/L)；

(2)pH 值的变化范围比较大，一般为 7±3；

(3)淡水中主要的离子有 Na^+、Mg^{2+}、Ca^{2+}、K^+、NO_3^-、SO_4^{2-}、Cl^-、HCO_3^-，它们的含量易变；

(4)河流和湖泊中的悬浮物含量变化大。

表2.17　　　　　　　　　　不同淡水的主要化学成分

种类	1 河流	2 河流	3 河流	4 依利湖	5 地下水	6 地下水	7 地下水	8 地下水	9 地下水	10 地下水	11 封闭盆地湖
岩石类型	花岗岩	石英石	砂岩		辉长石 花岗岩	斜长石	砂岩	页岩	石灰岩	白云石	盐湖
pH	7.0	6.6	8.0	7.7	7.0	6.8	8.0	7.3	7.0	7.9	9.6
pNa	4.0	4.6	4.3	3.4	3.4	3.0	3.3	2.6	3.0	3.5	0.0
pK	4.7	5.1	4.8	4.3	4.0	4.5	4.0	4.2	3.7	–	1.7
pCa	4.0	4.3	3.1	3.0	3.5	3.1	3.0	2.5	2.7	2.8	4.5
pH_4SiO_4	3.8	4.2	4.1	4.7	3.2	3.0	3.9	3.5	3.7	3.4	2.8
$pHCO_3$	3.6	4.0	2.9	2.7	2.9	2.5	2.6	2.1	2.3	2.2	0.4
pCl	5.3	5.8	5.3	3.6	4.0	3.5	3.7	4.0	3.2	3.3	0.3
pSO_4	4.5	4.7	3.7	3.6	4.2	4.0	3.2	2.2	3.4	4.7	2.0
−log 离子强度	3.5	3.8	2.7	2.5	2.8	2.4	2.4	1.7	2.2	2.2	0.0

注：$pX = -lg[X]$

资料来源：O Hutzinger. The Handbook of Environmental Chemistry, Vol. 1 Part A. Springer-Verlag, Berlin Heidelberg, 1982.

2. 海水的化学成分

海水的化学成分有以下特点：

(1)海水具有较高的离子强度(约0.7mol/L)；

（2）公海中盐浓度的范围变动不大，一般保持在 32/1 000~37.5/1 000 之间；

（3）海水的 pH 值变化不大，整个 pH 值的范围在 7.5~8.3，大多数处于7.8~8.2；

（4）海水中的主要离子有 Na^+、Mg^{2+}、Ca^{2+}、K^+、Sr^{2+}、Cl^-、SO_4^{2-}、Br^-、F^-，它们的含量比较恒定（表 2.18）。其中 Cl^-、Na^+、SO_4^{2-}、Mg^{2+}、Ca^{2+} 和 K^+ 占海盐的99%（图 2.8）；

（5）颗粒物的浓度比较恒定，有机碳颗粒物通常占全部颗粒物的 30%~50%。

表 2.18   海水的主要离子

阳离子	g/kg 盐浓度＝35‰	阴离子	g/kg 盐浓度＝35‰
Na^+	10.77	Cl^-	19.354
Mg^{2+}	1.29	SO_4^{2-}	2.712
Ca^{2+}	0.142	Br^-	0.067
K^+	0.399	F^-	0.001 3
Sr^{2+}	0.007 9		

资料来源：O Hutzinger. The Handbook of Environmental Chemistry, Vol. 1 Part A. Springer-Verlag, Berlin Heidelberg, 1982.

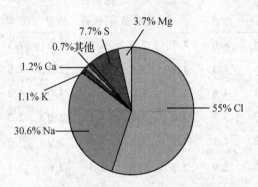

图 2.8 海水中溶解盐的相对比例

四、水循环

地球表面的水是十分活跃的，江、河、湖、海蒸发的水汽进入大气圈，通过降水过程返回陆地和海洋，在陆地，部分被生物吸收，部分下渗为地下水，部分成为地表径流。地表径流和地下径流大部分回归海洋。

水循环是指水在生物圈、大气圈、岩石圈和水圈之间的贮存和运动，可用概念模型（图 2.9）说明。地球上的水能够贮存在大气、海洋、湖泊河流、土壤、冰河、雪原和地下等贮库中，它们在其中的停留时间各不相同（表 2.19）。

水在循环过程中不断释放或吸收热能,调节着地球大气圈、生物圈和岩石圈的能量,构成了地球上各种形式的物质与能量交换系统。水循环对气候有很大的影响,大气圈中的水分参与水圈的循环,交换速度较快,周期仅几天,海洋和大气也有水交换。水交换过程导致热量与能量频繁交换,使地球上发生复杂的天气变化。

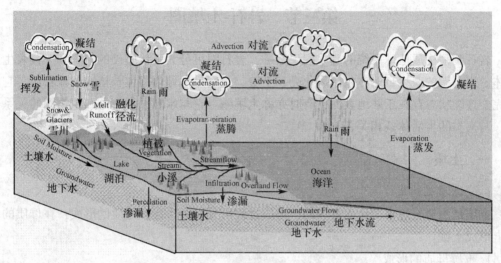

图 2.9 水循环概念模型

表 2.19 在不同贮库中水停留的时间

贮　　库	平均停留时间(a)
冰河	40
季节性雪盖	0.4
土壤水分	0.2
地下水：浅层	200
地下水：深层	10 000
湖泊	100
河流	0.04

水循环对生物圈影响也很大,生物圈中的生物受洪、涝、干旱影响很大,生物的种群分布和聚落形成与水的时空分布有极密切的关系,生物群落随水的丰缺而不断交替、繁殖和死亡,植物的蒸腾作用也促进了水循环。

水在循环过程中携带不同的化学物质,推动了化学物质的全球循环。另外,水循环还不断地塑造着地表的形态，形成千姿百态的地理环境。

人类的生活、生产发展与经济繁荣都依赖于水，人类大的活动对水循环有一定的影响。森林砍伐、荒山植林、大流域调水、围湖造田、大量抽用地下水等活动，都会促使水的运动和交换过程发生相应变化，从而影响地球上水分循环的过程和水量平衡。

第三节　岩石-土壤圈

岩石圈是构成地球系统的基本圈层之一，岩石圈可分为下伏坚硬的岩石和上覆表生自然体。岩石圈的表生自然体包括风化壳和土壤。土壤是地球表面生长植物的疏松层，它以不完全连续状态存在于陆地表面，有时亦称土壤圈，它与水圈、大气圈和生物圈的关系密切，与人类的生活休戚相关。

一、土壤

(一) 土壤的形成

土壤是由岩石逐步演化而形成的，形成过程可分两个阶段：母质的形成；在母质的基础上形成土壤。

1. 土壤母质的形成

岩石的风化产物称为母质。岩石是一种或数种矿物的集合体，不同的岩石具有不同的矿物成分和结构形态，其组成在一定范围内变化，因此土壤母质主要来源于岩石矿物。岩石的种类很多，根据成因可分为火成岩(岩浆岩)、沉积岩(水成岩)和变质岩。

裸露在地表的岩石，在各种物理、化学和生物因素的长期作用下，逐渐被破坏成疏松、大小不一的矿物颗粒，此过程称为岩石的风化，可分为物理风化、化学风化和生物风化。物理风化又称机械崩解作用，是指岩石受物理作用而逐渐破碎的过程，特点是岩石由大变小，化学成分不变。化学风化是指在各种化学因素的作用下，岩石的分解破坏过程，化学风化包括溶解、水解、水化和氧化等作用。岩石受生物活动的破坏过程称为生物风化。生物对岩石的破坏作用有两种方式：一是生物物理作用；二是生物化学作用。上述三种风化作用相互联系、相互促进，在不同条件下各种风化作用的强度不同。

岩石经过漫长的风化，形成了成分、结构、大小各异的土壤矿物，它们构成了土壤的"骨骼"，即土壤母质。

2. 成土作用

土壤是母质在一定的水、热条件和生物的作用下，通过一系列物理、化学和生物化学的作用而形成的。土壤的形成、发展与各种因素有关，这些因素是母质、生物、气候、地形和时间。现在一般认为，生物是土壤形成的主导因素，包括植物、土壤微生物、土壤动物。在以生物为主的综合因素作用下，使母质发展肥力，从而形成土壤的过程称为成土作用。母质的肥力最差，生物特别是绿色植物在母质上生长之后，岩石风化释放出的养分才有储存和集中的可能。通过生物的选择性吸收、及固碳固氮作用，养分在母质中从无到有，由少到多，逐渐储存和集中起来，这是有机质的生物合成。另外通过微生物分解有机质，使养分重新释放出来，植物能重新利用。如此周而复始，母质中的有机质逐渐增多，土壤逐步形成。

（二）土粒粒级与土壤质地

1. 土粒粒级

在土壤中，有各种大小形状不同的矿物颗粒，它们统称为土粒。土壤就是由很多大小不同的土粒按不同比例组成的。一般按土粒粒径的大小把土粒分为若干组，称为粒级。国际土壤科学学会把土粒分为五个粒级（表 2.20），我国土粒分级标准见表 2.21。

表 2.20　　　　　　　　　　土粒的分级标准（国际土壤科学学会）

土　　粒	粒径范围（mm）
黏粒（clay）	<0.002
粉沙粒（silt）	0.002~0.02
细沙粒（fine sand）	0.02~0.2
粗沙粒（coarse sand）	0.2~2.0
石砾（gravel）	2.0

资料来源：O Hutzinger. The Handbook of Environmental Chemistry, Vol. 1. Part A. Springer-Verlag, Berlin Heidelberg，1982：75.

表 2.21　　　　　　　　　　我国土粒分级标准

土粒名称		粒径（mm）
石块		>10
石砾	粗砾	10~5
	中砾	5~3
	细砾	3~1
沙砾	粗沙粒	1~0.25
	细沙粒	0.25~0.05
粉粒	粗粉粒	0.05~0.01
	细粉粒	0.01~0.005
黏粒	粗黏粒	0.005~0.001
	细黏粒	<0.001

2. 土壤的质地

土壤中各粒级土粒含量的相对比例或重量百分数称为土壤质地，按土壤质地对土壤的分类,称为土壤质地分类。国际土壤质地分类见表2.22。

表2.22　　　　　　　　　　　　　国际制土壤质地分类

质　　地		所含粒级的百分数范围		
类别	名　　称	沙粒 (2~0.02mm)	粉粒 (0.02~0.002mm)	黏粒 (<0.002mm)
沙土类	沙土及壤质沙土	85~100	0~15	0~15
壤土类	沙质壤土	55~85	0~45	0~15
	壤土	40~55	35~45	0~15
	粉沙质壤土	0~55	45~100	0~15
黏壤土类	沙质黏壤土	55~85	0~30	15~25
	黏壤土	30~55	20~45	15~25
	粉沙质黏壤土	0~40	45~85	15~25
黏土类	沙质黏土	55~75	0~20	25~45
	粉沙质黏土	0~30	45~75	25~45
	壤质黏土	10~55	0~45	25~45
	黏土	0~55	0~35	45~65
	重黏土	0~35	0~35	65~100

(三)土壤的组成

土壤是由固态、液态、气态物质组成的疏松多孔体,土固相约占50%,土气、液相约占25%。大多数情况下,土壤含有空气、水、矿物质和有机质4个基本的成分(图2.10)。

1. 土壤固相

土壤固相主要由矿物质和有机质组成,一般而言矿物质约占土壤固体物质总量的90%,有机质只占5%。有机质可以进一步划分为腐殖质、植物根与活的有机体(图2.10)

2. 土壤液相

土壤中的水溶液构成了土壤液相,它是土壤水分和所含溶质的总称。

土壤的水分根据其存在状态可分为固态水、气态水、束缚水、自由水。土壤溶液的组成非常复杂,并参与环境中的水循环,其组成是经常变化的。

3. 土壤气相

土壤是一多孔体系,未被水分占据的土壤空隙中的气体形成土壤气相。土壤中的气体主要有两个来源:一是大气,来自空气的主要成分有氮、氧、二氧化碳、一氧化碳、甲烷等;二是土壤中生物化学过程产生的气体。来源于生物化学过程产生的气体物质主要有H_2S、NH_3、CH_4、NO_2、N_2O、H_2等。

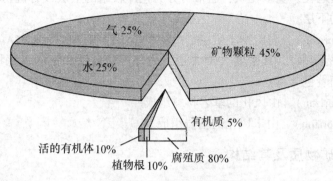

图 2.10 土壤组成示意图

资料来源：FUNDAMENTALS OF PHYSICAL GEOGRAPHY：http://www.physicalgeography.net.

(四)土壤的层次结构

大多数土壤具有各自特征的纵剖面或水平的层次结构，一般而言，其结构是由淋溶作用过程和有机体的活动造成的。通常用 O、A、B、C 和 R 来描述典型土壤的 5 个层次(图 2.11)，这样的层次对化学物质在其中的迁移、转化有影响。

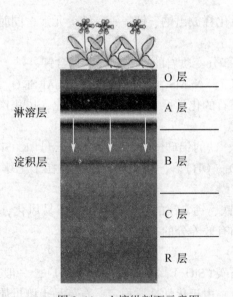

图 2.11 土壤纵剖面示意图

资料来源：FUNDAMENTALS OF PHYSICAL GEOGRAPHY：http://www.physicalgeography.net.

(1)O 层(O horizon)。为土壤的最上层，主要由腐烂程度和腐殖化程度不同的植物凋落物组成。

(2)A 层(A horizon)。主要由矿物颗粒组成，有两个特征：腐殖质、其他的有机物与矿物颗粒混杂在一起；通过淋溶作用，细颗粒物和可溶性物质能够通过该层沉积到更低层。A层色暗、质地轻，呈多孔状，通常可分为色泽较暗的上层或有机物堆积层以及因淋溶作用物质损失的下层。

（3）B层（B horizon）。为矿物土质层，由淀积作用控制。它接纳从A层淋溶下来的物质，由于富集了黏土颗粒，其密度大于A层，另外可通过铁和铝的氧化物或通过从A层淀积下的碳酸钙而着色。

（4）C层（C horizon）。由风化的基岩材料组成。

（5）R层（R horizon）。由未风化的基岩组成。

二、土壤的矿物质及其结构

（一）土壤的矿物质

土壤矿物质是土壤的主要组成部分，按其成因可分为原生矿物和次生矿物。原生矿物是指地壳中各种岩石经物理风化作用后形成的碎屑矿物，其原来的化学组成和结晶构造未改变。次生矿物是指在土壤形成过程中，由原生矿物经化学风化转化形成的新矿物，其化学成分和结构与原生矿物都有所不同。

1. 原生矿物

土壤中各种化学元素的最初来源是原生矿物，土壤中主要的原生矿物有四类。

1）硅酸盐类

这类矿物不稳定，易风化释放出钠、钾、钙、铁等元素，同时形成新的次生矿物。常见的有：

（1）长石。是火成岩及部分变质岩的主要成分，为含钾、钠、钙的铝硅酸盐。它可分为钾长石[$KAlSi_3O_8$]，钠长石[$NaAlSi_3O_8$]，钙长石[$CaAl_2Si_2O_8$]。钾长石亦称正长石，钠、钙长石统称斜长石。长石的化学稳定性较低，易风化，风化产物为高岭土，是黏粒的主要成分。

（2）云母。为含钾、镁、铁的铝硅酸盐，主要有白云母[$K(Si_3Al)Ai_2O_{10}(OH)_2$]和黑云母[$K(Si_3Al)(Mg·Fe)_3O_{10}(OH)_2$]，易风化，广泛存在于土壤中，是土壤中钾的主要来源。

（3）闪石和辉石。为含铁、钙、镁的复杂铝硅酸盐，易风化，可生成绿泥石、方解石等次生矿物，是土壤黏粒和有效养分的来源之一。

2）氧化物类

这类矿物最主要的是石英（SiO_2），在地壳中分布甚广，一般为晶粒状，无色或乳白色，混入杂质后呈各种颜色。由于化学性质稳定，石英是土壤母质中存在数量较多、较普遍的成土矿物，为土壤中沙粒和粉沙粒的主要成分。其次还有赤铁矿（Fe_3O_4）、金红石（TiO_2）、蓝晶石（Al_2SiO_3），它们也相当稳定，不易风化。

3）硫化物

土壤中常见的这类矿物是硫铁矿。

4）磷酸盐

土壤中分布最广的这类矿物是氟磷灰石[$Ca_5(PO_4)_3F$]和氯磷灰石[$Ca_5(PO_4)_3Cl$]，其次是磷酸铁、磷酸铝。

2. 次生矿物

土壤中的次生矿物对土壤大物理化学性质有很大影响，根据其结构和性质，土壤次生矿物可以分为以下三类：

(1)简单盐类。土壤中这类矿物主要有碳酸盐，如方解石[$CaCO_3$]、百云石[$CaMg(CO_3)_2$]等；硫酸盐，如石膏[$CaSO_4 \cdot 2H_2O$]、泻利盐[$MgSO_4 \cdot H_2O$]、芒硝[$Na_2SO_4 \cdot 10H_2O$]等；氯化物，如盐页矿($NaCl$)、水氯镁石($MgCl_2 \cdot 6H_2O$)等。

(2)水合氧化物。土壤中这类矿物是硅酸盐类矿物彻底风化后的产物，它们多为金属元素的结晶型氧化物，主要有针铁矿($Fe_2O_3 \cdot H_2O$)、褐铁矿($2Fe_2O_3 \cdot 3H_2O$)、三水铝石($Al_2O_3 \cdot 3H_2O$)等。

(3)黏土矿。在土壤中，这类矿物普遍存在，而且种类很多，是由长石等原生矿物风化后形成的，是构成土壤黏粒的主要成分。其特点是颗粒小、晶型结构，呈薄片状，亦称层状硅酸盐。主要有伊利石、蒙脱石、高岭石、绿泥石、叶腊石、蛭石等。它们对化合物在土壤中的物理化学过程有很大的影响。

(二)土粒的矿物组成和化学成分

不同粒级土粒的矿物组成和化学成分各有差异(表2.23和表2.24)，因而其理化性质也不相同。

表 2.23　　　　　　　不同粒级土粒的矿物组成　　　　　　　　%

粒级(粒径，mm)	石英	长石	云母	角闪石	其他
1~0.25	86	14	–	–	–
0.25~0.05	81	12	–	4	3
0.05~0.01	74	15	7	3	3
0.01~0.005	63	8	21	5	3
<0.005	10	10	66	7	7

表 2.24　　　　　　　不同粒级土粒的化学组成　　　　　　　　%

粒级(粒径，mm)		SiO_2	Al_2O_3	Fe_2O_3	CaO	MgO	K_2O	P_2O_3
沙粒	1.0~0.2	93.6	1.6	1.2	0.4	0.6	0.8	0.05
	0.2~0.04	94.0	2.0	1.2	0.5	0.1	1.5	0.1
	0.04~0.01	89.4	5.0	1.5	0.8	0.3	2.3	0.2
粉粒	0.01~0.002	74.2	13.2	5.1	1.6	0.4	4.2	0.1
黏粒	<0.002	54.2	31.5	13.2	1.6	1.0	4.9	0.4

(三)土壤矿物的结构

土壤的无机组分为矿物质，矿物质占土壤固相部分重量的95%，成分比较固定，绝大部分为不溶于水的无机化合物，它们是土壤中最不活跃的部分，但是对土壤的物理、化学性质起决定性的作用，其中尤以黏粒这个级分最重要。黏粒的主要成分是次生矿物——层状硅酸盐和 Al、Mn、Fe 形成的水合氧化物等。它们具有原生矿物所没有的许多特性，如具有巨大的表面积，具膨胀性等，对土壤中发生的物理及化学过程有极大的影响，因而对化合物在土壤中的迁移与转化也有巨大的影响。而所有这些都与土壤矿物质的化学结构有关。

1. 层状硅酸盐矿物的结构。

土壤黏粒中的大部分矿物为层状硅酸盐，从结构化学的观点来看，它们大部分是无机聚合物，这些聚合物最重要的结构单元是石英的四面体 $[SiO_4^{4-}]$ 和八面体 $[MX_6^{(m-6b)}$，M^{m+} 为金属元素阳离子，X^{b-} 阴离子]，这两种结构单元能够聚合成片状结构。X 射线研究表明，黏土矿为层状结构。

(1) Si—O 四面体及其片层结构。

石英晶体的结构单元是 Si—O 四面体，即 Si 位于四面体中央，四个氧原子位于四面体的四个顶角(图 2.12(a))，单个四面体通过 Si^{4+} 共享 O^{2-} 而构成六角型网状结构(图 2.12(b))。这种结构单元的重复，形成组成为 $Si_4O_6(OH)_4$ 的四面体片层。在 Si—O 四面体片层结构中，O—O 的距离为 2.55Å，片层的厚度为 4.65Å。

(2) $MX_6^{(m-6b)}$ 八面体片层结构。

八面体的片层结构单元为 $MX_6^{(m-6b)}$ 八面体晶胞，阳离子 M (一般为 Al^{3+}、Mg^{2+}、Fe^{3+} 或 Fe^{2+}) 处于晶格中央，六个阴离子(O^{2-} 或 OH^-)，分布在四周构成八面体(图 2.13(a))，单个八面体通过公共边结合成八面体片层(图 2.13(b))，亦称水铝片。在片层中，O—O 的距离为 2.60Å，OH—OH 的距离为 3Å，片层厚度为 5.05Å。

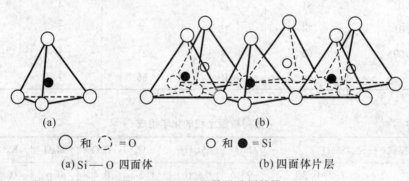

$\bigcirc$ 和 $\bigcirc$ = O　　　　　$\bigcirc$ 和 $\bullet$ = Si

(a) Si—O 四面体　　　　　(b) 四面体片层

图 2.12　SiO 四面体及片层结构

资料来源：R E Grim. Clay Mineralogy. Second Edition. McGraw-Hill Book Company, 1968：52.

当黏粒矿物形成时，晶体内的离子常被另一种大小相近而且电性相同的离子替代，替代后形成的晶体结构并未改变，这种现象称为同晶替代(或同晶取代)。在四面体片层中，同晶取代以 Al^{3+} 取代 Si^{4+} 为最常见，在八面体片层中，最常见的同晶取代是 Mg^{2+} 或 Fe^{2+} (0.64Å) 取代 Al^{3+} (0.57Å)。

2. 层状硅酸盐矿物的结构类型

在土壤中，层状硅酸盐的晶体不存在单独石英四面体片层和水铝片的结构，它们是由

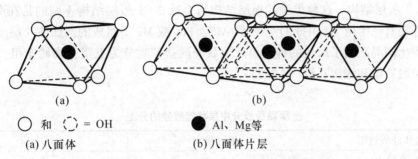

○ 和 ⟨⟩ = OH ● Al、Mg等

(a) 八面体   (b) 八面体片层

图 2.13　$MX_6^{(m-6b)}$ 八面体及片层结构

资料来源：同图 2.12。

Si—O 四面体片层与 Al—O 八面体片层互相结合而成的(图 2.14)。

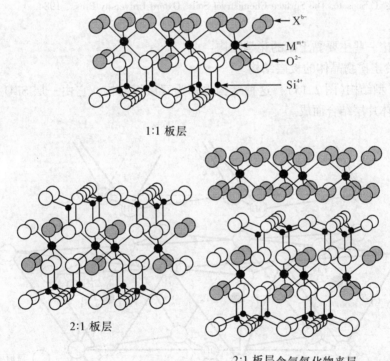

1:1 板层

2:1 板层

2:1 板层含氢氧化物夹层

图 2.14　层状硅酸盐的三种类型

资料来源：G Sposoto. The Surface Chemistry of Soils. Oxford University Press, 1984：6.

　　土壤黏粒层状硅酸盐矿物的结构类型可根据四面体片层与八面体片层结合的数目来区分，其结构类型一般可分为三类：

　　1∶1 板层结构　即由一个四面体片层与一个八面体片层结合成一板层。

2：1 板层结构　即由两个四面体片层中间夹一个八面体片层结合成一板层。

2：1：1 板层结构　这种类型的板层结构与上述 2：1 板层结构不同的是在两个 2：1 板层之间还夹有一个由 $M(OH)_2O_4^{m-10}[M=Al^{3+}，Fe^{3+}$ 或 $Mg^{2+}]$ 组成的八面体片层。

根据发生同晶阳离子取代的种类可把层状硅酸盐矿物分为五组：高岭土组、云母组、蛭石组、蒙脱石组和绿泥石组(表 2.25)。

表 2.25　　　　　　　　　　　土壤黏粒级分中层状硅酸盐的分组

层状硅酸盐组	板层类型	层电荷
高岭土	1：1	<0.01
云母(伊利石类)	2：1	1.4~2.0
蛭石	2：1	1.2~1.8
蒙脱石	2：1	0.5~1.2
绿泥石	2：1	可　变

资料来源：C Sposoto. The Surface Chemistryof Soils. Oxford University Press, 1984.

下面讨论一些主要黏土矿的化学结构：

(1)高岭土矿物晶体的板层结构。

为 1：1 型结构(图 2.15)，这种结构也称为双层板结构，它由一层 Si-O 四面体片层与水铝八面体片层结合而成。

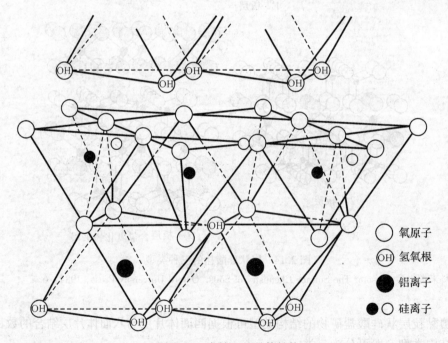

氧原子　氢氧根　铝离子　硅离子

图 2.15　高岭土的晶体结构

资料来源：R E Grim. Clay Mineralogy, Second Edition. McGraw-Hill Book Company, 1968：58.

　　由于这种双层板上部为一层 O—H，它容易与另一双板层的 Si—O 四面体片层中的 O 形成氢键，正由于这种作用力，使多个双板层互相结合形成层状结构，由于氢键的作用，层间距很小(7.2Å)，使水和水合阳离子难以进入板层之间的缝隙中去，这是高岭土黏性好、不易保存营养离子的原因。

　　(2)蒙脱石矿物的晶体的板层结构。

　　为 2∶1 型，这种结构也称三层板结构(图 2.16)，在两个四面体片层中间夹一个八面体片层，组成如夹心饼干似的板层。由于片层间无 OH，片层间靠分子间的范德华力相结合。由于片层间作用力弱，水能进入片层间，使片层间的距离因吸水多少而变化，这种变化范围在 9.6~21.4Å 之间。这类矿物的颗粒小，比表面积大(800~900m^2/g)。属于这种类型的矿物有蒙脱石、拜来石等。

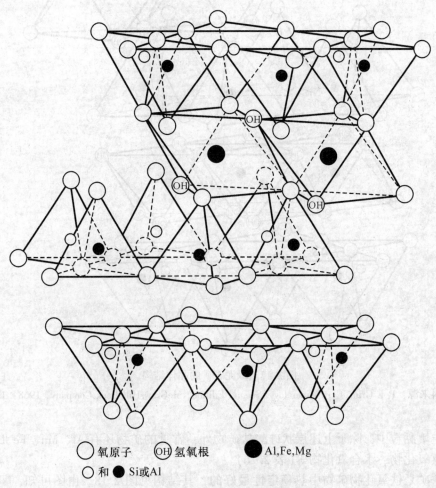

图 2.16　蒙脱石的晶体结构

　　资料来源：R E Grim. Clay Mineralogy. Second Edition. McGraw-Hill Book Company，1968：79.

　　(3)绿泥石的晶体结构。

为2：1：1型结构（图 2.17）。从图中可见，在两个 2：1 板层之间还夹有一个 M$(OH)_2O_4^{m-10}$[M＝Al^{3+}，Fe^{3+}或 Mg^{2+}]八面体片层。

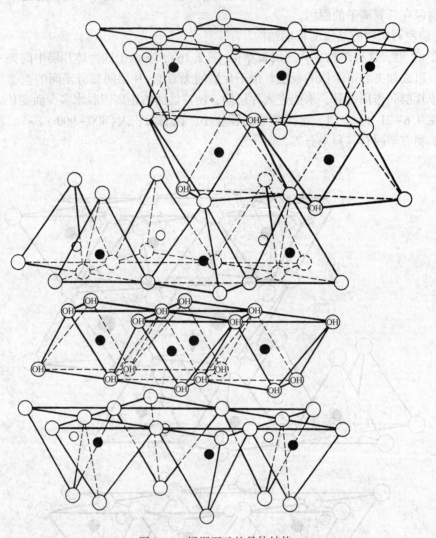

图 2.17 绿泥石矿的晶体结构

资料来源：R E Grim. Clay Mineralogy. Second Edition. McGraw-Hill Book Company, 1968：100.

在土壤黏粒中，除了上述层状硅酸盐矿物外，常见的矿物还有 Al、Mn、Fe 形成的氧化物、氢氧化物、水合氧化物等（表 2.26）。

针铁矿是铁氧化物矿物中热稳定性最好的，其结构见图 2.18。由图可知，氧离子处于垂直于晶轴 a 的平面内，铁阳离子配置在八面体内，这些八面体共用一个边，八面体顶点一部分为 OH$^-$，它们可以与相邻的氧离子形成氢键。三水铝石是最常见的含铝矿物，其结构见图 2.18。这是一种双八面体片层结构，这两个片层是通过相对的羟基形成氢键而结合在一起的。钠水锰矿和锂硬锰矿均为 MnO$_6^{8-}$ 八面体片层结构。

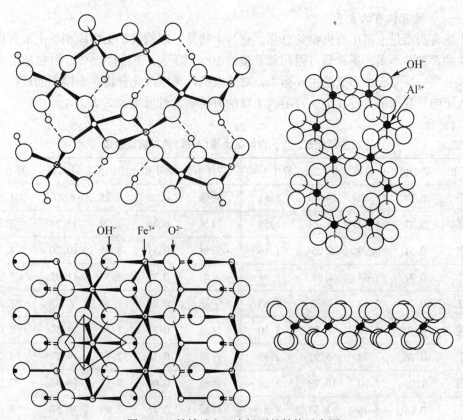

图 2.18 针铁矿和三水铝石的结构示意图

资料来源：G Sposito. The Surface Chemistry of Soils. Oxford University Press, 1984: 5.

表 2.26 土壤黏粒中另外一些常见的矿物

名　称	化学式	名　称	化学式
锐钛矿（anatase）	TiO_2	赤铁矿（hematite）	$\alpha\text{-}Fe_2O_3$
钠水锰矿（birnessite）	$Na_{0.7}Ca_{0.3}Mn_7O_{14} \cdot 2.8H_2O$	钛铁矿（ilmenite）	$FeTiO_3$
一水铝石（boehmite）	$\gamma\text{-}AlOOH$	纤铁矿（lepidocrocite）	$\gamma\text{-}FeOOH$
铁高岭土（ferrihydrite）	$Fe_2O_3 \cdot 2FeOH \cdot 2.6H_2O$	锂硬锰矿（lithiophorite）	$(Al, Li)MnO_2(OH)_2$
三水铝石（gibbsite）	$\gamma\text{-}Al(OH)_3$	磁赤铁矿（maghemite）	$\gamma\text{-}Fe_2O_3$
针铁矿（goethite）	$\alpha\text{-}FeOOH$	磁铁矿（magnetite）	Fe_3O_4

资料来源：G Sposito. The Surface Chemistry of Soils. Oxford University Press, 1984: 4.

三、土壤有机质

从广义上说，土壤有机质包括土壤生物和非生命有机物，本课程只讨论非生命有机物。

（一）土壤有机质的含量

土壤有机质是土壤中有机物的总称，它与矿物质一起构成了土壤固相。土壤有机质在土壤中的含量并不多，通常只占固相总重量的10%以下，一般约为5%。但它却是土壤的重要成分之一，是土壤形成的主要标志，对土壤的性质以及化合物在土壤中的迁移、转化有很大影响。我国部分省、市、自治区土壤的有机质含量可见表2.27。

表2.27　　　　　我国部分省、市、自治区土壤（A层）的有机质含量　　　　　　%

省区市	最小值	中位值	最大值	算术平均	省区市	最小值	中位值	最大值	算术平均
辽宁	0.24	1.82	14.49	2.81	陕西	0.21	1.25	8.47	1.85
河北	0.37	1.34	11.23	1.53	四川	0.19	1.79	37.24	3.30
山东	0.31	0.99	5.25	1.16	贵州	0.11	4.55	10.20	4.26
江苏	0.37	1.63	4.98	1.84	云南	0.72	3.32	11.92	3.89
浙江	0.26	2.13	8.98	2.63	宁夏	0.20	1.20	7.50	1.69
福建	0.40	2.76	18.93	3.20	甘肃	0.15	1.30	24.60	2.65
广东	0.26	2.48	55.92	2.93	青海	0.16	2.91	14.12	4.24
广西	1.02	2.90	10.78	3.26	新疆	0.04	0.82	16.45	2.01
黑龙江	0.04	5.76	91.54	8.51	西藏	0.16	2.99	30.50	4.62
吉林	0.16	2.25	12.93	2.69	北京	0.58	2.61	9.70	3.21
内蒙古	0.01	2.06	22.58	3.93	天津	0.68	1.56	3.23	1.70
山西	0.23	1.13	10.21	1.97	上海	0.45	2.43	8.95	2.90
河南	0.34	1.09	8.27	1.53	大连	0.17	1.37	4.45	1.58
安徽	0.36	2.01	11.25	2.58	温州	0.76	2.52	15.38	3.08
江西	0.47	4.05	10.55	4.21	厦门	0.19	1.68	8.61	1.85
湖北	0.37	2.16	12.33	3.21	深圳	0.40	2.68	7.62	3.00
湖南	0.14	1.77	10.00	2.14	宁波	0.47	2.49	9.24	3.22

资料来源：国家环境保护局主持，中国环境监测总站主编. 中国土壤元素背景值. 北京：中国环境科学出版社，1990：486-487.

（二）土壤有机质的分类

土壤有机质主要来源于动植物和微生物的残体，对其划分尚无统一的标准，一般把土壤有机质分为两大类：非腐殖质和腐殖质。非腐殖物质占土壤有机质总量的10%～15%，腐殖质则占85%～90%。

（三）非腐殖质

土壤的非腐殖质是生物残体分解的简单产物，主要有以下几类有机物：

（1）糖类。土壤中的糖类化合物一般占土壤有机质总量的 5%~20%，有单糖、双糖、寡糖、多糖、氨基糖、糖醇、糖酸等。土壤多糖具有一定的稳定性，这是因为它们常常或被黏粒矿物吸附，或与 K、Mg、Al、Cu、Fe、Mn 等金属的离子形成络合物，或与腐殖质结合。这些结合形式都能明显降低多糖的生物降解性。因此土壤多糖是形成土壤结构的良好胶结剂，也是土壤微生物的主要能源。

（2）不含氮的有机物。土壤中常见的这类化合物有有机酸、有机酸酯、单宁等。如葡萄酸、柠檬酸、草酸等；树脂、脂肪、蜡质等。

（3）含氮有机物。土壤中 95% 的氮以有机态氮存在，主要为动植物残体中的蛋白质和其水解产物，可分为水解性氮和非水解性氮两类。

（4）有机磷和有机硫化合物。土壤有机质都含有少量有机磷，主要有核酸、肌醇磷酸与磷脂核酸。这些都是活细胞的重要组成成分，核酸的成分核苷酸是许多辅酶的组分，它们在生物氧化和代谢中起着重要的作用。核酸在土壤中的含量约占总的有机磷的 17%~65%。

肌醇磷酸是具有六个碳原子的环状结构的有机磷化合物，在每个碳原子上都具有一个氢和磷酸结合形成的酯键，它能与钙、镁（在碱性土壤中）和铁（在酸性土壤中）结合形成溶解度低的盐类。土壤中肌醇磷酸的含量占总有机磷的 3%~52%。

有机硫化合物有含硫的氨基酸（如胱氨酸、蛋氨酸）和某些维生素（如硫氨素、生物素）。

（5）木质素。它是高等植物木质的主要组成部分，为高分子有机物。其化学结构复杂，在土壤中难以降解。

（四）腐殖质

腐殖质是土壤有机质的主要部分，广泛存在于土壤、沉积物、地表水中，是地球表面最重要的碳库。它是由植物、动物残体组织成分降解产物在土壤微生物的作用下，通过复杂的反应转化而形成的。在增强土壤的肥力、维持土壤的结构及其缓冲能力与持水能力、对土壤污染物的迁移与转化以及在碳的生物地球化学循环等方面，腐殖质起着十分重要的作用。人们对腐殖质的研究已经超过 200 多年，其中关于腐殖质的形成、分级、化学成分及其化学结构等问题一直受到高度关注，下面仅就腐殖质化学的问题做一概要性的介绍。

1. 腐殖质概念

目前，有关腐殖质仍没有统一的定义，无论是国际纯理论和应用化学联合会（International Union of Pure and Applied Chemistry，IUPAC）还是国际腐殖质学会。

在有关腐殖质的英文文献中，humus 与 humic substances 两个单词一定会遇到。在我国出版的英汉词典、词汇中，通常将 humus 译为腐殖土、腐殖质，将 humic substances 译为腐殖质（英汉化学化工词汇，第三版，1984 年科学出版社），两者的中文意思似乎有没有差别。但这两个术语的英语概念是有差别的，这可以从 1994 年 F. J. Stevenson 给出的定义了解它们之间的不同之处，humus 定义为土壤中除了未腐烂的植物与动物组织及其部分分解产物和土壤生物质以外的有机化合物的总和，也称土壤有机质(soil organic matter)；humic substances 定义为通过次级合成反应生成的分子量相对高、黄到黑色的一系列物质。这个术语用作通用名称来描述有色物质或通过溶解度性质而获得的不同级分。这些物质对不同土壤(或沉积物)来说具有一定的独特性，它们不同于微生物或高等植物产生的生物聚合物(包括木质素)。本教程腐殖质的概念同于 humic substances。

2. 腐殖质的形成

土壤腐殖质形成的过程称为腐殖质化(humification)。相关研究发现，腐殖化过程主要由死亡后植物组织的化学成分参与，腐烂动物残体的贡献较小。腐殖质的形成有两个过程：植物残体组织化学成分的降解，降解产物通过生物化学反应形成腐殖质。

1)植物残体组织化学成分的降解

在环境中，植物组织化学成分的降解反应主要有三类：生物酶催化反应；高温分解反应；非生物反应，包括光化学反应、自由基氧化降解与褐变反应。

死亡植物组织的化学成分主要分为初级代谢物与次级代谢物，前者包括碳水化合物、木质素、植物聚合物、脂肪酸、植物蜡、氨基酸、蛋白质与氨基糖，后者主要有丹宁、萜烯。参与高温分解反应的成分有纤维素与其他的多糖、氨基酸、木质素与另外的酚基化合物、萜烯和其他的植物成分。

2)降解产物通过生物化学反应形成腐殖质

植物残体组织的化学成分通过上述三类降解反应，生成不同的有机物，所生成的产物主要通过酶参与的生物化学反应形成腐殖质。

1994 年，美国 Illinois 大学的 F. J. Stevenson 总结了土壤中腐殖质形成的机制与相关的理论，以框图的形式给出了由植物残体形成腐殖质的途径(图 2.19)，讨论了 4 条途径的理论基础：

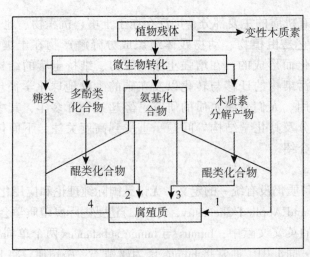

图 2.19　土壤腐殖质形成的机制　通过微生物合成的氨基化合物被认为与变性的木质素反应(途径 1)、与醌反应(途径 2 和途径 3)、与还原糖反应(途径 4)生成复杂、色深的聚合物。

资料来源：F. J. Stevenson, Humus Chemistry. 2nd ed, Wiley. New York, 1994：189.

（1）氨基化合物与变性木质素的反应（途径 1）　其理论基础是早期提出的木质素理论（The Lignin Theory，1932 年，S. A. Waksman），也称木质素-蛋白质理论。该理论认为，木质素不能被微生物完全利用，其残余部分可发生去甲基化，随之生成 *o*-羟基酚和脂肪侧链氧化形成羧基的变性，然后与蛋白质发生缩合反应生成腐殖质（图 2.19 中的途径 1）。Waksman 用下图进一步阐明了这一途径，初始的产物应当是胡敏素的成分；进而氧化、断裂，首先生成腐殖酸，然后生成富里酸。

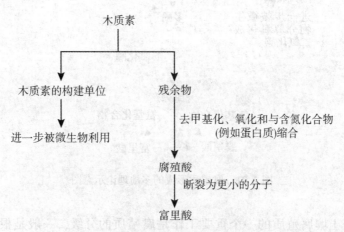

图 2.20　腐殖质形成的木质素理论示意图

（2）氨基化合物与醌的反应（途径 3）　其理论基础是多酚理论（The Polyphenol Theory），认为在微生物作用下，木质素分解为酚醛与酚酸，再通过酶转化为醌，在氨基化合物存在与否的情况下，醌聚合生成类似腐殖质的大分子（图 2.19 中的途径 3）。

（3）氨基化合物与醌反应（途径 2）　其理论基础也是多酚理论（The Polyphenol Theory）。此途径多酚的生成有两种方式，一是微生物以非木质素为碳源（例如纤维素）合成，二是通过途径 3 生成。然后，这些多酚被酶氧化为醌，与氨基化合物反应转化为腐殖质。（图 2.19 中的途径 2）。

多酚理论是当前关于腐殖质形成的流行理论，与木质素理论不同，起始的物质包括低分子量有机化合物，由这些化合物，通过缩合与聚合形成大分子。多酚理论的示意图如图 2.21 所示。

（4）氨基化合物与糖的反应（途径 4）　其理论基础是糖-氨缩合（sugar-amine condensation）理论。1911 年，Maillard 发现了食物产品脱水时发生的褐变现象，指出是由于还原糖与氨基酸通过非酶聚合反应生成褐色含氮聚合物，称为 Maillard 反应或糖-氨缩合理论。后来，许多研究表明糖-氨缩合反应是土壤中腐殖质形成的一条重要途径（图 2.19 中的途径 4）。

3. 腐殖质的分级与提取

1）腐殖质的分级

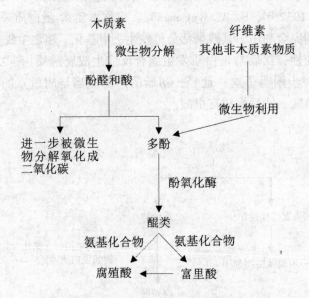

图 2.21　腐殖质形成的多酚理论示意图

研究、表征土壤腐殖质的一个重要工作是腐殖质的分级，一般是根据腐殖质在酸、碱、醇溶液中的溶解特征，把腐殖质分为不同的级分，一般的分级方案见图 2.22。目前研究最多的腐殖质是腐殖酸(humic acid)与富里酸(fulvic acid)，其次为胡敏素(humin)。

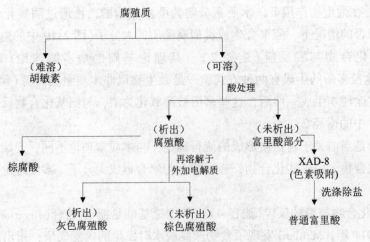

图 2.22　土壤腐殖质(humus)的分级

资料来源：F. J. Stevenson. Humus Chemistry. 2nd ed, John Wiley & Sons, Inc. New York, 1994：41.

2)腐殖酸与富里酸的提取

为了研究腐殖质的性质、结构、环境行为，等等，需要从土壤、天然水、沉积物等不同环境介质中提取腐殖质，研究较多的是腐殖酸(humic acid，HA)和富里酸(fulvic acid，FA)。

由于不同地方的环境介质性质差别较大，因此以往的研究通常会根据实际情况，采用不同的分离、提取方法。例如日本的国家高级工业科学与技术研究所和环境管理技术研究所建立了土壤中腐殖酸的提取与纯化方法(图2.23)。

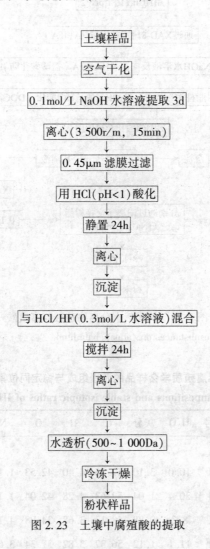

图2.23 土壤中腐殖酸的提取

再如，国际腐殖质学会(International Humic Substances Society，IHSS)建立了从天然水中分离、提取腐殖酸与富里酸的方法(图2.24)。

4. 腐殖质的化学组成

1)腐殖质的元素组成

腐殖质主要由碳、氢、氧元素组成，其次为氮、硫、磷元素，腐殖质的元素组成随其来源不同而有差别(表2.28)。

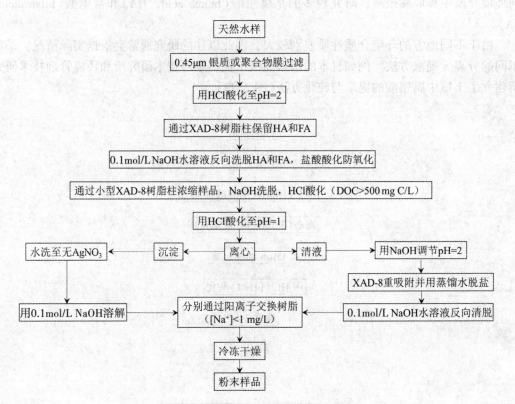

图 2.24　从天然水分离腐殖酸与富里酸

资料来源：http://www.humicsubstances.org/aquatichafa.html.

表 2.28　　　　　　　　国际腐殖质学会样品的元素组成与稳定同位素比

（elemental compositions and stable isotopic ratios of IHSS samples）

样品	样品编号	H_2O	灰分	C	H	O	N	S	P	$\delta^{13}C$	$\delta^{15}N$
标准腐殖酸											
Suwannee 河 I *	1S101H	10.0	3.10	52.55	4.40	42.53	1.19	0.58	<0.01	−27.7	−1.41
Suwannee 河 II	2S101H	20.4	1.04	52.63	4.28	42.04	1.17	0.54	0.013		
Elliott 土壤	1S102H	8.2	0.88	58.13	3.68	34.08	4.14	0.44	0.24	−22.6	5.34
Pahokee 泥炭	1S103H	11.1	1.12	56.37	3.82	37.34	3.69	0.71	0.03	−26.0	1.29
风化褐煤	1S104H	7.2	2.58	63.81	3.70	31.27	1.23	0.76	<0.01	−23.8	2.13
标准富里酸											
Suwannee 河 I	1S101F	8.8	0.46	52.44	4.31	42.20	0.72	0.44	<0.01	−27.6	−1.85
Suwannee 河 II	2S101F	16.9	0.58	52.34	4.36	42.98	0.67	0.46	0.004	nd	nd
Elliott 土壤 I*	1S102F	8.8	0.86	50.57	3.77	43.70	2.72	0.56	0.03	−25.4	3.89

续表

样品	样品编号	H₂O	灰分	C	H	O	N	S	P	δ¹³C	δ¹⁵N
Elliott 土壤 II	2S102F	11.2	1.00	50.12	4.28	42.61	3.75	0.89	0.12	−25.6	5.40
Elliott 土壤 III	3S102F	nd	2.64	49.79	4.27	44.34	3.25	1.23	0.11	nd	nd
Pahokee 泥炭 I*	1S103F	11.7	4.61	50.45	3.52	45.47	2.56	0.73	0.02	−25.8	1.42
Pahokee 泥炭 II	2S103F	9.3	0.90	51.31	3.53	43.32	2.34	0.76	<0.01	nd	nd

注：①H_2O，空气平衡的样品中 H_2O 的质量百分率，是相对湿度的函数，单位:%(w/w)；
②灰分，干燥样品中无机残渣的质量百分率，单位:%(w/w)；
③C，H，O，N，S 和 P 元素，干燥无灰分样品中各元素的质量百分率，单位:%(w/w)；
④$\delta^{13}C$ 和 $\delta^{15}N$，C 和 N 元素的稳定同位素的丰度，单位:‰
⑤大部分数据是针对保存样品的，除了 H 和 O 的含量是经过了含水量校正的。
⑥* 表示样品无法再得到，nd 表示未检出；
⑦两种已得到的水中标准富里酸(1S101F 和 2S101F)是从美国佐治亚州 Suwannee 河同一位置获取的，分别在 1982—1983 年和 2003 年。
资料来源：Elemental analyses by Huffman Laboratories，Wheat Ridge，CO，USA；Isotopic analyses by Soil Biochemistry Laboratory，Dept. of Soil，Water，and Climate，University of Minnesota，St. Paul，MN，USA；http://www.humicsubstances.org/elements.html.

2) 腐殖质的含氧官能团。

腐殖质分子中含有若干含氧官能团，主要有羧基、酚羟基、醇羟基、羰基、甲氧基等（表 2.29）。

表 2.29　　　　　　　　**腐殖质的总酸度和含氧官能团**　　　　　　　　mol/g

腐殖质	总酸度	羧基	酚羟基	醇羟基	羰基	甲氧基
不同土壤的腐殖酸	6.6	4.5	2.1	2.8	4.4	0.3
	8.7	3.0	5.7	3.5	1.8	—
	5.7	1.5	4.2	2.8	0.9	—
	10.2	4.7	5.5	0.2	5.2	—
	8.2	4.7	3.6	—	3.1	0.3
煤腐殖酸	7.3	4.4	2.9	—	—	1.7
不同土壤的富里酸	14.2	8.5	5.7	3.4	1.7	—
	12.4	9.1	3.3	3.6	3.1	0.5
	11.8	9.1	2.7	4.9	1.1	0.3
不同土壤的胡敏素	5.9	3.8	2.1	—	4.8	0.4
	5.0	2.6	2.4	—	5.7	0.3

资料来源：M 斯尼茨尔，等编著. 环境中的腐殖质. 吴奇虎，等译. 北京：化学工业出版社，1979：28.

3) 含氮量及氮的形态分布

由表 2.30 可知，腐殖质含有少量的氮，其含量通常在 1%~6% 之间。一般而言，不同来源的腐殖质氮的含量各相不同，由高到低的次序为：湖泊沉积物富里酸与腐殖酸＞海洋沉积物腐殖酸＞土壤腐殖酸＞土壤富里酸＞水中腐殖酸＞水中富里酸。

腐殖质用盐酸水解时，总氮的大部分进入水溶液，主要产物为氨基酸态氮、氨态氮、氨基糖态氮以及少量的嘌呤和嘧啶碱。因此将腐殖物质中氮存在的主要形态划分为氨基酸态氮、氨态氮、氨基糖态氮，它们在三个腐殖质级分中的分布如表 2.30 所示。这样的划分方法是沿用土壤中有机氮的形态划分方法。

表 2.30　　　　　　　　　　　腐殖质不同级分氮形态的分布

物料类型	氮含量(%)	酸水解后氮的分布，占物料中总氮的%			
		氨基酸 N	氨基糖 N	氨态氮	N 总计
腐殖酸	4.07	28.3	1.3	19.8	49.4
富里酸	3.84	26.4	3.6	15.6	45.1
胡敏素	4.06	36.1	1.6	22.1	59.8

资料来源：(加拿大)斯尼茨尔(M. Schnitzer)，(加拿大)汉(S. U. Khan)著，环境中的腐殖质，吴奇虎等译 化学工业出版社，1979.

1994 年，Stevenson 认为除了上述的氮形态外，还有酸性不溶态氮和可水解的未知化合物态氮(hydrolyzable unknown compounds，HUN)，见表 2.31。

表 2.31　　　　　　　　　　　腐殖酸[a]中氮形态的分布

提取剂[b]	氮(%)	腐殖酸中氮的形态(%)				
		酸性不溶	NH_3	氨基酸	氨基糖	HUN
0.1mol/L $Na_4P_2O_7$	1.79~2.63	41.3~59.0	8.8~12.8	19.5~34.5	2.6~5.0	5.2~10.6
0.5mol/L NaOH	2.31~3.74	32.6~43.7	8.4~13.7	31.2~44.7	3.4~8.1	4.7~8.6
0.5mol/L NaOH	2.11~2.69	35.9~50.8	8.2~14.0	22.1~26.5	1.8~3.9	16.2~21.8

[a] 改编自 Bremner 和 Rosell 等人
[b] 括号内的数字表示样品数
资料来源：F. J. Stevenson, *Humus Chemistry*, John Wiley & Sons, Inc. New York, 1994：69.

1989 年，E. M. Thurman 与 R. L Malcolm 研究了 Suwannee 河水样品中富里酸与腐殖酸的氨基酸的含量与分布，发现富里酸与腐殖酸中的氨基酸有六种类型：碱性氨基酸、酸性氨基酸、肟基氨基酸、中性氨基酸、含硫氨基酸和芳香性氨基酸，讨论了这 6 种类型氨基酸在这两个级分分布的差别，鉴定了每一类中的氨基酸，给出了它们在腐殖酸与富里酸中的分布(表 2.32)。

表 2.32	富里酸与腐殖酸中氨基酸残基的分布				
氨基酸残基	富里酸中的浓度（nmol/mg）	残基‰	腐殖酸中的浓度（nmol/mg）	残基‰	腐殖酸/富里酸
碱性					
精氨酸 Arginine	0	0	1.4	12.7	∞
鸟氨酸 Ornithine	0	0	0.4	3.6	∞
赖氨酸 Lysine	0.5	14.7	2.4	21.8	1.5
组氨酸 Histidine	0.2	5.9	1.3	11.8	2.0
酸性					
天冬氨酸 Aspartic	5.7	167.6	11.8	107.9	0.6
谷氨酸 Glutamic	3	88.2	9.1	82.5	0.9
b-丙氨酸 b-alanine	0	0	2.9	85.3	0
肟基					
脯氨酸 Proline	1.8	52.9	7.8	70.7	1.3
羟基脯氨酸 Hydroxyproline	0	0	16.2	146.9	∞
丝氨酸 Serine	1.5	44.1	5.3	48.1	1.1
苏氨酸 Threonine	1.7	50	5.8	52.6	1
中性					
甘氨酸 Glycine	10.5	308.8	22	199.5	0.6
丙氨酸 Alanine	2.8	82.4	9.7	87.9	1.1
亮氨酸 Leucine	0.9	26.5	4.3	39	1.5
异亮氨酸 Isoleucine	0.7	20.6	2.9	26.3	1.3
缬氨酸 Valine	1.2	35.3	5.3	48.1	1.4
含硫					
半胱氨酸 Cysteine	0	0	0.7	6.3	∞
蛋氨酸 Methionine	0	0	0.7	6.3	∞
芳香性					
苯丙氨酸 Phenylalanine	0.4	11.8	2	18.0	1.5
酪氨酸 Tyrosine	0.2	5.9	1.1	10	1.0
氨基酸总计	34.0	1 000.0	110.3	1 000.1	1.0

资料来源：E. M. Thurman 与 R. L Malcolm, 1989：114.

从上面的讨论可知，腐殖质中的氮含量虽然少，但以多样的形态存在于分子之中，为腐殖质多种的环境行为提供了基础。

5. 腐殖酸与富里酸的化学结构

多年来，腐殖酸与富里酸的分子结构，一直是人们非常关注和具有挑战性的课题。早期的工作通常通过元素分析方法，测定其元素组成；采用氧化降解、还原降解与生物降解等多种方法，分离、分析降解产物；然后推测其化学结构。20 世纪 70 年代以来，许多研究者采用红外光谱、色谱/质谱、核磁共振谱的手段对腐殖酸与富里酸的分子结构进行了研究。

1）腐殖酸与富里酸的波谱性质

目前，已经获得了不同来源腐殖酸与富里酸的各种波谱数据。例如，国际腐殖质学会公布了大量有关不同来源腐殖酸、富里酸的 ^{13}C 核磁共振、傅里叶红外光谱、荧光光谱，给出了腐殖酸富里酸的电子自旋共振、^{13}C 核磁共振评价碳位移分布、溶液态的 ^1H 与 ^{13}C 核磁共振光谱等数据。图 2.25、图 2.26、图 2.27 和图 2.28 是 IHSS 标准腐殖酸标准样品（Suwannee River I 1S101H）、富里酸标准样品（Suwannee River I 1S101F）的傅里叶红外光谱、^{13}C 核磁共振波谱谱图。这些研究成果，深化了人们对腐殖质化学结构的认识。

2）腐殖酸的分子结构

1982 年，Stevenson 指出植物残体组织化学成分降解过程形成的重要成分有：两个衍生于木质素的氧化产物耦合生成的"二聚体"（图 2.29 的 1）、"酚-氨基酸复合物"（图 2.29 的 2）、羟基醌（图 2.29 的 3）和 C6-C3（图 2.29 的 4）4 种成分，认为它们是构成土壤腐殖酸的结构单元。提出由这些结构单元在一定条件下可构成土壤腐殖酸的典型结构，给出了腐殖酸形成的示意图与假设结构（图 2.30）。

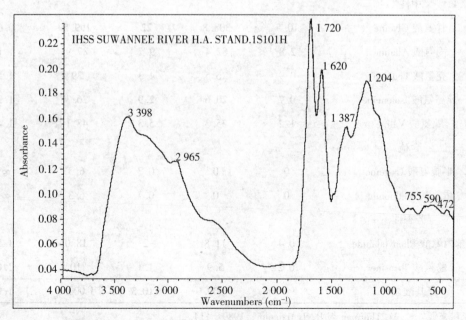

图 2.25　Suwannee River I 腐殖酸标准样品 1S101H 的 FTIR 光谱图

资料来源：http://www.humicsubstances.org/spectra.html.

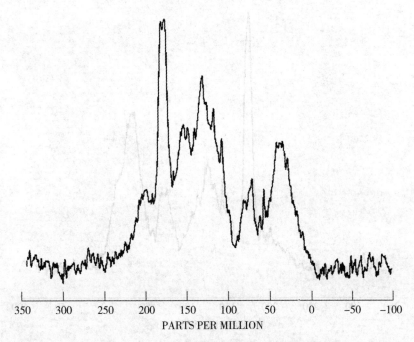

SUWANNEE RIVER HUMIC ACID (1S101H)

PARTS PER MILLION

图 2.26　IHSS Suwannee River I 腐殖酸标准样品 1S101H 的 ^{13}C NMR 谱图

资料来源：http://www.humicsubstances.org/spectra.html.

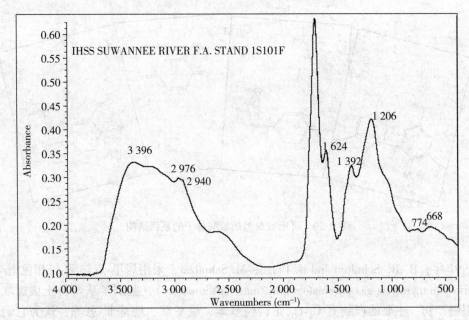

IHSS SUWANNEE RIVER F.A. STAND 1S101F

图 2.27　IHSS Suwannee River I 富里酸标准样品 1S101F 的 FTIR 光谱图

资料来源：http://www.humicsubstances.org/spectra.html.

SUWANNEE RIVER FULVIC ACID (1S101F)

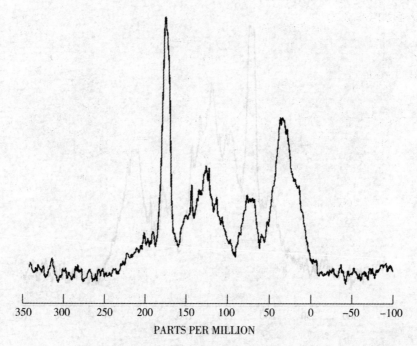

图 2.28　IHSS Suwannee River I 富里酸 标准样品 1S101F 的^{13}C NMR 谱图
资料来源：http://www.humicsubstances.org/spectra.html.

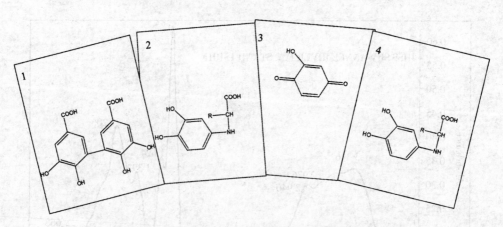

图 2.29　可形成典型胡敏酸分子的系列结构

1991 年，H.-R. Schulten and B. Plage，M. Schnitzer，采用居里-点热解-气相色谱/质谱法（curie-pointpyrolysis-gas chromatography/mass spectrometry），鉴别了从两种土壤提取腐殖酸的裂解产物，主要的产物有 C_1-C_{13} 正构烷基苯、烷基萘、烷基菲-蒽等，认为它们是腐殖酸的结构单元，提出了腐殖酸碳结构的初步模型框架（图 2.31）。

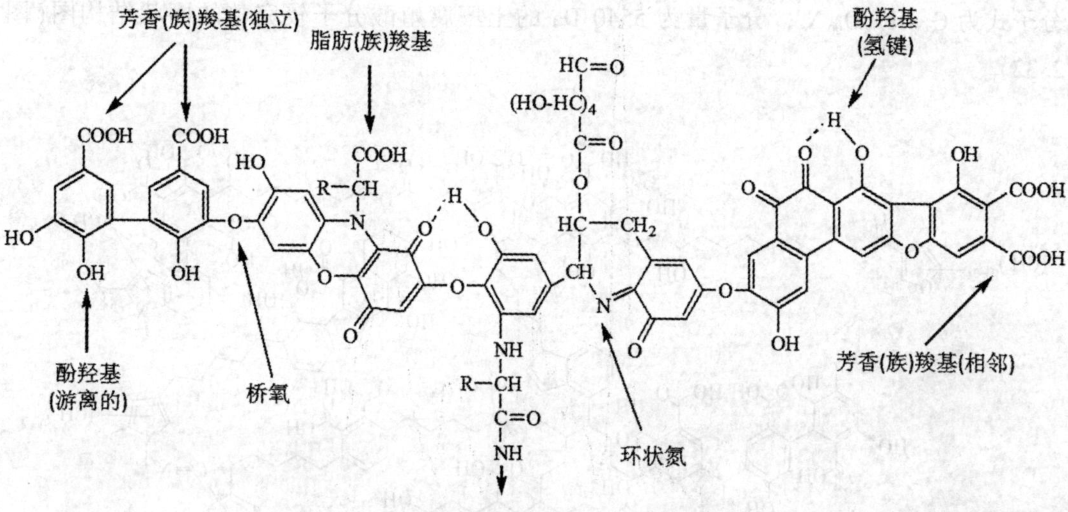

图 2.30　腐殖酸形成的示意图与假设结构

资料来源：F. J. Stevenson，*Humus Chemistry*：*Genesis*，*Composition*，*Reactions*：Wiley，New York，1982：289.

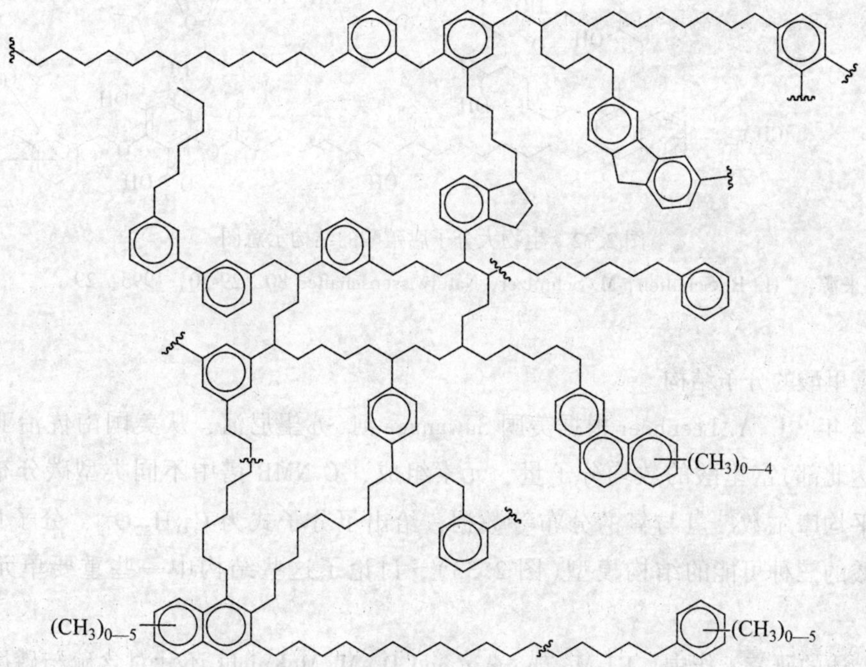

图 2.31　腐殖质碳结构的初步模型框架

资料来源：Schulten, H. R., Plage, B., Schnitzer, M., A Chemical Structure for Humic Substances, Naturwissenschaften, 1991：78, 311.

1993 年，在进一步完善 1991 年工作的基础上，H. R. Schulten 与 M. Schnitzer 给出了分子式为 $C_{308}H_{328}O_{90}N_5$，分子量为 5540 Da 的土壤腐殖酸分子较完整的网状结构图（图 2.32）。

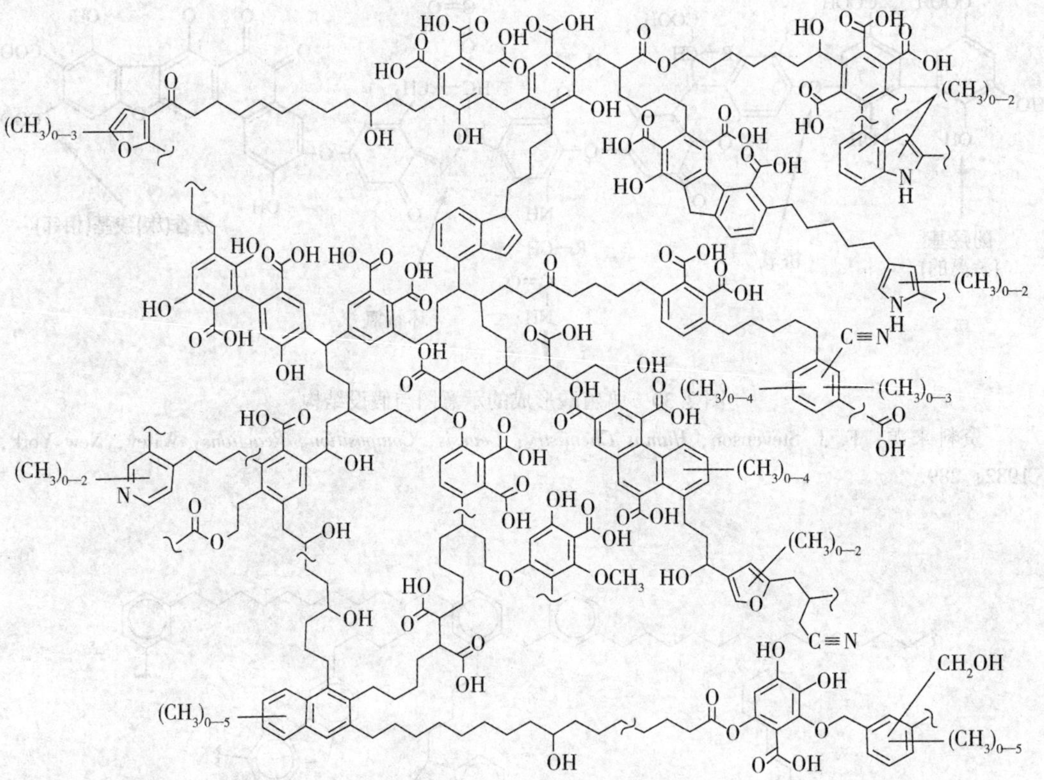

图 2.32 生物大分子腐殖酸的结构示意图

资料来源："H. R. Schulten, M. Schnitzer, Naturwissenschaften 80, 29-30, 1993：29.

3）富里酸的分子结构

1994 年，J. A. Leenheer 根据美国 Suwannee 河（苏望尼河，从美国南佐治亚洲流经佛罗里达北部）富里酸的数均分子量、元素组成、^{13}C NMR 谱中不同类型碳分布、不饱和度的平均摩尔数、氢与氧的分布等数据，给出了分子式为 $C_{33}H_{32}O_{19}$，分子量为 732 的富里酸的三种可能的结构模型（图 2.33），讨论了这些结构中一些重要单元的可能来源。

在上述的研究工作中，E. M. Thurman and D. M. McKnight 还针对含硫与磷腐殖质缺乏研究的情况，根据富里酸一些次要的特征，推测了含硫、磷富里酸的分子结构模型（图 2.34）：

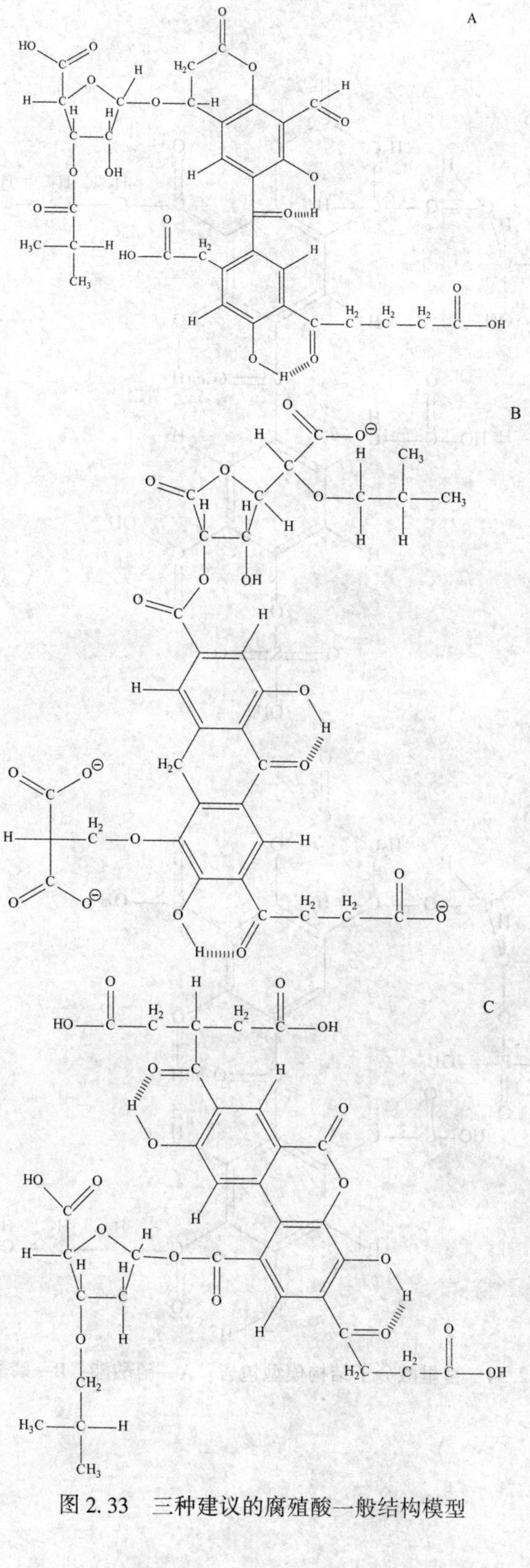

图 2.33 三种建议的腐殖酸一般结构模型

A

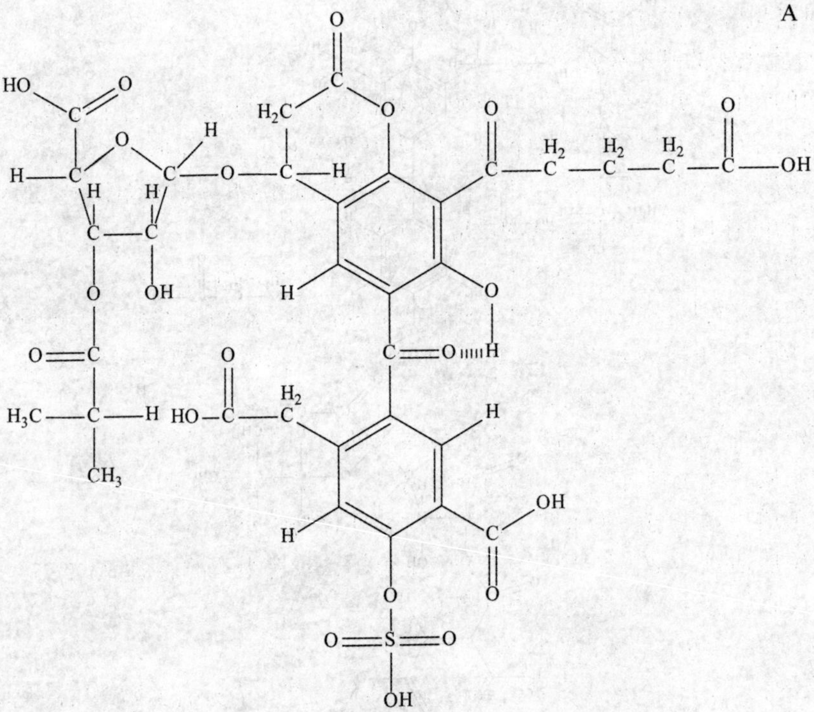

B

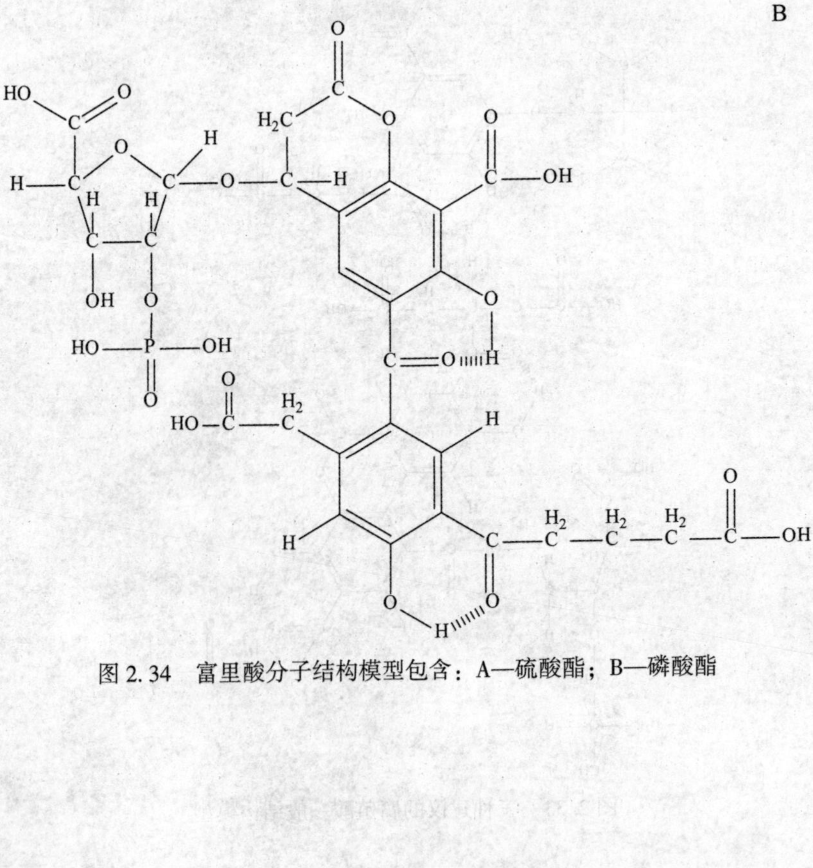

图 2.34   富里酸分子结构模型包含：A—硫酸酯；B—磷酸酯

从上面的介绍可知，人们对腐殖质结构的研究一直在不断探索持续，随着时间的推移，人们对富里酸、腐殖酸结构的认识不断深化。

6. 腐殖质化学的基本要点

从上面的讨论可知，尽管人们对腐殖质化学的认识不断深入，由于腐殖质与腐殖质组成与结构的复杂性，对腐殖质化学各方面的认识在以下几个方面形成了共识：

（1）土壤腐殖质是天然有机质的主要成分。它是由植物、动物残体组织成分降解产物在土壤微生物的作用下，通过复杂的反应转化而形成的。

（2）腐殖质主要由 C、H、O 元素与少量 N、S、P 元素组成。

（3）腐殖质是色暗、组成复杂的有机高分子聚合物，腐殖质的相对分子量分布从几百到几百万，例如富里酸的分子量在 $300 \sim 400$ Da 之间，棕腐酸的相对分子量在 $2 \times 10^3 \sim 10^4$ Da 之间，颜色愈深，分子量愈大。

（4）腐殖质主要可分为腐殖酸、富里酸和胡敏素，其定义是操作性的。

（5）腐殖质具有多种官能团，能与金属离子、有机物相互作用。

（6）腐殖质对水生与陆生系统中化学物质的迁移与转化有重要的影响。

（7）腐殖质通过氢键等作用可形成分子聚集体，具有很大的表面积。

（8）能够抵抗微生物的作用，难以降解。

7. 腐殖质化学结构的新模型概要

腐殖质的化学结构已研究多年，值得注意的是，迄今为止有关腐殖质的化学结构模型的争论一直未停止，主要有两种模型：腐殖质聚合物模型（humic polymer model）和超分子聚集模型（supramolecular aggregate model）或超分子缔合模型（supramolecular associations model）。

1）腐殖质聚合物模型

腐殖质聚合物模型认为腐殖质是通过来自植物残体组织降解产物的次级合成反应形成的高分子有机聚合物，它们具有唯一的化学结构，其结构不同于前体的植物残体的聚合物。这就是上面介绍的有关腐殖质的化学结构的观点，是传统的腐殖质化学的观点。

2）超分子聚集模型

从 20 世纪 90 年代以来，许多研究者将一些新的分析技术用于腐殖质分子结构的表征，从而获得了腐殖质分子结构一些新的不同认识。腐殖质分子结构新的模型逐步形成，在众多的研究工作中，以美国地质调查局的 Robert L. Wershaw 和意大利那不勒斯比萨大学的 Alessandro Piccoloy 的工作最为突出。

1994 年，Wershaw 在其研究论文"Membrane-Micelle Model for Humus in Soils and Sediments and Its Relation to Humification"中，首先提出了关于土壤和沉积物中腐殖质（Humus）结构的膜-束胶模型（Membrane-Micelle Model）。认为酶降解植物残体生物聚合物时产生具有极性和非极性的两性分子，这些两性分子自动地组装为有序的聚集体。分子的疏水部分构成聚集体的内部，与水相隔离；分子的亲水部分构成聚集体的外表面，与水相接触。聚集体通常以膜（membranes）、束胶（micelles）、小囊泡（vesicles）三种不同几何构型存在。2004 年，Wershaw 将该模型称为超分子聚集模型（supramolecular aggregate models）。这些组织有序的聚集体构成了土壤和沉积物中的腐殖质。

2001 年，Piccolo 发表题为"The Supramolecular Structures of Humic Substances"的文章，阐明了腐殖质(humic substances)超分子缔合(supramolecular associations)概念，认为腐殖质是由相对小的、多种不同的分子自组装成为超分子。在水溶液中，这些小分子的亲水与疏水基团的相互作用在一定范围内能够形成大尺寸的分子缔合体。腐殖质的超分子结构不是通过共价键键合形成，而是通过弱的色散力(范德华、π-π，以及 CH-π 键)和氢键而稳定。在腐殖质超分子组织中，分子间的作用力决定腐殖质的构型，并且多种非共价键相互作用的复杂程度控制它们的环境反应性。根据超分子缔合概念，他指出富里酸可以认为是小的亲水性分子的缔合体，其中有足够的酸性官能团而保持富里酸簇在任何 pH 条件下分散在溶液中。腐殖酸则由占优势的疏水组分(聚亚甲基链、脂肪酸、甾体化合物)的缔合体组成，在中性 pH 条件下，这些组分通过疏水色散作用力(van der Waals、π-π 和 CH-π 键)被稳定；在低 pH 值条件下，分子内氢键不断形成，它们的构型的尺寸逐步扩大直至它们聚集。由此，Piccolo 提出腐植酸(HAs)和富里酸(FAs)的经典定义应当重新斟酌。

在 2005 年，美国加州大学伯克利分校(University of California, Berkeley)的 Rebecca Sutton 教授在综合评价了包括 Piccolo、Wershaw 的学者对土壤腐殖质的结构与起因的新见解所做出贡献的研究，给出了腐殖质超分子结构的基本观点：

(1)腐殖质是超分子缔合体。

(2)腐殖质能够形成束胶。

(3)生物分子的碎片应归于腐殖质。

(4)官能团的分布与"聚合物模型不一致"。

(5)尽管在提出腐殖质超分子结构模型以后，不少学者开展了跟进研究，也给出了一些实验证据。但有关腐殖质的化学结构模型的争论仍在继续。

四、土壤的性质

土壤是一个复杂的体系，它由气、固、液三相组成，土壤中有各种有生命的有机体及无机物和有机物。土壤不仅在自身的三相中进行物质和能量的交换，还与大气圈、水圈、生物圈进行物质与能量的交换，其性质是多方面的，本课程仅从环境化学的角度对土壤的性质进行讨论。

(一)土壤胶体及其性质

1. 土壤胶体

把一种或几种物质分散在另一种物质中就构成了一个分散体系，被分散的物质称为分散相，另一种物质称为分散介质。胶体是物质以一定分散程度而存在的一种状态，如按分散相粒子的大小来区分分散体系，胶体分散体系是分散粒子的半径为 $0.1\sim10\mu m$ 的分散体系。

土壤胶体可分为三类：无机胶体，主要为各种次生矿物，如层状硅酸盐、水合氧化物、氧化物等矿物；有机胶体，主要为腐殖质；有机-无机胶体复合体。

2. 土壤胶体的基本性质

(1)具有巨大的表面积与表面能

胶体粒子裸露表面的面积称为表面积，粒子的表面积通常用比表面积(单位重量粒子的表面积)来表示。粒子的半径愈小,其比表面积愈大。伊利石的比表面积为 $30 \sim 80 \mathrm{m}^2/\mathrm{g}$,蛭石的比表面积为 $100 \sim 200 \mathrm{m}^2/\mathrm{g}$,腐殖质的比表面积为 $800 \sim 1\,000 \mathrm{m}^2/\mathrm{g}$。

在物体内部,任何分子都受四周分子的作用,它所受的力是均衡的。而物体表面的分子所受的力是不均衡的,这样就使表面分子具有多余的自由能,称为表面能,表面能愈大,其吸附作用愈强。

(2)胶体粒子具有表面电荷

在一般情况下,自然界的大部分胶体(黏粒体、有机胶体等)带负电荷,只有少数胶体,如水合氧化铁、氧化铝等在酸性条件下带正电荷。

(二)土壤的酸碱性

土壤的酸碱度一般分为九级(表 2.33)。我国土壤的酸碱度大多数在pH = 4.5~8.5的范围内(表 2.34),土壤的酸碱度由南向北逐渐增加。长江(北纬33°)以南的土壤多为强酸性和酸性土壤,如华南、西南广泛分布的红壤、黄壤土的 pH = 4.5~5.5,华中、华东红壤土的 pH = 5.5~6.5;长江以北为中性或碱性土壤,如华北、西北土壤的 pH = 7.5~8.5,少数可达 10.5。

表 2.33 土壤酸碱度的分级

pH	酸碱度分级	pH	酸碱度分级
<4.5	极强酸性	7.0~7.5	弱碱性
4.5~5.5	强酸性	7.5~8.5	碱性
5.5~6.0	酸性	8.5~9.5	强碱性
6.0~6.5	弱酸性	>9.5	极强碱性
6.5~7.0	中性		

表 2.34 我国部分省、市、自治区土壤(A 层)的 pH 值

省区市	最小值	中位值	最大值	算术平均	省区市	最小值	中位值	最大值	算术平均
辽宁	4.7	6.7	9.2	6.6	陕西	5.8	8.4	9.1	8.3
河北	5.7	6.1	8.9	7.9	四川	3.1	6.8	9.4	6.6
山东	4.8	8.1	9.5	7.7	贵州	4.3	6.6	8.3	6.2
江苏	5.3	8.4	9.3	7.8	云南	4.0	5.4	8.8	5.7
浙江	4.3	5.0	8.7	5.3	宁夏	6.6	7.9	8.7	8.0
福建	4.2	4.7	8.0	4.8	甘肃	6.3	8.7	9.8	8.5
广东	4.0	5.1	9.3	5.2	青海	5.9	8.4	9.7	8.3
广西	4.0	4.9	8.4	5.3	新疆	5.5	8.1	9.9	8.1
黑龙江	3.9	6.3	10.6	6.6	西藏	4.0	7.8	10.0	7.6
吉林	4.4	6.4	10.0	6.6	北京	5.5	7.8	8.6	7.7

续表

省区市	最小值	中位值	最大值	算术平均	省区市	最小值	中位值	最大值	算术平均
内蒙古	4.1	7.7	9.8	7.6	天津	7.1	8.6	9.4	8.6
山西	6.3	8.3	9.0	8.4	上海	4.1	7.9	8.3	7.2
河南	5.5	8.0	10.3	7.8	大连	4.8	7.2	9.7	7.2
安徽	4.5	6.1	9.4	6.4	温州	4.2	5.2	9.0	5.7
江西	4.1	4.8	7.7	4.8	厦门	4.4	5.1	9.2	5.2
湖北	4.2	6.4	8.4	6.5	深圳	4.4	5.0	8.3	5.3
湖南	4.1	5.2	8.6	5.6	宁波	4.1	5.6	9.2	6.1

　　资料来源：国家环境保护局主持，中国环境监测总站主编. 中国土壤元素背景值. 北京：中国环境科学出版社，1990：484-485.

　　土壤溶液中 H^+ 的浓度是土壤酸碱性的直接反映，称为活性酸度。土壤溶液中的 H^+ 主要来源于土壤空气中 CO_2 溶于水形成的 H_2CO_3、有机质分解产生的有机酸、无机酸以及施肥时加入的酸性物质，大气污染产生的酸雨也会使土壤酸化。土壤的酸碱性还取决于吸附在胶体表面上的正离子的种类。这些离子处于吸附状态时是不呈酸性的，当它们被交换进入土壤溶液后，使溶液的 H^+ 浓度增加。例如：

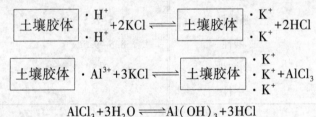

$$AlCl_3 + 3H_2O \rightleftharpoons Al(OH)_3 + 3HCl$$

此酸度是因胶体吸附的离子（H^+ 或 Al^{3+}）被阳离子取代而表现出来的，称为潜性或代换酸度。

第四节　生 物 圈

　　生物圈是环绕地球的由活有机体组成的一个连续层，其范围是海平面上 10km 至海洋底部，是地球上一个厚度很薄而又十分特殊的圈层。由于有了能够自组织、自适应的不同生命，由此构成了地球系统中最为复杂、十分重要的子系统——生物圈。

一、生物圈与生态系统

1. 生物圈(biosphere)

　　生物圈首先是由奥地利地质学家 Eduard Suess 于 1875 年在介绍自己研究阿尔卑斯山的地质结构的结果时顺便创造的一个新词，带有浓厚的地质学色彩。1926 年俄国矿物和地球化学家 Vladimir I. Vernadsky 提出了生物圈的概念，认为生物圈是由生命所占据地壳的一个特殊地带。现在，Vernadsky 提出的生物圈概念被公认是人们认识地球系统的里程碑式的成果。

目前，对生物圈的理解与划分，存在着两种概念：

(1)地球上所有的活有机体以及与这些有机体相互作用的自然环境(岩石圈、水圈、大气圈)称为生物圈。

(2)地球表面有生物居住空间范围内的各类有机体的总和称为生物圈。

前一种概念也称生态圈(ecosphere)，这两个定义在不同的场合都有运用。

现在，对天文学、地球物理学、气象学、生物地理学、地质学、地球化学和地球系统科学等学科而言，生物圈是一个非常重要的概念。

2. 生态系统

按照现代生态学的观点，生态系统是在一定空间内，生命体和其生存环境构成的生态学功能单位。在其中，各种生物彼此间以及生物与非生物的环境因素之间相互作用，且不断发生物质和能量的流动。

因此，可以认为，任何生物体与其生活环境组成的系统都可以称为生态系统，小到含有微生物的一滴水，大到一块草原、一片森林、海洋。如果采用前面叙述的概念，生物圈则是最大的生态系统——全球生态系统。

3. 生物圈与其他三个自然圈层

在地球的四个自然圈层中，生物圈有其明显的特点：

(1)物种数多 比岩石圈的矿物种数 (2 000 多种)要多得多。在生物圈中至少有 3.3×10^5 种绿色植物，9.3×10^5 种动物，8×10^4 种细菌和真菌，存在的物种(包括对未描述物种的估计)的总数高达 300 万种，生物多样性是其显著的特点。

(2)质量小 岩石圈(或到 16km 深的地壳)的质量为 1.5×10^{22} kg，水圈的质量为 1.4×10^{21} kg，大气圈的质量为 5.1×10^{18} kg，生物圈的质量为 1.8×10^{15} kg(DM，干物质)。而地球表面面积为 5.1×10^{14} m²，因此每平方米有 3.6kg 干的生物物质。

(3)生物圈元素的组成与三个无机圈层有非常紧密的联系(表 2.35)。

表 2.35   **生物圈、岩石圈、水圈和大气圈的元素百分组成**

生 物 圈		岩 石 圈		水 圈		大 气 圈	
H	49.8	O	62.5	H	65.4	N	78.3
O	24.9	Si	21.22	O	33.0	O	21.0
C	24.9	Al	6.47	Cl	0.33	Ar	0.93
N	0.27	H	2.92	Na	0.28	C	0.03
Ca	0.073	Na	2.64	Mg	0.03	Ne	0.002
K	0.046	Ca	1.94	S	0.02		
Si	0.003	Fe	1.92	Ca	0.006		
Mg	0.031	Mg	1.84	K	0.006		
P	0.030	K	1.42	C	0.002		
S	0.017	Ti	0.27	B	0.000 2		

资料来源：I D White and D N Mottershead. Environmental Systems. An Introductory Text, 1984.

二、生物圈与生物地球化学循环

对地球系统而言，有太阳能的输入，陨石坠入，还有极少量物质通过大气层向宇宙逸散，但可把其近似看做一封闭系统，物质在其内发生循环运动。

1. 地球化学循环（geochemical cycle）

在地球形成之后，生物出现之前，就存着元素的循环运动。地球上的化学元素通常以某种化学形态和较大的量贮存在某一地方，称之为贮库（reservoir），所储存物质的质量称为贮存量，在其中保留的时间称为滞留时间（residence times）。由于地质和化学作用，元素能够以某种形态从一个贮库运动到另一贮库，单位时间内输送的量称为通量（flux）。化学物质在贮库之间发生的周而复始运动称为地球化学循环。

2. 生物地球化学循环（biogeochemical cycle）

约 30 亿年前，地球上出现了生命。此后，地球上的物质循环就没有纯粹的地球化学循环。因为，化学元素地球化学循环的驱动力除了地质作用、化学作用外，还有生物的作用。

生物地球化学循环原来是生态学的一个概念，是指生态系统中，诸如碳、氮、硫、磷等生命必要元素（bioelements）以不同化学形态在生物和其生存的自然环境之间的循环运动。我们姑且称之为传统的生物地球化学循环。

现在，生物地球化学循环的研究对象从生命必要元素扩展到对全球变化、生命体健康有影响的元素，研究的内容从元素在生物和其生存的自然环境之间的循环运动，扩展到化学元素在地球系统内的贮存与交换及其影响因素。

现代意义上的生物地球化学循环是指化学元素以不同化学形态在生命和非生命系统之间通过大气圈、水圈、岩石圈和生物圈的贮存与交换。

生物地球化学循环通常用箱式模型（box model）表示，也称概念模型。它是以图形的方式来描述化学元素在地球系统贮库中的贮存量和贮库之间的流向及通量，如图 2.35 所示。

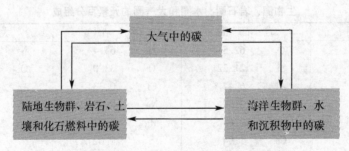

图 2.35　碳的生物地球化学循环的概念模型

3. 生物圈在生物地球化学循环中的作用

生物圈是组成地球系统的重要圈层，它在推动元素的生物地球化学循环中起着十分重要的作用，表现在以下几个方面：

（1）生物圈是生命重要元素 C、H、O、N、S、P 的贮库；

（2）生物圈内发生的生物化学过程对这些元素的贮存或释放有决定性的影响；

（3）生物圈与全球范围内的能量和物质的传输存在密切的关系，从而影响生物地球化学循环；

（4）生物圈对地球化学和大气、陆地表面、大洋及沉积物等有重要的影响，从而影响生物地球化学循环。

三、重要化学元素的生物地球化学循环

从地球系统科学的观点，化学元素的生物地球化学循环对维持地球系统的动态平衡有重要意义。在这一小节，将简要介绍对生命有重要意义和对全球变化有影响的化学元素的生物地球化学循环。

（一）重要化学元素的生物地球化学循环

碳、氮、磷、硫、氧是生命的必要元素，同时也是对全球变化有着重要影响的元素。

1. 全球碳循环

碳无疑是地球上最重要的元素，它是构成生命的重要元素，同时也是对全球变暖有主要贡献的元素，全球碳循环是重要的生物地球化学循环之一。

1）碳流动的主要过程

碳循环是一个以"二氧化碳—有机碳—碳酸盐"为核心的运动，碳循环的流动有三个主要过程：陆地范围的碳流动过程、海洋范围的碳流动过程和人类活动范围内碳的流动过程。

（1）陆地范围内的碳流动过程（processes of carbon flow in the terrestrial realm）

陆地内碳的流动有以下主要途径：

①光合成；

②植物呼吸作用；

③落叶和 litter fall and below-ground addition；

④土壤的呼吸作用；

⑤径流作用。

（2）海洋范围内的碳流动过程（processes of flow in the oceanic realm）

海洋内的碳流动过程有以下主要途径：

①海洋-大气交换；

②海水的碳酸盐化学；

③海洋-大气（ocean-atmosphere exchange revisited）；

④表层水平对流；

⑤海洋生物区交换-生物泵；

⑥下降流（downwelling）；

⑦上升流（upwelling）；

⑧沉积作用；

⑨火山活动与岩石变质作用。

（3）人类活动范围内碳的流动过程（processes of carbon flow in the human realm）

人类活动范围内碳的流动过程主要有以下途径：

①化石燃料燃烧；

②土地使用的改变。

2）全球碳循环模型

碳循环是碳元素在地球各圈层的流动过程，是一个"二氧化碳—有机碳—碳酸盐"系统，它主要包括生物地球化学过程，是维系生命不可或缺者。生物体所含有的碳元素来自于空气或水中的 CO_2 藻类和绿色植物通过光合作用将 C 固定，形成碳水化合物，除一部分用于新陈代谢，其余以脂肪和多糖的形式贮藏起来，供消费者利用，再转化为其他形态。呼吸作用则是生物将 CO_2 作为代谢产物排出体外。生物体及其残余物等物质最终会被分解，释放 CO_2 和 CH_4。但有一部分生物体在适当的外界条件下会形成化石燃料、石灰石和珊瑚礁等物质而将碳固定下来，使该部分碳暂时退出碳循环。严格地说，碳循环还包括甲烷等有机物。

对于碳循环的认识，目前还有许多不确定性，如主要贮库中的贮存量，不同的文献会给出有一定误差的数据。再如，对全球碳的汇及其机制现在仍有许多问题未认识。

碳在地球系统的主要贮库和全球流通量可见表 2.36 和表 2.37、图 2.36。

表 2.36　　　　　　　　　　　　　　碳的主要贮库　　　　　　　　　　　　10^{15} g

贮　库	数　量	贮　库	数　量
大气圈		陆地生物群和土壤	
二氧化碳	729	生物群	560
甲烷	3.4	枯枝落叶	60
一氧化碳	0.2	土壤	1 500
大气圈总计	733	泥炭	160
		大陆总计	2 280
海洋			
溶解的无机碳	37 400	岩石圈	
溶解的有机碳	1 000	沉积物	56 000 000
颗粒态有机碳	30	岩石	9 600 000
生物群	3	岩石圈总计	66 000 000
海洋总计	38 400		

资料来源：国际环境与发展研究所，世界资源研究所编，中国科学院，国家计划委员会自然资源综合考察委员会译. 世界资源，1987.

表 2.37	碳的全球流动			10^{15} g/a
	数量			数量
大气到陆地		海洋到大气		
大气到绿色植物(净流入)	55	表层水到大气		90.0
陆地到大气		海洋内部交换		
土壤呼吸	55	生物周转		40
矿物燃料的燃烧(1979—1982)	5.1~5.4	来自表层水的碎屑		4
砍伐森林(净值)	0.9~2.5	从表层水至深层水的循环		38
河流搬运(无机碳)	0.7	从深层水至表层水的循环		40
河流搬运(有机碳)	0.5			
		海洋到岩石圈		
大气到海洋		沉积(无机碳)		0.15
大气到表层水	92.5	沉积(有机碳)		0.04

资料来源：同表 2.36。

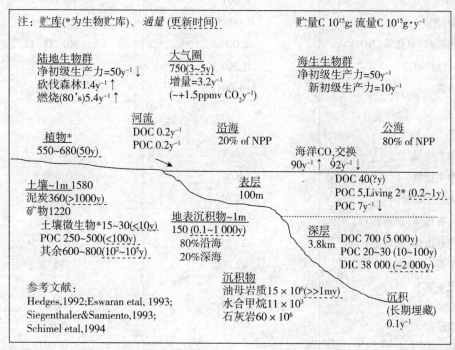

贮存量的单位为 10^{15} g，流通量单位为 10^{15} g·y^{-1}；箭头表示流通；括号内数值表示周转时间；NPP 为净初级生产力。

图 2.36　全球碳循环示意图

2. 全球氮循环

氮是生命必须的元素, 同时也是对全球变化影响较大的元素。氮循环是重要的生物地球化学循环, 在循环过程中, 涉及氮元素多种不同化学形态, 如气体 N_2、N_2O、NO、NO_2 等, 离子 NH_4^+、NO_2^-、NO_3^-, 有机氮等。主要的过程有:

(1) 固氮(N-fixation) 通过植物和人类活动, N_2 转化有机氮;

(2) 矿化(mineralization) 通过微生物(细菌和真菌)作用, 有机氮转化为 NH_4^+;

(3) 硝化(nitrification) 通过细菌作用, NH_4^+ 转化为 NO_3^-, 同时产生 NO 和 N_2O;

(4) 反硝化(denitrification) 通过细菌作用, NO_3^- 转化为 N_2;

(5) 光合作用(photosynthesis)通过植物吸收, NO_3^- 和 NH_4^+ 转化为有机氮。

全球氮循环见表 2.38 和表 2.39、图 2.37。

表 2.38　　　　　　　　　　　　　**氮在全球各圈层的贮存**

贮　　　存	10 亿吨氮量	占总数百分比
大气圈		
分子态氮(N_2)	3 900 000	>99.999
氧化亚氮(N_2O)	1.4	<0.000 1
氨(NH_3)	0.001 7	<0.000 1
铵盐(NH_4^+)	0.000 04	<0.000 1
氧化氮+二氧化氮(NO_x)	0.000 6	<0.000 1
硝酸盐(NO_3^-)	0.000 1	<0.000 1
有机氮	0.001	<0.000 1
海洋		
植物生物量	0.3	0.001
动物生物量	0.17	0.000 7
微生物生物量	0.02	0.000 6
死亡有机体(溶解态)	530	2.3
死亡有机体(颗粒态)	3~240	0.01~1.0
分子氮(溶解态)	22 000	95.2
氧化亚氮	0.2	0.009
硝酸盐	570	2.5
亚硝酸盐	0.5	0.002
氨基	7	0.003
陆地生物圈		
植物生物量	11~14	2.6

续表

贮 存	10亿吨氮量	占总数百分比
动物生物量	0.2	0.04
微生物生物量	0.5	0.1
杂乱废物	1.9~3.5	0.5
土壤：有机物	300	63
无机物	160	34
岩石圈		
岩石	190 000 000	99.8
沉积物	400 000	0.2
煤矿床	120	0.000 06

资料来源：国际环境与发展研究所，世界资源研究所编，中国科学院，国家计划委员会自然资源综合考察委员会译. 世界资源，1988—1989：281-282.

表 2.39   氮的全球流动

部分流动类型	估测范围(每年百万吨氮量)
固氮作用	
生物的	
陆地	44~200
海洋	1~130
工业的	90
NO_x 的形成作用	
闪电	<10
土壤释放	10~15
矿物燃料燃烧	22
生物质燃烧	7~12
N_2O 的形成作用	
海洋	1~3
热带和亚热带	
森林及林地	3.4~11.4
施肥农田	0.4~1.2
燃烧：矿物燃料	3~5
生物质	0.5~0.9
沉降作用	
NO_x(干和湿)	40~116
NH_3/NH_4^+(干和湿)	110~240
入海河流径流	26

资料来源：同表 2.38。

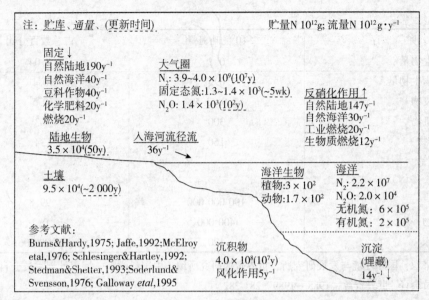

贮存量的单位为 10^{12} g，流通量单位为 10^{12} g·y^{-1}；箭头表示流通；括号内数值表示周转时间。

图 2.37   全球氮循环示意图

3. 全球磷循环

磷对生命体而言也是非常重要的，它在有机体内提供能量。磷循环过程中涉及的形态有多种，如 $H_2PO_4^-$、HPO_4^{2-}、PO_4^{3-}、无机多磷酸盐、有机多磷酸盐、颗粒态磷等，全球磷循环见图 2.38。

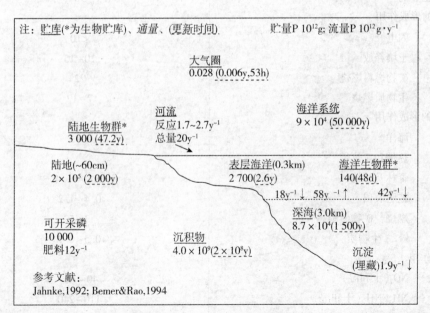

贮存量的单位为 10^{12} g，流通量单位为 10^{12} g·y^{-1}；箭头表示流通；括号内数值表示周转时间。

图 2.38   全球磷循环示意图

4. 全球硫循环（图 2.39 和图 2.40）

硫也是生命必要的元素，也是对全球变化有重要影响的元素。

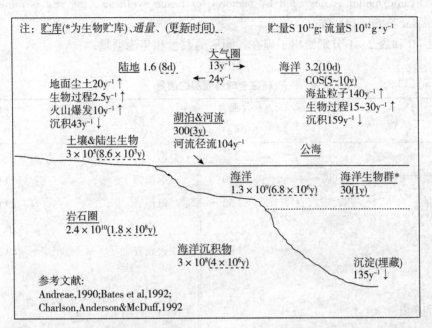

贮存量的单位为 10^{12} g，流通量单位为 10^{12} g · y^{-1}；箭头表示流通；括号内数值表示周转时间。

图 2.39　全球硫循环示意图（工业前）

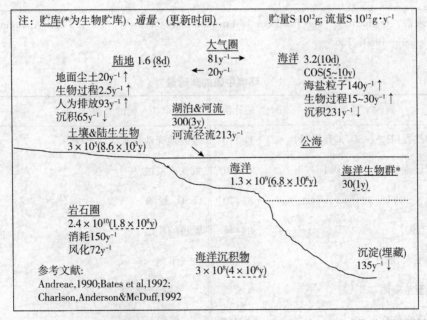

贮存量的单位为 10^{12} g，流通量单位为 10^{12} g · y^{-1}；箭头表示流通；括号内数值表示周转时间。

图 2.40　全球硫循环示意图（20 世纪 80 年代中期）

(1) Similar to that of the nitrogen cycle due to microbial activity required;

(2) Sulfur found as part of amino acids cysteine and methionine in organic compounds;

(3) Organic matter is degraded by bacteria for tissue synthesis, the rest is mineralized to form hydrogen sulfide (H_2S);

表 2.40 和表 2.41 分别给出了硫在各圈层的贮量和年流通量。

表 2.40   硫在全球各圈层的质量

圈　层	估计质量 (10^{20} g)	圈　层	估计质量 (10^{20} g)
大气圈		岩石圈	
对流层的质量(至 11 公里)	40	沉积物	3 000
总质量	52	沉积岩	29 000
		变成岩	76 200
土壤圈	16	火成岩	189 300
水圈			
河流和湖泊	2		
地下水	81		
两极冰帽、冰山、冰河	278		
海洋	13 480		

资料来源: O Hutzinger. The Handbook of Environmental Chemistry, Vol. 1, Part A. Springer-Verlag, Berlin Heidelberg, 1980: 106.

表 2.41   环境中硫的年通量   Tg/a

硫的来源	估计值	硫的来源	估计值
陆地生物过程(H_2S，SO_2，有机硫)	3~110	隆起地壳地热水活动(SO_4^{2-})	129
海洋生物过程(H_2S，有机硫)	30~170	黄铁矿浸蚀	11~69
污染(SO_2，SO_4^{2-})	40~70	$CaSO_4$ 浸蚀	25~69
海洋溅沫(SO_4^{2-})	40~44	肥料的使用	10~69
火山排放至大气(H_2S，SO_2)	1~3	大气平衡	
火山排放至土壤圈	5	陆地至海洋	-10~20
海洋上空降雨(SO_2，SO_4^{2-})	60~165	海洋至陆地	4~17

续表

硫的来源	估计值	硫的来源	估计值
陆地上空降雨(SO_2，SO_4^{2-})	43～165	大气圈内的平衡	−1～20
陆地上空干沉降(SO_4^{2-})	10～165	土壤圈内的平衡	−1～110
海洋吸收(SO_2)	10～100	水圈内的平衡	0～117
植物吸收(H_2S，SO_2，SO_4^{2-})	15～75	岩石圈内的平衡	−139～−8
河流径流(SO_4^{2-})	73～136		
沉积(黄铁矿)	7～36		

资料来源：O Hutzinger. The Handbook of Environmental Chemistry，Vol. 1，Part A. Springer-Verlag，Berlin Heidelberg，1980：117.

5. 其他元素的生物地球化学循环

近年来，人们除了研究生命必要元素的生物地球化学循环外，还关注对全球变化、生命健康有影响的化学元素的生物地球化学循环。

1) 硅的全球循环(图 2.41)

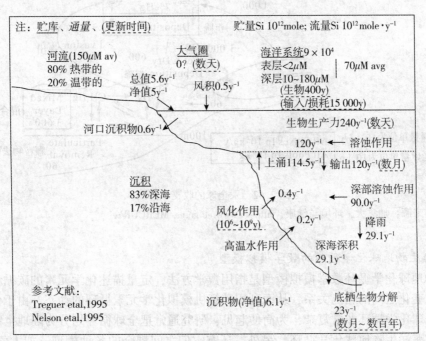

贮存量的单位为 10^{12}mole，流通量单位为 10^{12}mole·y^{-1}；箭头表示流通；括号中内容表示周转时间。

图 2.41　全球硅循环示意图

2) 汞的全球循环

汞在自然环境中的迁移与转化是非常复杂的，通过多年的研究，目前对汞的全球循环有了一定了解。图 2.42 给出了全球汞的收支。汞的生物地球化学循环涉及多种物理、化学和生物过程。

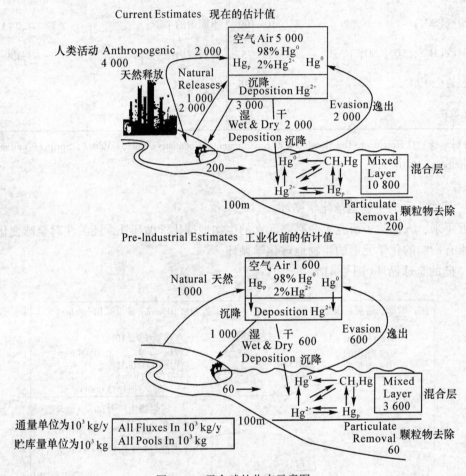

图 2.42　汞全球的收支示意图

资料来源：加拿大，环境与健康，http://www.ec.gc.ca/MERCURY/

(二) 生物地球化学循环的数学模拟模型

生物地球化学循环数学模拟模型是指用数学方法，定量描述化学元素的碳循环过程及其与全球变化之间的相互关系，从而利用计算机模拟化学元素循环的动态。由于化学元素的生物地球化学循环非常复杂，为简便起见，研究通常把全球循环划分为陆地生物地球化学循环、海洋生物地球化学循环。另外，还有它们之间耦合的各种模型，如大气-海洋模型、森林-土壤-大气模型等。

(三) 全球水循环

表 2.42 给出了水在各贮库中的量和流通量。

表 2.42　　　　　　　　　　　　全球水的贮存和流动

	最佳估测值	已公布的估测值范围	贮留时间
贮存(km³)			
海洋	13.5 亿	13.2 亿~13.7 亿	2 500 年
大气层	13 000	10 500~15 500	8 天
陆地			
河流	1 700	1 020~2 120	16 天
湖泊	1 000 000	30 000~177 000	17 天
内陆海	105 000	85 400~125 000	
土壤水	70 000	16 500~150 000	1 年
地下水	820 万	7 万~33 000 万	1 400 年
冰川和冰盖	17 500 万	1 650 万~4 802 万	
生物群	1 100	600~50 000	小时
流动(km³/a)			
陆地的蒸发作用	71 000	63 000~73 000	
陆地上的降水作用	111 000	99 000~119 000	
海洋的蒸发作用	425 000	383 000~505 000	
海洋上的降水作用	385 000	320 000~458 000	
自陆地向海洋的径流	39 700	33 500~47 000	
河流	27 000	27 000~45 000	
地下水直接径流	12 000	0~12 000	
冰川径流(水和冰)	2 500	1 700~1 500	
自海洋向陆地大气的净	39 700		
水分传输			

资料来源：同表 2.38。

第五节　全球系统的相互作用

　　地球系统科学认为，人类生存环境——地球系统是一个复杂的大系统，是各子系统相互作用过程的集合，而不是各个组成部分的堆积。

一、地球系统的组成及特点

(一)地球系统的组成

地球系统可看成由大气圈、水圈、岩石圈、生物圈等子系统和外部驱动系统——太阳、内部驱动系统——地核组成,系统之间存在着复杂的相互作用。在几十年至几百年的时间尺度内,人类活动是影响全球变化的因素之一,因而被认为是一个外部扰动源,可示意于图 2.43 的概念模型。

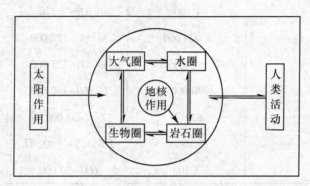

图 2.43　地球系统及子系统之间相互作用的概念模型

(二)子系统的特点

大气圈、水圈、岩石圈、生物圈等子系统的特点表现在以下几个方面:

1. 微观结构相同

大气圈、水圈、岩石圈、生物圈四个子系统都是由分子、原子构成。这种微观结构决定了圈层的基本性质,并且当微观结构及成分发生变化后,在宏观上将对圈层内和圈层间产生不同程度的影响。

2. 结构的有序程度相差大

对大气、水、岩石三个圈层而言,这种差异主要体现于物质存在状态不同。大气和水是流体,但气体分子运动的随机性更高,故大气圈有序程度最低,水圈的有序程度较大气圈高。岩石圈由固体物质组成,具有稳定的结构,其有序程度高于水。

生物圈是由不同层次的生命体组成的,结构高度有序,并且与非生命体的有序程度有质的差别,这是两者的分水岭;另一根本差别在于生命体具有自适应和自我复制的能力。生命体对环境条件的变化十分敏感,并能够通过自身调节适应这种变化,从而维持自身状态的稳定。但是,由于生命物质的高度有序性和环境的自发无序化倾向(热力学第二定律),生命得以维持的条件是很苛刻的。因此,在环境条件变异的一定范围内,生命体是高度稳定的,但当环境的变异超出某一阈值时,它将失稳而发生突变,这种突变可能是进化,也可能是退化,乃至消亡。由不同层次生命体组成的生物圈也是如此。所以,生物圈作为地球系统的一个子系统,它对于外源的扰动和其他子系统作用的响应是不同的,它的行为和影响要比大气圈、水圈、岩石圈复杂得多。

二、地球系统状态演变的控制因素

地球始终处于不停的运动和演变之中，全球变化的主要时间尺度可以用五个不同时间段来定义。环境科学主要研究几十年至几百年时间尺度的全球变化，在此时间尺度内，地球系统状态的演变受外部作用和系统内部作用的控制。

（一）系统内部的相互作用

地球系统内部的相互作用是指各子系统的相互作用。这些相互作用是复杂的，影响因素是多方面的，这些问题也正是全球变化研究的重点所在。子系统内和子系统之间存在复杂的相互作用，其复杂性表现为以下几个方面：

（1）系统内和系统之间有能量、物质的输入和输出，并且能量和物质的输送跨越很宽的时间和空间尺度而发生在全球范围内；

（2）子系统对于外源的扰动和它们之间的相互作用的响应不同，大气圈最灵敏，水圈次之，岩石圈最不灵敏，生物圈最为复杂；

（3）地球系统是一高度非线性系统，任何系统一部分和任一时间状态的变化最终都会影响到其他部分，并且常表现在不同的时间尺度内；

（4）不同层次、不同时间尺度和空间尺度的不同性质的过程（物理、化学、生物学过程），其作用都相互耦合。

在几十年至几百年的时间尺度内，影响全球变化的过程主要取决于物理气候系统和生物地球化学循环过程及它们之间的相互作用。因此，可以把复杂的地球子系统的相互作用简化为这两个子系统的相互作用。目前，这两个子系统的相互作用只建立了相应的概念模型（图2.44）。

（二）外部作用

外部作用亦称外源作用，包括外部驱动器——太阳的作用、内部驱动器——地核的作用和人类活动。

1. 太阳的作用

太阳是离地球最近的恒星，它对地球的作用主要体现在太阳变化、太阳活动和地球运动轨道的变化三个方面。

（1）太阳变化。指太阳作为天体自身演化而引起的辐射能的改变。太阳辐射提供了形成大气环流和海洋环流所需的几乎全部能量，它用太阳常数来表征。目前一般认为，在几十年至几百年的时间尺度上，太阳常数的变化不超过0.3%。在当前测量技术的误差范围之内（0.1%~1%），太阳常数的这样幅度的变化会不会引起全球气候的变化，目前还不能定论。

（2）太阳活动。指地球上可观测到的太阳的表面现象，如太阳黑子、耀斑等。近百年来，许多学者都对太阳黑子活动与气候变化的关系作过研究，但它们之间有什么样的物理关联目前尚难以定论。

（3）地球运动轨道的变化。指地球运动轨道的变化使地表太阳辐射能随之变化。研究表明，地球轨道参数的周期性变化与周期性出现的地球冰河期有一定关联。

2. 地核作用

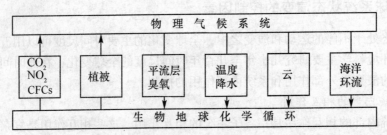

图 2.44　系统的相互作用：物理气候系统与生物地球化学循环之间的联系（示意图）

资料来源：美国国家航空和宇航管理局地球系统科学委员会. 地球系统科学. 陈泮勤，马振华，王庚辰译. 北京：地震出版社，1992：58.

地核作用是另一个主要的外源作用。地核对于地球系统作用的途径有两条：一是通过它所产生的地磁场作用于地球系统的其他部分；二是作用于地幔，引起地幔对流、板块运动等，这些作用的时间尺度在千万年以上。对于几十年至几百年时间尺度范围内全球环境系统的变化来说，地核-地幔过程的作用集中体现于火山活动的影响。

3. 人类活动的作用

在人类社会不断进步的过程中，人类的各种活动对全球系统产生了不同程度的扰动。远古时期，人类活动对自然环境造成的干扰、破坏与全球系统的自我调节作用相比是微不足道的，但是自从人类进入农业文明开始，这种干扰与破坏就不再是可以忽略的了，进入工业文明时代后，人类的活动对自然环境造成了严重的冲击，并且现在正以空前的速度、幅度和空间规模改变着全球环境，对生物地球化学循环的扰动强度可能正趋于临界水平。因此，在几十年至几百年的时间尺度，人类活动对地球系统的干扰、冲击已被认为是除了太阳活动和地核作用之外的第三个外部扰动因素。

人类活动极其广泛，从环境化学的角度来研究人类活动对地球系统的扰动，可以认为这一外源作用主要体现于对化学物质全球循环的严重扰动，从而诱发全球变化，所产生的全球性环境问题反过来对人类社会产生影响（图 2.45）。

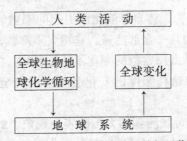

图 2.45　人类与地球系统之间的相互作用

人类活动对全球生物地球化学循环的扰动表现为直接扰动和间接扰动。

（1）直接扰动。改变了元素全球生物地球化学循环中的源与汇，其结果是使得在人类活动扰动前元素原有的生物地球化学循环动态平衡遭到破坏。化石燃料的燃烧、其他工业活动、化肥的生产和使用、天然植被大量地被农业植被替换或高速度的毁灭等等，人类的这些活动已经对碳、氮、硫、磷循环产生了严重的影响。

（2）间接扰动。上述生命的关键营养元素的全球生物地球化学循环变化，改变了这些元素在全球的分布，由此可能引起的环境系统的改变，进而引起地球上的生命形式和种群的变化。其后果以及对生物地球化学循环的反馈作用目前尚无法估计。

自工业文明以来，人类改变自然环境的能力大大增强，人类的物质文明也有了很大的提高，人类仍然在运用自己的智慧和能力，为自身更好的生活而不断地改变自然环境。我们应认识到，人类毕竟是地球生态系统的一员，其生存和活动必然受到地球生态系统的制约，人类不可能无节制地改造自然环境和利用地球资源。目前人类活动的扰动强度已经达到地球环境系统的自然调控能力的临界点，引起了令人担忧的全球变化。因此，人类必须摆正自身在全球系统中的正确位置，控制和重新设计自身的活动，从而使人类社会得以持续发展。

复习思考题

1. 何谓气溶胶？试述其危害性。
2. 何谓一次气溶胶、二次气溶胶？它们是如何形成的？其化学组成有何区别？
3. 对太阳短波辐射产生吸收的大气组分主要有哪些？
4. 对太阳和地表长波辐射有吸收的大气组分主要有哪些？
5. 何谓温室效应？试解释其产生的原因。
6. 主要的温室气体有哪些？
7. 何谓化学物质的源与汇，试举一例。
8. 何谓大气散射？大气散射有哪几种主要的类型？
9. 试解释大气对太阳辐射衰减的原因。
10. 试写出氯氟烃 CFC-22 和 CFC-116 的分子式。
11. 天然水的分布有何特点？
12. 淡水的化学成分有何特点？
13. 海水的化学成分有何特点？
14. 何谓土粒粒级？土粒的粒级对其化学组成有何影响？
15. 土壤中气体的来源与组成有何特点？
16. 层状硅酸盐晶体的结构单元有哪几种？
17. 层状硅酸盐的结构类型有哪几种？
18. 土壤有机质可划分为哪几类？
19. 非腐殖质可分为哪几类？
20. 腐殖质主要有哪几种官能团？
21. 土壤胶体具有哪些基本性质？
22. 我国土壤的酸性分布有何特点？
23. 试述土壤溶液中的 H^+ 的来源。

24. 何谓生物圈？

25. 试述生物圈在化学物质全球循环中的作用。

26. 碳的全球流动有何特点？

27. 氮的全球流动有何特点？

28. 水的全球流动有何特点？

29. 大气圈、水圈、岩石圈、生物圈四个子系统有何特点？

30. 地球系统状态的演变受哪些因素控制？

31. 在中等时间尺度的全球变化中，地球系统内部的相互作用是什么？

32. 何谓太阳作用？其作用体现在哪几个方面？

33. 从环境化学的角度考虑，人类活动对地球系统的扰动主要体现在什么方面？试举一例。

34. 为什么说人类活动是地球系统的一个外部扰动源？

第三章　化合物在环境介质间的分配

全球环境是由大气圈、水圈、岩石圈和生物圈四个子系统构成的一个复杂大系统。从宏观的角度，全球环境可看做由气相、液相、固相组成的复杂大系统，而从微观角度观察大气圈、水圈、土壤圈子系统，不难发现它们也由不同的相组成，如大气圈由气体、大气颗粒物和水蒸气组成，土壤圈也由气、固、液三相组成。环境化学通常把这些相称为环境介质，全球环境系统和子系统称为多介质系统。

其中存在一些相互接触的介质，如大气-水，水-土壤，水-悬浮物，水-沉积物，水-水生物，大气-颗粒物等(图 3.1)。

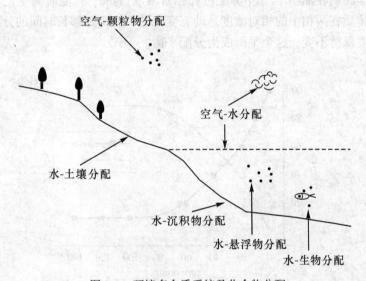

图 3.1　环境多介质系统及化合物分配

环境化学研究的一个重要方面是化合物进入环境多介质系统后，有哪些迁移过程，归宿如何，用何种方法进行表征。经过多年的研究，人们认识到，化合物在环境介质间的分布过程可看做一个分配过程，并遵循一定的规律，可采用平衡分配方法进行研究和表征。当然，用这种建立在化学平衡概念上的简化了的各种模型来描述在各介质中发生的化学过程并不完全符合实际情况。但是，这样的处理能够为了解在介质中发生的一些基本物理化学过程提供洞察手段。

为此人们建立了用分配平衡来处理化合物在环境介质分布的方法。

第一节　分配与分配平衡

一定量的化学物质进入两个互不相溶的相邻两相，会发生浓度的分布现象。这种现象的典型例子就是非极性有机物在油-水两相中发生的液-液萃取过程，液-液萃取的结果是使得水中相的有机物被转移到油相。这种化学物质在两相界面之间迁移的过程就是分配过程。常见的两相界面过程包括大气-水界面的挥发、吸收或溶解过程；大气-土壤界面的吸着(sorption)、挥发过程；水-土壤界面的吸着、溶解过程等。本节介绍分配过程的相关基本概念与知识，为学习环境介质中的分配过程提供基础。

一、分配与分配系数

1. 分配

分配是指化学物质根据其在相邻两相中的溶解能力差异而在两相中发生的分布现象。分配被认为是化学物质在两个不同相间的动态平衡过程，是两相界面过程的结果。图 3.2 给出了某种化学物质在油-水两相中分配过程相对浓度(ratio,%)随时间变化，说明在分配过程中，化学物质在两相中的相对浓度是动态变化的，经历足够长时间的分配，达到平衡时候，相对浓度保持不变。这个平衡成为分配平衡。

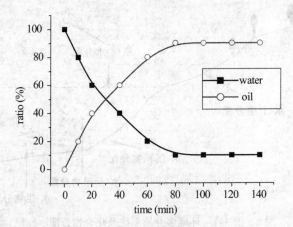

图 3.2　某种化学物质在油-水两相中分配过程相对浓度随时间变化示意图

2. 分配系数

进入环境系统后的化学化合物，在两介质间的分布过程是一种分配过程，在一定条件下，化合物在相邻两介质间的分配能达到平衡，环境化学通常用分配系数来表征化合物在环境介质中分布的趋势。

在给定的温度和压力下，当化合物在两介质(相)间达到平衡时，化合物在两相中的浓度比为一常数：

$$K_P = \frac{c_A}{c_B} \qquad\qquad (3.1)$$

式中：K_P 为分配系数；c_A、c_B 分别为化合物在相 A 和相 B 中的平衡浓度，质量/质量或质量/体积单位。

以有机物在正己烷-水两相的分配为例，式(3.1)中的 A 相为正己烷，B 相为水，则对应的分配系数为正己烷-水分配系数(K_{hw})；A 相为三氯甲烷，B 相为水，则对应的分配系数为三氯甲烷-水分配系数(K_{cw})。表 3.1 给出了 25℃ 下一些有机物的 K_{hw} 与 K_{cw}。不难看出：不同有机物的 K_{hw} 或 K_{cw} 不尽相同，非极性有机物(如正辛烷、一氯苯和甲苯)的 K_{hw} 或 K_{cw} 明显高于极性有机物(如丙酮、苯酚)；同一种有机物的也不尽相同，有的差别较大(如吡啶与丙酮)，有的差别很小(如正辛烷)；如果将 $\log K_{hw}$ 与 $\log K_{cw}$ 进行拟合(图 3.3)，则具有显著的线性相关($R=0.99$，$p<0.0001$)。

表 3.1　部分有机物的正己烷-水分配系数(K_{hw})和三氯甲烷-水分配系数(K_{cw}，25℃)

化合物	分子结构	$\log K_{hw}$	$\log K_{cw}$
正辛烷		6.08	6.01
正己醇	OH	0.45	1.69
正己酸	O ⎓ OH	−0.14	0.71
一氯代苯	—Cl	2.91	3.40
甲苯	—CH$_3$	2.83	3.43
苯胺	—NH$_2$	0.01	1.23
苯酚	—OH	−0.89	0.37
吡啶	N	−0.21	1.43
丙酮	CH$_3$COCH$_3$	−0.92	0.72

资料来源：Rene P. Schwarzenbach, Philip M. Gschwend, Dieter M. Imboden. ENVIRONMENTAL ORGANIC CHEMISTRY, Second Edition, Published by John Wiley & Sons, Inc., Hoboken, New Jersey, 2003：217.

分配系数本质上是界面过程平衡常数，其主要受温度、大气压等环境因素的影响，同时与被分配的化学物质性质、相的性质以及其他共存的物质或者杂质有关系。

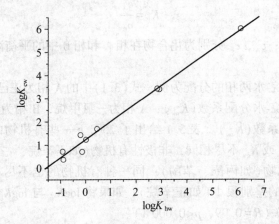

图 3.3　有机物正己烷-水分配系数(K_{hw})与三氯甲烷-水分配系数(K_{cw})的对数线性关系(数据来自表 3.1)

二、常用的分配系数

1. 正辛醇/水分配系数(n-octanol/water partition coefficient，K_{OW})

在恒定的温度下(温度变动±1℃)，有机化合物在正辛醇、水两相间达到分配平衡时，其在正辛醇和水中的浓度比为一常数：

$$K_{OW} = \frac{c_O}{c_W} \qquad (3.2)$$

式中：K_{OW} 为正辛醇-水分配系数；c_O、c_W 分别为有机物在正辛醇相和水相中的平衡浓度，用 mole/L_O 和 mole/L_W 表示。

K_{OW} 原是药理学和药物鉴定中常用的一个参数，用以评价有机药物的亲脂性。后研究发现它与有机物在环境介质间的分配系数有很好的相关性，是有机化合物环境行为的一个重要参数。其重要性表现在以下几个方面：

(1)现已经积累了大量有机化合物的 K_{OW} 值(图 3.4)；

(2)是量化表征有机化合物疏水性的方法；

(3)可用于估算有机化合物的水溶解度；

(4)可用于估算有机化合物其他一些分配系数；

(5)可用于计算和估算有机化合物在环境介质中的归宿或预测其毒性。

2. 正辛醇/空气分配系数(n-octanol/air partition coefficient，K_{OA})

正辛醇/空气分配系数是正辛醇/水分配系数概念在环境化学的发展。其定义为：在给定温度下，有机化合物在正辛醇、空气间达分配平衡时，其在正辛醇和空气中的浓度比为一常数：

$$K_{OA} = c_O/c_A \qquad (3.3)$$

式中：K_{OA} 为正辛醇/空气分配系数；c_O、c_A 分别为有机物在正辛醇和空气中的平衡浓度。正辛醇/空气分配系数可以用于估算有机化合物在空气与植物叶片之间的分配以及空气与大气颗粒物之间的分配。

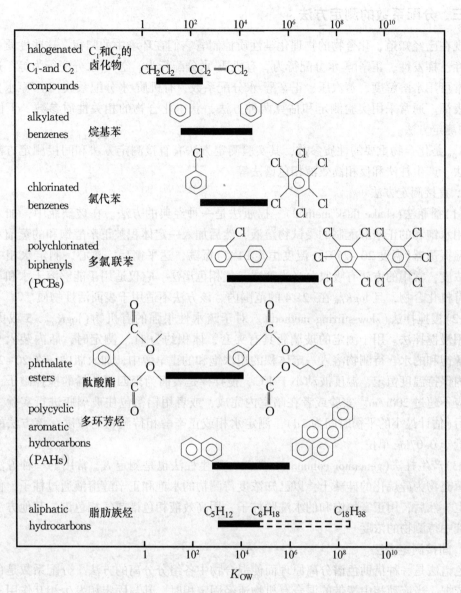

图 3.4 一些重要的不同类型有机化合物 K_{OW} 值的范围

3. 有机质分配系数(organic matter partition coefficient, K_{om})

有机质分配系数类似于有机碳分配系数,其定义为:在一定条件下,有机化合物在两相的分配达到平衡时,其在有机质中的浓度与溶解在水中有机化合物的浓度比为一常数:

$$K_{om} = \frac{被吸附的有机化合物浓度(mg)/(kg 有机质)}{溶解的有机化合物浓度(mg)/(1L 溶液)} \quad (3.4)$$

式中:K_{om} 为有机质分配系数,有机碳和有机质的关系为:有机碳(oc) = 有机质(om)/1.72。

三、分配系数的测定方法

现在已经知道，化合物的物理化学性质控制着它们在环境中的归宿，这些性质有：水溶解性、挥发性、正辛醇-水分配行为、有机质-水分配行为、空气-水分配行为等。这些性质通常可用水溶解度、蒸汽压、正辛醇-水分配系数、有机质-水分配系数、空气-水分配系数来表征。通常采用实验测定和估算两种方法，获得化合物的相关性质参数。下面讨论 K_{OW} 的测定方法。

K_{OW} 是化合物重要的性质参数，其实验测定方法有直接测定方法和间接测定方法，如摇瓶法、产生柱法和反相高效液相色谱法等。

1. 直接测定方法

（1）摇瓶法（shake flask method）。摇瓶法是一种经典的方法。在玻璃瓶中，加入一定体积用水饱和的正辛醇配制的受试物溶液，然后加入一定体积被正辛醇饱和的蒸馏水，放入恒温振荡器（温度 20~25℃，温度恒定±1℃）振荡，达平衡后，离心，测定水相中受试物的浓度，常用的方法有吸收分光光度法、气相色谱法。它仅适用于能够溶于水和正辛醇的纯有机化合物，且 $\log K_{OW}$ 在 -2~4 的范围内。该方法不适用于表面活性物质。

（2）慢搅拌法（slow-stirring method）。对于疏水性很强的有机物（$\log K_{OW} > 5$ 或更大），通常用慢搅拌法。用于测定的玻璃瓶具有夹套，体积约为 1L。测定时，瓶内装入 950mL 正辛醇饱和的水，待测物溶入一定体积的用水饱和的正辛醇中，加入瓶中，在 20~25℃ 的范围内保持温度恒定，温度波动小于 1℃，搅拌棒是表面为聚四氟乙烯的搅拌磁子，搅拌速率应不超过 200r/m。实验或者在暗室内完成，或者用铝箔包住玻璃瓶进行实验。达到平衡后（估计最小的平衡时间为 1d），测定水相或正辛醇相待测物的浓度。该方法的标准误差低于 0.07log 单位。

（3）产生柱法（generator column method）。产生柱法也是测定 K_{OW} 常用的一种方法，柱内的填充物为硅烷化的硅藻土，以已知浓度待测物的水饱和正辛醇溶液通过柱子，使其负载之上。然后，用正辛醇饱和的水洗脱柱子，用高效液相色谱或气相色谱、其他方法测定洗脱液中待测物的浓度。

2. 间接测定方法

色谱法是一种借助色谱分离原理而使混合物中各组分分离的方法。分配系数是色谱分离的依据。当流动相中携带的混合有机物流经固定相时，其与固定相发生相互作用。由于混合物中各组分在性质和结构上的差异，导致分配系数出现差异，与固定相之间产生的作用力的大小、强弱不同，随着流动相的移动，混合物在两相间经过反复多次的分配平衡，使得各组分被固定相保留的时间 t_R 不同，从而按一定次序由固定相中流出。反向 C18 液相色谱的固定相是键合在硅胶表面的含有 18 个 C 原子的直链烷基化合物，它是非极性的固定相，其化学结构、极性与正辛醇相似；流动相是甲醇-水溶液，它是极性的，极性与水相似。因此，有机物在反向 C18 色谱上的分离过程与其在正辛醇-水两相间的分配过程有着本质上的相似性。这为利用保留时间 t_R 间接测定 K_{OW} 提供了理论基础。此外，前人通过直接测定的实验方法积累了大量有机化合物的 K_{OW} 值，为建立量化的 K_{OW} 与 t_R 间的方程也提供了数据基础。

1997 年，USEPA 根据 K_{OW} 与色谱保留时间 t_R 的对数线性相关性(方程 3.5)，建立了基于反相液相色谱保留时间 t_R 测定有机物 K_{OW} 的标准方法(USEPA. Standard Test Method for Partition Coefficient (N-Octanol/Water) Estimation by Liquid Chromatography. E1147-92, 1997.)。

$$\log K_{OW} = a \log t_R + b \tag{3.5}$$

如图 3.5 所示，六种芳烃衍生物(包括溴代苯、联苯及多氯联苯等)的 K_{OW} 与 t_R 的对数线性相关拟合，具有显著的线性。如果要测定其他苯系物的 K_{OW}，只用在同样的液相色谱条件下测定其保留时间 t_R，然后代入图中的对数线性方程即可求得。

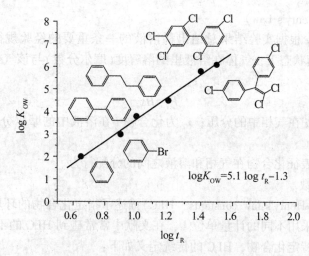

图 3.5　几种芳烃衍生物的 K_{OW} 与 t_R 的对数线性相关拟合

除了使用绝对保留时间 t_R，还可以使用相对保留时间(又称为容量因子 k')进行间接测定 K_{OW}。

$$k' = (t_R - t_0) / t_0 \tag{3.6}$$

式中：t_0 是非保留化合物在系统中的保留时间，又称死时间。容量因子 k' 被定义为给定化合物相对于非保留化合物(如强极性有机化合物或无机化合物如硝酸根离子)的保留时间。因此式(3.5)可以写成：

$$\log K_{OW} = a' \log k' + b' \tag{3.7}$$

或者：

$$\log K_{OW} = a' \log \frac{t_R - t_0}{t_0} + b' \tag{3.8}$$

需要注意的是，利用上述方法必须用适当的参考化合物建立方程。选择结构相似化合物，可以得到显著性水平更高的相关方程。使用反向液相色谱系统对 K_{OW} 进行间接测定具有节约试剂与时间成本的有点，容易实现自动化测定，同时对于 K_{OW} 数值较大(如 10 的 5 次方以上)的有机物的测定误差也较小，优于传统的摇瓶法。

第二节　化合物在空气-水之间的分配

进入环境的有机化合物，在空气和水之间有一分布过程。天然水是一种稀溶液，在一定条件下，假定化合物在空气相和水相的逸度可相等，根据热力学的观点，该化合物可以在空气-水之间达到平衡。因此，可用热力学分配平衡的方法——亨利定律来描述化合物在空气-水之间的分配。

一、亨利定律

1. 亨利定律(Henry's Law)

1803 年，Henry 根据实验结果总结出稀溶液的一条重要的经验规律——Henry 定律："在一定温度和平衡状态下，气体在溶液里的溶解度(摩尔分数)与该气体的平衡分压成正比。"其表达式为

$$P_i = Hx_i \tag{3.9}$$

式中：P_i 为化合物 i 在气相中的分压；x_i 为化合物 i 在溶液中的摩尔分数；H 为 Henry 定律常数。

亨利定律可以表征化合物在气相和溶液之间的分配行为。

2. 亨利定律常数

亨利定律常数(Henry's law constants，HLC)描述了指定化合物的环境行为与归宿的关键物理性质。由于采用不同的计量单位①，在文献中常常碰到 HLC 的不同表达式。例如，在物理科学中对于特定化合物，HLC 的传统定义如下：

$$H_{px} = \frac{y_i P_T}{x_i} \tag{3.10}$$

式中：H_{px} 为亨利定律常数[HLC，(Pa)]；P_T 为总气压(大气压，Pa)；x_i，y_i 分别为平衡时化合物 i 在水溶液和空气相中的摩尔分数，mol/mol。

在工程文献中，下面两种无量纲的等式常用于定义 HLC：

$$H_{cc} = \frac{c_{i,G}}{c_{i,L}} \tag{3.11}$$

$$H_{yx} = \frac{y_i}{x_i} \tag{3.12}$$

式中：C_i 为化合物的体积浓度，g/m³ 或 mol/m³；下标 G 和 L 分别表示气相和液相。另外还有一个定义，是式(3.10)的修正，在报道的实验测定结果中也常常用到：

$$H_{pc} = \frac{y_i P_T}{c_{i,L}} \tag{3.13}$$

式中：H_{pc} 为亨利定律常数，HLC，Pa m³/mol。

---

① 此处所涉及的计量单位，均为过去文献中使用的单位。现在使用国家规定的法定单位，读者必须注意。

在环境科学的文献中，无量纲的 H_{cc} 是最常用的形式，它与其他的 HLC 的表达式有以下的关系：

$$H_{cc} = H_{yx}\left(\frac{MW_L}{\rho_L}\right)\left(\frac{\rho_G}{MW_G}\right) = H_{px}\left(\frac{1}{RT}\right)\left(\frac{MW_L}{\rho_L}\right) = H_{pc}\left(\frac{1}{RT}\right) \tag{3.14}$$

式中：MW 为分子量，g/mol；ρ 为密度，g/m^3；R 为普适气体常数，8.314J/mol K。

二、空气-水分配系数及其影响因素

在实际环境中，化合物在气相与水相之间的分配即为在空气与水之间的分配。因此，环境化学的研究中常用空气-水分配系数（air/water partition coefficient，K_{AW}）表征这一分配过程，天然水是一组成复杂的稀水溶液，空气-水分配系数受各种因素的影响。

(一)空气-水分配系数 K_{AW}

空气-水分配系数实际上即为无量纲的亨利定律常数 H_{cc}：

$$K_{AW} = H_{cc} = c_a / c_w \tag{3.15}$$

式中：K_{AW} 为空气-水分配系数，无量纲；c_a 为化合物在空气中的浓度；c_w 为化合物在水中的浓度。

空气-水分配系数可由亨利定律常数 H_{px} 导出：

$$K_{AW} = H_{px}/RT \tag{3.16}$$

(二)影响空气-水分配系数的因素

天然水中含有各种微量的无机和有机化合物，组成复杂。研究结果表明，这些成分对化合物的空气-水分配系数产生不同的影响。

1. 温度的影响

作为一种平衡常数，HLC 的值在环境温度范围（0~35℃）具有显著的温度依赖性。可用 Van't Hoff 方程来描述温度对平衡常数的影响：

$$\frac{d\left\{lg\left(H_{cc}\dfrac{MW_L}{\rho_L}\dfrac{\rho_G}{MW_G}\right)\right\}}{d(1/T)} = -\frac{\Delta H^0}{R} \tag{3.17}$$

式中：ΔH^0 为相变焓，J/mol；R 为普适气体常数，8.314J/molK，假定 ΔH^0，ρ_G，ρ_L 在所感兴趣的温度范围内都为常数，对等式(3.17)积分可得：

$$lg\left(\frac{H_{cc,T}}{H_{cc},T_{ref}}\right) = -\frac{\Delta H^0}{R}\left(\frac{1}{T} - \frac{1}{T_{ref}}\right) \tag{3.18}$$

式中：$H_{cc,T}$ 为所研究化合物在温度 T 的亨利定律常数；H_{cc}，T_{ref} 为已知的在某一指定参考温度 T_{ref} 的亨利定律常数。

当 $T_{ref} = 0$ 时，上式变为

$$logH_{cc,T} = -\frac{\Delta H^0}{R}\left(\frac{1}{T}\right) + \frac{\Delta S^0}{R}$$

式中：ΔS^0 为相变熵，J/molK。

2. pH 值的影响

一些重要类型的有机化合物，包括羧酸、醇、酚、硫醇（包括脂肪族和芳香族）、胺、

苯胺和吡啶，以较大的量溶解于水。进行空气-水交换的仅仅是不离解的部分，所以表观亨利定律常数(H_{cc}^{app})和真实亨利定律常数(H_{cc})之间有差别，并且$H_{cc}^{app} \leqslant H_{cc}$，其间的关系为

$$H_{cc}^{app} = \frac{c_{i,G}}{c_{i,L,tot}} = \frac{H_{cc}}{1+10^{pH-pK_a}} \tag{3.19}$$

式中：$c_{i,L,tot}$ 为水相中化合物 i 的总浓度(即离解和不离解物种的总和)；pK_a 为酸离解平衡常数。根据式(3.19)，并假定接近天然条件($pH \approx 6 \sim 8$ 这是大部分天然水的典型值)，如果化合物的 pK_a 低于 $7 \sim 9$，那么 H_{cc}^{app} 将明显低于 H_{cc}。

3. 化合物的水合作用(compound hydration)

醛这类有机化合物，能够以可逆方式与水作用(即水合)生成二元醇。为了计及这一平衡，可以按下式由 H_{cc} 计算表观亨利定律常数，并且 $H_{cc}^{app} \leqslant H_{cc}$：

$$H_{cc}^{app} = \frac{H_{cc}}{1+K_{hyd}} \tag{3.20}$$

式中：K_{hyd} 为水合常数，它等于 $[RCH(OH)_2]/[RCHO]$，$[RCH(OH)_2]$ 为以二元醇形式存在的浓度，$[RCHO]$ 为未水合醛的浓度。经 Betterton 和 Hoffmann 研究，25℃时，醛 K_{hyd} 值一般在 $10^{-3} \sim 10^{-5}$ 之间。

4. 化合物浓度的影响

化合物浓度对其亨利定律常数的影响有不同的研究报道，有的是随浓度的增加而增加，有的是随浓度的增加而减少，但都不十分显著；有的结果表明无影响。这些不同是由于所研究的有机化合物的类型不同所致。现在一般认为化合物浓度对其亨利定律常数应没有显著的影响。

5. 复杂混合物的影响

Munz 和 Roberts 的研究结果表明，如果水中存在另外的有机污染物，将显著降低指定有机化合物的 HLC。这有两种可以区分的影响：一是共溶剂效应(co-solvent effects)；二是共溶质效应(co-solute effects)，前一种的影响要大些。

6. 溶解盐的影响

在高离子强度的水中(如海水、盐湖)，溶解的无机离子可以影响水中化合物的逸度，而且这种影响与存在的离子的种类有关，但是不影响其在气相的逸度。对于中性非极性化合物，天然水中存在的占优势的离子总是减少这类化合物在水相的逸度，因此使其 HLC 增加。在淡水中，当离子强度超过 0.2mol/L 时，卤代脂肪烃也有类似的结果。

7. 悬浮固体的影响

由无机质(基质为矿物，主要为黏土颗粒)或天然有机质(NOM)构成的悬浮固体，能够明显地吸附水溶液中的化学品，类似于水/土或沉积物之间的分配。因为仅有未被吸附的那一部分能自由地参与空气-水的交换，那么表观HLC(H_{cc}^{app})和在纯水中的 HLC(H_{cc}^{pure})是有区别的，且 $H_{cc}^{app} \leqslant H_{cc}^{pure}$：

$$H_{cc}^{app} = \frac{c_{i,G}}{c_{i,L,tot}} = \frac{H_{cc}^{pure}}{1+(K_{d(SNOM),i}c_{SNOM})+(K_{d(SIM),i}c_{SIM})} \tag{3.21}$$

式中：$c_{i,L,tot}$ 为水相中化合物 i 的总浓度(包括被吸附和未被吸附两者)，g/m^3；$K_{d(SNOM),i}$ 为化合物 i 悬浮天然有机质-水分配系数，(g 化合物 i/g SNOM)/(g 化合物 i/m^3 水)；c_{SNOM} 为水中悬浮天然有机质的浓度，g/m^3；$K_{d(SIM),i}$ 为化合物 i 在悬浮无机质-水分配系数，(g 化合物 i/g SNOM)/(g 化合物 i/m^3 水)；c_{SIM} 为在水中悬浮无机质的浓度，g/m^3。

8. 溶解的有机质(DOM)

Chiou 等人指出，低浓度的溶解有机质(DOM)能够显著地增强许多疏水有机化合物的水溶解度，由此预期使 HLC 值减小。化合物表观 HLC 和在纯水中的 HLC 可由下式求得，且 $H_{cc}^{app} \leqslant H_{cc}^{pure}$：

$$H_{cc}^{app} = \frac{c_{i,G}}{c_{i,L,tot}} = \frac{H_{cc}^{pure}}{1+(K_{d(DOM),i}c_{DOM})} \tag{3.22}$$

式中：$K_{d(DOM),i}$ 为化合物在溶解有机质-水分配系数，(g 化合物 i/gDOM)/(g 化合物 i/m^3 水)；c_{DOM} 为溶解有机质的浓度，g/m^3。式(3.22)也可以溶解有机碳(DOC)含量来表示：

$$H_{cc}^{app} = \frac{c_{i,G}}{c_{i,L,tot}} = \frac{H_{cc}^{pure}}{1+(K_{d(DOC),i}c_{DOC})} \tag{3.23}$$

可以预计 $K_{d(DOM),i}$ (或与之相当的 $K_{d(DOC),i}$)值依赖于溶解有机质和溶质的类型。$\lg K_{d(DOC),i}$ 与 $\lg K_{OW}$ 有如下的相关式：

$$\lg K_{d(DOC),i} = 1.1 \times (\lg K_{OW}) - 2.6 \tag{3.24}$$

9. 表面活性剂的影响

在天然水体中或多或少都存在着表面活性剂，它们对化合物的 HLC 有影响。可分为常规的表面活性剂(conventional surfactants)和石油磺酸酯-油(petroleum sulfonate-oil，PSO)两部分讨论。

(1) 常规的表面活性剂。

一般使用的表面活性剂能够增强疏水溶质的水溶解度，根据 Kile 和 Chiou 为均匀表面活性剂而扩展的溶解度增强模型，可以求出表观和纯水 HLC 之间的差别，且 $H_{cc}^{app} \leqslant H_{cc}^{pure}$：

$$H_{cc}^{app} = \frac{c_{i,G}}{c_{i,L,tot}} = \frac{H_{cc}^{pure}}{1+(K_{d(mono),i}c_{mono})+(K_{d(mic),i}c_{mic})} \tag{3.25}$$

式中：$c_{i,L,tot}$ 为化合物 i 在水相的总浓度(化合物在纯水和吸附在表面活性剂上的浓度和)，g/m^3；$K_{d(mono),i}$ 为单体表面活性剂-水分配系数，(g 化合物 i/g 表面活性剂单体)/(g 化合物 i/m^3 水)；c_{mono} 为在溶液中以单体存在的表面活性剂的浓度，g/m^3；$K_{d(mic),i}$ 为表面活性剂束胶-水分配系数，(g 化合物 i/g 表面活性剂束胶)/(g 化合物 i/m^3 水)；c_{mic} 为表面活性剂束胶的浓度。

(2) 石油磺酸酯-油(petroleum sulfonate-oil，PSO)表面活性剂。

这一类表面活性剂是磺酸酯化的碳氢化合物和游离的矿物油的混合物，矿物油的含量在 20%~35% 范围。它能够增强疏水溶质的水溶解度，可根据下式求出表观和纯水 HLC 之间的差别，且 $H_{cc}^{app} \leqslant H_{cc}^{pure}$：

$$H_{cc}^{app} = \frac{c_{i,G}}{c_{i,L,tot}} = \frac{H_{cc}^{pure}}{1+(K_{d(PSO),i}c_{PSO})} \tag{3.26}$$

式中：$K_{d(PSO),i}$ 为 PSO 表面活性剂-水分配系数，（g 化合物 i/gPSO 表面活性剂）/（g 化合物 i/m³ 水）；c_{PSO} 为 PSO 表面活性剂在溶液中的浓度，g/m³。

第三节　化合物在土壤(沉积物)-水之间的分配

进入环境的有机化合物，在土壤(沉积物、悬浮物)-水之间有一个分布过程，可用热力学分配平衡的方法来描述这一过程。

一、概念模型

土壤有液相和固相，液相为土壤间隙水，固相则为土壤胶体颗粒。天然水体中的沉积物有上覆水，土壤固相、沉积物固相与水构成相互接触的固-液界面。进入土壤或沉积物的化合物能够在固相和水相之间进行分布，可用概念模型(图 3.6)表示。

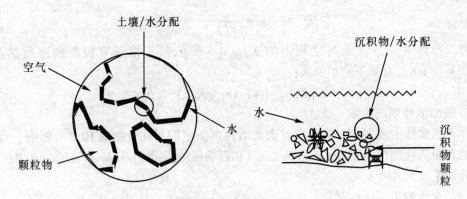

图 3.6　土壤(沉积物)/水分配概念模型

二、分配系数 K_d

(一)定义

化合物在固相(土壤颗粒物、沉积物颗粒物、悬浮颗粒物)和液相(水)间达到分配平衡时，其浓度比为常数，称为土壤(沉积物、悬浮颗粒物)-水分配系数，以 K_d 表示。

$$K_d = c_{soil}(c_{sediment}\ or\ c_s)/c_{aq} \tag{3.27}$$

式中：c_{soil} 为平衡时化合物在土壤中的浓度，mg·g⁻¹；$c_{sediment}$ 为平衡时化合物在沉积物中的浓度，mg·g⁻¹；c_s 为平衡时化合物在悬浮颗粒物中的浓度，mg·g⁻¹；c_{aq} 为平衡时化合物在水中的浓度，mg·ml⁻¹。

(二)K_d 与有机碳分配系数

在土壤中存在水和土壤胶体，天然水中存在水、沉积物、固体悬浮物，水分别与土壤、沉积物、悬浮物形成相邻的两相。有机化合物进入这些介质后，它们在水-土壤、水-沉积物和水-悬浮物之间进行分配。

研究结果表明，土壤、沉积物和悬浮颗粒物从水中吸附有机物的量与土壤、沉积物、悬浮物中的有机质含量密切相关，有机质对吸附有机物起着主要的作用。现在，一般认为有机物在土壤、沉积物、悬浮物上的吸附行为仅仅是有机物在水和土壤、沉积物、悬浮物中有机质之间的一种分配的机制，常用有机碳分配系数来表征。

1. 有机碳分配系数(organic carbon partition coefficient, K_{OC})

研究结果表明，有机化合物在土壤(沉积物、悬浮物颗粒物)-水之间的分配与土壤(沉积物、悬浮物)中的有机碳含量成正相关。有机碳分配系数定义为，在一定条件下，有机化合物在两相的分配达到平衡时，其在有机质(以有机碳为标度)中的浓度与溶解在水中有机化合物的浓度比为一常数：

$$K_{OC} = \frac{被吸附的有机化合物浓度(g)/(g 有机碳)}{溶解的有机化合物浓度(mg)/(mL 溶液)} \tag{3.28}$$

式中：K_{OC}为有机碳分配系数。

有机碳分配系数是对有机化合物吸附于土壤、沉积物和悬浮物倾向性的一种量度，它不受土壤性质的影响。

2. K_d 与 K_{OC} 的关系

土壤(沉积物、悬浮颗粒物)-水分配系数 K_d 与土壤(沉积物、悬浮物)的性质有关。研究表明，K_d 与土壤(沉积物、悬浮物)中有机质含量密切相关，其关系式为：

$$K_d = K_{OC} \cdot f_{OC} \tag{3.29}$$

式中：K_{OC}为有机碳分配系数；f_{OC}为土壤(沉积物、悬浮物)中有机质含量质量分数，g/g。一般而言，土壤的有机质含量在 0.1%~1%之间。

例如，已知苯的 $K_{OC} = 62mL/g$，计算其在含 0.1%有机碳的土壤中的 K_d，

$$K_d = K_{OC} \cdot f_{OC}$$

$K_d = 62mL/g \cdot 0.001g 碳/g 土壤 = 0.062mL/g$

1979 年，Karickhoff 等人揭示 K_{OC} 与 K_{OW} 之间有很好的相关性：

$$K_{OC} = 0.41K_{OW} \tag{3.30}$$

第四节　化合物在水-生物之间的分配

一、生物富集(bioconcentration)

各种持久性有机物天然水体中的浓度一般很低，例如有机氯农药的浓度一般低于 ppm 级，多氯联苯、DDE 和 DDT 的浓度在 ppb 级以下。化合物进入天然水体后，除发生上节讨论的分配过程外，还有在水-水生物之间的分配过程。研究结果表明，水生生物能够从水体中将浓度很低的污染物富集于自身体内，因此它们对水生物和人体健康的危害主要是通过生物的累积作用和食物链的放大、传递作用造成的。而水体中的水生生物对污染物的富集作用正是这一系列过程的起始环节，具有非常重要的环境意义。

二、生物富集系数及其测定与估算

1. 生物富集系数(bioconcentration factor，BCF)

研究水体中化合物在水和生物之间的分布时，通常采用生物富集系数(或生物浓缩因子)来表征其富集能力。生物富集模型有多种，疏水模型是其中一种，它认为化合物在水和生物之间是一种简单的分配。即在稳态平衡时，活生物体内化学物质的浓度与水中化学物质浓度之比为常数，用符号 K_B 或 BCF 表示：

$$K_B = \frac{c_{Bio}}{c_W} \tag{3.31}$$

式中：K_B 为生物富集系数；c_{Bio} 为平衡时化合物在活生物体内的浓度；c_W 为平衡时化合物在水中的浓度。

影响生物富集系数的因素很多，概括起来可分为生物因素和非生物因素。生物种类不同，生物富集系数可在很大的范围内变化；同一种类，其个体的大小、生长周期等对浓缩系数都有影响。在非生物因素中，水温对生物富集系数有较大的影响。

生物富集系数一般由实验测定和估算的方法获得。

2. 生物富集系数的实验测定

生物富集系数主要有两种测定方法：一种是在一定的浓度条件下，测定达到平衡时水相和生物体内的浓度；另一种是测定生物富集速率常数和释放速率常数，它们的比值则为生物富集系数。

3. 生物富集系数的估算

根据 K_B 的实验数据和化合物其他性质的数据，如正辛醇-水分配系数(K_{OW})、溶解度(S)、有机碳分配系数(K_{OC})，采用数理统计的方法，确定 K_B 与其他参数之间的关系式，从而由这些参数估算 K_B(表3.2)。

表3.2　　　　　　　　　　　　估算 K_B 的回归方程

回归方程	n	r	代表的化合物类型	自变量范围	使用的水生生物
$\lg K_b = 0.76\log K_{OW} - 0.23$	84	0.82	通用型	$(7.9 \sim 8.6) \times 10^6$	水鲤鱼，翻车鱼，虹鳟，纹鱼
$\lg K_b = 2.79 - 0.56\log S$	36	0.49	通用型	$(0.001 \sim 5) \times 10^4$	大马哈鱼，虹鳟，翻车鱼，小鲤鱼
$\lg K_b = 1.12\log K_{OC} - 1.58$	13	0.76	通用型	$<(1 \sim 1.2) \times 10^6$	各种水生生物

资料来源：王连生，韩朔睽，等编. 有机物定量结构-活性相关. 北京：中国环境科学出版社，1993：361.

第五节　大气中有机化合物在气体-颗粒物之间的分配

大气由气相、液相(水滴)和固相(固体颗粒物)组成，有机化合物进入大气后，它们在这三相间的分布是不同的。有机化合物在气-颗粒物之间的分布是其在大气环境中迁移、归宿的重要过程，这一过程对气溶胶的生成、化学组成以及干湿沉降有较大的影响。

一、半挥发性有机化合物在气体-颗粒物之间的分布

进入大气的有机化合物在气体-颗粒物之间的分布过程主要涉及半挥发性有机化合物（semivolatile organic compounds, SVOCs），因为挥发性有机化合物（volatile organic compounds, VOCs）完全以气态存在于大气中，而非挥发性有机化合物（nonvolatile organic compounds, NVOCs）则完全成为颗粒相的一部分。

1. 半挥发性有机物在气相-颗粒相之间的分布

一般而言，半挥发性有机物在气体-颗粒物之间的分布主要有两种情况：

（1）半挥发性有机物被强烈地吸附于颗粒物基质，不能够与气相维持平衡，构成颗粒物的非交换部分。极性化合物通常发生此类型的分布过程。

（2）半挥发性有机物只是被较松散地束缚于颗粒物，构成颗粒物的可交换部分，并由SVOCs在空气中气相的浓度控制。因此，只有这种情况才能发生气体-颗粒物之间的分配平衡。

2. 半挥发性有机物在气相-颗粒相之间分布的控制因素

研究表明，半挥发性有机化合物在气相和颗粒相之间的分配受以下因素控制：

（1）颗粒物尺寸的分布；

（2）颗粒物的表面积；

（3）颗粒物的有机物含量；

（4）半挥发性有机物的蒸气压；

（5）半挥发性有机化合物的官能团。

二、半挥发性有机化合物在气体-颗粒物之间的分配

1. 分配模型

半挥发性有机化合物进入大气后，在气体-颗粒物之间的分布，是有机物在气相（气体）和固相（固体颗粒物）之间的分配过程（图3.7），可以用分配平衡来处理。

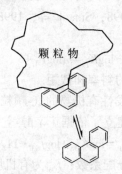

图3.7　有机物在气相和固相之间的分配过程

经过多年的研究，一些学者（Yamasaki 等人，1982；Pankow，1991；Pankow 和 Bidle-man，1992）指出，半挥发性有机物在大气-颗粒物之间的分布过程可用分配过程处理，其分配系数可由下式表示：

$$K_P = \frac{F/TSP}{A} \tag{3.32}$$

式中：K_P 为气体-颗粒物分配系数（与温度有关），$m^3 \cdot mg^{-1}$；TSP 为总悬浮颗粒物浓度，$\mu g \cdot m^{-3}$；F、A 为化合物分别在颗粒物和气体中的浓度，$ng \cdot m^{-3}$。

半挥发性有机物在气体和气溶胶粒子之间的分配过程有两种机制，一种是吸附在颗粒物的表面（Pankow，1987），其分配系数 K_P 可表示为

$$K_P = \frac{N_S \alpha_{TSP} T e^{(Q_1-Q_2)/RT}}{P_L^0} \tag{3.33}$$

式中：N_S 为表面吸附位置的浓度，位置数 cm^{-2}；α_{TSP} 为大气颗粒物（APM）的比表面积，$m^2 \cdot g^{-1}$；Q_1 为半挥发性有机物从颗粒物表面解析焓，$kJ \cdot mol^{-1}$；Q_2 为半挥发性有机物蒸发焓，$kJ \cdot mol^{-1}$；R 为气体常数，$8.31 J \cdot mol^{-1} \cdot K^{-1}$；$T$ 为温度，K；P_L^0 为过冷液体蒸气压（sub-cooled liquid vapor pressure），Pa。

另外一种机制是被吸收进入颗粒物的有机质（absorption into organic matter of aerosol）（Pankow and Bidleman，1991），其分配系数 K_P 可表示为

$$K_P = \frac{f_{OM}RT}{P_L^0 MW_{OM} \chi_{OM} 10^6} \tag{3.34}$$

式中：f_{OM} 为有机质在总悬浮颗粒物（TSP）中的质量分数；MW_{OM} 为有机质的摩尔质量，$g \cdot mol^{-1}$；χ_{OM} 为在有机物质上被吸附有机物的活度系数。

2. 气体-颗粒物分配系数的估算

尽管机制不同，但分配系数都反比于过冷液体的蒸汽压（P_L^0），对于给定的样品，同系物化合物的分配系数与 P_L^0 有线性相关的趋向，根据城市大气颗粒物（urban particulate material）和大气颗粒物（atmospheric particulate material）的吸附数据，把 K_P 观测值与化合物的 P_L^0 取对数，并进行相关分析后发现 $logK_P$ 与 $logP_L^0$ 有很好的相关性。许多研究结果（Yamasaki 等，1982；Ligocki 和 Pankow，1989；Foreman 和 Bidleman，1990；Cotham 和 Bidleman，1995；Harner 和 Bidleman，1998；Simcik 等，1998；Offenberg 和 Baker，2002）表明这一线性关系可用下式表示：

$$logK_P = mlogP_L^0 + b \tag{3.35}$$

式中：m 和 b 分别为线性回归方程的斜率和截距。

因此，可以根据上式估算半挥发性有机物的气-颗粒物分配系数。

1998 年，Harner 和 Biedleman 建立了依据正辛醇-空气分配系数的模型：

$$logK_P = logK_{OA} + logf_{OM} - 11.91 \tag{3.36}$$

式中：K_{OA} 为化合物的正辛醇-空气分配系数；f_{OM} 为有机质在总悬浮颗粒物（TSP）中的质量分数。这两个参数较容易获得，可以方便地用此模型估算半挥发性有机物的气-颗粒物分配系数。

第六节 分配系数的估算方法

除了采用实验测定方法获得化合物的物理化学性质参数外，还可用估算的方法来获得这些性质参数。其中一种方法为数理统计分析的方法，它或是通过统计分析，确定化合物物理化学性质参数之间的相关性，或是确定化合物分子的结构性质参数与其物理化学性质参数之间的相关性，建立相应的计算模型，从而估算其物理化学性质参数，前者称为定量性质-性质相关(quantitative properties-properties relationship，QPPR)方法，后者称为定量结构-性质相关(quantitative structure-properties relationship，QSPR)方法(图 3.3)。另外一种方法为定量结构活性相关(quantitative structure-activity relationship，QSAR)方法。

K_{OW}—正辛醇-水分配系数；HLC—亨利定律常数；K_{OC}—有机碳分配系数；S—水溶解度
图 3.8 结构-性质相关方法示意

一、线性自由能相关(LFER)模型简介

线性自由能相关(linear free energy relationship，LFER)是从一个或几个已知物理量(包括不同的分配系数)预测未知分配系数的方法。在一个简单单参数 LFER 方法中，假设在两个不同的相体系中，一系列化合物的迁移自由能之间存在线性关系式(3.37)。

$$\Delta_{12}G_i = a \cdot \Delta_{34}G_i + b \tag{3.37}$$

式中：$\Delta_{12}G_i$ 表示某种物质 i 在 1 和 2 两相中分配过程的迁移自由能；$\Delta_{34}G_i$ 表示物质 i 在 3 和 4 两相中分配过程的迁移自由能；a 与 b 为线性相关方程的常数，但在不同类型 LFER 方程或不同类型化学物质相同参数 LFER 的方程中会有不同的 a 和 b 值。这里为了表示方便，并未区分不同的 a 与 b 的情况。通常，在两个体系中其中一相是相同的(如 2＝4)。根据分配系数与迁移自由能变化的关系(式(3.38)和(3.39))：

$$\Delta_{12}G_i = -RT \ln K_{12} \tag{3.38}$$

$$\Delta_{34}G_i = -RT \ln K_{34} \tag{3.39}$$

因此，可以得到基本的 LFER 方程：

$$\log K_{12} = a' \times \log K_{34} + b' \tag{3.40}$$

表 3.3 给出了 LFERs 的一些例子。注意在表 3.3 中，LFER 方程的两个体系有一相是相同的(如气、水)。而含有性质截然不同的相的两个体系之间极性不同的一系列化合物的分配系数(如气/正十六烷分配和气/水分配)的相关性很差。另外，对于两个相似的体

系(如两个有机相/水体系)时，可以得到相当好的相关性，特别是当选择在某相中进行同类型相互作用的化合物时。在这些情况下，用两个体系中已知的分配系数，建立一系列化合物的 LFER 模型，这些模型可以很成功地预测只有其中一个体系中的分配系数已知的化合物的分配系数(如从 K_{OW} 预测 $K_{NALP\text{-}W}$，见表 3.3)。

表 3.3   常见的分配系数估算的 LFER 方程

分配系数	LFER 方程
K_{OW} 与水饱和溶解度 C_W^{sat}	$\log K_{OW} = -a \times \log C_W^{sat} + b$
K_{OC} 与 K_{OW}	$\log K_{OC} = a \times \log K_{OW} + b$
非水溶剂-水分配系数 $K_{NALP\text{-}W}$ 与 K_{OW}	$\log K_{NALP\text{-}W} = a \times \log K_{OW} + b$
气固分配系数 K_{AS} 与蒸汽压 p_L^*	$\log K_{AS} = a \times \log p_L^* + b$
大气-颗粒物分配系数 K_{AP} 与正辛醇-空气分配系数 K_{AO}	$\log K_{AP} = a \times \log K_{AO} + b$

注意：对于 p_{iL}^* 或 C_{iw}^{sat} 值很小的化合物，因为蒸气压和溶解度实验数据不可靠，使用上述方程可能会产生很大的误差。

由于过去对有机物的水饱和溶解度 C_W^{sat} 测定数资料较多，K_{OW} 与水饱和溶解度 C_W^{sat} 之间的 LFER 方程式(3.41)利用较多。此外，根据式 3.42，可以得到 K_{OW} 与水活度系数 γ_W 之间的 LFER 方程式(3.43)：

$$\log K_{OW} = -a \times \log C_W^{sat} + b \tag{3.41}$$

$$\gamma_W = \frac{1}{\overline{V_W} \cdot C_W^{sat}} \tag{3.42}$$

$$\log K_{OW} = a \times \log \gamma_W + b' \tag{3.43}$$

式中：γ_W 表示有机物的水活度系数；$\overline{V_W}$ 表示水分子的摩尔体积，$L \cdot mol^{-1}$；C_W^{sat} 表示有机物的水饱和溶解度，$mol \cdot L^{-1}$。上述公式中：

$$b = b' - \log \overline{V_W} = b' + 1.74a(25℃) \tag{3.44}$$

表 3.4 给出了常见有机物 K_{OW} 与水饱和溶解度 C_W^{sat} 或水活度系数 γ_W 之间的 LFER 方程的 a 和 b 或 b' 值，从决定系数 R^2 看，在一定的 K_{OW} 范围内，这些物质的 LFER 方程的线性都是非常显著的。

表 3.4   常见有机物 K_{OW} 与水饱和溶解度 C_W^{sat} 或水活度系数 γ_W 之间的 LFER 方程的斜率与截距

化合物组	a	b	b'	$\log K_{OW}$ 范围	R^2	n
烷烃	0.85	0.62	-0.87	3.0~6.3	0.98	112
烷基苯	0.94	0.60	-1.04	2.1~5.5	0.99	15
PAHs	0.75	1.17	-0.13	3.3~6.3	0.98	11

续表

化合物组	a	b	b'	$\log K_{OW}$范围	R^2	n
氯苯	0.90	0.62	−0.95	2.9~5.8	0.99	10
PCBs	0.85	0.78	−0.70	4.0~8.0	0.92	14
PCDDs	0.84	0.67	−0.79	4.3~8.0	0.98	13
酞酸酯	1.09	−0.26	−2.16	1.5~7.5	1.00	5
脂肪酸酯	0.99	(0.45)e	−1.27	−0.3~2.8	0.98	15
脂肪醚	0.91	(0.68)e	−0.90	0.9~3.2	0.96	4
脂肪酮	0.90	(0.68)e	−0.89	−0.2~3.1	0.99	10
脂肪胺	0.88	(1.56)e	+0.03	−0.4~2.8	0.96	12
脂肪醇	0.94	(0.88)e	−0.76	−0.7~3.7	0.98	20
脂肪酸	0.69	(1.10)e	−0.10	−0.2~1.9	0.99	5

注：$\log K_{OW}$范围为建立 LFER 方程的实验值的范围；n 为建立 LFER 方程所用化合物的数目。( )内数据仅适于 $\log K_{OW} \geqslant -1$ 的化合物。资料来源：Rene P. Schwarzenbach, Philip M. Gschwend, Dieter M. Imboden. ENVIRONMENTAL ORGANIC CHEMISTRY, Second Edition, Published by John Wiley & Sons, Inc., Hoboken, New Jersey, 2003：225.

二、化学键贡献法估算亨利定律常数

另一个预测化合物在某两相体系中不同的分配常数的方法是假设整个分子的迁移自由能项($\Delta_{12}G$)能够用描述分子各部分(组成分子的原子、化学键)迁移自由能项($\Delta_{12}G_i$)的线性组合来表示，如式 3.45：

$$\Delta_{12}G = \sum_i \Delta_{12}G_i + S \qquad (3.45)$$

式中：S 表示需要特别考虑的相互作用项(特殊作用项)。用分配系数表示，式(3.46)变为

$$\log K_{12} = \sum_i \log K_{i12} + S \qquad (3.46)$$

化合物整个分子的分配系数($\log K_{12}$)能够用描述分子各部分(组成分子的原子、化学键)分配系数项($\log K_{i12}$)的线性组合来表示。这个特殊作用项对于描述分子不同部分之间的分子内作用，当讨论孤立的各部分时，则不能考虑这些部分在分子内的相互作用。这种方法能使我们只根据化合物的结构就能估算分配系数。这个方法尤其适合针对结构相近的化合物的分配系数进行估算。这个方法也属于 LFER 方法范畴，其基本思想由 Hine 和 Mookerjee(1975)提出，并由 Meyland 和 Howard(1991)发展起来。在估算化合物大气-水分配系数 K_{aw} 值(或亨利定律常数)时，这种方法被称为化学键贡献法，它认为每种类型的化学键(如 C—H)对 $\Delta_{aw}G_i$ 的贡献是一样的，而不管这种键在什么化合物中。尤其对于官能团之间没有明显相互作用的简单分子，这一假设是合理的。基于上述假设，Meyland 和

Howard(1991)从大量的 25℃条件下的 K_{aw} 数据集分解得到的各键的贡献值(k_i)，并且用这些值进行简单的化学键贡献值相加，从而得到 $\lg K_{aw}$：

$$\log K_{aw}(25℃) = \sum_k n_i \times k_i \qquad (3.47)$$

表 3.5 给出了常见化学键的 $\log K_{aw}$ 贡献值。C—H 键易于向气相中分配，而 O—H 键倾向于使分子保持与水结合，它们对 $\log K_{aw}$ 贡献值分别为 +0.1197 和 -3.2318。越利于分子保留在气相中(或者越利于挥发)的化学键，其贡献值越大。这种相对大小与我们对有机分子与水相互作用的认识是一致。表 3.6 给出了几个计算的例子。这种简单的化学键贡献法通常在 2~3 倍的误差范围内是准确的。但是，它的主要缺点是不能解释含有某种特定类型化学键的分子所特有的分子内作用。因此，必须用到其他一些校正因子。例如对于直链或支链烷烃(如己烷)必须加上 +0.75 lg 对数单位作为校正值。当然，还需要说明的是化学键贡献法对于结构更为复杂的分子的 K_{raw} 值的估算能力很有限。

表 3.5　　　　　　　　　　用来估算 25 ℃时 $\log K_{aw}$ 值的键贡献的数据[1]

键[2]	贡献值	键[2]	贡献值
C—H	+0.119 7	C_{ar}—OH	-0.596 7[3]
C—C	-0.116 3	C_{ar}—O	-0.347 3[3]
C—C_{ar}	-0.161 9	C_{ar}—N_{ar}	-1.628 2
C—C_d	-0.063 5	C_{ar}—S_{ar}	-0.373 9
C—C_t	-0.537 5	C_{ar}—O_{ar}	-0.241 9
C—CO	-1.707 5	C_{ar}—S	-0.634 5
C—N	-1.300 1	C_{ar}—N	-0.730 4
C—O	-1.085 5	C_{ar}—I	-0.480 6
C—S	-1.105 6	C_{ar}—F	+0.221 4
C—Cl	-0.333 5	C_{ar}—C_d	-0.439 1
C—Br	-0.818 7	C_{ar}—CN	-1.860 6
C—F	+0.418 4	C_{ar}—CO	-1.238 7
C—I	-1.007 4	C_{ar}—Br	-0.245 4
C—NO_2	-3.123 1	C_{ar}—NO_2	-2.249 6
C—CN	-3.262 4	CO—H	-1.210 2
C—P	-0.778 6	CO—O	-0.071 4
C≡S	+0.046 0	CO—N	-2.426 1
C_d—H	+0.100 5	CO—CO	-2.400 0

续表

键[2]	贡献值	键[2]	贡献值
$C_d \!=\! C_d$	-0.000 0[4]	O—H	-3.231 8
C_d—C_d	-0.099 7	O—P	-0.393 0
C_d—CO	-1.926 0	O—O	+0.403 6
C_d—Cl	-0.042 6	$C \!\equiv\! P$	-1.633 4
C_d—CN	-2.551 4	N—H	-1.283 5
C_d—O	-0.205 1	N—N	-1.095 6[5]
C_d—F	+0.382 4	$N \!=\! O$	-1.095 6[5]
C_t—H	-0.004 0	$N \!=\! N$	-0.137 4
$C_t \!\equiv\! C_t$	-0.000 0[4]	S—H	-0.224 7
C_{ar}—H	+0.154 3	S—S	+0.189 1
C_{ar}—C_{ar}	-0.263 8[6]	S—P	-0.633 4
C_{ar}—C_{ar}	-0.149 0[7]	$S \!=\! P$	+1.031 7
C_{ar}—Cl	+0.024 1		

①数据来自 Meylan 和 Howrd(1991)。②C 脂肪单键上的碳，C_d 烯键上的碳，C_t 键上的碳，C_{ar} 芳香碳，N_{ar} 芳香氢，Sar 芳香硫，Oar 芳香氯，CO 羰基(C—O)；CN 氰基(C≡N)，注意，将羰基、氰基和硝基官能团看作单个原子。③有两种不同的芳香碳—氧键；a. 氧原子是—OH 功能团中氧；b. 不与氢相连的氧。④ C≡C 和 C≡≡C 键的贡献定义为0(Hine 和 Mookerjee，1975)。⑤亚硝胺类的特定值。⑥芳环内部芳香碳之间的连键。⑦两个芳环上的芳香碳之间的连键(如联苯)。

表 3.6　　　　　　　　　　化学键贡献法计算示例

化合物	分解与计算依据	计算值	实验值
正己烷	14(C—H)+5(C—C)+0.75	1.84	1.81
苯	6(C_{ar}—H)+6(C_{ar}—C_{ar})	-0.66	-0.68
乙醚	10(C—H)+2(C—C)+2(C—C)	-1.21	-1.18
乙醇	5(C—H)+1(C—C)+1(C—O)+1(O—H)	-3.84	-3.70

三、原子/碎片贡献法估算 K_{OW}

碎片或基团贡献法已被广泛用于从给定化合物的分子结构出发预测 K_{ow} 值。任何这类方法都存在难以定量同一分子中存在的基团之间的电子和立体相互作用的问题。因此，除了简单地将与化合物含有的结构碎片的单个贡献相加外，还要用许多校正因子表征这些分子内相互作用。由于有大量可用的辛醇-水分配系数的实验数据，文献中提出的预测 K_{iow}

的各种版本的碎片或基因贡献法(如 Hansch 等，1995；Meylan 和 Howar，1995)比预测其他分配系数包括 K_{iaw} 的方法要复杂得多。

预测 K_{iow} 的碎片或基团贡献法是在 Hansch、Leo 和 Rekker 等研究基础上发展起来的。这一方法有多个不同的计算机版本。美国 EPA 推出的 EPIsuite 软件及整个污染预防模型(Pollution Prevention，P2 model)就是其中的代表，其详细内容可以参见我们编写的与本理论课配套的《环境化学实验》。这里我们仅简要介绍 TerraQSAR 软件。

2004 年，TerraBasw 公司推出了估算 K_{OW} 的计算机软件——TerraQSAR^{TM}-LOGP。该软件的基本原理是把有机化合物分解为不同碎片(fragment)类型(表 3.7)和确定其具有相应的碎片数，根据欲估算 K_{OW} 的化合物结构，输入相应的碎片类型和碎片数，则可获得 K_{OW} 的估算值。

表 3.7   **TerraQSAR 软件中的主要碎片类型**

Fragment type 片段类型	Examples 例子
Acidity fragment 酸性片段	C(=O)O, S(=O)(=O)O
Aliphatic ring fragment 脂族饱和烃片段	C1CCCCC1, ClCCCC1
Aromatic ring fragment 芳烃族片段	c1ccccc1, c1ccccn1
Atom fragment 原子片段	C, H, N, O
Bond fragment 键片段	C—C, C=C, C≡C
Group fragment 基团片段	C—O—H, C—O—C, O=C—O—C
Hydrophobicity fragment 疏水片段	C(C)(C)C, CCCC
Ionization fragment 离子化片段	[O$^-$], [Na$^+$]
Polarity fragment 极性片段	O=N(=O)CC(O)
Reactivity fragment 反应片段	C=CC=O
Stereo fragment 立体片段	Cl[C@H](C)N, C1[C@@H](C)N
Weight fragment 重量片段	分子量

该软件的特点是，估算值精度较高，4 000 种有机化合物的估算值与测定值的一致性非常好(图 3.9)，并且线性范围大，覆盖了 LogK_{OW} 从 -4 到 10 范围内的有机化合物；适用范围广，对于无手性中心和分子摩尔质量小于 200 的有机化合物都适用；计算时间短(小于 5s)。

下面以 Meylan 和 Haward(1995)建立的原子/碎片贡献法来介绍这种方法的原理与计算过程。这个方法预先已经从大量 K_{OW} 值(以 log 形式表示)的数据库，通过多元线性回归推出碎片常数 f_k(表 3.8)和碎片的校正因子 c_j(部分列于表 3.9)，只要根据方程(式 3.48)

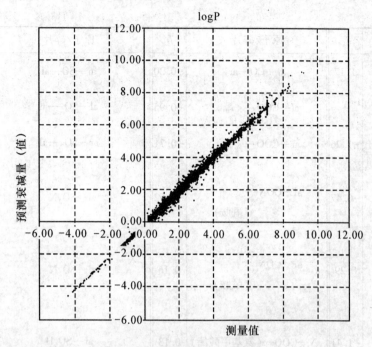

图 3.9　4 000 种化合物的 K_{ow} 的估算值与测定值的一致性

表 3.8　　　　　　　　　　　估算 25℃时 $\log K_{iow}$ 的部分碎片常数[①]

原子/碎片	f_k	原子/碎片	f_k	原子/碎片	f_k
碳		al—O—(P)	-0.02	ar—COOH	-0.12
—CH₃	0.55	ar—O—(P)	0.53	含氮基团	
—CH₂—	0.49	芳香系统中的杂原子		al—NH₂	-1.41
—CH	0.36	氧	-0.04	al—NH—	-1.50
C	0.27	五元环中的氮	-0.53	al—N	-1.83
=CH₂	0.52	六元环中的氮	-0.73	ar—NH₂, ar—NH—,　ar—N	-0.92
=CH— 或 =C	0.38	稠合位置的氮	0.00	al—NO₂	-0.81
C_ar	0.29	硫	0.41	ar—NO₂	-0.18
卤素		磷		ar—N=N—ar	0.35
al—F	0.00	—P=O	-2.42	al—C≡N	-0.92
ar—F	0.20	—P=S	-0.66	al—C≡N	-0.45
al—Cl	0.31	羰基		含硫基团	
ol—Cl	0.49	al—CHO	-0.94	al—SH	
ar—Cl	0.64	ar—CHO	-0.28	ar—SH	
al—Br	0.40	al—CO—al	-1.56	al—S—al	-0.40
ar—Br	0.89	ol—CO—al	-1.27	ar—S—al	0.05
al—I	0.81	ar—CO—al	-0.87	al—SO—al	-2.55

续表

原子/碎片	f_k	原子/碎片	f_k	原子/碎片	f_k
ar—I	1.17	ar—CO—ar	-0.20	ar—SO—al	-2.11
脂肪氧		al—COO—（酯）	-0.95	al—SO$_2$—al	-2.43
al—O—al	-1.26	ar—COO—（酯）	-0.71	ar—SO$_2$—al	-1.98
al—O—ar	-0.47	al—CON〈（酰胺）	-0.52	al—SO$_2$N〈	-0.44
ar—O—ar	0.29	ar—CON〈（酰胺）	0.16	al—SO$_2$N〈	-0.21
al—OH	-1.41	N—COO—（氨基甲酸酯）	0.13	ar—SO$_3$H	-3.16
ol—OH	-0.89	N—CO—N（脲）	1.05		
ar—OH	-0.48	al—COOH	-0.69		

数据引入 Meylan 和 Howard(1995)，导出的碎片常数的总数为 130；al 表示与脂基相连；ol 表示与烯碳相连；ar 表示与芳香碳相连。

将 n_k 个碎片常数 f_k 和 n_j 个校正因子 c_j 简单加和得到待估算分子的 $\log K_{OW}$。此外，如果从一个已知化合物的 $\lg K_{OW}$ 值估算与其结构相似的未知化合物的 $\lg K_{OW}$ 值，用方程 3.49 可以使估算结果更准确。表 3.10 给出了用原子/碎片贡献法估算辛醇-水分配系数的示例，为了便于学习，表中给出了具体的计算过程。

$$\log K_{OW} = \sum_k n_k \times f_k + \sum_j n_j \times c_j + 0.23 \quad (3.48)$$

$$\log K_{OW} = \log K_{OW}(参考物) - \sum_k n_k \times f_k(减少碎片) + \sum_k n_k \times f_k(增加碎片)$$
$$- \sum_j n_j \times c_j(减少碎片) + \sum_j n_j \times c_j(增加因子) \quad (3.49)$$

表3.9　　　　　　　　　　　**估算25℃时 logK_{iow} 的部分校正因子 c_j**[1]

描　述　符	c_j	描　述　符	c_j
芳香取代基位置因子[2]		$o—N\diagdown$ 两个芳环 N	1.28
$o—OH/—COOH$	1.19	$o—CH_3/—CON\diagdown$ （酰胺）	-0.74
$o—OH/—COO—$（酯）	1.26	$2×o—CH_3/—CON\diagdown$ （酰胺）	-1.13
$o—N/—CON\diagdown$ （酰胺）	0.62	$p—N/—OH$	-0.35
$o—OR/$芳环 N	0.45	$o,m,p—NO_2/—OH$ 或 $—N\diagdown$	0.58
$o—OR/$两个芳环 N	0.90	$p—OH/COO—$（酯）	0.65
$o—N\diagdown/$芳环 N	0.64		
其他因子			
一个以上的脂—COOH	-0.59	对称三唑环	0.89
一个以上的脂—OH	0.41	稠合脂肪环的连接	-0.34
α-氨基酸	-2.02		

①数据引自 Meylan 和 Howard(1995)；推导出的校正因子总数：235；
②o-邻位，m=间位，p=对位。

表3.10　　　　　**用原子/碎片贡献法从化合物结构估算辛醇-水分配系数(25℃)示例**

化合物	碎片	f_k	n_k	分项计算值	计算值	实验值
乙酸乙酯 $H_3C—\overset{\displaystyle O}{\overset{\|}{C}}—O—CH_2CH_3$	—CH_3	0.55	2	1.10		
	—CH_2—	0.49	1	0.49	0.87	0.73
	al—COO—（酯类）	-0.95	1	-0.95		
				常数+0.23		
2，3，7，8-四氯二苯并二噁英	C_ar	0.29	12	3.48		
	ar—Cl	0.64	4	2.56		
	ar—O—ar	0.29	2	0.58	6.85	6.53
				常数+0.23		
2-异丁基-4,6-二硝基苯酚	—CH_3	0.55	2	1.10		
	—CH_2—	0.49	1	0.49		
	—CH<	0.36	1	0.36		
	C_ar	0.29	6	1.65	3.57	3.56
	ar—OH	-0.48	1	-0.48		
		-0.18	2	-0.36		
	校正因子	c_j	n_j			
	$o,m,p—NO_2/—OH$	0.58	1*	0.58		
				常数+0.23		

*注：由于不清楚对两个硝基取代基是使用一次还是两次校正因子，对两种都进行了计算，通过与实验值比较得知只能使用一次校正因子。ar 表示与芳香碳相连。

第七节　逸度模型

逸度(fugacity)概念由 Lewis 于 1901 年提出，它可作为判断相间是否达到平衡的度量。1979 年，加拿大科学家 Mackay 根据热力学平衡和质量平衡原理，首先把这一概念引入有机化学品在环境各相的分布与预测模型的研究。从 1979 年到 1981 年，Mackay 和 Paterson 连续发表了多篇文章，提出了逸度模型，对模型的特点、基本理论与概念、基本计算作了介绍，1985 年，在 Hutzinger 主编的 Handbook of Environmental Chemistry (Vol. 2/Part C)一书中，Paterson 和 Mackay 对逸度模型作了进一步的介绍，1991 年 Mackay 出版了其专著 Multmedia environmental models: The fugacity approach，逸度模型得到了进一步完善。此后，逸度模型得到广泛应用。

一、逸度

化学势(μ)是热力学在处理开放体系或组成发生变化的封闭体系的热力学关系时而引入的概念。

逸度(f)是物理化学在处理非理想气体化学势时提出的一热力学量，对于单一组分的非理想气体，其化学势为

$$\mu = \mu^{\circ}(T) + RT \ln f \tag{3.50}$$

对于非理想气体的混合物，其中任一组分的化学势为

$$\mu_i = \mu_i^{\circ}(T) + RT \ln f_i \tag{3.51}$$

式中：μ 为单一组分的化学势；μ_i 为某一组分的化学势；f 为单一组分的逸度；f_i 为某一组分的逸度。

逸度 f 的单位为压力(Pa)，可以表征物质脱离某一相的倾向性。单一组分在多相(n)情况下，如达到平衡，组分在每一相的逸度相等：

$$f_1 = f_2 = f_3 = \cdots = f_n$$

二、逸度模型的框架

基本要点：

Mackay 在把逸度用于有机化学品在环境多介质的分布时，提出了以下论点：

(1) 环境是由不同环境相(大气、水、土壤、底泥、生物和悬浮物)组成的一个系统，有的相互接触(如大气与水)，有的相互不接触(如底泥与大气)，并假定每一相都是混合均匀的；

(2) 化合物在相间运动，直至在每一相的逸度相等，此时达到平衡；

(3) 在低浓度时，化合物的逸度与其浓度成线性相关。其表达式为

$$c_{i,j} = Z_{i,j} \cdot f_{i,j} \tag{3.52}$$

式中：$c_{i,j}$ 为第 i 种污染物在第 j 相中的浓度，mol/m³；$f_{i,j}$ 为第 i 种污染物在第 j 相中的逸度，Pa；$Z_{i,j}$ 为第 i 种污染物在第 j 相中的逸度容量(fugacity capacity)，mol/m³Pa。

对于相邻两相，化合物 i 在两相达到分配平衡，则

$$f_{i,1} = f_{i,2}$$
$$c_{i,1}/Z_{i,1} = c_{i,2}/Z_{i,2}$$

那么，化合物 i 在两相的分配系数 $K_{1,2}$ 为

$$K_{1,2} = c_{i,1}/c_{i,2} = Z_{i,1}/Z_{i,2}$$

逸度容量(Z)为一常数，其值取决于温度、压力、物质的性质以及物质所在相的性质，其单位为 $mol/m^3\ Pa$。由上式可看出 Z 的物理意义，如果我们能确定某一物质在环境各相中的 Z 和 f，就能容易地计算该物质在每一相中的浓度。

三、逸度模型的计算

为了计算有机化合物在环境各相中的分布，模型假定了一个"单位环境"(unit world)，它由四个环境相(大气、水、土壤、底泥)或六个环境相(大气、水、土壤、底泥、生物和悬浮物)组成(图 3.10)，模型对每一相的性质和体积作了合理的考虑，以尽可能符合实际环境。

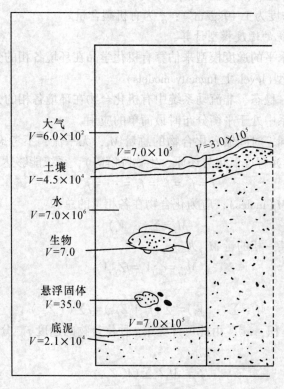

图 3.10　单位环境的体积与面积

该"单位环境"的面积为 $1km^2$，30%的面积被厚度为 3cm 的土壤覆盖，70%的面积被 10m 深的水覆盖，底泥的厚度为 3cm，水中有 5ppm 悬浮物和 0.5ppm 的生物，大气的高度为 10km。土壤的有机碳含量为 2%，底泥与悬浮物的有机碳含量为 4%，温度为 25℃，有机碳分配系数 K_{OC} 和生物富集因子由下式给出：

$$K_{\text{OC}} = 0.41 \cdot K_{\text{OW}} \tag{3.53}$$

$$K_{\text{b}} = 0.048 \cdot K_{\text{OW}} \tag{3.54}$$

(一) 逸度容量(Z) 的计算

由于逸度概念是以热力学为基础的, 因此逸度容量可以通过化合物和环境相的某些物理化学参数来计算, Mackay 推导了污染物各环境相的逸度容量:

$$Z_1 = 1/RT \tag{3.55}$$

$$Z_2 = 1/H \tag{3.56}$$

$$Z_3 = Z_2 \cdot \rho_3 \cdot g_3 \cdot K_{\text{OC}}/1\,000 \tag{3.57}$$

$$Z_4 = Z_2 \cdot \rho_4 \cdot g_4 \cdot K_{\text{OC}}/1\,000 \tag{3.58}$$

$$Z_5 = Z_2 \cdot \rho_5 \cdot g_5 \cdot K_{\text{OC}}/1\,000 \tag{3.59}$$

$$Z_6 = Z_2 \cdot \rho_6 \cdot g_6 \cdot K_{\text{b}}/1\,000 \tag{3.60}$$

式中: 脚标数字表示各环境相: 1—空气, 2—水, 3—土壤, 4—底泥, 5—悬浮物, 6—生物(鱼); R 为气体常数(8.314, Pa m³/mol K); T 为绝对温度; H 为亨利定律常数(Pam³/mol), ρ 为密度(水和生物的密度为 1 000kg/m³, 悬浮物和土壤的密度为 1 500kg/m³, 空气的浓度为 1.19kg/m³); g 为有机碳含量。

(二) 不同水平系统的逸度模型计算

通常用三个不同水平的逸度模型来估算有机化学品在环境各相的分布与归宿。

1. Level Ⅰ 逸度模型(level Ⅰ fugacity models)

该模型用于平衡、稳态、非流动系统中有机化合物在环境各相的分布与归宿, 这是固定量有机化合物在体系中处于平衡分布时最简单的应用。

其假定: 已知在同一时间输入化合物的总量 M_t, 无平流, 不考虑污染物在相内发生的各种反应(如水解、光解、氧化与还原、生物降解等), 系统能够达到分配平衡, 则有

$$f = f_1 = f_2 = f_3 = \cdots = f_j \tag{3.61}$$

系统中物质的总量为 M_t(moles), 应为化合物在各相量的总和:

$$M_t = \sum (c_{i,j} V_j)$$

因为某一种化合物在某一相的量 $M_{i,j}$ 为

$$M_{i,j} = c_{i,j} V_j = f Z_{i,j} V_j$$

所以

$$M_t = \sum (c_{i,j} V_j) = \sum (f_{i,j} V_j Z_{i,j}) = f \sum (V_j Z_{i,j}) \tag{3.62}$$

式中: V_j 为相 j 的相体积, m³。由此可计算第 i 种化合物的逸度 f、分布在第 j 相的量 $M_{i,j}$ 和浓度 $c_{i,j}$:

$$f = M_t / \sum (V_j Z_{i,j}) \tag{3.63}$$

$$M_{i,j} = f_i V_j Z_{i,j} \tag{3.64}$$

$$c_{i,j} = Z_{i,j} f \tag{3.65}$$

2. Level Ⅱ 逸度模型(level Ⅱ fugacity model)

该模型用于平衡、稳态、流动系统中有机化合物在环境各相的分布与归宿。

模型假定: 化合物的稳态输入 I(mol/h)和平流, 并在各相间可达到平衡; 化合物在相内发生各种反应(如光解、水解、氧化与还原、生物降解等), 并假定这些过程均为一

级过程，其速率 r 可表示为

$$r = kc$$

式中：k 为一级速率常数 h^{-1}；c 为污染物浓度，mol/m^3。

假定相内总反应也为一级过程，那么在某一相 j 总的反应速率 r_j（mol/m^3h）则为相于中各反应速率之和：

$$
\begin{aligned}
r_j &= k_1 c + k_2 c + k_3 c + \cdots \\
&= (k_1 + k_2 + k_3 + \cdots)c \\
&= K_j c
\end{aligned}
\tag{3.66}
$$

式中：k_1、k_2、$\cdots$ 分别为某一反应的速率常数；K_j 为某一相内总反应的一级速率常数。

由于是稳态流动系统，每一相内的污染物因各种反应的去除速率（mol/h）之和应等于总的输入速率 I（mol/h），即

$$
\begin{aligned}
I &= V_1 c_1 K_1 + V_2 c_2 K_2 + \cdots \\
&= \sum(VcK)
\end{aligned}
$$

I 为输入单位环境化合物的速率（mol/h），如果用 Zf 代替 c，则有

$$I = V_1 f_1 Z_1 K_1 + V_2 f_2 Z_2 K_2 + \cdots \tag{3.67}$$

因为 $f_1 = f_2 = f_3 = \cdots = f$，代入式（3.52）可得

$$
\begin{aligned}
I &= f(V_1 Z_1 K_1 + V_2 Z_2 K_2 + \cdots) \\
&= f\sum(V_i Z_i K_i)
\end{aligned}
\tag{3.68}
$$

由此可得

$$f = I / \sum(V_i Z_i K_i) \tag{3.69}$$

因此，根据 f 和 Z，可计算每一相中物质的浓度（fZ_i）和反应速率 $[c_i K_i$（$mol/m^3 \cdot h$）或 $V_i c_i K_i]$。

如果不考虑平流的作用，体系中物质的总量 M_t 除以体系总的反应速度（R，数值上等于 I）则可求出物质在此体系中的残留时间：

$$T = M_t / R = \sum c_i \cdot V_i / I = \sum Z_i V_i / MV_i Z_i K_i \tag{3.70}$$

如果顾及平流的作用，通常把平流也作为一级过程处理，其速率常数为 K_a，它被定义为：

$$K_a = G_i / V_i$$

G_i 为流出（或流入）相平均流速（m^3/h），V_i 为相体积（m^3）。如果有物质流入，那么，体系总的速率 R（mol/h）则为

$$
\begin{aligned}
R &= I + \sum G_i C_{bi} \\
&= I + \sum K_{ai} V_i C_{bi} \\
&= \sum V_i C_i (K_i + K_{ai})
\end{aligned}
\tag{3.71}
$$

式中：C_{bi} 为流入浓度。因此，考虑平流作用，也可计算物质在体系中总的残留时间。

3. Level Ⅲ 逸度模型（level Ⅲ fugacity model）

该模型用于非平衡、稳态、流动系统中有机化合物在环境各相的分布与归宿。此系统考虑物质的稳态输入和输出，假定物质在各相间处于非平衡状态，并计及平流迁移、相邻

两相间的扩散迁移和物质在相内发生的各种反应(如光解、水解、氧化还原、生物降解等),并假定这些过程均为一级过程。本教程对此模型不拟作深入的介绍,有兴趣者可查阅相关文献。

逸度模型以热力学平衡为原理,物理意义清晰,结构简单,需要化合物的环境参数易得,可计算污染物在多介质环境中的质量分布和迁移通量,并接近实际。因此,20 多年来,该模型得到广泛应用,仅 Mackay 领导的研究组就发表论文 180 余篇。在加拿大 Trent 大学举办的加拿大环境模拟中心[Canadian Environmental Modelling Centre(http://www.trentu.ca/cemc/)]有专门介绍逸度模型的内容并可以下载模型的软件。

复习思考题

1. 亨利定律常数有哪几种定义式? 它们之间的相互关系式有哪些?

2. 影响亨利定律常数的有哪些因素?

3. 何谓有机碳分配系数?

4. 水-悬浮物分配系数与有机碳含量和颗粒物大小有何关系?

5. 何谓生物富集系数?

6. 何谓有机化合物在大气-颗粒物之间的分配系数?

7. 从结构相似化合物 K_{OW} 实验数据估算辛醇-水分配系数。从指定的结构相似化合物的实验 K_{OW} 值估算下列化合物在 25℃时的 K_{OW} 值;(1) 从乙酸乙酯($lgK_{iow}=0.73$)估算氯代乙酸乙酯的 K_{OW};(2) 从 2,3,7,8-四氯二苯并二噁英($lgK_{iow}=6.53$)估算不同取代位置的五氯二苯并二噁英的 K_{OW};(3) 从 2-异丁基-4,6-二硝基苯酚($lgK_{iow}=3.56$)估算 2-异丁基-4,5-二硝基苯酚、2-异丁基-5,6-二硝基苯酚的 K_{OW}。

第四章 环境介质中的化学平衡

本章讨论化学物质在环境介质中的酸碱平衡、氧化还原平衡、水解平衡、配位平衡和离子交换平衡。

第一节 环境介质中的酸碱平衡

天然水中的酸碱平衡对天然水的 pH 值、其他化学过程都有较大的影响。本节主要讨论碳酸盐、SO_2、HNO_3、NH_3 等物质的酸碱平衡。

一、天然水中的碳酸盐平衡及 pH 值的影响

1. 碳酸盐平衡

碳酸盐平衡是天然水中主要的酸碱平衡之一，这是因为大气中含有 CO_2，在几乎所有的天然水中都存在一定浓度的 CO_2(液)、H_2CO_3、HCO_3^-、CO_3^{2-}；在水和生物之间的生物化学交换中，CO_2 占有独特的地位；溶解的不同形态的碳酸盐与岩石圈和大气圈进行多相的酸碱反应。因此，这一平衡对于天然水化学有重要的影响。

当 CO_2 溶解于水时，实际上包含两步：

$$CO_2(气) \Longleftrightarrow CO_2(液) \tag{4.1}$$

$$CO_2(液) + H_2O \Longleftrightarrow H_2CO_3 \tag{4.2}$$

组分 CO_2(液)与 H_2CO_3 通常是无区别的，所以有

$$CO_2(气) + H_2O \Longleftrightarrow H_2CO_3^* \tag{4.3}$$

$$[H_2CO_3^*] = [CO_2(液)] + [H_2CO_3]$$

另外，我们还知道有下列平衡：

$$H_2CO_3^* \Longleftrightarrow H^+ + HCO_3^- \tag{4.4}$$

$$HCO_3^- \Longleftrightarrow H^+ + CO_3^{2-} \tag{4.5}$$

式(4.3)、式(4.4)、式(4.5)的平衡常数可表示为

$$K_H = \frac{[H_2CO_3^*]}{p_{CO_2}} \tag{4.6}$$

$$K_1 = \frac{[H^+][HCO_3^-]}{[H_2CO_3^*]} \tag{4.7}$$

$$K_2 = \frac{[H^+][CO_3^{2-}]}{[HCO_3^-]} \tag{4.8}$$

式中：K_H，K_1，K_2 为平衡常数；p_{CO_2} 为 CO_2 的分压。其平衡常数值列于表 4.1 中。

　　由式(4.7)和(4.8)可知，$[HCO_3^-]$、$[CO_3^{2-}]$ 与 $[H^+]$ 成反比。计算表明，当 pH<4 时，水中的 HCO_3^- 的含量就非常少了，在一般的河水与湖泊水中，HCO_3^- 的含量不超过 250mg·L^{-1}。地下水的含量略高，一般为 50~400mg·L^{-1}，少数的可高达 800mg·L^{-1}。当 pH<8.3 时，CO_3^{2-} 的含量可以忽略不计。

表 4.1　　　　　　　　　　　　　　　碳酸平衡常数值

温度(℃)	$-\lg K_H$	$-\lg K_1$	$-\lg K_2$
0	1.11	6.58	10.63
5	1.19	6.52	10.56
10	1.27	6.46	10.49
15	1.34	6.42	10.43
20	1.41	6.38	10.38
25	1.46	6.35	10.33
30	1.52	6.33	10.29
40	1.62	6.30	10.22
50	1.71	6.29	10.17

　　资料来源：O Hutzinger. The Handbook of Environmental Chemistry. Vol. 1, Part A, Springer-Verlag, Berlin Heidelberg, 1982：28.

如果水中的总碳酸盐量以 c_T 表示，则
$$c_T = [H_2CO_3^*] + [HCO_3^-] + [CO_3^{2-}]$$
若 c_T 一定，在体系达到平衡时，三种碳酸盐有固定的比例，这种比例通常用 α_x 表示：

$$\alpha_0 = \frac{[H_2CO_3^*]}{[H_2CO_3^*] + [HCO_3^-] + [CO_3^{2-}]} \tag{4.9}$$

$$\alpha_1 = \frac{[HCO_3^-]}{[H_2CO_3^*] + [HCO_3^-] + [CO_3^{2-}]} \tag{4.10}$$

$$\alpha_2 = \frac{[CO_3^{2-}]}{[H_2CO_3^*] + [HCO_3^-] + [CO_3^{2-}]} \tag{4.11}$$

式中：α_0，α_1，α_2 分别代表 H_2CO_3，HCO_3^-，CO_3^{2-} 的分布系数(或摩尔分数)。把式(4.7)和式(4.8)，代入上述各式则有

$$\alpha_0 = \frac{[H^+]^2}{[H^+]^2 + K_1[H^+] + K_1K_2} \tag{4.12}$$

$$\alpha_1 = \frac{K_1[H^+]}{[H^+]^2 + K_1[H^+] + K_1K_2} \tag{4.13}$$

$$\alpha_2 = \frac{K_1 K_2}{[H^+]^2 + K_1[H^+] + K_1 K_2} \tag{4.14}$$

那么，各组分的浓度可表示为

$$[H_2CO_3^*] = \frac{[H^+]^2}{[H^+]^2 + K_1[H^+] + K_1 K_2} c_T \tag{4.15}$$

$$[HCO_3^-] = \frac{K_1[H^+]}{[H^+]^2 + K_1[H^+] + K_1 K_2} c_T \tag{4.16}$$

$$[CO_3^{2-}] = \frac{K_1 K_2}{[H^+]^2 + K_1[H^+] + K_1 K_2} c_T \tag{4.17}$$

由上述各式可知，各种形态碳酸盐的浓度是 pH 值的函数（图 4.1）。

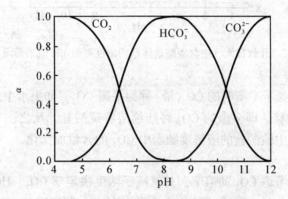

图 4.1 水中 CO_2-HCO_3^--CO_3^{2-} 体系的形态分布（溶液中 $c_T = 10^{-3}$ mol/L）

应注意，上面所讨论的是假定体系与大气没有 CO_2 交换，即为封闭体系。在实际情况中，天然水中的碳酸盐体系是一开放体系，它与大气中分压恒定的 CO_2 有交换。如果 p_{CO_2}（气）为常数，则在气体-溶液交换速率所允许的时间比例内，可认为 $[H_2CO_3^*]$ 也是常数。在此体系内，各组分的浓度可表示为

$$[H_2CO_3^*] = p_{CO_2} K_H \tag{4.18}$$

$$[HCO_3^-] = p_{CO_2} K_H \frac{K_1}{[H^+]} \tag{4.19}$$

$$[CO_3^{2-}] = p_{CO_2} K_H \frac{K_1 K_2}{[H^+]^2} \tag{4.20}$$

从上述各式可知，在开放系统中，各组分的浓度与 CO_2 的分压、溶液的 pH 值有关（图 4.2）。

当 CO_2 溶于天然水时，还可使难溶的碳酸盐溶解：

$$CaCO_3(固) + CO_2(液) + H_2O \Longleftrightarrow Ca^{2+} + 2HCO_3^-$$

$$CaMg(CO_3)_2(固) + 2CO_2(液) + 2H_2O \Longleftrightarrow Ca^{2+} + Mg^{2+} + 4HCO_3^-$$

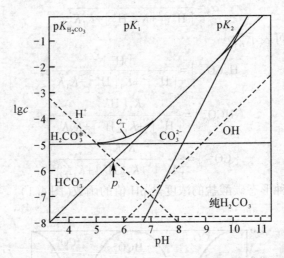

图 4.2　开放在大气中含碳酸盐体系的浓度对数-pH 值平衡图

由上式可知，与 HCO_3^- 处于平衡时的 CO_2(液)称为平衡 CO_2，如果水中的 CO_2 含量大于平衡 CO_2 的含量，平衡右移，即多余的 CO_2 将陆续溶解碳酸盐。反之，平衡左移，碳酸盐析出，平衡反应说明水中碳酸盐的溶解度随水中 CO_2 的含量而变化。

2. 雨水的 pH 值

在雨水中，如果只考虑 CO_2 的溶解，其氢离子浓度决定于 CO_2、HCO_3^-、CO_3^{2-} 之间的比例，即碳酸盐平衡。此时，碳酸以三种化学形态存在：游离碳酸，包括溶解的 CO_2 和未离解的 H_2CO_3，常以 $H_2CO_3^*$ 来表示，$[H_2CO_3^*] = [CO_2(液)] + [H_2CO_3]$；重碳酸根（$HCO_3^-$）；碳酸根，$CO_3^{2-}$。前面已讨论，$CO_2$ 溶于水的过程可以写成：

$$CO_2(气) + H_2O \Longleftrightarrow H_2CO_3^*$$

平衡时，CO_2 形态占最重要的地位，H_2CO_3 形态只占游离碳酸的 1% 以下。例如，在 25℃ 以下，$[H_2CO_3]/[CO_2] = 0.003\ 7$，因此用水中溶解性气体 CO_2 的含量来代表 $H_2CO_3^*$ 的含量不至于引起很大的误差。由式(4.7)知：

$$K_1 = \frac{[H^+][HCO_3^-]}{[H_2CO_3^*]}$$

根据一元弱酸[H^+]浓度计算的近似公式：

$$[H^+] = \sqrt{c \cdot K_1} = \sqrt{[H_2CO_3^*] \cdot K_1}$$

又因为：

$$K_H = \frac{[H_2CO_3^*]}{p_{CO_2}}$$

所以可得

$$[H^+] = \sqrt{K_1 \cdot K_H \cdot p_{CO_2}}$$

p_{CO_2} 可由大气压计算得到：在给定的干燥空气中，CO_2 占 0.031 4%，25℃时，水的蒸汽压为 3 171.5Pa，由表 4.1 可得 25℃时 K_H 和 K_1，因此可以计算 1atm，25℃时，雨水的 pH 值。

$$[H^+] = \sqrt{K_1 \cdot K_H \cdot p_{CO_2}} = \sqrt{4.45\times10^{-7}\times3.47\times10^{-2}\times3.04\times10^{-4}}$$
$$= 2.17\times10^{-6}$$

$\therefore$ pH = 5.66

二、大气液相中 SO_2 的平衡

大气中 SO_2 的浓度处于 0.2~200ppb 范围。SO_2 是影响降水酸度的主要酸性气体之一，它在气相和液相中的化学转化是使降水 pH 值降低的重要过程（在第五章讨论）。SO_2 在液相中的平衡是其在液相中氧化的基础，本节将讨论 SO_2 在大气液相中的酸碱平衡。

1. 气、液吸收平衡

SO_2 和 NO_2 等气体由气态转入水相主要是通过气体在溶液中的吸收（溶解）平衡。吸收平衡是指液体吸收气体至饱和，吸收平衡遵从亨利定律，表 4.2 列出了常见气体在水中的溶解平衡常数。

表 4.2　　　　　　　　　　一些气体在水中的溶解平衡常数

气 体	K_H(mol·L^{-1}·Pa^{-1}, 298K)	气 体	K_H(mol·L^{-1}·Pa^{-1}, 298K)
O_2	1.28×10^{-8}	HNO_2	4.83×10^{-4}
NO	1.86×10^{-8}	NH_3	6.12×10^{-4}
C_2H_4	4.84×10^{-8}	H_2CO_3	6.22×10^{-2}
NO_2	9.87×10^{-8}	H_2O_2	$(6.91\sim9.87)\times10^{-1}$
O_3	1.28×10^{-7}	HNO_3	2.07
N_2O	2.47×10^{-7}	HO_2	$(0.987\sim2.96)\times10^{-2}$
CO_2	3.36×10^{-7}	PAN	4.93×10^{-5}
SO_2	1.22×10^{-5}	CH_3SCH_3	5.53×10^{-6}

资料来源：B J Finlayson-Pitts and J N Pitts, et al. Atmospheric Chemistry: Fundamentals and Experimental Techniques. John Wiley & Sons, Inc., 1986: 662.

2. SO_2 的溶解平衡

大气中 SO_2 气体浓度范围为 0.2~200ppb，设 SO_2 气体与液相达到平衡，则

$$SO_2(g)+H_2O \Longrightarrow SO_2\cdot H_2O \qquad K_H = \frac{[SO_2\cdot H_2O]}{p_{SO_2}} \qquad (4.21)$$

$$SO_2\cdot H_2O \Longrightarrow H^+ + HSO_3^- \qquad K_{a1} = \frac{[H^+][HSO_3^-]}{[SO_2\cdot H_2O]} \qquad (4.22)$$

$$HSO_3^- \rightleftharpoons H^+ + SO_3^{2-} \qquad\qquad K_{a2} = \frac{[H^+][SO_3^{2-}]}{[HSO_3^-]} \qquad (4.23)$$

根据上述各化学平衡可得$[SO_2 \cdot H_2O]$、$[HSO_3^-]$、$[SO_3^{2-}]$，代入下面溶解的总硫（$S(\text{IV})$）的表达式：$[S(\text{IV})] = [SO_2 \cdot H_2O] + [HSO_3^-] + [SO_3^{2-}]$得

$$[S(\text{IV})] = [SO_2 \cdot H_2O]\left(1 + \frac{K_{a1}}{[H^+]} + \frac{K_{a1}K_{a2}}{[H^+]^2}\right) \qquad (4.24)$$

亨利定律只适用于气液同形态分子，上式可变为

$$[S(\text{IV})] = K_H\left(1 + \frac{K_{a1}}{[H^+]} + \frac{K_{a1}K_{a2}}{[H^+]^2}\right)p_{SO_2}$$

根据式(4.21)~式(4.24)，可以得出$SO_2 \cdot H_2O$、HSO_3^-和SO_3^{2-}三种形态的分布系数：

$$\alpha_0(SO_2 \cdot H_2O) = \frac{[SO_2 \cdot H_2O]}{[S(\text{IV})]} = \frac{[H^+]^2}{[H^+]^2 + K_{a1}[H^+] + K_{a1}K_{a2}}$$

$$\alpha_1(HSO_3^-) = \frac{[HSO_3^-]}{[S(\text{IV})]} = \frac{K_{a1}(H^+)}{[H^+]^2 + K_{a1}(H^+) + K_{a1}K_{a2}}$$

$$\alpha_2(SO_3^{2-}) = \frac{[SO_3^{2-}]}{[S(\text{IV})]} = \frac{K_{a1}K_{a2}}{[H^+]^2 + K_{a1}(H^+) + K_{a1}K_{a2}}$$

从上面三个式子可知，不同形态的$S(\text{IV})$的浓度与水溶液的pH值有关。图4.3描述了三种形态$S(\text{IV})$的摩尔分数与pH值的关系。大气水滴典型pH值范围处于2~6，因此在大气水滴中，主要以HSO_3^-的形态存在。

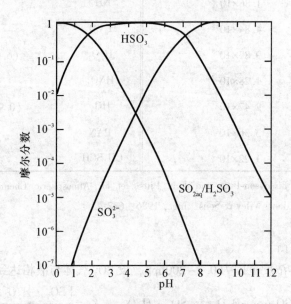

图4.3　在不同酸度溶液中各种形态硫的摩尔分数

资料来源：B J Finlayson-Pitts and J N Pitts, et al. Atmospheric Chemistry: Fundamentals and Experimental Techniques. John Wiley & Sons, Inc., 1986: 657.

3. 含醛和 Fe^{3+} 水溶液中 S(IV)的平衡

前面所讨论的 S(IV)的平衡可用于纯水和早期用于大气水滴 S(IV)浓度的计算，但是在 20 世纪 80 年代中后期的研究发现，在城市地区大气雾和云水滴中S(IV)的浓度远远超过用上述平衡计算的浓度。这是因为，大气中水滴的水不是纯水，通常含有甲醛和 Fe^{3+}，这些物质也与 HSO_3^- 和 SO_3^{2-} 建立了平衡。例如：

$$
\underset{H}{\overset{H}{C}}{=}O + HSO_3^- \Longrightarrow H{-}\underset{H}{\overset{OH}{C}}{-}SO_3^-
$$

$$
\underset{H}{\overset{H}{C}}{=}O + SO_3^{2-} \Longrightarrow H{-}\underset{H}{\overset{O^-}{C}}{-}SO_3^-
$$

这表明这些物质参与了酸碱平衡，使液相中 S(IV)增高。

三、含氮无机物的酸碱平衡

1. NH_3/水平衡

NH_3 被水吸收后会产生如下平衡：

$$NH_3(g) + H_2O \Longrightarrow NH_3 \cdot H_2O \qquad K_H = \frac{[NH_3 \cdot H_2O]}{p_{NH_3}}$$

$$NH_3 \cdot H_2O \Longrightarrow OH^- + NH_4^+ \qquad K_b = \frac{[NH_4^+][OH^-]}{[NH_3 \cdot H_2O]}$$

根据上述的平衡可得到铵离子浓度的表达式：

$$[NH_4^+] = \frac{K_b[NH_3 \cdot H_2O]}{[OH^-]} = \frac{K_H K_b p_{NH_3}[H^+]}{K_W}$$

如果 NH_3 与 CO_2 都存在，根据电中性原则有：

$$[H^+] + [NH_4^+] = [OH^-] + [HCO_3^-] + 2[CO_3^{2-}]$$

在给定条件下，可计算出大气水滴的 pH 值。如大气气相 CO_2、NH_3 的浓度分别为330ppm和0.004ppm，在 283K 时，$K_{H(NH_3)} = 1.24 \times 10^{-3} mol \cdot L^{-1} \cdot Pa^{-1}$，$K_{a1} = 1.6 \times 10^{-5}$，溶液的pH值为7.0。

2. 氮氧化物在水中的平衡

氮氧化物在大气水相中的平衡较复杂，首先是吸收平衡，其浓度由亨利定律常数控制：

$$NO(g) \Longrightarrow NO(液)$$
$$NO_2(g) \Longrightarrow NO_2(液)$$

溶解的 NO、NO_2 相互结合产生新的平衡：

$$2NO_2(液) \Longrightarrow N_2O_4(液)$$
$$NO(液) + NO_2(液) \Longrightarrow N_2O_3(液)$$

然后通过下面的平衡生成亚硝酸根和硝酸根离子：

$$N_2O_4(\text{液}) + H_2O \Longrightarrow 2H^+ + NO_2^- + NO_3^-$$

$$N_2O_3(\text{液}) + H_2O \Longrightarrow 2H^+ + 2NO_2^-$$

对于 NO-NO_2 体系，上面 6 个平衡可以简化为下面两个平衡：

$$2NO_2(g) + H_2O \Longrightarrow 2H^+ + NO_2^- + NO_3^-$$

$$NO(g) + NO_2(g) + H_2O \Longrightarrow 2H^+ + 2NO_2^-$$

HNO_3 和 HNO_2 在水中发生离解平衡。氮氧化物（NO_x）在大气水相中的化学平衡及其常数列于表 4.3。在体系中硝酸根离子与亚硝酸根离子的比值由下式给出：

$$\frac{[NO_3^-]}{[NO_2^-]} = \frac{p_{NO_2}K_1}{p_{NO}K_2}$$

在 298K 时，$K_1/K_2 = 0.74 \times 10^7$。如果 p_{NO_2}/p_{NO} 大于 10^{-5}，$[NO_3^-] \gg [NO_2^-]$，硝酸根离子应是溶解的氮氧化物在平衡时的优势形态，进而可根据电中性原理：

表 4.3　　　　　　　　　　　　　　氮氧化物的大气水相化学平衡及其常数

平衡反应	平衡常数（298K）
$NO(g) \Longrightarrow NO(\text{液})$	$K_H = 1.90 \times 10^{-8} \text{ mol} \cdot L^{-1} \cdot Pa^{-1}$
$NO_2(g) \Longrightarrow NO_2(\text{液})$	$K_H = 9.87 \times 10^{-7} \text{ mol} \cdot L^{-1} \cdot Pa^{-1}$
$2NO_2(\text{液}) \Longrightarrow N_2O_4(\text{液})$	$K_{n1} = 7 \times 10^4 \text{ mol}^{-1} \cdot L$
$NO(\text{液}) + NO_2(\text{液}) \Longrightarrow N_2O_3(\text{液})$	$K_{n2} = 3 \times 10^4 \text{ mol}^{-1} \cdot L$
$HNO_3(\text{液}) \Longrightarrow H^+ + NO_3^-$	$K_{n3} = 15.4 \text{ mol} \cdot L^{-1}$
$HNO_2(\text{液}) \Longrightarrow H^+ + NO_2^-$	$K_{n4} = 5.1 \times 10^{-4} \text{ mol} \cdot L^{-1}$
$2NO_2(g) + H_2O \Longrightarrow 2H^+ + NO_2^- + NO_3^-$	$K_1 = 2.38 \times 10^{-8} \text{ mol}^4 \cdot L^4 \cdot Pa^{-2}$
$NO(g) + NO_2(g) + H_2O \Longrightarrow 2H^+ + 2NO_2^-$	$K_2 = 3.20 \times 10^{-15} \text{ mol}^4 \cdot L^4 \cdot Pa^{-2}$

资料来源：J H Seinfeld. Atmospheric Chemistry and Physics of Air Pollution. John Wiley & Sons, Inc., 1986：209.

$$[H^+] = [OH^-] + [NO_2^-] + [NO_3^-]$$

可认为 $[H^+] \approx [NO_3^-]$。

根据表 4.3 的平衡可知，硝酸和亚硝酸的浓度与 NO 和 NO_2 的分压有关，并从 K_{n3} 和 K_{n4} 可以看出，对于大气水滴的大部分条件，HNO_3 是完全离解的，溶解的硝酸浓度应等于 $[NO_3^-]$，因 $[H^+] \approx [NO_3^-]$，所以硝酸根离子的浓度由下式给出：

$$[NO_3^-] = \left[\frac{K_1^2 p_{NO_2}^3}{K_2 p_{NO}} \right]^{1/4}$$

HNO_2 的酸性比 HNO_3 的弱，但 pH≈6 时，它也完全离解。如果 pH<4.5 时，必须计

及 HNO_2 的离解平衡，溶解的亚硝酸的浓度应等于 $[NO_2^-]$ 和 $[HNO_2(液)]$ 之和。从表 4.3 中的 K_1 可知，由平衡 1 所产生的 NO_2^- 微乎其微，大部分来源于平衡 2，那么有：

$$[NO_2^-] = \frac{(K_2 p_{NO} p_{NO_2})^{1/2}}{[NO_3^-]}$$

把 $[NO_3^-]$ 的表达式代入上式可得：$[NO_2^-] = \left[\frac{K_2^3 p_{NO}^3}{K_1 p_{NO_2}}\right]^{1/4}$

则未离解亚硝酸的浓度为：$[HNO_2(液)] = \dfrac{[H^+][NO_2^-]}{K_{n4}}$

因为 $[H^+] = [NO_3^-]$，上式变为：$[HNO_2(液)] = \dfrac{(K_2 p_{NO} p_{NO_2})^{1/2}}{K_{n4}}$

由此可见，硝酸和亚硝酸的平衡浓度与 NO 和 NO_2 的分压有关，图 4.4 给出了它们之间的关系。

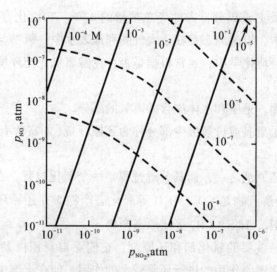

图 4.4　平衡时溶解硝酸（实线）和亚硝酸与 NO 和 NO_2 分压的关系

资料来源：J H Seinfeld. Atmospheric Chemistry and Physics of Air Pollution. John Wiley & Sons, Inc., 1986：211.

第二节　环境介质中的氧化还原平衡

氧化与还原反应是自然环境中普遍存在的现象，是大气圈、水圈、岩石圈和生物圈中发生的诸多化学过程之一，它对化学物质在环境中迁移、转化、归宿及其存在形态都有重要的影响。

一、氧化还原平衡

自然环境中大部分的无机物质如风化壳、土壤和沉积物中的矿物质主要为氧化态。就是说它们之中元素的存在形式大都为氧化态。当然，地表的无机物质中也有某些元素以还原态存在，但总的来说，处于还原态的种类是不多的。

自然界的有机物质(动、植物残体及其分解产物)为还原态。自然环境中的有机物质主要来自绿色植物，其生成借助于光合作用。光合作用释放出氧，加入了氢，所以为一还原过程，它决定了有机物质以还原态存在。

1. 氧化剂与还原剂及其在环境中的作用

在自然环境中，最重要的氧化剂是在三个无机圈中的游离氧。其次是：$Fe(III)$、$Mn(IV)$、$S(VI)$、$Cr(VI)$、$Mo(VI)$ 和 $N(V)$、$V(V)$、$As(V)$。

自然环境中最主要的还原剂是：$Fe(II)$、$S(II)$、有机化合物、$Mn(II)$、$Cr(III)$、$V(III)$。

氧是组成地壳的最主要成分，占地壳总重量的 47%。它以化合态存在于岩石圈的氧化物、含氧酸盐和水中，以游离态存在于大气圈和地表水中。氧参与了地表绝大部分物质的氧化还原反应。在环境化学中，通常根据是否存在游离氧，把环境分为氧化环境与还原环境。

氧化环境：大气圈、土壤和水体中含游离氧的部分。

还原环境：不含游离氧或含氧极少部分称为还原环境(如富含有机质的沼泽水、地下水、海洋深处)。

有机质是主要的还原剂之一，而其分解过程是一个氧化过程。在氧化环境下(好氧环境)，有机质的最终分解产物是 CO_2、H_2O 等氧化态产物。在还原环境下(如厌氧环境)，有机质的最终产物为 H_2、H_2S、CH_4 等还原态产物。

铁和锰是环境中最重要的氧化剂和还原剂，它们除自身积极参与各种氧化还原反应外，对其他物质的氧化还原作用的进行还起较大的作用。如在土壤中的有机质，只有大气中的氧能扩散到这些物质中，同时存在 Fe、Mn，才能被微生物很快氧化为最终产物。另外，Fe 与 Mn 在植物中的比例对维持其氧化还原平衡有很大的影响，比例不当，对植物的生长不利。研究结果表明，Fe 与 Mn 的比例应保持在 1.5~2.5 之间，Mn 的含量不足，则亚铁部分过高；而 Mn 含量过多，则 Fe 就会永远处于氧化状态，破坏了植物正常生长所需的氧化还原平衡。

2. 氧化还原电位

元素的氧化还原能力通常以氧化还原电位表示。在一个氧化还原反应中，常用氧化还原电位来表示氧化剂的氧化能力，此数值越大，氧化剂的强度也越大。氧化还原电位可由 Nernst 公式计算：

$$氧化态 + ne \rightleftharpoons 还原态$$

$$E_h = E_0 + \frac{RT}{nF} \ln \frac{[氧化态]}{[还原态]} \qquad (4.25)$$

式中：E_h 为某一体系的氧化还原电位；[氧化态]为物质氧化态的浓度；[还原态]为物质还原态的浓度；R 为气体常数($8.313 J/mol \cdot K$)；T 为温度(K)；F 为法拉第常数 96 500 库仑；n 为得或失电子数；E_0 为标准电位。

如果温度为 25℃时，并换为常用对数，则有

$$E_h = E_0 + \frac{0.059}{n} \lg \frac{[氧化态]}{[还原态]}$$

3. 决定电位体系

以上所述的是指一个体系而言，如果溶液中不只存在一个氧化还原反应，则混合体系的氧化还原电位在各个体系电位的数值之间，而且接近电位高体系的氧化还原电位。在混合体系中，电位较高的体系称为"决定电位"体系。

自然环境是一个由许多无机和有机的单一系统组成的复杂的氧化还原系统。在一般环境中，系统的氧化还原电位决定于天然水、土壤和底泥中游离氧含量，因此氧系统是决定电位系统。在有机质积累的缺氧环境中，有机质系统是决定电位系统的主要因素。

4. pε

氧化还原作用，可用体系的氧化还原电位来表示，在环境化学中还常用 pε(pE)来表征。氧化还原平衡可表示为

$$氧化态 + ne^- \rightleftharpoons 还原态$$

自由电子存在的时间极短，在 μs 以下。从理论上讲，可将反应平衡常数的表达式写成：

$$K = \frac{[还原态]}{[氧化态][e^-]^n}$$

$$\lg K = \lg \frac{[还原态]}{[氧化态]} + \lg \frac{1}{[e^-]^n}$$

$$-\lg[e^-] = \frac{1}{n}\lg K - \frac{1}{n}\lg \frac{[还原态]}{[氧化态]}$$

令

$$p\varepsilon = -\lg[e^-], \qquad p\varepsilon^0 = \frac{1}{n}\lg K$$

则

$$p\varepsilon = p\varepsilon^0 + \frac{1}{n}\lg \frac{[氧化态]}{[还原态]} \qquad (4.26)$$

由此可知，pε 是氧化还原平衡体系电子浓度的负对数，当[氧化]=[还原]，$p\varepsilon^0 =$ pε。当然，用电子活度代替电子浓度更准确。pε 比较直观地反映出体系的氧化还原能力。体系的 pε 高，[e^-]低，处于氧化态；体系的 pε 低，[e^-]高，处于还原态。pε 增大时，体系氧化态浓度相对升高；pε 减少时，体系还原态浓度相对升高。

pε 与 E_h 的换算：

$$E_h^0 = 2.303 \frac{RT}{F} p\varepsilon^0 \qquad E_h = 2.303 \frac{RT}{F} p\varepsilon$$

当 $T=298K$ 时，$p\varepsilon^0=16.92E_h^0$ $p\varepsilon=16.92E_h$

二、天然水 $p\varepsilon$

在天然水体中，表层水富氧，底部水处于还原状态，那么 $p\varepsilon$ 的极限值是多少，这可以从水的氧化与还原反应来考虑。水能被氧化，如下式：

$$2H_2O \Longrightarrow O_2+4H^++4e^- \tag{4.27}$$

在一定条件下水也可被还原：

$$2H_2O+2e^- \Longrightarrow H_2+2OH^- \tag{4.28}$$

这两个反应决定了水中的 $p\varepsilon$ 值，反应(4.27)决定水氧化态的 $p\varepsilon$ 上限，水的还原反应(式(4.28))，即 H_2 的释放反应，限制了还原态时 $p\varepsilon$ 值的下限。因为这些反应有 H^+，OH^- 参与，因而 $p\varepsilon$ 与 pH 值有关。

式(4.27)，可以写成：$\dfrac{1}{4}O_2+H^++e^- \Longrightarrow \dfrac{1}{2}H_2O$

水的氧化极限边界条件可选择氧的分压为 101 325Pa，所以

$$p\varepsilon=p\varepsilon^0+\lg(p_O^{1/4}[H^+]) \tag{4.29}$$
$$p\varepsilon=20.75-pH$$

对于式(4.28)，水的还原反应可写成：$H^++e^- \Longrightarrow \dfrac{1}{2}H_2$

水的还原反应极限情况可选择氢的分压为 101 325Pa，所以

$$p\varepsilon=p\varepsilon^0+\lg[H^+] \tag{4.30}$$
$$p\varepsilon=-pH$$

当天然水的 pH = 7.00 时，代入式(4.29)和式(4.30)则得到中性水的 $p\varepsilon$ 上限为 13.75，下限为 7.00。相对应的 E_h 为+0.81(V)和-0.41(V)，这是中性纯水存在的两种极端边界条件，实际水的 $p\varepsilon$(或 E_h)介于两者之间。

三、天然水中重要的氧化还原反应

许多物质在天然水中能发生氧化还原反应，一些重要的氧化还原反应列于表4.4。

表 4.4   **天然水中重要氧化还原反应的 $p\varepsilon^0$ 值(25℃)**

反 应	$p\varepsilon^0$	$p\varepsilon^0(W)$ [1]
(1) $1/4O_2(g)+H^+(W)+e \Longrightarrow 1/2H_2O$	+20.75	+13.75
(2) $1/5NO_3^-+6/5H^+(W)+e \Longrightarrow 1/10N_2(g)+3/5H_2O$	+21.05	+12.65
(3) $1/2MnO_2(s)+1/2HCO_3^-(10^{-3})+3/2H^+(W)+e \Longrightarrow 1/2MnCO_3(s)+3/8H_2O$	-	+8.5 [2]
(4) $1/2NO_3^-+H^+(W)+e \Longrightarrow 1/2NO_2^-+1/2H_2O$	+14.15	+7.15
(5) $1/8NO_3^-+5/4H^+(W)+e \Longrightarrow 1/8NH_4^++3/8H_2O$	+14.90	+6.15

续表

反　　应	$p\varepsilon^0$	$p\varepsilon^0(W)^1$
$(6)\,1/6NO_2^-+4/3H^+(W)+e\Longleftrightarrow 1/6NH_4^++1/3H_2O$	+15.14	+5.82
$(7)\,1/2CH_3OH+H^+(W)+e\Longleftrightarrow 1/2CH_4(g)+1/2H_2O$	+9.88	+2.88
$(8)\,1/4CH_2O+H^+(W)+e\Longleftrightarrow 1/4CH_4(g)+1/4H_2O$	+6.94	−0.06
$(9)\,FeOOH(s)+HCO_3^-(10^{-3})+2H^+(W)+e\Longleftrightarrow FeCO_3(s)+2H_2O$	−	−1.67[2]
$(10)\,1/2CH_2O+H^+(W)+e\Longleftrightarrow 1/2CH_3OH$	+3.99	−3.01
$(11)\,1/6SO_4^{2-}+4/3H^+(W)+e\Longleftrightarrow 1/6S(s)+2/3H_2O$	+6.03	−3.30
$(12)\,1/8SO_4^{2-}+5/4H^+(W)+e\Longleftrightarrow 1/8H_2S(g)+1/2H_2O$	+5.75	−3.50
$(13)\,1/8SO_4^{2-}+9/8H^++e\Longleftrightarrow 1/8HS^-+1/2H_2O$	+4.13	−3.75
$(14)\,1/2S(s)+4H^+(W)+e\Longleftrightarrow 1/2H_2S(g)$	+2.89	−4.11
$(15)\,1/8CO_2+H^++e\Longleftrightarrow 1/8CH_4+1/4H_2O$	+2.87	−4.13
$(16)\,1/6N_2(g)+4/3H^+(W)+e\Longleftrightarrow 1/3NH_4^+$	+4.68	−4.65
$(17)\,H^+(W)+e\Longleftrightarrow 1/2H_2(g)$	0.0	−7.00
$(18)\,1/4CO_2(g)+H^+(W)+e\Longleftrightarrow 1/4CH_2O+1/4H_2O$	−1.20	−8.20

注：①(W)表示 $\alpha_H^+=1.00\times10^{-7}mol/L$，$p\varepsilon^0(W)$ 为 $\alpha_H^+=1.00\times10^{-7}mol/L$ 时的 $p\varepsilon^0$；

②与 $\alpha_{HCO_3^-}=1.00\times10^{-3}mol/L$ 相对应，而不等于 1mol/L，所以不是确切的 $p\varepsilon^0(W)$；与 $p\varepsilon$ 相比，它们更接近于典型水条件。

资料来源：S E Manahan. Environmental Chemistry, Fith Edition. Lewis Publishers Inc., 1991：78.

四、水中氧化反应对化合物存在形态的影响

天然水体中有不同的氧化还原区域，有些区域氧化作用起主导作用，如天然水的表层水；有些区域还原作用占主导地位，如底部富集有机质的水。处于水体不同氧化还原区域的物质将以不同的形态存在。为了研究在不同的区域物质存在的形态，在环境化学中常用 $p\varepsilon$-pH 图和 $\lg c$-$p\varepsilon$ 图来表示。

(一)体系的 $p\varepsilon$-pH 图

1. 简单体系的 $p\varepsilon$-pH 图

$p\varepsilon$-pH 图是指定体系中，体系的 $p\varepsilon$ 随 pH 值变化的情况，它可表明在水中物质各种形态的稳定区域和边界条件。在大多数天然水中都含有碳酸根、SO_4^{2-}、S^{2-}，各种金属元素的上述盐类在水体中的不同区域都占优势，为说明 $p\varepsilon$-pH 作图的基本原理和 $p\varepsilon$-pH 图的应用，我们以一个简化的例子加以说明。

水溶液中 Fe(Ⅲ)/Fe(Ⅱ)体系的 $p\varepsilon$-pH 图。

假定体系中溶解态的铁最大浓度 $T_{Fe}=1.0\times10^{-5}mol/L$，在溶液中可考虑下列平衡：

$$Fe^{3+}+e^-\rightleftharpoons Fe^{2+}\qquad p\varepsilon^0=13.2 \qquad\qquad (4.31)$$

$$Fe(OH)_2(s)+2H^+\rightleftharpoons Fe^{2+}+2H_2O \qquad\qquad (4.32)$$

$$K_1=\frac{[Fe^{2+}]}{[H^+]^2}=8.0\times10^{12} \qquad\qquad (4.33)$$

$$Fe(OH)_3(s)+3H^+\rightleftharpoons Fe^{3+}+3H_2O \qquad\qquad (4.34)$$

$$K_2=\frac{[Fe^{3+}]}{[H^+]^3}=9.1\times10^3 \qquad\qquad (4.35)$$

$$Fe(OH)_3(s)+3H^++e^-\rightleftharpoons Fe^{2+}+3H_2O \qquad\qquad (4.36)$$

注意，在天然水中 $Fe(OH)^{2+}$、$Fe(OH)_2^+$、$FeCO_3$ 这些形态都存在，为简化，在此不作考虑。在作体系的 $p\varepsilon$-pH 图时，通常都是考虑一些形态之间的边界条件。

（1）水的氧化和还原极限

对于氧化（高 $p\varepsilon$），水稳定态极限由式（4.29）决定，低 $p\varepsilon$ 极限由式（4.30）决定。由这两式可求得水的稳定区。

（2）Fe^{3+}/Fe^{2+} 的边界线（平衡线）

在高 $p\varepsilon$、低 pH 值的范围，Fe^{3+} 与 Fe^{2+} 可以达到平衡，$p\varepsilon$ 由式（4.31）决定，则有：

$$p\varepsilon=13.2+\lg\frac{[Fe^{3+}]}{[Fe^{2+}]} \qquad\qquad (4.37)$$

当 $[Fe^{3+}]=[Fe^{2+}]$ 时（由边界条件决定），所以

$$p\varepsilon=13.2 \qquad\qquad (4.38)$$

式（4.38）决定了在高 $p\varepsilon$ 与低 pH 区 Fe^{3+}/Fe^{2+} 的边界线，它与 pH 值无关，是一条过 13.2 与 pH 轴平行的直线。

（3）$Fe^{3+}/Fe(OH)_3$ 的边界线

边界平衡由式（4.34）决定：

$$Fe(OH)_3(s)+3H^+\rightleftharpoons Fe^{3+}+3H_2O$$

$$K_2=\frac{[Fe^{3+}]}{[H^+]^3}=9.1\times10^3$$

由此可知，当 $p\varepsilon$ 大于 13.2 时，$Fe(OH)_3$ 的析出与 $[Fe^{3+}]$ 和 pH 值有关。还未沉淀时 $[Fe^{3+}]=T_{Fe}=1.00\times10^{-5}mol/L$，沉淀析出的边界条件由式（4.35）决定，计算得 pH=2.99。此边界说明，$[Fe^{3+}]$ 只与 pH 值有关，应是一条过 pH=2.99 垂直于 pH 轴的直线，与 $p\varepsilon$=13.2 的直线相交。

（4）$Fe^{2+}/Fe(OH)_2$ 的边界线

用类似的方法可以确定此平衡的边界线，平衡边界条件由式（4.32）决定，此时，$[Fe^{2+}]=T_{Fe}=1.00\times10^{-5}mol/L$，代入式（4.33）计算得 pH=8.95。此边界线应为过 pH=8.95 的直线。

（5）$Fe^{2+}/Fe(OH)_3(s)$ 的边界线

对于所考虑的第（4）平衡

$$Fe(OH)_3(s)+3H^++e^- \rightleftharpoons Fe^{2+}+3H_2O$$

表明 Fe^{2+} 与 $Fe(OH)_3(s)$ 之间的平衡与 $p\varepsilon$ 和 pH 值有关，此平衡可看做是式(4.31)和式(4.34)两平衡之和，可以分别用此两平衡来决定这个平衡的边界线。

由式(4.35)可得 $\qquad [Fe^{3+}]=K_2[H^+]^3$

代入式(4.37)得

$$p\varepsilon = 13.2+\lg\frac{[Fe^{3+}]}{[Fe^{2+}]}=13.2+\lg\frac{K_2[H^+]^3}{[Fe^{2+}]}$$

当 $[Fe^{2+}]=1.00\times10^{-5}\mathrm{mol/L}$(边界条件)时：

$$p\varepsilon = 22.2-3\mathrm{pH} \tag{4.39}$$

式(4.39)决定了 $Fe^{2+}/Fe(OH)_3$ 的边界线。

(6) $Fe(OH)_3(s)/Fe(OH)_2(s)$ 的边界线

其边界线同时取决于 $p\varepsilon$ 与 pH 值，其平衡方程式可看做式(4.31)与式(4.34)加和与式(4.32)之差，即式(4.36)与式(4.32)之差。所以边界线也可由几个分平衡来计算：

$$[Fe^{2+}]=K_1[H^+]^2$$
$$[Fe^{3+}]=K_2[H^+]^3$$

代入式(4.37)，计算可得：

$$p\varepsilon = 4.3-\mathrm{pH} \tag{4.40}$$

水中铁体系的全部边界线等式可总结如下：

O_2/H_2O	$p\varepsilon = 20.75-\mathrm{pH}$
H_2/H_2O	$p\varepsilon = -\mathrm{pH}$
Fe^{3+}/Fe^{2+}	$p\varepsilon = 13.2$
$Fe^{3+}/Fe(OH)_3(s)$	$\mathrm{pH}=2.99$
$Fe^{2+}/Fe(OH)_2(s)$	$\mathrm{pH}=8.95$
$Fe^{2+}/Fe(OH)_3(s)$	$p\varepsilon = 22.2-3\mathrm{pH}$
$Fe(OH)_2(s)/Fe(OH)_3(s)$	$p\varepsilon = 4.3-\mathrm{pH}$

此体系的 $p\varepsilon$-pH 关系见图4.5。由图可知：①在相对低的 $[H^+]$ 和 $p\varepsilon$ 值的区域(即酸性还原介质)内，Fe^{2+} 是占优势的形态(因受 FeS、$FeCO_3$ 浓度的影响，在天然水体系中，Fe^{2+} 浓度较低)，在地下水中，Fe^{2+} 含量有一定水平。②在很高的 $[H^+]$ 和 $p\varepsilon$ 的区域内(酸性氧化介质)，Fe^{3+} 是占优势的形态。③在低酸性的氧化介质中，$Fe(OH)_3$ 是占优势的形态。④在碱性还原介质中(高 pH，低 $p\varepsilon$)，$Fe(OH)_2$ 是占优势的形态。⑤在一般天然水中，pH5~9 水合氧化铁 $Fe(OH)_3$ 或 Fe^{2+} 是占优势的形态。

2. 复杂体系的 $p\varepsilon$-pH 图

对于水溶液中复杂体系的 $p\varepsilon$-pH 作图，所要考虑的平衡要多得多，例如 $Fe-CO_2-H_2O$ 体系，这在天然水体中是一种常见体系，需考虑的平衡有13个，边界线等式有13个。表4.5给出了所需要的方程式，所得结果示于图4.6中。

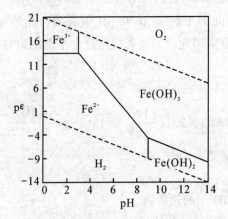

图 4.5　水中不同形态铁的 $p\varepsilon$-pH 简图

表 4.5　　　　　　　　　　绘制 **Fe-CO$_2$-H$_2$O 体系的 $p\varepsilon$-pH 图所需方程式**

反　　应	$p\varepsilon$ 函　数	
$Fe^{3+}+e^-=Fe^{2+}$	$p\varepsilon=13+\lg([Fe^{3+}]/[Fe^{2+}])$	(1)
$Fe^{2+}+2e^-=Fe(s)$	$p\varepsilon=-6.9+0.5\lg[Fe^{2+}]$	(2)
$Fe(OH)_3(am.,s)+3H^++e^-=Fe^{2+}+3H_2O$	$p\varepsilon=16-\lg[Fe^{2+}]-3pH$	(3)
$Fe(OH)_3(am.,s)+2H^++HCO_3^-+e^-=FeCO_3(s)+3H_2O$	$p\varepsilon=16-2pH+\lg[HCO_3^-]$	(4)
$FeCO_3(s)+H^++2e^-=Fe(s)+HCO_3^-$	$p\varepsilon=-7.0-0.5pH-0.5\lg[HCO_3^-]$	(5)
$Fe(OH)_2(s)+2H^++2e^-=Fe(s)+2H_2O$	$p\varepsilon=-1.1-pH$	(6)
$Fe(OH)_3(s)+H^++e^-=Fe(OH)_2(s)+H_2O$	$p\varepsilon=4.3-pH$	(7)
$FeOH^{2+}+H^++e^-=Fe^{2+}+H_2O$	$p\varepsilon=15.2-pH-\lg([Fe^{2+}]/[FeOH^{2+}])$	(8)
pH 函数		
$FeCO_3(s)+2H_2O=Fe(OH)_2(s)+H^++HCO_3^-$	$pH=11.9+\lg[HCO_3^-]$	(a)
$FeCO_3(s)+H^+=Fe^{2+}+HCO_3^-$	$pH=0.2-\lg[Fe^{2+}]-\lg[HCO_3^-]$	(b)
$FeOH^{2+}+2H_2O=Fe(OH)_3(s)+2H^+$	$pH=0.4-0.5\lg[FeOH^{2+}]$	(c)
$Fe^{3+}+H_2O=FeOH^{2+}+H^+$	$pH=2.2-\lg([Fe^{3+}]/[FeOH^{2+}])$	(d)
$Fe(OH)_3(s)+H_2O=Fe(OH)_4^-+H^+$	$pH=19.2+\lg[Fe(OH)_4^-]$	(e)

（二）体系的 lg$c$-$p\varepsilon$ 图

在环境化学中，还常用水中物质各种形态浓度对数对 $p\varepsilon$ 作图，称为 lg$c$-$p\varepsilon$ 图，一般情况下，pH 值是指定的。因此，lg$c$-$p\varepsilon$ 图可以表征水中形态浓度随体系 $p\varepsilon$ 值变化的情况。

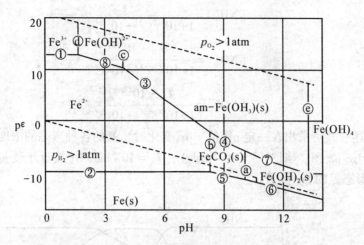

图 4.6　$Fe-CO_2-H_2O$ 体系的 $p\varepsilon$-pH 图（25℃）

lgc-$p\varepsilon$ 图可用天然水中 $p\varepsilon$ 对各种形态无机氮的浓度影响来说明。在天然水中无机氮有 NH_4^+、NO_2^-、NO_3^- 三种主要形态，它们有以下的氧化还原平衡：

$$\frac{1}{6}NO_2^-+\frac{4}{3}H^++e^-\rightleftharpoons\frac{1}{6}NH_4^++\frac{1}{3}H_2O \quad p\varepsilon_1^0=15.14 \tag{4.41}$$

$$\frac{1}{2}NO_3^-+H^++e^-\rightleftharpoons\frac{1}{2}NO_2^-+\frac{1}{2}H_2O \quad p\varepsilon_2^0=14.15 \tag{4.42}$$

$$\frac{1}{8}NO_3^-+\frac{5}{4}H^++e^-\rightleftharpoons\frac{1}{8}NH_4^++\frac{3}{8}H_2O \quad p\varepsilon_3^0=14.15 \tag{4.43}$$

对于式（4.41），$p\varepsilon$ 由下式决定：

$$p\varepsilon=p\varepsilon_1^0+lg\frac{[NO_2^-]^{1/6}}{[NH_4^+]^{1/6}}-\frac{4}{3}pH$$

根据此式可得

$$\frac{[NO_2^-]}{[NH_4^+]}=10^{6(p\varepsilon-p\varepsilon_1^0+4/3pH)} \tag{4.44}$$

同理对于式（4.42）可得

$$\frac{[NO_3^-]}{[NO_2^-]}=10^{2(p\varepsilon-p\varepsilon_2^0+pH)} \tag{4.45}$$

令

$$A=p\varepsilon_1^0-\frac{4}{3}pH \quad B=p\varepsilon_2^0-pH$$

$$\frac{[NO_3^-]}{[NO_2^-]}=10^{2(p\varepsilon-B)}$$

则有

$$\frac{[NO_2^-]}{[NH_4^+]}=10^{6(p\varepsilon-A)}$$

设体系的总氮浓度为 T_N，$T_N=[NO_3^-]+[NO_2^-]+[NH_4^+]$ （4.46）
由式（4.44）、式（4.45）、式（4.46）解联立方程可得

$$[NH_4^+] = \frac{T_N}{1 + 10^{6(p\varepsilon - A)} + 10^{(8p\varepsilon - 6A - 2B)}}$$

$$[NO_2^-] = \frac{T_N \cdot 10^{6(p\varepsilon - A)}}{1 + 10^{6(p\varepsilon - A)} + 10^{(8p\varepsilon - 6A - 2B)}}$$

$$[NO_3^-] = \frac{T_N \cdot 10^{(8p\varepsilon - 6A - 2B)}}{1 + 10^{6(p\varepsilon - A)} + 10^{(8p\varepsilon - 6A - 2B)}}$$

根据上述三式可求出在一定 pH 值、$p\varepsilon$ 变化时，氮的各种形态的浓度，再以 $\lg c$-$p\varepsilon$ 作图，则可得 $\lg c$-$p\varepsilon$ 图。当 $[H^+] = 10^{-7}\,mol/L$，$T_N = 10^{-4}\,mol/L$（接近于受氮污染的水），图 4.7 为各种形态氮的 $\lg c$-$p\varepsilon$ 图。

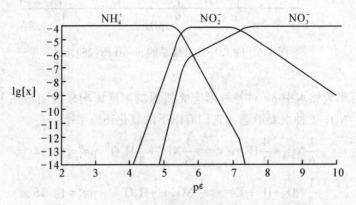

图 4.7　水中 NH_4^+、NO_3^-、NO_2^- 系统浓度对数-$p\varepsilon$ 曲线

pH = 7.00，总氮浓度 = $1.00 \times 10^{-4}\,mol/L$

第三节　环境介质中的水解平衡

许多化学物质能发生水解，如金属元素的离子和某些有机化合物。金属元素离子的水解过程可以金属离子与氢氧根离子的配位反应来讨论，将在第四节讨论。本节主要讨论有机化合物的水解平衡。

一、有机化合物的水解平衡及其动力学原理

许多有机物在水中能发生水解，其水解平衡为

$$RX + H_2O \rightleftharpoons ROH + HX$$

式中：RX 代表有机化合物，X 为有机化合物中的基团。

与环境保护有密切关系的能水解的有机化合物有以下几类：

（1）有机卤化物：烷基卤、烯丙基卤、苄基卤和多卤甲烷。

（2）环氧化物。

（3）酯：脂肪酸酯和芳香酸酯。

(4)酰胺。

(5)氨基甲酸酯。

(6)磷(膦)酸酯:膦酸酯、磷酸及硫代磷酸酯、卤代膦酸酯。

(7)酰化剂、烷化剂和农药。

在任一 pH 值的水溶液中,总有水分子、H^+ 和 OH^- 离子,所以有机化合物(RX)的水解速率是其中性水解(H_2O)、酸催化水解(H^+)和碱催化水解(OH^-)速率之和:

$$-\frac{\mathrm{d}(RX)}{\mathrm{d}t}=R_h=K_B[OH^-][RX]+K_A[H^+][RX]+K_N[H_2O][RX]$$

式中:K_B、K_A、K_N 分别为碱性、酸性、中性催化水解二级速率常数。

在恒定的 pH 值条件下,观察到化合物的水解反应为假一级反应,K_h 为假一级速率常数,K_h 可写成:

$$K_h=K_B[OH^-]+K_A[H^+]+K_N \tag{4.47}$$

$$K_h=\frac{K_B K_W}{[H^+]}+K_A[H^+]+K_N$$

所以化合物的水解半衰期 $t_{1/2}$ 可表示为 $\qquad t_{1/2}=\dfrac{0.693}{K_h}$

一般有机化合物水解过程可以表示如下:

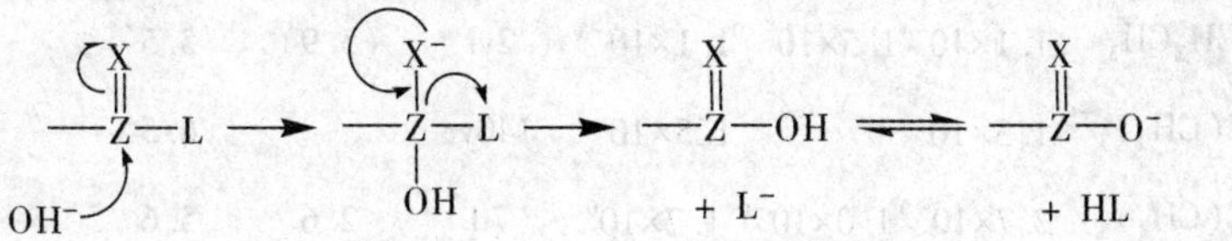

其中 Z 表示 C、P 或者 S 等中心原子;X 表示 O、S 或 NR(杂原子);L 表示 RO、R1R2N、RS、Cl 基团或者原子,这些基团或原子在水解反应最后会从中心原子上脱去,因此被称为离去基团。水分子的 OH^- 进攻有机物分子,引起中心原子 Z 与杂原子 X 之间的电荷偏移,OH^- 结合上中心原子 Z 后,偏移的电荷从杂原子向离去基团 L 偏移,使得 L 以负离子形式从中心原子 Z 上脱去,OH—成为中心原子上连接的 OH 基团,这个 OH 基团可能发生电离,变成负离子形式,同时可能形成离去基团结合质子的产物 HL。

下面举例说明几种典型有机物的水解反应。

(1)卤代烷烃

$$\underset{Br}{CH_3CH_2CH_2CHCH_3} +H_2O \longrightarrow \underset{OH}{CH_3CH_2CH_2CHCH_3} +Br^-+H^+$$

(2)羧酸酯类

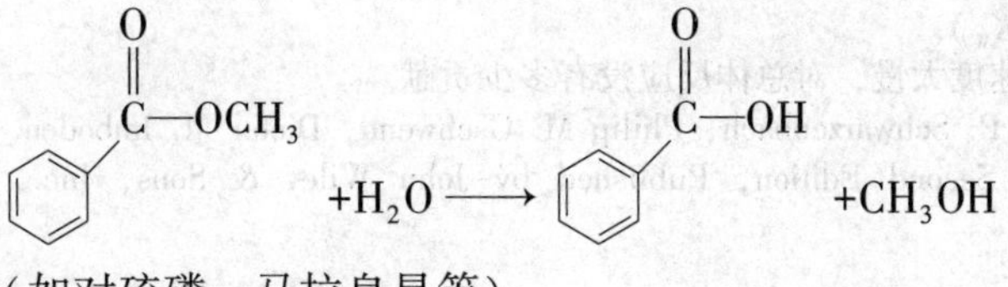

(3)有机磷酸酯(如对硫磷、马拉息昂等)

$$\underset{\text{OCH}_3}{\overset{\overset{\displaystyle \text{H}_3\text{C}\quad \text{O}\quad \text{OCH}_3}{\diagdown\; \| \;\diagup}}{\text{P}}} \quad +\text{H}_2\text{O} \longrightarrow \underset{\text{OCH}_3}{\overset{\overset{\displaystyle \text{H}_3\text{C}\quad \text{O}\quad \text{OH}}{\diagdown\; \| \;\diagup}}{\text{P}}} \quad +\text{CH}_3\text{OH}$$

（4）氨基甲酸酯（如苯基酰胺类除草剂拿草特）

$$\text{C}_6\text{H}_5\text{—NH—}\overset{\overset{\displaystyle \text{O}}{\|}}{\text{C}}\text{—OCH}_3 \quad +\text{H}_2\text{O} \longrightarrow \text{C}_6\text{H}_5\text{—NH}_2 \quad +\text{CO}_2+\text{CH}_3\text{OH}$$

以羧酸酯类物质水解反应为例，表 4.6 给出了不同结构羧酸酯水解反应的各速率常数 k_A，k_B，k_N，I_{AN}，I_{AB} 和 I_{NB}。

表 4.6　　　　　25℃[a] 下羧酸酯水解反应的各速率常数 k_A，k_B，k_N，I_{AN}，I_{AB} 和 I_{NB}，以及 pH 时水解的半衰期 $t_{1/2}$

$$R_2\text{—}\overset{\overset{\displaystyle \text{O}}{\|}}{\text{C}}\text{—O—}R_1$$

R_1	R_2	k_A ($\mathrm{M^{-1}\,s^{-1}}$)	k_N ($\mathrm{s^{-1}}$)	k_B ($\mathrm{M^{-1}\,s^{-1}}$)	$t_{1/2}$ (pH 7)	I_{AN} [b,c,e]	I_{AB} [c,e]	I_{NB} [d,e]
CH_3-	$-\text{CH}_2\text{CH}_3$	1.1×10^{-4}	1.5×10^{-10}	1.1×10^{-1}	2yr	(5.9)	5.5	(5.1)
CH_3-	$-\text{C(CH}_3)_3$	1.3×10^{-4}		1.5×10^{-3}	140yr		6.5	
$\text{H}-$	$-\text{C(CH}_3)_3$	2.7×10^{-3}	1.0×10^{-6}	1.7×10^{0}	7d	2.6	5.6	7.8
CH_3-	$-\text{CH}=\text{CH}_2$	1.4×10^{-4}	1.1×10^{-7}	1.0×10^{1}	7d	3.1	(4.6)	6.0
CH_3-	苯基	7.8×10^{-5}	6.6×10^{-8}	1.4×10^{0}	38d	3.1	(4.8)	6.7
CH_3-	O_2N-苯基-NO_2		1.1×10^{-5}	9.4×10^{1}	10h			7.1
$\text{CH}_2\text{Cl}-$	$-\text{CH}_3$	8.5×10^{-5}	2.1×10^{-7}	1.4×10^{2}	14h	2.6	(3.9)	5.2
CHCl_2-	$-\text{CH}_3$	2.3×10^{-4}	1.5×10^{-5}	2.8×10^{3}	40min	1.2	(3.5)	5.7
CHCl_2-	苯基		1.8×10^{-3}	1.3×10^{4}	4min			7.1

①数据来源于 Mabey 和 Mill(1978)，除了甲酸叔丁酯（$R_1=\text{H}$，$R_2=\text{C(CH}_3)_3$；Church et al.，1999）。
②$I_{AN}=\log(k_A/k_N)$。
③$I_{AB}=1/2 \log(k_A/k_B K_W)$。
④$I_{NB}=\log(k_N/k_B K_W)$。
⑤括号表示反应速度太慢，对总体反应没有多少贡献。
资料来源：Rene P. Schwarzenbach，Philip M. Gschwend，Dieter M. Imboden. ENVIRONMENTAL ORGANIC CHEMISTRY, Second Edition, Published by John Wiley & Sons, Inc., Hoboken, New Jersey, 2003：520.

二、影响水解速率的因素

1. pH 值对水解速率的影响

由式(4.47)可知，水溶液的 pH 值对总反应速率是有影响的。在高 pH 值下，第一项占优势；在低 pH 值下，第二项占优势；在中性条件(pH = 7)，第三项占优势。如果其他条件不变，由溶液 pH 值变化引起化合物水解速率的变化可由 $\lg K_h$-pH 图表示(图 4.8)。

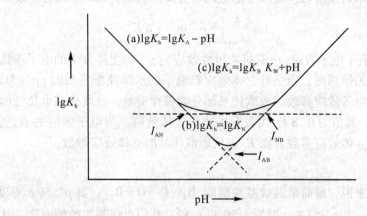

图 4.8　水解速率常数与 pH 值的关系

由图 4.8 可知，有机化合物水解速率常数的对数与 pH 值的关系由三条曲线构成，相应曲线的切线方程为

$$\lg K_h = \lg(K_B K_W) + pH$$

$$\lg K_h = \lg K_A - pH$$

$$\lg K_h = \lg K_N$$

当有机化合物在水溶液中存在三种水解时，则为图 4.8 中的上部曲线，此时三条直线有两个交点 I_{AN} 和 I_{NB}。当 pH 值小于 I_{AB} 对应的 pH 值时，酸性水解为主；当 pH>I_{NB} 对应的 pH 值时，碱性水解为主；在 I_{AN} 与 I_{NB} 之间的 pH 值范围内，以中性水解为主。图中直线的交点 I 的相应 pH 值可由下式求出：

$$I_{AN} = -\lg\left(\frac{K_N}{K_A}\right)$$

$$I_{NB} = -\lg\left(\frac{K_B K_W}{K_N}\right)$$

$$I_{AB} = -\frac{\lg\left(\dfrac{K_B K_W}{K_A}\right)}{2}$$

2. 其他影响因素

其他影响因素有温度、离子强度和某些金属离子的催化作用等。

三、水解速率常数的估算

1. Taft 方程

Taft 方程是由 Taft 及其同事提出的（Taft，1956；Pavelich 和 Taft，1957 等）。它也是基于线性自由能相关（LFERs）的方法。它利用给定的一系列结构相关化合物的反应动力学数据与表征反应物结构组分的电子和立体效应的参数进行相关性分析。一般来说，处理羧酸和碳酸衍生物水解反应时，必须考虑这两种类型的效应。Taft 方程的形式如下：

$$\log\left(\frac{k}{k_{\mathrm{ref}}}\right) = \rho^* \, \sigma^* + \delta E_s$$

式中：$\rho^* \sigma^*$ 代表了电子效应（或有机物极性效应）；ρ^* 为主体分子的电子参数，表示分子主体对极性效应的敏感性，当估算立体效应影响下的水解速率常数时，ρ^* 为定值；σ^* 代表取代基部分的电子效应参数，或取代基部分的极性贡献，是取代基电负性的量度，对于甲基—CH_3 而言，其值为 0。δE_s 代表有机物的立体效应，与电子效应的表达方式类似，δ 代表分子主体的立体效应参数，而 E_s 则代表取代基的立体效应参数。

对于羧酸酯来说，最简单的烷基羧酸酯 $R_1\!\!-\!\!\overset{\displaystyle O}{\overset{\|}{C}}\!\!-\!\!O\!\!-\!\!R_2$，其 ρ^* 与 δ 均设为 1。而对于邻苯二甲酸酯，其 ρ^* 与 δ 分别为 4.59 和 1.52。其相对烷基羧酸酯而言，具有更强的电子性和立体效应。如果 pH8 的水中邻苯二甲酸二甲酯的水解半衰期是 120 天，已知 σ^*（CH_2Cl）为 1.05，E_s（CH_2Cl）为 -0.24。那么当其中一个酯基上 R_2 由甲基 CH_3 变为氯代亚甲基 CH_2Cl 时候，对应的邻苯二甲酸酯的水解半衰期是多少？

根据前述，得到邻苯二甲酸酯类的 Taft 方程如下：

$$\log\left(\frac{k}{k_{\mathrm{ref}}}\right) = 4.59\,\sigma^* + 1.52\,E_s \tag{4.48}$$

pH 为 8 时，水中 $[OH^-] = 10^{-6}M$，参考物的 k_{Bref} 可以通过一级动力学方程转化得到，约为 $10^{-1.16}\,M^{-1}s^{-1}$。代入式 4.48，计算可得：k_{Bref}

$$\log\left(\frac{k}{10^{-1.16}}\right) = 4.59 \times 1.05 + 1.52 \times (-0.24) \tag{4.49}$$

则：$k_B = 10^{3.29}\,s^{-1}$；

所以：

$$k_h = k_B \times [OH^-] = 10^{3.29} \times 10^{-6} = 1.9 \times 10^{-3}\,s^{-1}$$

$$t_{1/2} = \frac{0.693}{k_h} = \frac{0.693}{1.9 \times 10^{-3}} = 365s = 6.1\mathrm{min}$$

这个算例说明了电子效应参数对邻苯二甲酸酯水解速率常数与半衰期的显著影响。

2. Hammett 相关

由于 Taft 方程中立体效应的定量比电子效应的定量要困难得多。因此，在讨论限定在电子效应占主导作用的情况时，可以采用 Hammett 相关方程。其基本方程形式如下：

$$\log k_B = \rho \times \sum_j \sigma_j + c$$

式中：ρ 是磁化因子；c 是一个常数。为相应无取代化合物的 $\lg k_B$（如苯基-N-苯基氨基甲酸酯）。下面举例说明用 hammett 相关估算的碱性催化水解常数。有机物 3，4，5-三氯苯基-N-苯基氨基甲酸酯的碱催化水解反应如下：

已知其他取代苯基-N-苯基氨基甲酸酯的 Hammett 常数 σ_j 和 k_B 值（表 4.7）。

表 4.7　　　　　　取代苯基-N-苯基氨基甲酸酯的 Hammett 常数 σ_j 和 k_B 值

	取代基	σ_j(Hammett 常数)	k_B/(L·mol^{-1}·s^{-1})
	4-OCH$_3$	-0.24	2.5×10^1
	4-CH$_3$	-0.16	3.0×10^1
	4-Cl	0.22	4.2×10^2
	3-Cl	0.37	1.8×10^3
	3-NO$_2$	0.73	1.3×10^4
	4-NO$_2$	1.25	2.7×10^5

如图 4.9 所示，由表 4.7 中数据进行线性回归得：

$$\lg k_B = 2.78\sum\sigma_j + 2.04 (R = 0.998)$$

对于 3，4，5-三氯苯基-N-苯基氨基甲酸酯：

$$\sum\sigma_j = 2\times0.37 + 0.22 = 0.96$$

代入式 $\lg k_B = 2.78\sum\sigma_j + 2.04$ 得：

$$\lg k_B = 2.78\times0.96 + 2.04 = 4.71$$

或

$$k_B = 5.2\times10^4 \text{ L·mol}^{-1}\cdot\text{s}^{-1}$$

3. Brønsted 相关

Hammett 方程原则上可应用于平衡常数和速率常数。在某些情况下，当二者都能反映特定结构部分对分子主体的影响时，可以将速率常数和平衡常数建立关联。速率-平衡相关的一般形式可以写成反应的活化自由能和平衡自由能的相应变化。

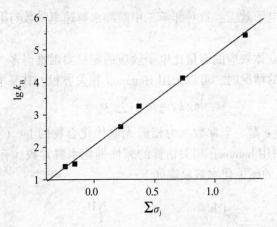

图 4.9　$\lg k_B \sim \Sigma \sigma_j$ 的回归直线

$$\Delta\Delta^{\neq} G^0 = \beta\Delta\Delta_r G^0 \qquad (4.50)$$

其中第一个 Δ 指一系列结构相似化合物的 $\Delta^{\neq} G^0$ 和 $\Delta_r G^0$ 值之间各自不同的增量，应用速率和平衡常数可以改写式(4.51)为：

$$\log\frac{k}{k_{ref}} = \beta \times \log\frac{K}{K_{ref}} \qquad (4.51)$$

其中下标 ref 表示某个参考化合物(如无取代基团的化合物)。对于一系列结构相似，但是离去基团不同的有机物而言，这里的 ref 是一致的，而影响到有机物水解速率的平衡常数常常用到离去基团对应的酸的酸性离解常数(K_a)。因此这一系列化合物水解反应的速率常数与 K_a 相关，这种相关通常称作 Brønsted 相关，式(4.51)可以改写成式(4.52)：

$$\log k = -\beta \times pK_a + C \qquad (4.52)$$

式中：C 是该化合物相应的 pK_a 值为 0 时速率常数的对数。

Brønsted 相关的一个例子就是 N-苯基氨基甲酸酯(图 4.10)的碱催化水解，很显然，这些化合物以羟基部分的解离为速率决定步骤进行水解，其碱催化水解速率常数的读数与离去基团(苯酚和脂肪醇)的 pK_a 具有良好线性相关性。

一个简单的算例，可以进一步说明 Brønsted 相关的应用。由图 4.10 可知：取代苯基-N-苯基氨基甲酸酯碱性催化水解水解常数 $k_B/(\text{L} \cdot \text{mol}^{-1} \cdot \text{s}^{-1})$ 与醇(或酚)羟基部分的 pK_a 之间的线性关系：

$$\log k_B = -1.15pKa + 13.6$$

如果取代苯基分别为

OH　　　　　　　　OH　　　　　　　　OH

　　　　　　　　　　NH₂　　　　　　　　NO₂

$pK_a = 10.00$　　　　$pK_a = 10.46$　　　　$pK_a = 7.15$

$\log k_B = 2.10$　　　　$\log k_B = 1.57$　　　　$\log k_B = 5.38$

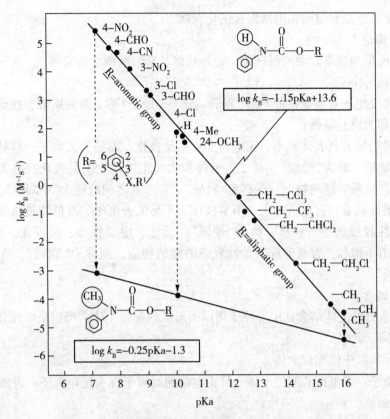

图 4.10 N-苯基氨基甲酸酯碱催化水解 Brønsted 相关

资料来源：Rene P. Schwarzenbach, Philip M. Gschwend, Dieter M. Imboden. ENVIRONMENTAL OR-GANIC CHEMISTRY, Second Edition, Published by John Wiley & Sons, Inc., Hoboken, New Jersey. 2003：536.

则分别把各自的 pK_a 值代入方程得到对应化合物的 $\log k_B$。

第四节　环境介质中的配位平衡

环境介质中的配位平衡是一个重要的过程，配位平衡对环境介质的主要影响涉及以下几个方面：重金属元素在水环境的迁移行为；影响重金属元素的生物效应，在动物和植物对营养元素的利用中起控制作用；影响重金属元素的光化学行为；可以为水污染治理提供理论依据。

一、配位平衡的基本概念

(一)配合物(配位化合物)

1. 定义

配位化合物(简称配合物)是可以给出孤对电子或多个不定域电子的一定数目的离子或分子(称为配体)和具有接受孤对电子或多个不定域电子的空位的原子或离子(统称中心

原子)按一定的组成和空间构型所形成的化合物。

2. 配位理论

常用的配位理论是软硬酸碱理论,它是对路易斯酸碱概念的发展。

软硬酸碱的定义:

(1)能接受电子对而成键的物质(离子、分子、原子)称为路易斯酸,能给予电子对而成键的物质称为路易斯碱。

(2)路易斯酸若具有体积小、正电荷多、不易极化、不易失去电子、容易形成离子性较强的键的物质,称为"硬酸"。反之,若体积大、正电荷少、易极化、易失去电子、容易形成共价向较强的键的物质,这称为"软酸"。在二者之间的称为"中间酸"。

(3)路易斯碱若具有电负性大、不易极化、不易失去电子、且低能量轨道已饱和、容易形成离子性较强的键的物质,称为"硬碱"。反之,电负性小、易极化、易失去电子、其低能量轨道不饱和、容易形成共价性较强的键的物质,则称为"软碱"。在二者之间的称为"中间碱"。

3. 常用概念

由一定数目的配体结合在中心原子周围所形成的配位个体,可以是中性分子,也可以是带电荷的离子。

(1)配合物:中性配位个体。

(2)配离子:带电荷的配位个体。带正电荷的配离子称为配阳离子;带负电荷的配离子称为配阴离子。

(3)配位原子:与中心原子直接相连的原子。

(4)单齿配体:只含有一个配位原子的配体。

(5)多齿配体:含有两个以上配位原子的配体。

(6)螯合配体:一个多齿配体通过两个或两个以上的配位原子与一个中心原子连接的称为螯合配体或螯合剂。

(二)配合物的稳定性

配合物在溶液中的稳定性是指配合物在溶液中离解成中心离子(原子)和配体,当离解达到平衡时离解程度的大小。这是配合物特有的重要性质。

水中金属元素离子,可以与电子供给体结合形成一个配位化合物(或离子)。例如,Cd^{2+} 和一个配位体 CN^- 结合形成配离子:

$$Cd^{2+} + CN^- \rightleftharpoons CdCN^+$$

$CdCN^+$ 离子还可以继续与 CN^- 结合逐渐形成稳定性变弱的配合物($Cd(CN)_2$、$Cd(CN)_3^-$ 和 $Cd(CN)_4^{2-}$)在这个例子中,CN^- 是一个单齿配体,它仅有一个位置与 Cd^{2+} 成键,所形成的单齿配合物对于天然水重要性并不大,更重要的是多齿配体。具有不止一个配位原子的配体,如甘氨酸、乙二胺是二齿配体,二乙基三胺是三齿配体,乙二胺四乙酸根是六齿配体,它们与中心原子形成环状配合物称为螯合物。例如,氮基三乙酸与二价离子所形成的四面体螯合物,其结构如下:

显然，螯合物比单齿配体所形成的配合物稳定性要大得多。

稳定常数是衡量配合物稳定性大小的尺度，例如 $ZnNH_3^{2+}$ 可由下面的反应生成：

$$Zn^{2+}+NH_3 \rightleftharpoons ZnNH_3^{2+}$$

生成常数 K_1 为

$$K_1 = \frac{[ZnNH_3^{2+}]}{[Zn^{2+}][NH_3]}$$

在上述反应中为了简便起见，把结合水分子省略了。然后 $ZnNH_3^{2+}$ 继续与 NH_3 反应，生成 $Zn(NH_3)_2^{2+}$：

$$ZnNH_3^{2+}+NH_3 \rightleftharpoons Zn(NH_3)_2^{2+}$$

生成常数 K_2 为

$$K_2 = \frac{[Zn(NH_3)_2^{2+}]}{[ZnNH_3^+][NH_3]}$$

式中：K_1、K_2 称为逐级生成常数(或逐级稳定常数)，表示 NH_3 加至中心 Zn^{2+} 上是一个逐步的过程。积累稳定常数是指几个配位体加到中心金属离子过程的加和。例如，$Zn(NH_3)_2^{2+}$ 的生成可用下面的反应式表示：

$$Zn^{2+}+2NH_3 \rightleftharpoons Zn(NH_3)_2^{2+}$$

用 β 表示积累稳定常数(或积累生成常数)：

$$\beta_2 = \frac{[Zn(NH_3)_2^{2+}]}{[Zn^{2+}][NH_3]^2} = K_1K_2 = 8.2 \times 10^4$$

同样，对于 $Zn(NH_3)_3^{2+}$ 配离子的生成，其积累生成常数 $\beta_3 = K_1K_2K_3$。$Zn(NH_3)_4^{2+}$ 配离子的 $\beta_4 = K_1K_2K_3K_4$。

二、羟基对重金属离子的配合作用

在水环境化学的研究中，人们特别重视羟基配合作用，这是由于大多数重金属离子均能水解，其水解过程实际上就是羟基配合的过程，它是影响一些重金属盐溶解度的主要因素，并且对某些金属离子的光化学活性有影响。现以二价金属离子 Me^{2+} 为例进行讨论。

$$Me^{2+}+OH^- \rightleftharpoons MeOH^+ \qquad K_1 = \frac{[MeOH^+]}{[Me^{2+}][OH^-]}$$

$$MeOH^++OH^- \rightleftharpoons Me(OH)_2^0 \qquad K_2 = \frac{[Me(OH)_2^0]}{[MeOH^+][OH^-]}$$

$$Me(OH)_2^0+OH^- \rightleftharpoons Me(OH)_3^- \qquad K_3 = \frac{[Me(OH)_3^-]}{[Me(OH)_2^0][OH^-]}$$

$$Me(OH)_3^-+OH^- \rightleftharpoons Me(OH)_4^{2-} \qquad K_4 = \frac{[Me(OH)_4^{2-}]}{[Me(OH)_3^-][OH^-]}$$

这里 K_1、K_2、K_3 和 K_4 为羟基配合物的逐级生成常数。在实际计算中，常用累积生成常数 β_1、β_2、β_3 等表示。

$$Me^{2+}+OH^- \rightleftharpoons Me(OH)^+ \qquad \beta_1=K_1$$
$$Me^{2+}+2OH^- \rightleftharpoons Me(OH)_2^0 \qquad \beta_2=K_1 \cdot K_2$$
$$Me^{2+}+3OH^- \rightleftharpoons Me(OH)_3^- \qquad \beta_3=K_1 \cdot K_2 \cdot K_3$$
$$Me^{2+}+4OH^- \rightleftharpoons Me(OH)_4^{2-} \qquad \beta_4=K_1 \cdot K_2 \cdot K_3 \cdot K_4$$

如果以 $[Me]_总$ 代表溶液中金属的总浓度，应有

$$[Me]_总=[Me^{2+}]+[Me(OH)^+]+[Me(OH)_2^0]+[Me(OH)_3^-]+[Me(OH)_4^{2-}]$$

由以上五式可得

$$[Me]_总=[Me^{2+}]\{1+\beta_1[OH^-]+\beta_2[OH^-]^2+\beta_3[OH^-]^3+\beta_4[OH^-]^4\}$$

设 $\alpha=\{1+\beta_1[OH^-]+\beta_2[OH^-]^2+\beta_3[OH^-]^3+\beta_4[OH^-]^4\}$。

如果金属元素离子与 n 个羟基形成配合物，各种羟基配合物占金属总量的百分数以 φ 表示，则得

$$\varphi_0=\frac{[Me^{2+}]}{[Me]_总}=\frac{1}{\alpha}$$

$$\varphi_1=\frac{[Me(OH)^+]}{[Me]_总}=\frac{\beta_1[Me^{2+}][OH^-]}{[Me^{2+}]\alpha}=\varphi_0 \cdot \beta_1 \cdot [OH^-]$$

$$\varphi_2=\frac{[Me(OH)_2^0]}{[Me]_总}=\varphi_0 \cdot \beta_2 \cdot [OH^-]^2$$

$$\cdots\cdots$$

$$\varphi_n=\frac{[Me(OH)_n^{(n-2)-}]}{[Me]_总}=\varphi_0 \cdot \beta_n \cdot [OH^-]^n$$

上式表明，φ 与逐级生成常数及 pH 值有关。在一定温度下，β_1，β_2，$\cdots$，β_n 等为定值，φ 仅是 pH 值的函数。

三、NTA 的配合作用

氨基三醋酸 $[N(CH_2CO_2H)_3]$ 的三钠盐 NTA 可作为洗涤剂组分代替磷酸盐，对金属离子有很强的配合能力。

（一）溶液中 NTA 的形态

在探讨 NTA 对金属的配合作用时，首先必须了解 NTA 在溶液中的存在形态。氨基三醋酸 H_3T 分三步失去 H^+ 而生成 T^{3-} 阴离子，T^{3-} 的结构为

H_3T 逐步电离由以下几个平衡决定:

$$H_3T \rightleftharpoons H^+ + H_2T^-$$

$$K_{a1} = \frac{[H^+][H_2T^-]}{[H_3T]} = 2.18 \times 10^{-2} \qquad pK_{a1} = 1.66$$

$$H_2T^- \rightleftharpoons H^+ + HT^{2-}$$

$$K_{a2} = \frac{[H^+][HT^{2-}]}{[H_2T^-]} = 1.12 \times 10^{-3} \qquad pK_{a2} = 2.95$$

$$HT^{2-} \rightleftharpoons H^+ + T^{3-}$$

$$K_{a3} = \frac{[H^+][T^{3-}]}{[HT^{2-}]} = 5.25 \times 10^{-11} \qquad pK_{a3} = 10.28$$

从这些平衡式中可以看出,未配合的 NTA 可以四种形态(H_3T、H_2T^-、HT^{2-} 和 T^{3-})中的任何一种存在于溶液中,这些形态的分数与 pH 值有关。

根据上述平衡常数,可以导出 NTA 不同形态所占的分数(α_x)为

$$\alpha_{T^{3-}} = \frac{K_{a1}K_{a2}K_{a3}}{[H^+]^3 + K_{a1}[H^+]^2 + K_{a1}K_{a2}[H^+] + K_{a1}K_{a2}K_{a3}}$$

$$\alpha_{HT^{2-}} = \frac{K_{a1}K_{a2}[H^+]}{[H^+]^3 + K_{a1}[H^+]^2 + K_{a1}K_{a2}[H^+] + K_{a1}K_{a2}K_{a3}}$$

$$\alpha_{H_2T^-} = \frac{K_{a1}[H^+]^2}{[H^+]^3 + K_{a1}[H^+]^2 + K_{a1}K_{a2}[H^+] + K_{a1}K_{a2}K_{a3}}$$

$$\alpha_{H_3T} = \frac{[H^+]^3}{[H^+]^3 + K_{a1}[H^+]^2 + K_{a1}K_{a2}[H^+] + K_{a1}K_{a2}K_{a3}}$$

根据上述四式可作出四种形态分数分布与 pH 值的关系图(图 4.11)。

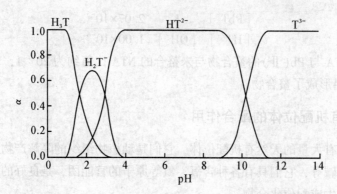

图 4.11 水中 NTA 形态分数 α_x 与 pH 值的关系图

资料来源:S E Manahan. Environmental Chemistry, Fifth Edition. Lewis Publishers, Inc., 1991:54.

（二）NTA 与金属氢氧化物的作用

由于 NTA 具有强的螯合能力，当其进入水体后，能使有毒重金属从沉积物上溶解，而造成二次污染。重金属溶解的程度与许多因素有关，包括金属螯合物的稳定度、螯合剂在水中的浓度、pH 值以及不溶金属沉积物的性质。以 pH = 8.00 时，NTA 对固体 Pb(OH)$_2$(s)的溶解作用作为这一类计算的例子。

从图 4.10 可知，pH = 8.00 时，NTA 主要以 HT^{2-} 存在，因此溶解反应为

$$Pb(OH)_2(s) + HT^{2-} \Longleftrightarrow PbT^- + OH^- + H_2O \tag{4.53}$$

这可由下面反应的加和而获得

$$Pb(OH)_2(s) \Longleftrightarrow Pb^{2+} + 2OH^-$$

$$K_{sp} = [Pb^{2+}][OH^-]^2 = 1.61 \times 10^{-20}$$

$$HT^{2-} \Longleftrightarrow H^+ + T^{3-}$$

$$K_{a3} = \frac{[H^+][T^{3-}]}{[HT^{2-}]} = 5.25 \times 10^{-11}$$

$$Pb^{2+} + T^{3-} \Longleftrightarrow PbT^-$$

$$K_f = \frac{[PbT^-]}{[Pb^{2+}][T^{3-}]} = 2.45 \times 10^{11}$$

$$H^+ + OH^- \Longleftrightarrow H_2O$$

式(4.53)的平衡常数 K 为

$$K = \frac{[PbT^-][OH^-]}{[HT^{2-}]} = \frac{K_{sp}K_{a3}K_f}{K_W} = 2.07 \times 10^{-5} \, mol/L$$

假定一个体系在 pH = 8.00 时 NTA 与 Pb(OH)$_2$(s)平衡，则 NTA 可以是未配合的 HT^{2-}，也可以是 Pb^{2+} 的配合物 PbT$^-$，优势形态可从 K 的表达式计算出 $[PbT^-]/[HT^{2-}]$ 的比值来决定。

$$\frac{[PbT^-]}{[HT^{2-}]} = \frac{K}{[OH^-]} = \frac{2.07 \times 10^{-5}}{1.00 \times 10^{-6}}$$

从上式可知，NTA 与 Pb(II)的螯合物与未螯合的 NTA 比值约为 20∶1，表明溶液中大多数的 NTA 都与铅形成了螯合物。

四、天然有机配位体的配合作用

天然水中含有大量的天然有机配位体，它们是动植物组织的降解产物，如腐殖质、氨基酸、糖、生物碱等，它们具有各种含氧、氮等原子的官能团，是良好的配体，能够与水中金属元素离子生成配位化合物。

（一）天然的有机配体

天然水中的天然配体列在表 4.8 中。

表 4.8 天然配位体分子的配位基团

配　位　基　团	物　　种	存　　在
(结构式)	类黄酮, 木质素, 醌类, 糖类, 富里酸、腐殖酸	植物, 真菌, 海洋动物
(结构式)	类黄酮, 花色素苷, 糖类, 富里酸、腐殖酸	植物, 花, 果实, 渣滓, 植物霉菌
(结构式)	富里酸、腐殖酸	
(结构式)	富里酸、腐殖酸	
(结构式)	富里酸、腐殖酸	
(结构式)	羧酸酯	
$RCH—O$, RCH_2OH, C_6H_5OH	萜类	植物, 树
(结构式)	氨基酸(若 R=OH), 生物碱, 几乎所有氨基酸均是 α 配位, 但 β-氨基丙酸存在	植物, 动物
(结构式)	生物碱(如胡椒碱, 辣椒碱)	
(结构式)	含稠杂环的卟啉	植物, 动物
(结构式)	巯基氨基酸	
$CH_2SCH_2CH_2C(NH_2)HCOOH$	甲硫氨酸	
$[-SCH_2C(NH_2)HCOOH]_2$	胱氨酸	

资料来源: C Peter. Organometallic Compounds in the Environment. Longman Group Limited, 1986.

（二）腐殖质与金属元素离子的配位反应

天然水中对水质影响最大的有机物是腐殖质，它是生物体残体物质在土壤、水和沉积物中转化而成，其含量在天然水中约百万分之几至几十，底泥中则有千分之几到百分之几。腐殖质是有机高分子物质，相对分子质量在 300Da 到 30 000Da 以上。

腐殖质在结构上的显著特点是除含有大量苯环外，还含有大量羧基、醇基和酚基。最近的研究表明，在腐殖质中含有 O、N、S 原子的基团具有能提供孤对电子的能力，因此能够与金属元素离子形成配合物、螯合物。

1. 配位反应

许多研究表明：重金属元素在天然水体中主要以腐殖质的配合物存在。Matson 等指出 Cd、Pb 和 Cu 在美洲的大湖（Great Lake）水中不存在游离离子，而是以腐殖酸配合物形式存在。Mantoura 等认为，90%以上的 Hg 和大部分的 Cu 和腐殖酸形成配合物，而其他金属元素只有小于 11%与腐殖酸配合。

腐殖质可以用一些简单化合物模型来模拟。例如：

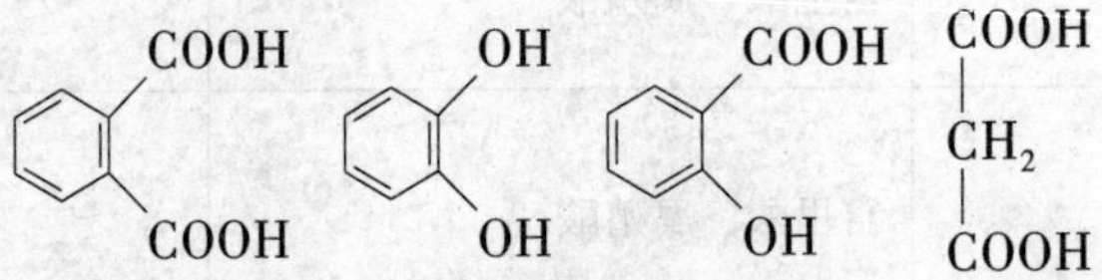

腐殖质与金属离子生成配合物是它们最重要的环境性质之一，金属离子能在羧基及羟基间螯合成键。Gamble 等人认为腐殖酸和富里酸与二价金属元素离子之间的反应基本上按下面两种机理进行：

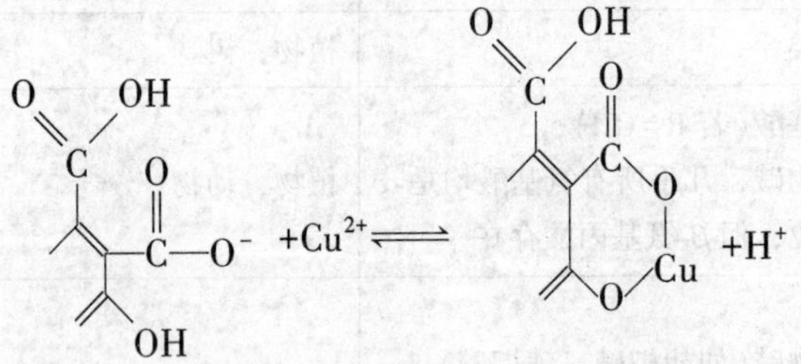

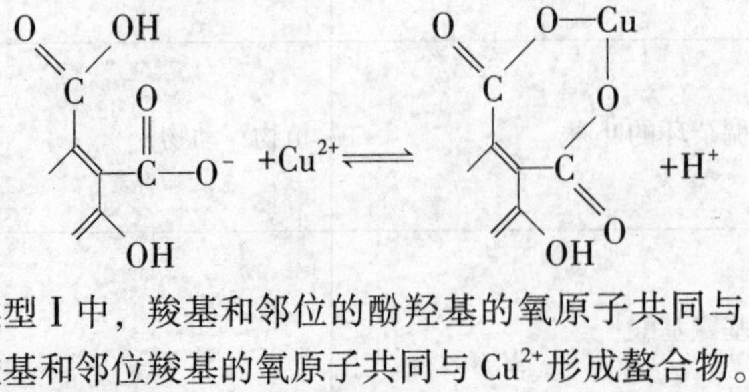

在类型 Ⅰ 中，羧基和邻位的酚羟基的氧原子共同与 Cu^{2+} 作用形成螯合物，而在类型 Ⅱ 中，羧基和邻位羧基的氧原子共同与 Cu^{2+} 形成螯合物。

2. 配合物的稳定性

重金属元素与水体中腐殖酸所形成的配合物的稳定性，由于水体腐殖酸来源和组分不同而有差别。Schnitzer 等人对富里酸与过渡金属元素离子形成配合物的稳定性进行了研究，在低 pH 值时，它们的稳定性次序为

$$Fe^{3+}>Al^{3+}>Cu^{2+}>Ni^{2+}Co^{2+}>Pb^{2+}=Ca^{2+}>Zn^{2+}\gg Mn^{2+}>Mg^{2+}$$

稳定常数见表4.9。

表4.9　　　　　　　　　　**金属元素离子-富里酸配合物的稳定常数**

离子	lg$K$				离子	lg$K$			
	pH = 3.0		pH = 5.0			pH = 3.0		pH = 5.0	
	CV	IE	CV	IE		CV	IE	CV	IE
Cu^{2+}	3.3	3.3	4.0	4.0	Zn^{2+}	2.4	2.2	3.7	3.6
Ni^{2+}	3.0	3.2	4.2	4.2	Mn^{2+}	2.1	2.2	3.7	3.7
Co^{2+}	2.9	2.8	4.2	4.2	Mg^{2+}	1.9	1.9	2.2	2.1
Pb^{2+}	2.6	2.7	4.1	4.0	Fe^{3+}	6.1*	—	—	—
Ca^{2+}	2.6	2.7	3.4	3.3	Al^{3+}	3.7#	3.7*	—	—

注：离子强度(μ)为0.1；CV表示连续变化法；IE表示离子交换平衡法；

　　*表示pH=7的测定值；#表示pH=2.35的测定值。

资料来源：M. 斯尼茨尔，等编著. 环境中的腐殖物质. 吴奇虎，等译. 北京：化学工业出版社，1979：168.

3. 配合物的组成

当离子强度(μ)为0.1，pH=3和5时，富里酸与Cu^{2+}、Ni^{2+}、Pb^{2+}、Mn^{2+}、Zn^{2+}、Ca^{2+}、Mg^{2+}、Fe^{3+}、Co^{2+}等大多数金属元素离子形成1∶1(mol)的配合物。

第五节　环境介质中的离子交换平衡

在一定条件下，天然水体中胶体所吸附的离子可以被水中的离子所取代，土壤中土壤胶体粒子所吸附的离子可以被土壤溶液中的离子置换。环境介质中的离子交换过程与性质对离子的环境化学行为与生物有效性有较大的影响。目前，研究较多的是土壤的离子交换。

一、土壤的离子交换

1. 离子交换(ion exchange)

土壤胶体粒子具有吸附某些阳离子或阴离子的性质。在一定条件下，这些被吸附的阳离子或阴离子可以被土壤溶液中另外的阳离子或阴离子置换出来，这种现象称为土壤的离子交换。土壤中含量较多的阳离子有Ca^{2+}、Mg^{2+}、H^{+}、K^{+}、NH_4^{+}、Na^{+}，它们也是最易发生交换的粒子，含量较多的阴离子有SO_4^{2-}、Cl^{-}、PO_4^{3-}、NO_3^{-}。离子交换不同于简单的吸附，但是几乎每一个离子交换过程都伴随吸附和解吸。

土壤的离子交换能力通常用离子交换容量(ion exchange capacity，IEC)表示，单位为毫摩尔/千克(m mol/kg)。

2. 土壤离子交换的重要性

土壤的离子交换反应与性质的重要性表现在以下几个方面：土壤的离子交换作用改变了某些阳离子的有效性，使植物对这些元素的有效利用受到影响。例如，加在肥料中的草碱碳酸钾，它是被保留在土壤中还是可被植物有效利用，取决于土壤的离子交换性质。Brown 的研究表明，钙、镁、钾对某些植物的有效性随土壤中黏土矿性质而变化。Na^+ 可以被其他阳离子置换，通常是 Ca^{2+}，这种交换一般可使土壤适合农业耕种。另外，土壤的离子交换作用可以改变离子在土壤中的迁移能力。

二、土壤的阳离子交换

土壤矿物粒子表面通常带负电荷，它吸附阳离子。土壤矿物粒子所吸附的阳离子被土壤溶液中其他阳离子置换的过程，称为土壤的阳离子交换，可以表示如下：

$$\boxed{土壤胶体} \cdot A^+ + B^+ \rightleftharpoons \boxed{土壤胶体} \cdot B^+ + A^+$$

土壤中所发生的离子交换过程主要为阳离子交换。在黏土矿粒子中，最常见可交换的无机阳离子为 Ca^{2+}、Mg^{2+}、H^+、K^+、NH_4^+、Na^+，一些有机阳离子也可发生交换。

(一)无机阳离子交换

1. 阳离子交换产生的原因

土壤之所以具有阳离子交换能力，与土壤中的黏土矿粒子有很大的关系。目前，对阳离子交换产生的原因有以下的观点：

(1)硅-铝晶格棱边键的断裂，导致电荷过剩，因而通过吸附阳离子以达到电荷平衡。Wiklander 指出，四面体晶格棱边断裂时，OH^- 附属于 Si，并且它像硅酸一样发生离子化：

$$Si-OH + H_2O = Si-O^- + H_3O^+$$

因而使晶格带负电荷。在高岭土和 Halloysite 矿物中，这种键的断裂可能是它们具有阳离子交换能力的主要原因。

(2)同晶取代，导致晶格结构单元的电荷不平衡，被其他晶格电荷平衡，这样使整个四面体或八面体片层通过吸附阳离子以求电荷平衡。Grim 认为，绿土矿和埃石矿产生阳离子交换的 80% 是由此引起的。

(3)暴露羟基的氢可以被阳离子置换。

2. 阳离子交换的特点

(1)阳离子交换反应是可逆反应；

(2)离子交换是以化学计量关系进行的；

(3)离子交换反应的速率随黏土矿的种类、阳离子的性质与浓度而变化。

3. 阳离子交换容量(cation exchange capacity, CEC)

常用阳离子交换容量(CEC)来表示土壤阳离子交换的能力，其定义为单位重量的土壤能以交换形态保持总阳离子的量，单位为 mmol/kg。

4. 影响土壤阳离子交换容量的因素

(1)胶体粒子本身的性质

胶体表面所带的负电荷不同，其吸附阳离子的量是不同的，因此，不同的胶体其阳离子交换容量不同。表4.10给出了几种胶体的阳离子交换容量。

表4.10	黏土矿的阳离子交换容量	m mol/100g
高岭石		3~15
多水高岭土 2H₂O		5~10
多水高岭土 4H₂O		40~50
绿土		80~150
伊利石		10~40
蛭石		100~150
绿泥石		10~40
海泡石-凹凸棒石-坡缕石		3~15

资料来源：R E Grim. Clay mineralogy. Second Edition. McGraw-Hill Book Company, New York, 1968：189.

（2）胶体粒子的粒度

一般而言，粒子的粒度越小，其阳离子交换能力越强（表4.11和表4.12）。

表4.11	粒子颗粒尺寸对高岭石阳离子交换容量的影响					
颗粒尺寸（μm）	10~25	5~10	2~4	1~0.5	0.5~0.25	0.25~0.1	0.1~0.05
阳离子交换容量（毫克当量 */100g）	2.4	2.6	3.6	3.8	3.9	5.4	9.5

资料来源：R E Grim. Clay mineralogy. Second Edition. McGraw-Hill Book Company, New York, 1968：202.

＊引用原文资料，计量单位不作换算。

表4.12	粒子颗粒尺寸对伊利石阳离子交换容量的影响			
颗粒尺寸（μm）		1~0.1	0.1~0.06	~0.06
阳离子交换容量	样品 A	18.5	21.6	33
毫克当量/100g	样品 B	13.0	20.0	27.5
	样品 C	20.0	30.0	41.7

资料来源：同表4.11。

（3）被交换阳离子的性质

随阳离子的电价增高，阳离子的吸附亲和力增强（$M^+ < M^{2+} < M^{3+} < \cdots$）。即电价高的阳离子不易被交换。对于等电价的阳离子，可用脱水离子半径来比较交换性，脱水阳离子的半径越小，单位体积的电荷密度越大，它们易接近胶体表面，且相互作用力强。因此半径

大的水合阳离子易被半径小的水合阳离子交换出来(表4.13)。

由表4.11可知，阳离子从指定的胶体表面被交换出的容易程度次序为：

$$Li^+ \approx Na^+ > K^+ \approx NH_4^+ > Rb^+ > Cs^+ \approx Mg^{2+} > Ca^{2+} > Sr^{2+}$$

$$\approx Ba^{2+} > La^{3+} \approx "H^+"(Al^{3+}) > Th^{3+}。$$

表4.13　　　　　　　　　　离子电荷和离子半径与离子保留的相关性

离子	晶体(脱水)半径(nm)	被 NH_4^+ 或 K^+ 交换出的百分率	离子	晶体(脱水)半径(nm)	被 NH_4^+ 或 K^+ 交换出的百分率
Li^+	0.068	68	Mg^{2+}	0.066	31
Na^+	0.079	67	Ca^{2+}	0.099	29
K^+	0.133	49	Sr^{2+}	0.112	26
NH^+	0.143	50	Ba^{2+}	0.134	27
Rb^+	0.147	37	Al^{3+}	0.051	15
Cs^+	0.167	31	La^{3+}	0.102	14
"H^+"(Al^{3+})	(?)	15	Th^{3+}	0.102	2

资料来源：H L Bohn, B L McNeal and G A O'Connor. Soil Chemistry, Second Edition. John Wiley & Sons Inc., New York, 1985：159.

明显表现例外的是 H^+，其行为更接近 Al^{3+}。研究表明，含 H^+ 的胶体是不稳定的，迅速形成 Al^{3+} 饱和的黏粒，要用较强的酸处理铝、铁饱和的矿物才能得到含 H^+ 的胶体，但半衰期只几个小时。

(二) 有机阳离子的交换

早在1908年Gilpin等人对黏土矿与有机物的相互作用进行了研究，20世纪40年代前后研究的结果表明，黏土矿能够与有机阳离子发生交换。

蒙脱土的有机阳离子交换容量见表4.14。

表4.14　　　　　　　　蒙脱土对某些有机阳离子的交换容量　　　　　　　　meq/100g

碱	阳离子交换容量
联苯胺	91
对氨基二甲基苯胺	90
对苯二胺	86
α-萘胺	85
2，7-二氨基芴	95
哌啶	90
钡	90~94

资料来源：R E Grim. Clay mineralogy, Second Edition. McGraw-Hill Book Company, New York, 1968：357.

Hendricks 指出，交换产生的原因是由于有机阳离子主要通过范德华力与黏土矿作用而被保留。一般而言，由于较大的离子具有较强的范德华作用力，因而被黏土矿强烈地吸附。较小的分子要置换较大的有机分子是困难甚至是不可能的。

三、土壤的阴离子交换

在 20 世纪 30 年代，已经有研究结果表明土壤的黏土矿粒子能够发生阴离子交换。但是，由于研究阴离子交换非常困难，因此这一领域的研究进展缓慢。

(一)土壤阴离子交换的类型

现在一般认为，在土壤黏土矿中，阴离子交换有两种类型：

1. OH⁻离子的取代

通过红外吸收光谱等方法的研究，表明高岭土对磷酸盐的吸附是高岭土表面的 OH⁻离子参与了离子交换反应。由 OH⁻取代而引起的阴离子交换反应的程度取决于 OH⁻离子的有效性，因为事实上很多 OH⁻离子存在于黏土矿晶格内部，因而是不可利用的，也就阻碍了阴离子对 OH⁻的完全取代。

2. 阴离子的几何形状、尺寸与黏土矿结构单元的几何形状、尺寸的匹配

磷酸盐、砷酸盐和硼酸盐等具有与黏土矿 Si-O 四面体的几何形状与尺寸相同，因此它们容易被吸附于 Si-O 四面体片层边缘，作为片层的外延。而硫酸盐、氯化物、硝酸盐等，由于它们的几何形状与四面体的不同，因此不能被吸附。

(二)阴离子交换容量(anion-exchange capacity)

在(a)和(b)两种交换类型中，阴离子交换可在黏土矿边缘发生，与阳离子交换相反，在黏土矿基本平面表面(basal plane surface)它们基本上没有阴离子交换发生。在这两类阴离子交换中，以及在如高岭石等其阳离子交换是由于断键而引起的这类黏土矿中，阳离子交换容量与阴离子交换容量基本上相等；而在主要是因为同晶取代而引起的离子交换如绿土和蛭石中，阴离子交换容量仅一小部分；而在伊利石、绿泥石和海泡石-坡缕石矿中，阴离子交换容量仅稍稍低于阳离子交换容量。

有研究表明 Sassafrass 的土壤中黏土矿阴离子交换容量与其表面积成正比。另外，阴离子交换容量可能与黏土矿的结晶度有关。由于粗结晶的高岭石 Al-Si 层堆积中的缺陷，会有更大量的 OH⁻离子参与阴离子交换(表 4.15)。

表 4.15　　　　　　　　　　　一些黏土矿的阴离子交换容量

黏土矿，产地	交换容量(毫克当量/100g)
蒙脱石，Geisenheim	31
蒙脱石，Wyoming	23
贝得石，Unterrupsroth	21
襄脱石，Untergrieshach	20
襄脱石，Pfreimdtal	12

续表

黏土矿，产地	交换容量（毫克当量/100g）
滑石粉，Groschlattengrun	21
蛭石，South Africa	4
高岭土（胶体）	20.2
高岭土，Melos	13.3
高岭土，Schnaittenbach	6.6

资料来源：R E Grim. Clay mineralogy, Second Edition. McGraw-Hill Book Company, NewYork, 1968：226.

复习思考题

1. 天然水中几种无机物质的酸碱平衡反应及其对天然水 pH 值的贡献如何？

2. 雨水的 pH 值如何计算？

3. 自然环境中最重要的氧化剂有哪几种？最重要的还原剂有哪几种？

4. 何谓 $p\varepsilon$，试述其在判断体系处于氧化或还原态的作用。

5. 从图 4.5 了解在不同的 $p\varepsilon$ 和 pH 值范围铁主要以何种形态存在。

6. 从图 4.7 了解 $p\varepsilon$ 对无机氮形态的影响。

7. 能够发生水解而且与环境保护有关的有机物有哪几类？从有机化学的角度解释其中一类有机物为什么能水解。

8. 何谓配位化合物？何谓配离子？

9. 二价金属元素离子与羟基配合时，逐级生成常数与累积生成常数有何关系？

10. 为什么 NTA 能够增加金属元素氢氧化物的溶解度？

11. 天然有机配体主要有哪些配位基团？

12. 腐殖酸和富里酸与二价金属元素离子的配位反应有几种机理？

13. 富里酸与金属元素离子形成的配位化合物的组成有何特点？

14. 何谓土壤的离子交换？

15. 何谓土壤的阳离子交换？其产生的原因是什么？

16. 何谓土壤的阳离子交换容量？哪些因素影响了阳离子交换容量？

17. 土壤的离子交换在环境化学中有何重要性？

第五章　酸沉降的化学过程

沉降(deposition)是指大气中的物质通过雨、雾、雪等介质迁移到地表, 或通过气团直接迁移到地表的过程。前者称为湿沉降(wet deposition), 后者则为干沉降(dry deposition)。湿沉降与干沉降形成的过程如图 5.1 所示。

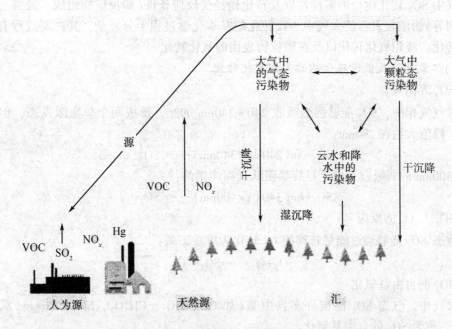

图 5.1　酸沉降(湿沉降和干沉降)形成过程示意图

20 世纪 50 年代起, 欧洲在许多地方发现了降水具有酸性, 其 pH 值为 4~5, 随后在北美也发现酸雨。进而发现酸雨对森林、土壤、湖泊等有严重危害, 因此成为世界上继煤烟污染和光化学烟雾污染后众所瞩目的新型污染问题, 受到了普遍重视。各国相继大力开展酸雨的研究, 纷纷建立酸雨的监测网站, 制定长期研究计划, 开展国际间的合作, 取得了长足进展。研究表明, 酸的干沉降作用不能低估, 往往是因酸的干、湿沉降综合作用才引发环境、生态效应问题。因此一度被大量使用的术语——酸雨(acid rain)已逐渐被"酸沉降"(acid deposition)所取代。

酸沉降涉及 SO_2、NO_x、有机化合物等在大气中复杂的化学过程, 酸沉降化学就是研究在干、湿沉降过程中与酸性物质有关的各种化学问题。几十年来, 在酸性物质的来源、形成过程和机制、存在形式及降水组成的变化与趋势等方面取得了较好的成果, 描述酸雨形成的化学模式已被用于大气区域输送模式，为制定控制酸性物质排放、输送的对策提供了科学依据。

第一节 降水中酸性物质形成的化学过程

一、二氧化硫的化学转化过程

二氧化硫是最早为人类注意的大气气体污染物。排放到大气中的 SO_2 有一部分被建筑物、森林、草地、地面吸收，或直接被雨水冲刷到地面，还有一部分氧化成 SO_3 或 SO_4^{2-}，通过干沉降或湿沉降离开大气落到地表。本节主要讨论大气中 SO_2 转化的基本化学过程，由于大气中 SO_2 转化途径的多样性以及转化途径受反应条件(如反应物组成、光强、温度和催化剂等)影响较大，使大气中 SO_2 转化的基本化学过程十分复杂，其主要过程有：气相氧化转化、液相氧化转化以及在颗粒物表面的氧化转化。

(一)二氧化硫及低价硫化物的气相氧化转化

1. SO_2 光激发

在大气气相中，SO_2 能够强烈吸收 $240\sim340nm$ 的光，形成两个单重激发态，但不发生光解，峰值大约在 $290nm$：

$$SO_2+h\nu(240<\lambda<340nm)\longrightarrow {}^1SO_2$$

在 $340\sim400nm$ 的弱吸收是由于自旋禁阻跃迁而产生的：

$$SO_2+h\nu(340<\lambda<400nm)\longrightarrow {}^3SO_2$$

2. SO_2 与 O_2 的反应

三重态 ${}^3SO_2$ 能够通过能量转移使 O_2 转化为单重态氧：

$$ {}^3SO_2+O_2\longrightarrow SO_2+{}^1O_2$$

3. SO_2 的自由基氧化

在大气中，气态 SO_2 能被许多自由基(如 OH、HO_2、CH_3O_2、NO_3、Criegee 双元基等)氧化，称为 SO_2 的自由基氧化。

(1)SO_2 与 OH 的反应。

$$OH+SO_2 \xrightarrow{M} HOSO_2$$

1984 年 Hashimoto 等人在低温条件下，采用 FTIR 直接观察到 $HOSO_2$ 的存在，$HOSO_2$ 是中间产物，关于它是如何转化成 H_2SO_4 的，目前还有争议。因此，在许多场合下往往用下式来表示此尚未清楚的过程：

$$HOSO_2 \longrightarrow \quad \longrightarrow \quad \longrightarrow H_2SO_4$$

(2)SO_2 与 Criegee 双元基的反应。

在气相中 SO_2 氧化的另一个重要反应是与 Criegee 双元基的反应，由烯烃和 O_3 反应生成的双元基，部分能在大气中通过碰撞去活而成为稳定态。由于它含有两个基，很易与大气中的物种反应。与 SO_2 的反应如下：

$$CH_3CHOO+SO_2 \longrightarrow CH_3CHO+SO_3$$

（3）SO_2 与其他自由基的反应。

SO_2 与下面自由基的反应相对也比较重要：

$$SO_2+CH_3O+M \longrightarrow CH_3OSO_2+M$$
$$SO_2+HO_2 \longrightarrow SO_3+OH$$
$$SO_2+CH_3O_2 \longrightarrow CH_3O+SO_3$$
$$SO_2+(CH_3)_3CO_2 \longrightarrow (CH_3)_3CO+SO_3$$
$$SO_2+NO_3 \longrightarrow NO_2+SO_3$$

（4）硫化物的氧化。

1980 年，Cox 等人首次报道了自然排放的 COS、CS_2、H_2S、CH_3SH、CH_3SCH_3 和 CH_3SSCH_3 等能在对流层大气中被氧化成 SO_2，这些低价硫化物在 290nm 区域内的吸收很小，光解反应可以不考虑。它们与 O_3 的反应进行很慢。因此，与 OH 和 NO_3 的反应是它们在大气中的最主要的反应。例如 H_2S 与 OH 自由基的反应：

$$H_2S+OH \longrightarrow H_2O+SH$$
$$HS \longrightarrow SO_2$$

低价硫化物与 NO_3 在夜间可能发生反应，其机理目前尚未完全确定。

（二）二氧化硫的液相氧化

大气液相指的是云、雾、雨水等水滴和气溶胶粒子表面的水层等。含硫和氮的低价态的酸性物质在大气液相中被氧化成高价态的硫酸盐、硝酸盐等，与存在于大气液相中的氧化剂有关，这些氧化剂主要是 H_2O_2、O_3 及自由基 OH 和 HO_2 等，它们对 SO_2 和 NO_x 的液相氧化起了重要作用。

1. 大气液相的化学过程

（1）液相中一些物种的初级光化学过程。

大气液相中，在太阳辐射的作用下，溶解于水中的一些化合物能发生初级光化学过程，表 5.1 给出了一些物种的初级光化学过程。

表 5.1　　　　　　　　　　　大气水溶液中一些物种的初级光化学过程

光化学过程	量子产率
$O_3+h\nu(\lambda \leqslant 320nm) \longrightarrow O(^1D)+O_2(^1\Delta)$ $\xrightarrow{H_2O} H_2O_2$	$\Phi = 0.23(310nm)$ $= 0.002 \sim 0.005(600nm)$
$H_2O_2+h\nu(\lambda \leqslant 380nm) \longrightarrow 2OH$	$\Phi = 0.50$
$HONO+h\nu(\lambda \leqslant 390nm) \longrightarrow OH+NO$	$\Phi = 0.095$
$HNO_3+h\nu(\lambda \leqslant 320nm) \longrightarrow OH+NO_2$	$\Phi = 0.1$
$NO_2^-+h\nu(\lambda \leqslant 410nm) \xrightarrow[?]{a} (NO_2^-)^* \xrightarrow{H_2O} NO+OH+OH^-$ $\xrightarrow[?]{b} NO+O$	$\Phi = 0.05$

续表

光化学过程	量子产率
$NO_3^- + h\nu(\lambda \leqslant 350nm) \xrightarrow{a} NO_2^- + O$	$\Phi_a + \Phi_b = 0.04$
$\xrightarrow{b} NO_2 + O^-$	
$NO_3^- + h\nu(\lambda \leqslant 690nm) \xrightarrow{a} NO_2 + O$	$\Phi = 0.09$
$\xrightarrow{b} NO + O_2$	$\Phi = 0.01$
$NO_2^- + h\nu(\lambda \leqslant 390nm) \xrightarrow{H_2O} OH + OH^- + NO$	

(2)液相中含氢、氧物种的化学过程。

液相中 H_2O_2、O_3、OH 和 HO_2 的一个重要来源是液滴对气相的清除,其次来源于液相中各种物种的初级光化学过程(表5.1),例如:

$$O + O_2 \longrightarrow O_3$$

$$Fe(II) + O_2 \longrightarrow Fe(III) + O_2^-$$

$$生色团(S_0) + h\nu \longrightarrow S_1 \longrightarrow T_1$$

$$生色团(T_1) + O_2 \longrightarrow O_2^- + 生色团^+$$

$$O_2^- + H_3^+O \longrightarrow H_2O + HO_2$$

$$2HO_2 \longrightarrow H_2O_2 + O_2$$

$$H_2O_2 + h\nu(\lambda \leqslant 380nm) \longrightarrow 2OH$$

这些含氧和含氢的活性物种在大气液相的反应中扮演了重要的角色,它们之间的主要反应示意于图5.2。

2. SO_2 的液相氧化转化

液相 S(IV) 被氧化成 S(VI) 是降水酸化的主要路径之一,已经知道的液相氧化剂包括 O_2、O_3、H_2O_2 和自由基。

(1)S(IV) 的 O_2 氧化。

在无金属离子存在的情况下,溶解 O_2 对 S(IV) 的氧化是否能够以显著的速率进行是一个有争议的问题,在一些研究结果中,假一级反应的速率常数值相差较大,而且速率常数与 pH 值相关的方向也不一致。但现在一般认为单纯溶解 O_2 同 S(IV) 的氧化反应比起 S(IV) 在重金属离子催化下的氧化反应就显得不重要了。

研究结果表明,在液相中,SO_2 与 O_2 的氧化反应可以被许多金属元素离子催化。对催化氧化机理的研究,曾提出过自由基机理、极化机理和光化学机理。例如极化机理认为最初形成金属元素-亚硫酸根络合物,并键合 O_2 形成复合物,然后通过两电子转移,Parker 提出以下的反应过程:

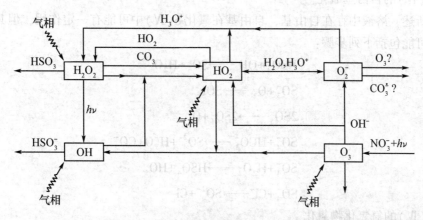

图 5.2　大气液滴中起化学作用的主要含氧和含氢物种间相互关系示意图

资料来源：B J Finlayson-Pitts and J N Pitts, et al. Atmospheric Chemistry：Fundamentals and Experimental Techniques. John Willey & Sons Inc., 1986：675.

$$Mn^{2+}+SO_3^{2-} \Longrightarrow MnSO_3^0$$

$$MnSO_3^0+SO_3^{2-} \Longrightarrow Mn(SO_3)_2^{2-}$$

$$Mn(SO_3)_2^{2-}+O_2 \Longrightarrow Mn(SO_3)_2O_2^{2-}$$

$$Mn(SO_3)_2O_2^{2-} \longrightarrow Mn^{2+}+2SO_4^{2-}$$

(2)S(Ⅳ)的 O_3 氧化。

O_3 在气相中的浓度较低，但它的亨利常数比 O_2 大很多，同时它们的氧化能力极强，因此它们是 S(Ⅳ)的有效氧化剂。目前已经提出离子和自由基两种氧化机理，后一种机理在 S(Ⅳ)的自由基氧化中讨论。Maahs 提出的离子机理为

$$HSO_3^-+OH^-+O_3 \longrightarrow SO_4^{2-}+H_2O+O_2$$

(3)S(Ⅳ)的 H_2O_2 氧化。

H_2O_2 是氧化 S(Ⅳ)转化的一个氧化剂。由于 H_2O_2 的亨利常数大，它在水溶液中的浓度比 O_3 大几个数量级，这就使得 H_2O_2 有可能成为 S(Ⅳ)最有效的氧化剂。H_2O_2 氧化 S(Ⅳ)的第二个优势是它的速率常数与 pH 值有关。当pH>1.5时速率常数随 pH 值增加而减小，这与 S(Ⅳ)溶解的方向相反，结果S(Ⅵ)的生成速率在一定的 pH 值范围内与 pH 值无关。尽管氧化反应所涉及S(Ⅳ)的形态还不确定，但通常认为氧化机理可能是

$$HSO_3^-+H_2O_2 \longrightarrow SO_2OOH^-+H_2O$$

$$SO_2OOH^-+H^+ \longrightarrow H_2SO_4$$

有机过氧化物可能是 S(Ⅳ)潜在的氧化剂，它可能以 H_2O_2 相同的方式氧化 S(Ⅳ)：

$$ROOH+HSO_3^- \longrightarrow HSO_4^-+ROH$$

甲基过氧化氢(CH_3OOH)和过氧乙酸[$CH_3C(O)OOH$]都已被证明能氧化S(Ⅳ)，然而还不清楚有机过氧化物是否有足够的浓度对 SO_4^{2-} 的产生有显著的贡献。

(4) S(Ⅳ)的自由基氧化。

如上所述，溶液中存在自由基，自由基在氧化 S(Ⅳ)中可能有一定作用，但其机理还不肯定，可能包括下列步骤：

$$HSO_3^- + OH \longrightarrow SO_3^- + H_2O$$

$$SO_3^- + O_2 \longrightarrow SO_5^-$$

$$2SO_5^- \longrightarrow 2SO_4^- + O_2$$

$$SO_4^- + HCO_3^- \longrightarrow SO_4^{2-} + H_3^+O + CO_3^-$$

$$SO_4^- + H_2O_2 \longrightarrow HSO_4^- + HO_2$$

$$SO_4^- + Cl^- \longrightarrow SO_4^{2-} + Cl$$

(5) S(Ⅳ)的氮氧化物氧化。

氮氧化物 NO、NO_2、HNO_2 和 HNO_3 都可能是 S(Ⅳ)的氧化剂，然而 HNO_3 和 NO 氧化 S(Ⅳ)的速率很慢。HNO_2 的亨利常数不大，气相浓度不高，液相浓度比 H_2O_2 要小得多。pH≈3 时，H_2O_2 的氧化速率常数比 HNO_2 约大 10^4 倍，因此 HNO_2 在有 O_3、H_2O_2 等氧化剂存在时不是一个有效的氧化剂。

目前，NO_2 是否对 S(Ⅳ)的氧化有显著的贡献还不清楚。Schwartz 认为 NO_2 同 S(Ⅳ)的反应可能有意义，Schryer 等认为溶液中存在的碳颗粒物能催化此反应，反应可用下式表示：

$$2NO_2 + HSO_3^- \xrightarrow{4H_2O} 3H_3O^+ + 2NO_2^- + SO_4^{2-}$$

液相中 S(Ⅳ)被不同氧化剂氧化成 S(Ⅵ)的反应速率都不同程度受到液相 pH 值的影响。图 5.3 给出了不同 pH 值下，H_2O_2、O_3、Fe(Ⅲ)、Mn(Ⅱ)以及 NO_2 对 S(Ⅳ)氧化的反应速率，可见除了 H_2O_2 对 S(Ⅳ)的氧化受 pH 值影响较小外，其他四种 S(Ⅳ)氧化反应受 pH 值的影响都较明显。

二、氮氧化物的化学转化过程

影响降水酸度的气体除二氧化硫外；还有氮氧化物（NO_x，主要为 NO_2），NO_x 的化学转化过程主要有两个途径：气相氧化转化与液相氧化转化。

(一)氮氧化物的气相转化

NO_x 的气相氧化转化前面有关章节已讨论了，这里着重讨论其转化为 HNO_3 的过程。

1. NO_x 自由基的氧化

(1) OH 自由基的氧化。

NO 在大气占优势的归宿是被氧化为 NO_2，然后与 OH 自由基反应生成硝酸：

$$NO_2 + OH \xrightarrow{M} HNO_3$$

(2) NO_3 自由基的氧化。

HNO_3 第二个潜在的重要来源是 NO_3 自由基与有机物的反应。首先：

$$O_3 + NO_2 \longrightarrow NO_3 + O_2$$

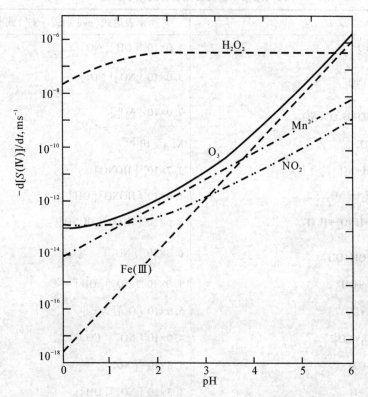

图 5.3　S(Ⅳ)向 S(Ⅵ)转化反应速率同 pH 值的关系

$[SO_2(g)] = 5ppb$；$[NO_2(g)] = 1ppb$；$[H_2O_2(g)] = 1ppb$；

$[Fe(Ⅲ)] = 0.3\mu M$；$[Mn(Ⅱ)] = 0.03\mu M$

资料来源：Seinfeld J N, Pandis S N. Atmospheric Chemistry and Physics. John Wiley and Sons Ltd., 1997(11).

生成的 NO_3 自由基与 NO_2 有下列平衡：

$$NO_3 + NO_2 \Longleftrightarrow N_2O_5$$

生成的 NO_3 自由基能够迅速与各种有机物反应：

$$NO_3 + RH \longrightarrow R + HNO_3$$

$$NO_3 + RCHO \longrightarrow RCO + HNO_3$$

2. N_2O_5 的水解

上述反应生成的 N_2O_5 可以发生水解而产生 HNO_3。

$$N_2O_5 + H_2O \longrightarrow 2HNO_3$$

(二)液相中含氮化合物之间的相互转化

1. 不同形态含氮化合物的转化

大气液相中，存在不同形态含氮化合物，它们在太阳光的作用下，可发生多种反应，一些主要反应列于表 5.2，NO_x 之间通过各种反应的相互转化已归纳于图 5.4。

表 5.2　　　　　　　　　　　　大气液相中主要含氮物种的化学反应

反　　应	速率表达式$(mol \cdot L^{-1} \cdot s^{-1})$或平衡常数
$NO+OH \longrightarrow HONO$	$1.0 \times 10^{10}[OH][NO]$
$NO+NO_2 \xrightarrow{H_2O} 2HONO$	$3.0 \times 10^{7}[NO][NO_2]$
$2NO_2 \xrightarrow{2H_2O} HONO+H_3O^++NO_3^-$	$7.0 \times 10^{7}[NO_2]^2$
$HONO \Longrightarrow H^++NO_2^-$	$K_{平衡}=10^{-3.29}$
$HONO+h\nu \longrightarrow OH+NO$	$3.7 \times 10^{-5}[HONO]$
$HONO+OH \longrightarrow H_2O+NO_2$	$1.0 \times 10^{9}[HONO][OH]$
$HONO+H_2O_2 \longrightarrow HNO_3^-+H_3O^+$	$4.6 \times 10^{3}[H_2O_2][HONO]$
$NO_2^-+h\nu \xrightarrow{H_2O} NO+OH+OH^-$	$6.3 \times 10^{-6}[NO_2^-]$
$NO_2^-+OH \longrightarrow NO_2+OH^-$	$1.0 \times 10^{10}[NO_2^-][OH]$
$NO_2^-+O_3 \longrightarrow NO_3^-+O_2$	$5.0 \times 10^{5}[O_3][NO_2^-]$
$NO_2^-+CO_3^- \longrightarrow NO_2+CO_3^{2-}$	$4.0 \times 10^{5}[NO_2^-][CO_3^-]$
$NO_3^-+h\nu \longrightarrow NO_2^-+O$	$1.8 \times 10^{-7}[NO_3^-]$
$NO_2+OH \longrightarrow NO_3+H$	$1.3 \times 10^{9}[NO_2][OH]$
$2NO_2+HSO_3^- \xrightarrow{4H_2O} 3H_3O^++2NO_2^-+SO_4^{2-}$	$2.0 \times 10^{6}[NO_2]^2[S(IV)]$
$RO_2+NO \xrightarrow{H_2O} RC(OH)_2+NO_2$	$1.0 \times 10^{8}[RO_2][NO]$
$NH_3+H^+ \Longrightarrow NH_4^+$	$K_{平衡}=10^{9.25}$

资料来源：同图 5.4。

2. 生成 NO_3^- 的主要反应

NO_2 溶于水后会发生下列反应：

$$2NO_2(g)+H_2O \longrightarrow 2H^++NO_3^-+NO_2^-$$

此反应很慢，其原因有二：一是 NO_2 的溶解度很低；二是反应为二级动力学反应，其速率取决于 NO_2 的浓度。但是在受 NO_2 污染的情况下，此反应是 HNO_3 的重要来源。

溶液中的其他氧化剂如 H_2O_2 和 O_3 能氧化低价态的氮：

$$H_2O_2+HONO \longrightarrow NO_3^-+H_3O^+$$

$$O_3+NO_2^- \longrightarrow NO_3^-+O_2$$

三、有机化合物转化为有机酸的过程

降水酸度主要来自于硫酸和硝酸等强酸，但是多年的研究结果表明，世界各地降水中

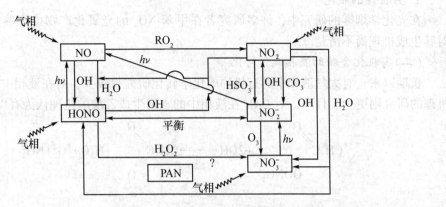

图 5.4　大气液相中主要 NO_x 之间相互转化示意图

资料来源：B J Finlayson-Pitts and J N Pitts, et al. Atmospheric Chemistry：Fundamentals and Experimental Techniques. John Willey & Sons Inc., 1986：676.

都发现有有机酸，这说明有机酸(主要是甲酸和乙酸等)对降水酸度也有贡献。

降水中的有机酸主要是对流层气相和液相中有机化合物被各种具有活性的物质氧化而形成的，对其生成的机理有些已有所了解，但更多问题有待研究。

（一）有机化合物的气相氧化

1. 甲醛的氧化

在第七章第二节的讨论指出，HO_2 自由基能足够快地与甲醛反应：

$$HO_2 + HCHO \Longleftrightarrow (HOOCH_2O) \Longleftrightarrow OOCH_2OH$$

此反应最初是 HO_2 加成到双键形成烷氧自由基，随后迅速异构化为过氧自由基。生成的过氧自由基能够与 NO 和 O_2 反应生成甲酸：

$$OOCH_2OH + NO \longrightarrow OCH_2OH + NO_2$$

$$OCH_2OH + O_2 \longrightarrow HCOOH + HO_2$$

Veyret 等人测定的后一反应的速率常数 $k = (3.5 \pm 1.6) \times 10^{-14} cm^3 \cdot 分子^{-1} \cdot s^{-1}$。

2. 烷烃的氧化

在对流层大气气相中由于烷烃发生光化学反应，可生成烃的过氧自由基：

$$R + O_2 \longrightarrow RO_2$$

烃的过氧自由基可以进行自身的双分子反应，如果为甲基过氧自由基，其中一个途径可生成甲酸：

$$CH_3O_2 + CH_3O_2 \xrightarrow{a} 2CH_3O + O_2$$

$$\xrightarrow{b} CH_3OH + HCHO + O_2$$

$$\xrightarrow{c} CH_3OOCH_3 + O_2$$

$$\xrightarrow{d} CH_3O_2H + H_2COO$$

第七章第二节的讨论已经指出，途径 a、b、c 是主要的。

3. 芳香烃的氧化

在光化学烟雾的研究中，许多研究者在甲苯-NO_x 的光氧化产物中都鉴定出乙酸，但对其生成机理尚不清楚。

(二)有机化合物的液相氧化转化

长期以来，对大气液相中的有机物的化学转化研究得较少，对在液相中有机酸形成的机理的研究则更少。目前，对 PAN 在液相中的水解生成乙酸的机理认为有以下的反应：

$$CH_3C\overset{O}{\underset{OONO_2}{\Vert}} \quad +2OH^- \longrightarrow CH_3C\overset{O^-}{\underset{O}{\Vert}} \quad +H_2O+{}^1O_2+NO_2^-$$

第二节　降水的化学组成与酸度

酸雨研究是早期降水化学研究的发展，降水的组成及化学性质早就引起人们的注意，Marggraf 早在 1761—1767 年就实施了雨和雪的化学测定。19 世纪中叶，英国科学家 R. A. Smith 对降水所含化学成分进行了卓有成效的研究工作，1872 年发表了曼彻斯特附近雨水的分析结果，指出有三种类型的降水：远郊降水含碳酸铵，郊区降水含硫酸铵而市区降水则含硫酸或酸性硫酸盐。1872 年，他在"空气和雨——化学气象学的开端"一书中首次运用了"酸雨"这一名词，并对影响降水化学成分的许多因素进行了讨论。

欧洲大气化学网络(EACN)20 世纪 50 年代初创始于瑞典，该网后来扩展到西欧和中欧大部分地区，它提供了降水化学变化及其对农业、森林影响的重要的长期资料。此网络的监测结果表明，欧洲许多地区降水为酸性。20 世纪 50 年代到 70 年代，美国东北部和加拿大降水 pH 值变酸的趋势十分明显，北美的湖泊酸化十分严重。美国国家环保局(USEPA)分别于 20 世纪 70 年代末和 80 年代末建立了两个用于酸沉降监测的网络，即国家大气沉降计划(The National Atmospheric Deposition Program，NADP)和清洁空气现状与趋势网络(The Clean Air Status and Trends Network，CASTNET)。前者拥有 200 多个站点，监测湿沉降。后者拥有 70 多个站点，监测干沉降。至 2000 年，美国酸雨最低 pH 值约为 4.3。

1983 年日本环境厅组织酸雨委员会进行降水化学组成的监测，几年的研究结果表明：降水的 pH 年均值处于 4.3~5.6 范围。

我国的酸雨研究始于 20 世纪 70 年代末期，当时只是北京、上海和贵阳等城市开展了局部研究。1982 年开展了全国酸雨的普查，23 个省、市、自治区的 121 个地、市级以上的监测站参加了测报，当年 10 月底共获得 2 400 多个数据。1985—1986 年，在全国范围内布设了 189 个监测站，523 个降水采样点，对降水进行监测。结果表明，降水的 pH 年平均值小于 5.6 的地区主要分布在秦岭淮河以南。降水的 pH 年平均值小于 5.0 的地区则主要在西南、华南以及东南沿海一带。我国酸雨的主要致酸物是硫酸盐，降水中 SO_4^{2-} 的含量普遍很高。

一、降水的化学组成

降水是大气净化的重要过程，大气中各种成分部分进入降水，其组成十分复杂。现在已经知道降水的组成通常包括以下几类：溶解的大气气体成分、无机离子、有机物、不溶颗粒物。现在认为，对雨水水质和酸度有影响的主要成分是 H^+、SO_4^{2-}、NO_3^-、Cl^-、NH_4^+、Ca^{2+}、K^+、Mg^{2+}、Na^+、$HCOOH$、CH_3COOH、H_2O_2、O_3、Fe^{3+}、Mn^{2+} 和 NO_2 共 16 种成分。

在降水的化学组成中，人们主要关心的是阴离子 SO_4^{2-}、NO_3^-、Cl^- 和阳离子 NH_4^+、Ca^{2+}、H^+，这些离子积极参与大气液相的酸碱平衡，对陆地和水生生态系统有很大影响。表 5.3 给出了中国丽江降水背景点降水中主要阴阳离子的浓度。

表 5.3　　　　　　　　　　中国丽江降水中各种离子的背景值　　　　　　　　　μeq/L

阳离子	浓度平均值	阴离子	浓度平均值
K^+	1.64	SO_4^{2-}	9.3
Na^+	0.87	NO_3^-	2.35
Ca^{2+}	4.65	Cl^-	3.62
Mg^{2+}	1.83	HCO_3^-	0.62
NH_4^+	6.83	CO_3^{2-}	0
H^+	10.0	$HCOO^-$	6.11
		CH_3COO^-	3.25
$\sum(+)$	25.82	$\sum(-)$	25.25

注：$\sum(+)$ 表示包括 K^+、Na^+、Ca^{2+}、Mg^{2+}、NH_4^+ 和 H^+ 在内的阳离子当量数总和，$\sum(-)$ 表示包括 SO_4^{2-}、NO_3^-、Cl^-、HCO_3^-、$HCOO^-$ 和 CH_3COO^- 在内的阴离子当量数总和。丽江内陆降水背景点降水中 $\sum(+)$ 与 $\sum(-)$ 近似相等，说明丽江背景点是一个清洁的、有代表性的内陆降水背景点。

降水中 SO_4^{2-} 除天然来源外，主要来自于燃煤排放出的颗粒物和 SO_2。因此，在工业区和城市的降水中 SO_4^{2-} 含量一般较高、而且冬季高于夏季。我国城市降水中 SO_4^{2-} 含量较高，一般高于外国，也是冬季高于夏季，这与我国燃煤污染严重有关。

降水中含氮化合物主要是 NO_3^-、NH_4^+，相当部分的 NO_3^- 可能来自空气放电产生的 NO_x。NH_4^+ 的主要来源可能是生物腐败及土壤和海洋挥发等天然源排放出的 NH_3。NH_4^+ 的分布与土壤类型有较明显的关系，碱性土壤地区降水中 NH_4^+ 含量相对增加。我国城市雨水中 NH_4^+ 含量很高可能与人为源有关。

前一节已指出，有机酸对降水的酸度有贡献，自然界中存在着有机酸的直接排放，而在汽车尾气中也曾测到了 $C_2 \sim C_{10}$ 有机酸。大气中有机酸的来源尚不清楚，可能主要是植物排放的挥发性碳氢化合物在大气中的氧化和甲醛液相氧化。

二、降水中离子成分的相关性

在降水离子成分的研究中重要的是知道降水的总组成及其相关关系。

(1)根据降水中阴阳离子之间是否平衡可以判断出降水测定结果是否可靠。

如果对降水的离子成分作了较全面的测定,根据电中性原则,阳离子的当量浓度之和必然等于阴离子的当量浓度之和。可分别计算降水测定结果中阴阳离子的当量浓度和,以检查是否有主要离子被遗漏。

(2)根据阴阳离子之间的相关性以获得降水的有关信息。

降水中阴阳离子之间存在着一定的相关关系,可采用线性回归分析法确定各种离子和各种离子对之间的相关程度,进而判断降水的污染状况和各种离子存在的形式。

例如,我国刘嘉麒在对丽江内陆降水背景值的研究中,作一元线性回归分析,得到 $[H^+]$ 离子的线性相关方程(表5.4),从而得出背景降水 $[H^+]$ 与 $[NO_3^-]$、$[Cl^-]$、$[SO_4^{2-}]$、[有机酸离子]呈显著的正相关,表明降水中的 $[H^+]$ 是由这几种阴离子对应的酸提供的。它们对降水酸度的贡献顺序为 H_2SO_4>甲酸或乙酸>盐酸、硝酸。同时,$[NH_4^+]$、$[Ca^{2+}]$ 和 $[Na^+]$ 与 $[H^+]$ 之间呈负相关,说明它们三种阳离子对 H^+ 浓度的提高起到主要的抑制作用,它们对于降低 H^+ 浓度的贡献顺序为 NH_4^+>Ca^{2+}>Na^+。

表5.4　　　　　　　　　　　丽江内陆降水背景值回归分析结果

回归因子(μeq/L)	回归方程 $y=ax+b$	相关系数	显著性
$[H^+]$~电导率(μs/cm)	$y=1.02+0.50x$	0.98	好
$[H^+]$~$[Ca^{2+}]$	$y=7.1-0.25x$	0.55	差
$[H^+]$~$[Mg^{2+}]$	—	不相关	无
$[H^+]$~$[K^+]$	—	无相关性	无
$[H^+]$~$[Na^+]$	$y=0.68-0.074x$	0.82	较好
$[H^+]$~$[NH_4^+]$	$y=0.60-0.73x$	0.88	较好
$[H^+]$~$[NO_3^-]$	$y=0.76+0.15x$	0.76	显著
$[H^+]$~$[Cl^-]$	$y=1.33+0.16x$	0.83	较好
$[H^+]$~$[SO_4^{2-}]$	$y=-4.6+1.34x$	0.97	好
$[H^+]$~[甲酸、乙酸]	$y=1.97+0.29x$	0.83	较好
$[H^+]$~$([SO_4^{2-}]+[Cl^-]+[NO_3^-])$	$y=1.94+1.79x$	0.95	好

资料来源:刘嘉麒,W C 肯尼,霍义强,杨茂仁 编著. 背景降水——中美科技合作全球内陆降水背景值研究. 北京: 中国环境科学出版社, 1995.

三、降水的酸度

1. 降水 pH 值的意义

通常认为雨水的"天然"酸度为 pH5.6，这一界定值只考虑了大气中 CO_2 对水 pH 值的影响。多年来国际上一直将此值看做未受污染的天然雨水的背景值，并以降水 pH 值是否小于 5.6 作为判别雨水是否受到人为污染的界限，pH 值小于 5.6 的雨水被认为是酸雨。

通过对降水的多年观测，对 pH5.6 能否作为酸性降水的界定值以及判别人为污染的界限提出了异议。主要理由如下：

(1) 只从大气中 CO_2 与水的平衡来确定天然降水的 pH 值不妥；

(2) 作为对降水 pH 值有决定影响的强酸，尤其是硫酸和硝酸，并不都是来自人为源；

(3) 降水 pH 值大于 5.6 的地区并不都意味着没有人为污染；

(4) H^+ 浓度不是一个守恒量，它不能表示降水受污染的程度。

为解决这些问题，提出了降水 pH 的背景值问题。

2. 降水 pH 的背景值

降水背景值是指未受污染地区(远离人类活动地区)降水中化学组分的含量。

为了从全球范围研究酸雨的成因、迁移转化规律以及与环境的关系，美国环保局和许多国家建立了双边合作关系，并在美国的阿拉斯加、北冰洋海岸、菲律宾吕宋岛东北面、大西洋的百慕大群岛、委内瑞拉的圣卡罗斯、澳大利亚的凯瑟琳、荷兰的阿姆斯特丹和我国云南丽江玉龙山建立了全球降水背景观测点，这些观测点都选在离大工业中心城市1000km 以外，同时远离火山区的地方，进行全球背景点降水组成的测定。

20 世纪 80 年代，我国已开始重视降水 pH 背景值的问题，1985—1986 年间已在我国选择了一些地点作为背景点进行降水的长期测定。1986 年经中美两国环保局商量确定，进行《中美科技合作全球内陆降水背景值研究》，在我国云南丽江玉龙山建立了全球内陆降水背景点。从 1986 年到 1993 年，定时采样 6 年，共采集了降雨样品 1080 个，对水样品中的主要成分 K^+、Na^+、Ca^{2+}、Mg^{2+}、NH_4^+、pH、电导率、SO_4^{2-}、NO_3^-、Cl^-、$HCOO^-$ 和 CH_3COO^- 进行分析，共获12 960个有效数据。通过对这些数据的计算机统计分析和内陆降水背景点相关因素的分析，认为我国云南丽江玉龙山内陆降水背景点是当前研究全球内陆降水背景值惟一合理的背景点。表 5.5 列出了海洋与内陆主要降水背景点降水酸度。不难看出：对于内陆而言，其降水 pH 背景值是不同于海洋降水 pH 背景值的。因而用降水背景值划分内陆 pH≤5.0，海洋 pH≤4.7 为酸雨可能更符合客观规律。

表5.5   海洋与内陆主要降水背景点降水酸度的地域分布

海 洋	地 名	pH 值
北冰洋	阿拉斯加(费尔班斯克)	4.88
	委内瑞拉(圣卡洛斯)	4.81
大西洋	百慕大群岛(哈密尔顿)	4.87

续表

海　洋	地　名	pH 值
印度洋	爱尔兰岛(爱尔兰)	5.01
	南非厄加勒斯角(西蒙斯敦)	5.28
	阿姆斯特丹岛(阿姆斯特丹)	4.97
太平洋	澳大利亚(凯瑟琳)	4.73
	夏威夷(夏威夷岛)	4.76
内陆	中国丽江(玉龙雪山山脊)	5.00

降水 pH 背景值应为多少，全球是否只有一个背景值等许多问题尚无定论，只有在全球范围内找到合适的具有代表性的背景点，并在这些点上取得较长期的系统降水数据的基础上，才能得出结论。

3. 影响降水 pH 值的因素

人类活动和自然环境的诸多因子，如气象条件、地形条件、降水强度、大气污染程度等，对降水的 pH 值有着复杂的影响，目前对一些影响因子已有一定的了解。

(1)大气污染的影响。酸雨与大气中酸性污染物的浓度有关，一般而言，大气中 SO_2、NO_x 的浓度高，易出现酸雨。

(2)大气温度和湿度的影响。一般是大气温度高，湿度大时易形成酸雨。

(3)降水持续时间与降水量的影响。一般而言，在降水的开始阶段，雨水的 pH 值可能出现较高峰值，随降水持续时间和降水量的增加，pH 值出现下降趋势，并在一定水平上维持相当长的时间。

(4)雷电的影响。雷阵雨与酸雨呈正相关。如在南京，非雷阵雨时出现酸雨的频率为10.4%，而雷阵雨时出现的频率为 100%。

另外，风向、气流、大气混合层的高度、大气系统等对酸雨的形成有着复杂的影响。

4. 降水的酸化过程

现在一般认为酸雨的形成包括雨除和冲刷两个过程。

(1)雨除过程。

在大气中，$0.1 \sim 10 \mu m$ 气溶胶作为凝结核造成了水蒸气的凝结，然后通过碰撞和聚结等过程进一步生长从而形成云滴和雨滴，同时吸收大气酸性气体污染物 SO_2、NO_x 等，并在云滴内部发生化学反应，这个过程叫污染物的云内清除或雨除(in-cloud scavenging or rain-out)。

(2)冲刷过程。

在雨滴下落过程中，雨滴冲刷着所经过空气中的气体和气溶胶，雨滴内部也会发生化学反应，这个过程叫污染物的云下清除或冲刷(below-cloud scavenging or wash-out)。

雨水的 pH 值和化学组成取决于这两个过程的各种物理和化学过程的总和，雨水的酸化就是在这些清除过程中形成的。

复习思考题

1. 何谓酸沉降？
2. 大气气相中二氧化硫被氧化的重要反应有哪几个？
3. 大气液相中重要的初级化学过程有哪些？
4. 二氧化硫的大气液相氧化途径有哪些？
5. 在大气气相中，NO_x 转化为 HNO_3 的反应主要有哪些？
6. 在大气液相中，含氮化合物有哪些主要的反应？
7. 大气中，甲酸是如何生成的？
8. 对雨水水质和酸度有影响的主要成分有哪些？
9. 降水离子成分之间的相关性有何作用？
10. 降水背景值的研究是如何提出来的？其研究有何意义？
11. 影响降水 pH 值的因素主要有哪些？
12. 试述酸雨形成的过程。

第六章　环境中的微界面过程

　　环境是一多相系统，相邻两相之间存在着界面，如大气与海洋、湖泊之间存在气-液界面，大气与土壤、冰、雪、岩石之间存在气-固界面，大气与植物之间存在气-生物界面，土壤与冰、雪之间存在固-固界面等。在这些界面进行着各种环境过程，对污染物在环境中的迁移、转化、归宿有着显著的影响，是环境化学研究的重要领域，如表 6.1 所示。

表6.1 界面上发生的一些重要天然过程

过　程	界　　面	实　　例
风化	固-液（岩石-水）	固、液同成分和异成分的岩石溶解浸蚀，土壤的形成
气体交换	液-气（水-大气）	水的曝气、蒸发，CO_2 的吸收，从水面散失挥发物
结晶、沉淀	液-固（如水-沉积物）	沉积物和岩石的生成，方解石的晶核生成和沉淀，冰的晶核生成
吸附	液-固	H^+、OH^-、阳离子、阴离子、弱酸等在固体（如氧化物、黏土、生物体）表面的吸附，表面活性剂和难溶于水的非离子型物质（如多种农药、氯代烃等）在悬浮颗粒上的吸附
吸收	液-液	亲油性物质在油或类脂相中溶解，食物链中的生物积累
气溶胶生成	固-气	工业烟尘颗粒的散放、土壤灰尘的飞扬

　　资料来源：Stumm, W and Morgan T T. Aquatic Chemistry. John Wiley and Sons, New York, 1981.

　　另外，在环境某一相中，存在着大小不一的微粒。例如，大气中存在颗粒物和气溶胶粒子，水体中有各种悬浮的颗粒物和胶体粒子，土壤液相中存在胶体粒子与颗粒物等。由于这些微粒表面与相邻的环境相相互接触，也形成液-固或气-固界面，为了与大的环境相之间形成的界面有所区分，我们姑且称之为微界面。在此界面上，发生各种环境过程，称之为微界面过程。这些过程对污染物在环境中的迁移、转化、归宿有着显著的影响，也是环境化学研究的重要领域。本章将讨论环境中的微界面过程。

第一节　环境中的微粒及其表面性质

一、环境中的微粒

1. 环境中的微粒

在水体、大气与土壤环境中，存在形形色色的粒子，如果按照它们的粒径尺度划分，可以区分为胶体粒子(粒径 1~100nm), 颗粒物(粒径 100nm~数十 μm), 由于胶体粒子和μm 级颗粒物的粒径小, 且环境行为特征十分相似, 因而可以把它们通称为微粒。

2. 微粒的分类

环境中微粒的组成复杂, 如果按微粒的化学成分划分, 环境中的微粒可以区分为无机微粒、有机微粒、无机-有机复合微粒。

(1)无机微粒: 其化学成分是无机化合物。主要有各种矿物粒子, 如黏土矿、金属元素的氧化物或氢氧化物、金属元素的碳酸盐与磷酸盐等。

(2)有机微粒: 其化学成分为有机物, 主要由腐殖质组成。

(3)无机-有机复合微粒: 由无机微粒与有机微粒相互作用结合形成。

(4)生物微粒: 环境中的粒径在 μm 以下的有机体, 称为生物微粒, 如某些细菌、真菌和藻类等。

二、环境中微粒的表面性质

环境中微粒的表面性质对物质在固-液界面的物理化学过程有很大的影响, 矿物表面基团控制着矿物表面化学活性及其与介质中离子或分子反应的机制。因此, 对矿物表面基团及其表面作用的研究有重要意义。下面将简要讨论一些主要微粒的表面性质。

(一)金属元素氧化物的表面性质

1. 表面羟基

金属氧化物表面的重要性质之一是具有表面羟基, 其形成过程可用图 6.1 表示。表面金属离子由于受力作用不平衡, 所以首先表现为具有路易斯(Lewis)酸, 倾向于配位水分子, 对于大多数氧化物, 水分子接着离解形成表面羟基。不同氧化物表面的羟基化速度不同, SiO_2 的羟基化是缓慢过程, α-Fe_2O_3、γ-Al_2O_3 表面上羟基的形成是很快的。红外光谱证实了各种氧化物表面羟基的存在。另外还可用一些先进实验方法如加热失重、水蒸气吸附的 BET 处理, D_2O 交换以及如 $HClO_4$、H_3PO_4、NaOH、CH_3Mg 各种试剂反应方法来测定表面羟基的浓度, 一些结果列于表 6.2, 典型氧化物表面羟基的浓度为 $(4~10)$ 个/$100(\text{Å})^2$。

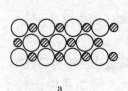 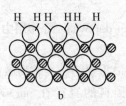 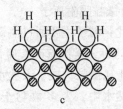

◉金属离子, ○氧离子。a. 表面层中金属离子具有不足的配位数, 因而表现为 Lewis 酸; b. 有水存在时, 表面金属离子会首先趋向于同 H_2O 分子配位; c. 对于大多数氧化物强烈趋向于水分子的离解或/和化学吸附.

图 6.1 金属氧化物表面层的横断面示意图

由图 6.1c 可见表面具有两种不同类型的基团：

（1）与一个金属离子键合的羟基（a 型）；

（2）与两个（或更多）金属离子键合的羟基（b 型）。

表 6.2 表面羟基的浓度

氧化物	OH 个数/100(Å)^2	氧化物	OH 个数/100(Å)^2
SiO_2（无定形）	4.8	SnO_2	2.0
TiO_2（锐钛矿）	5.1	$\eta\text{-}Al_2O_3$	4.8
	4.5	$\gamma\text{-}Al_2O_3$	10
	4.9	$\alpha\text{-}Fe_2O_3$	5.5
	2.8		9.1
CeO_2	4.3	ZnO_2	6.8-7.5

2. 表面电荷

金属氧化物微粒表面通常带有电荷，称为表面电荷。它来源于两个途径：

（1）来源于羟基化表面的化学反应。

这一反应涉及 H^+，因而与介质的 pH 值有关，悬浮在水中 MnO_2 胶体获得表面电荷的途径如图 6.2 所示。

在酸性介质中，MnO_2 微粒表面可发生下面的反应而带正电荷：

$$MnO_2(H_2O)(s) + H^+ \longrightarrow MnO_2(H_3O)^+(s)$$

在较强的碱性介质中，可失去 H^+ 而使离子带负电荷：

$$MnO_2(H_2O)(s) \longrightarrow MnO_2(OH)^-(s) + H^+$$

在中等 pH 值的情况下，当带正电荷的微粒子数与带负电荷的微粒子数相等时，微粒净电荷为零，这种情况（常发生在 pH＝7）叫零点电荷（point of zero charge，PZC），或称等电点。这种情况下容易形成沉淀。

（2）微粒吸附离子。

氧化物粒子主要通过氢键、Van der Waals 等作用力吸附离子而带电荷。

（二）黏土矿微粒的表面性质

黏土矿微粒构成了天然水体中最重要的一类矿物微粒。其组成与结构已在第二章中介绍。天然水中，大多数黏土矿物颗粒的直径在 nm～μm 级，例如高岭土粒子直径在 0.2～2μm。

1. 表面电荷

黏土微粒表面通常带负电荷，其来源途径有三：

（1）晶格棱边附近键的断裂。

（2）晶格内部的同晶置换造成的。例如，若固体 SiO_2 四面体的任意行列中，有 Si 原子被 Al 原子所置换（Al 比 Si 少一个电子），就会形成荷负电的网格：

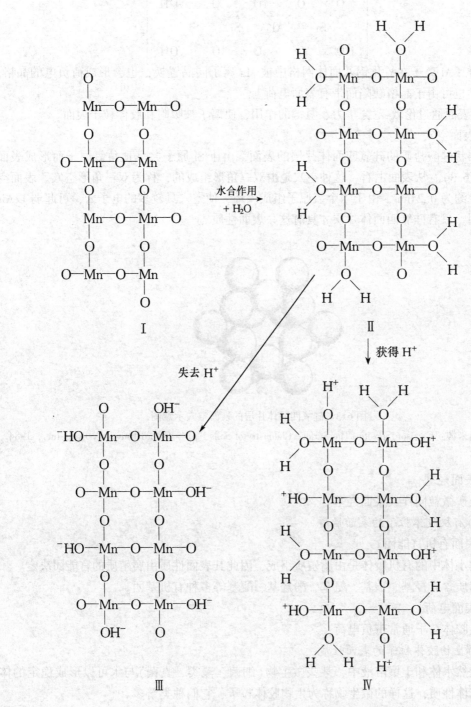

图 6.2 金属氧化物微粒获得表面电荷的主要途径

$$
\left[\begin{array}{ccccc} O & O & O & O & OH \\ Si & Al & Si & Si & \\ HO & O & O & O & OH \end{array}\right]
$$

同样，Al 离子在氧化铝八面体网格中被 Mg 离子同晶置换，也会形成荷负电的晶格。难溶盐类也可由于晶格缺陷而带有表面电荷。

（3）表面通过伦敦-范德华力、氢键的作用，使离子被吸附在胶体粒子表面。

2. 表面空穴

在层状硅酸盐矿的硅氧四面体片层的表面，由于 Si 原子共享顶角氧原子而形成表面空穴（图 6.3）。从表面上看，这种空穴是由双三角形组成的，称为双三角形空穴。表面空穴的内径约为 0.24nm，由于六个氧原子组成一环，使空穴具较多的电子云，可起弱 Lewis 碱的作用。只有硅氧四面体片层才具有这一表面性质。

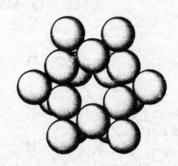

图 6.3　硅氧四面体片层的表面空穴示意图

资料来源：Garrison Sposito. The Surface Chemistry of Soils, p14. Oxford University Press Inc., 1984.

3. 表面羟基

黏土矿微粒同样具表面羟基。

（三）有机胶体粒子的表面性质

1. 表面有机官能团

天然水体中的有机胶体是由腐殖质组成，因此其表面性质由腐殖质的官能团决定。腐殖质含有羟基、羧基、氨基、酚羟基、醌基等多种有机基团。

2. 表面电荷

有机胶体粒子通常带负电荷。

（四）生物胶体粒子的表面性质

在天然水体和土壤溶液中，某些微生物（细菌、藻类、真菌）与水可以形成稳定的体系，具胶体性质，这样的微生物称为生物胶体粒子，它们种类繁多。

生物胶体粒子-水界面的微界面过程控制的主要因子是生物细胞的表面性质，而生物细胞表面的性质由其细胞壁表面的物理化学性质决定。

1. 具有表面官能团

细菌、藻类、真菌等生物的表面具有—COOH、—OH、—NH_2、—HPO_4^- 等有机官能团，详细的讨论见本章第三节。

2. 具表面电荷

通过细胞表面的羧基和氨基失掉和获得 H^+，这类胶体也具有表面电荷，并与介质的 pH 值有关。

$$R \begin{smallmatrix} COOH \\ \\ NH_3^+ \end{smallmatrix} \overset{K_1}{\rightleftharpoons} R \begin{smallmatrix} COO^- \\ \\ NH_3^+ \end{smallmatrix} \overset{K_2}{\rightleftharpoons} R \begin{smallmatrix} COO^- \\ \\ NH_2 \end{smallmatrix}$$

　　　　低 pH 值　　　　中等 pH 值　　　　高 pH 值

第二节　矿物微粒-水的界面过程

天然水中有悬浮的固体微粒和各种溶解的化学物质，固相与水相之间界面存在固-液微界面，化学物质在这一界面进行物质交换。这一过程对化学物质的生物地球化学循环和天然水中化学物质的迁移、转化与效应有十分重要的影响，对污染控制技术的研究也有重要的意义。固-液微界面过程一直是环境学科、地球学科关注的问题，同时也是过程涉及面很广的问题。天然水中固体微粒大部分为矿物微粒，如黏土矿、金属氧化物、金属氢氧化物和碳酸盐等，为此本小节讨论的范围只局限于矿物微粒/水的微界面过程。

天然水中悬浮的固-液的边界层存在界面现象，如何解释诸如吸附、矿物与溶质的相互作用等界面现象，20 世纪 60 年代至 70 年代初，已经建立了一些理论模型，用于解释氧化物对金属离子吸附的机理，如 Gouy-Chapman-Stern-Grahame 模型、吸附-水解模型（Adsorption-Hydrolysis Model）、离子-溶剂相互作用模型（Ion-Solvent Interaction Model）、离子交换模型（Ion Exchange Model）和表面配合物形成模型（Surface Complex Formation Model），后称表面配位模型（Surface Coordination Model，或 Surface Complexation Model，SCM）。随着研究的不断推进，表面配位模型发展成为描述矿物微粒-水界面过程的主流理论。

Werner Stumm 指出，双电层理论将矿物表面与溶质的相互作用仅归因于自身的电荷，缺乏在分子水平上表征矿物表面与溶质相互作用，缺乏对矿物-水界面结构的描述，模型难以解释天然矿物表面与溶质相互作用为何生成了共价键，认为必须考虑一些专属的化学因子，多次明确指出表面配位模型是双电层理论的补充与发展。因此，本小节先介绍双电层理论，然后讨论表面配位模型。

一、双电层（electric double layer）理论简介

1. 双电层理论的发展概要

双电层模型认为，固体与溶液接触时，其表面带有电荷，导致固-液界面液体一侧带有相反电荷。为了解释这一现象，H. Helmholtzy（1853）首先以平行板电容器来简单模拟固体-水溶液界面的电动现象，双电层模型理论初步形成。后经 G. Gouy（1910）和 D. L. Chapman（1913）引入扩散作用，认为反离子既受到静电力的吸引，又进行着自身的热运

动，当这两者达到平衡时，反离子呈扩散状态分布在溶液中。1924 年，O. Stern 在 Helm-holtz 和 Gouy-Chapman 模型的基础上将双电层分为牢固吸附于固体表面的 Stern 层和外扩散层，Stern 层内电荷分布与 Helrnholtz 模型相似，Stern 层外电荷分布与 Gouy-Chapman 模型相似，当发生电动现象时，Stern 层随固体颗粒一起运动，与扩散层产生相对滑动，Stern 层与扩散层之间的界面，称为滑动面。1947 年，Grahame 进一步发展了 Stern 的理论，将 Stern 层细分为内 Helmholtz 层（IHP）和外 Helmholtz 层（OHP），双电层模型得以完善。1999 年，Gordon E. Brown, Jr 等人给出了双电层模型的示意图（图 6.4）。双电层理论已被胶体化学、界面化学等学科广泛应用。

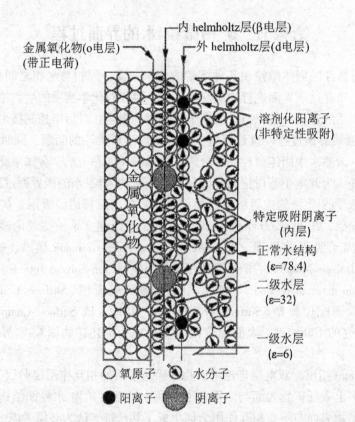

ε 为水的介电常数，数值为估算值，可描述水在 IHP、OHP 以及主体的分布。

图 6.4   在金属氧化物-水溶液界面的双电层（EDL）模型示意图

资料来源：Gordon E. Brown, Jr. Victor E. Henrich, William H. Casey, et. al., Metal Oxide Surfaces and Their Interactions with Aqueous Solutions and Microbial Organisms, *Chem. Rev.* 1999, 99（77-174）：115.

2. 双电层荷电状态

从上面的讨论可知，双电层荷电表面的电状态由其周围离子的空间分布决定。2005 年，IUPAC 发表了"电动现象的测量与说明（measurement and interpretation of electrokinetic phenomena）"技术报告，用示意图说明、规范了双电层模型固体表面附近区域范围内电荷与电位变化与距离的关系(图6.5)。指出在固定表面的电荷密度为 σ^0,在 IHP 的电荷密度为 σ^i,在扩散层的电荷密度为 σ^d,由于体系为电中性约束,三者之和应为零。

$$\sigma^0 + \sigma^i + \sigma^d = 0$$

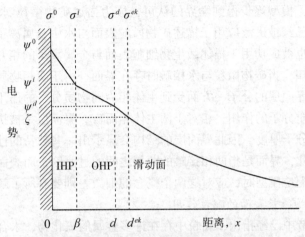

图6.5 在正的荷电界面电荷与电位示意图

注:在表面(电位 Ψ^0,电荷密度 σ^0)与 IHP(从表面起的距离 β)之间的区域是没有电荷的。IHP(电位 Ψ^i,电荷密度 σ^i)是专属吸附离子的场所。扩散层(OHP)始于 $x=d$,具有电位 Ψ^d 和电荷密度 σ^d。滑动平面或剪切面位于 $x=d^{ek}$。在滑动平面的电位是电动力学电位或 zeta-电位 ζ;电动力学电荷密度为 σ^{ek}。

资料来源:A. V. Delgado[1], ‡, F. Gonzalez-caballero1, R. J. Hunter[2], L. K. Koopal[3], AND J. Lyklema[3], **Measurement and Interpretation of** Electrokinetic Phenomena,(IUPAC Technical Report),*Pure Appl. Chem.*,2005,77:1758.

二、表面配位模型

(一)表面配位模型发展概况

表面配位模型形成于20世纪70年代。1970年,Werner Stumm 和 Chin-Pao Huang 等人完成了影响胶体稳定性的专属化学吸附作用研究,提出了金属水合氧化物-水界面配位化学的概念,认为金属氧化物表面与氢离子和其他阳离子的结合作用能够像多电解质溶液一样,可用酸性常数表征表面与氢离子的作用,用内禀常数或固有常数(intrinsic constants)表征表面与阳离子的相互作用,并给出了初步的研究方法。1973年,Stumm 等人运用电化学理论与配位化学相结合的方法,完成了水合 γ-Al_2O_3 表面阳离子的专属吸附研究,发现 γ-Al_2O_3 表面可形成 AlO^- 配位体,能够与 Ca^{2+} 和其他碱土金属离子生成配合物。1976年,Paul W. Schindler 等人研究了二氧化硅表面硅羟基的配位性质,发现二氧化硅表面脱质子的硅羟基可作为配位体与 Fe^{3+},Cu^{2+},Cd^{2+} 和 Pb^{2+} 形成表面配合物。1976年,Stumm 等人对自己前几年有关金属离子与水合氧化物表面相互作用的研究工作,作了回顾性述评与修正,对表面配位模型做了进一步的阐述。此后,表面配位模型的研究论文不断增多，矿物微粒的研究拓展到多种元素的氧化物，专属吸附的研究扩展到对阴离子和弱酸的吸附。有关表面配位模型的专著也相继出版，如1981年Stumm和J. J. Morgan的 *Aquatic Chemistry*（第二版），1984年Garrison Sposit的 *The Surface Chemistry of Soils*，1987年Stumm的 *Aquatic Surface Chemistry* 等。这些工作推进、深化了表面配位模型的研究，使其理论体系日趋完善，模型逐步得到学界的认可，成为描述矿物微粒-水界面过程的主流理论。表面配位模型已经被广泛应用于描述矿物微粒表面与水中金属离子、有机物、含氧阴离子的相互作用，也被成功用于描述微生物细胞表面与金属离子的相互作用。

从上面介绍可知，当矿物微粒与水接触时存在界面。由于两相物质在界面层的性质与主体相不同，处于界面层的分子一方面受到主体相内同物质分子的作用，另一方面受到性质不同另一相中物质分子的作用，相对于两主体相而言，界面层是被扰动了的，固相与液相界面大约有几个分子厚度，因此界面层的结构会显示出一些独特的性质，示意图6.4说明了这一问题。因此，界面是指两相接触的两相之间的过渡区，而表面通常指颗粒物几何平面。在讨论表面配位模型时，应对这两个概念的细微差别要有所了解。

（二）金属氧化物微粒表面的配位作用

在第二章第三节中已经指出，黏粒中存在许多金属的氧化物、水合氧化物和羟基化合物。表面配位模型的基本思想是金属氧化物表面含有多种官能团，如表面OH基、氧基（oxo-group）等等，这些基团能够与水溶液中的金属离子、有机物等发生反应，在矿物微粒表面或在矿物微粒-水界面形成配合物，表面配合物的化学计量与热力学稳定性能够由基于吸附实验的解决方法导出，能够应用质量作用定律进行量化。

1. 氧化物/水界面的化学过程

金属氧化物表面都含有表面羟基（用$\equiv X-OH$表示，X代表矿物微粒主体的金属或非金属原子，例如Al、Fe、Ti、Si等；OH为羟基）。由于这一结构的特性，金属氧化物表面能够与水中的溶质相互作用，使得在氧化物微粒-水的界面进行着各种化学过程：

（1）表面羟基的酸-碱反应（脱质子化与质子化）；

（2）脱质子化的表面羟基与金属离子（M_e^{z+}）配位，若干种存在形式可能同时生成；

（3）配位交换，表面羟基被配位体所置换；

（4）金属离子和配位体与氧化物表面的相互作用；

（5）溶解的多齿配位体与X和溶解金属离子两者配位。

这些表面配位反应可用图6.6表示，下面将作进一步讨论。

（1）表面羟基的酸碱反应（脱质子化与质子化）

在溶液中，金属氧化物的表面羟基可发生质子转移，可归因于表面羟基的质子化和脱质子化（图6.6a）。表面配位模型认为，能够以在溶液中的平衡的方式来处理金属氧化物表面羟基发生的质子迁移过程，对于表面羟基质子化，则有：

$$\equiv X-OH + H^+ \rightleftharpoons \equiv X-OH_2^+$$

对于表面羟基的脱质子化，则有

$$\equiv X-OH \rightleftharpoons \equiv X-O^- + H^+$$

在离子强度恒定的溶液中，质子化与脱质子化过程的倾向性，可用酸度常数来表征：

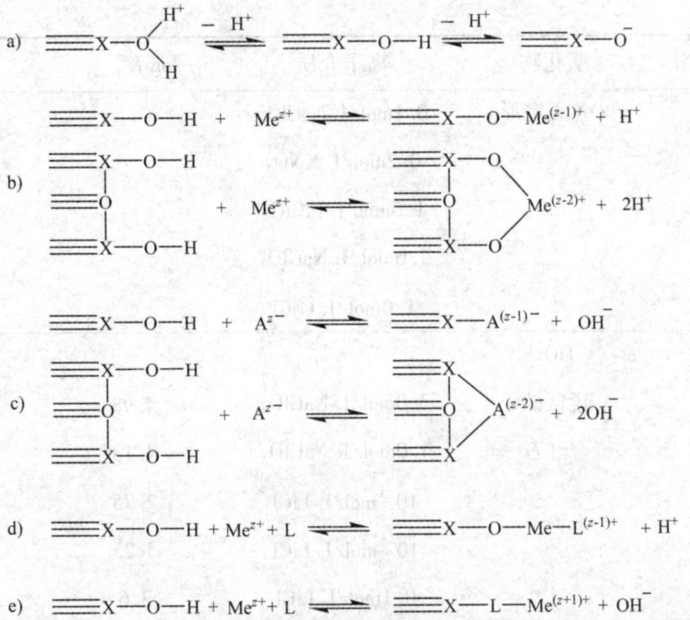

图 6.6　氧化物表面配位反应示意图

$$K_{a_1}^s = \frac{\{\equiv X\text{-}OH_2^+\}}{\{\equiv X\text{-}OH\}[H^+]}(dm^3 mole^{-1})$$

$$K_{a_2}^s = \frac{[H^+]\{\equiv X\text{-}O^-\}}{\{\equiv X\text{-}OH\}}(mole dm^{-3})$$

式中：括号 [ ] 为溶解化学物质的浓度，mol/dm^3；大括号 { } 表示表面物种(surface species)的浓度，通常表面物种的浓度以每 kg 吸附固体的摩尔数给出。如果吸附固体的比表面积是已知的，可以转换为表面密度(以固体每平方米的摩尔数表示)。K_{a1}^s、K_{a2}^s 为酸度常数，它是在恒定温度、压力和离子强度下用实验方法可求得的量，也称条件稳定常数(如果吸附固体的比表面积是已知的，可以转换为表面密度，以固体每平方米的摩尔数表示。)。

1987 年，Schindle 和 Stumm 收集了一些氧化物的酸度常数 $K_{a1(int)}^s$ 和 $K_{a2(int)}^s$ 值(表 6.3)，(int 是 intrinsic 的缩写)这两个常数称为固有酸度常数，将在后面讨论)，这些值是由外推或在固定电容模式的基础上计算获得的、便于比较值。

表 6.3　　　　　　　　　一些氧化物表面羟基的酸度常数(289.2 K)

基团	氧化物	离子介质	$\log K_{a1(int)}^s$	$\log K_{a2(int)}^s$
Al—OH	γ-Al_2O_3	0.1mol/L $NaClO_4$	7.2	-9.5
	δ-Al_2O_3	0.1mol/L $NaClO_4$	7.4	-10.0
Al(OH)(OH$_2$)	γ-Al(OH)$_3$	1mol/L KNO_3	5.2	-8.08

续表

基团	氧化物	离子介质	$\log K_{a1(int)}^s$	$\log K_{a2(int)}^s$
Si—OH	SiO₂(无定形)	0.1mol/L NaClO₄		-6.8
		0.2mol/L KNO₃		-6.53
		1.0mol/L LiClO₄		-6.57
		1.0mol/L NaClO₄		-6.71
		1.0mol/L CsCl		-5.71
Ti—OH	TiO₂			
	锐钛矿	3.0mol/L NaClO₄	4.98	-7.80
	金红石	1.0mol/L NaClO₄	4.13	-7.39
		10^{-3}mol/L LiCl	2.75	-9.1
		10^{-2}mol/L LiCl	3.25	-8.9
		0.1mol/L LiCl	3.6	-8.4
Zr—OH	ZrO₂	1.0mol/L KNO₃	5.67	-7.91
Th—OH	ThO₂	1.0mol/L NaClO₄	5.15	-7.90
Fe—OH	Fe(OH)₃(无定形)	$I=0.1$	6.6	-9.1
	α-FeOOH	0.1mol/L NaClO₄	6.4	-9.25

数据来源：Paul W. Schindler, in Werner Stumm, Aquatic Surface Chemistry, 1987.

（2）脱质子化表面羟基与金属离子的配位

金属氧化物对金属离子的作用是通过脱质子化的表面羟基与金属离子生成配位化合物而完成的，在离子强度恒定的溶液中，因而有下列平衡：

$$\equiv X—OH + Me^{z+} \rightleftharpoons \equiv X—OMe^{(z-1)+} + H^+$$

$$2\equiv X—OH + Me^{z+} \rightleftharpoons (\equiv X—O)_2 Me^{(z-2)+} + 2H^+$$

式中，Me^{z+} 表示溶液中的金属离子。

像溶液中的配位化学一样，金属氧化物表面羟基与溶液中金属离子的相互作用也可以用配位反应的平衡常数（配合物的稳定常数）表征：

$$*K_1^s(I) = \frac{[H^+]\{\equiv X—OMe^{(z-1)+}\}}{[Me^{z+}]\{\equiv X—OH\}}$$

$$*\beta_2^s(I) = \frac{[H^+]^2\{(\equiv X—O)_2 Me^{(z-2)+}\}}{[Me^{z+}]\{\equiv X—OH\}^2}$$

式中：$*K_1^s(I)$、$*\beta_2^s(I)$ 为配合物的稳定常数；（I）表示介质离子强度恒定；[ ]表示在水溶液中化学物质的浓度，mol/dm³；{ }表示金属氧化物表面活性成分的浓度，mol/kg 悬浮固体氧化物，$*$ 表示表面反应，亦可省略。

1987 年，Schindler 和 Stumm 给出了一些氧化物与金属离子的表面配合物稳定常数（表

6.4)。

表 6.4　　　　　　　　　**一些氧化物与金属离子的表面配合物稳定常数(298.2K)**

基团	氧　化　物	Me^{z+}	离子介质	$\log^* K^s_{1(int)}$	$\log^* \beta^s_{2(int)}$
Al—OH	$\gamma\text{-}Al_2O_3$	Ca^{2+}	0.1mol/L $NaNO_3$	−6.1	—
		Mg^{2+}	0.1mol/L $NaNO_3$	−5.4	—
		Ba^{2+}	0.1mol/L $NaNO_3$	−6.6	—
		Pb^{2+}	0.1mol/L $NaClO_4$	−2.2	−8.1
		Cu^{2+}	0.1mol/L $NaClO_4$	−2.1	−7.0
Si—OH	SiO_2(无定形)	Mg^{2+}	1mol/L $NaClO_4$	−7.7	−17.15
		Fe^{3+}	3mol/L $NaClO_4$	−1.77	−4.22
		Cu^{2+}	1mol/L $NaClO_4$	−5.52	−11.19
		Cd^{2+}	1mol/L $NaClO_4$	−6.09	−14.20
		Pb^{2+}	1mol/L $NaClO_4$	−5.09	−10.68
Ti—OH	TiO_2(金红石)	Mg^{2+}	1mol/L $NaClO_4$	−5.90	−13.13
		Co^{2+}	1mol/L $NaClO_4$	−4.30	−10.60
		Cu^{2+}	1mol/L $NaClO_4$	−1.43	−5.04
		Cd^{2+}	1mol/L $NaClO_4$	−3.32	−9.00
		Pb^{2+}	1mol/L $NaClO_4$	0.44	−1.95
Mn—OH	$\delta\text{-}MnO_2$	Ca^{2+}	0.1mol/L $NaNO_3$	−5.5	—
Fe—OH	Fe_3O_4	Co^{2+}	$I=0$	−2.44	−6.71

再次为了内在的一贯性,在表 4.5 收集的数据是从固定电容模型或从条件常数与固有常数变为相同的低表面覆盖工作获得的。

资料来源:同表 6.3。

(3)配体交换

金属氧化物表面羟基除了可发生上述的表面反应之外,还可以与水中的配体、阴离子等发生配体交换反应:

$$\equiv X—OH + A^{z-} \rightleftharpoons \equiv X—A^{(z-1)-} + OH^-$$

$$\begin{array}{l} \equiv X—OH \\ \quad | \qquad\quad +A^{z-} \rightleftharpoons (\equiv X—)_2 A^{(z-2)-}+2OH^- \\ \equiv X—OH \end{array}$$

式中:A—溶液中的配体。

对于上述两种配位体交换反应,氧化物表面与溶液中溶质反应的倾向性能够用平衡常数表征：

$$* K_1^s = \frac{\{ \equiv X\!-\!A^{(z-1)-} \} [OH^-]}{\{ \equiv X\!-\!OH \} [A^{z-}]}$$

$$* \beta_2^s = \frac{\{ (\equiv X\!-\!)_2 A^{(z-2)-} \} [OH^-]^2}{\{ \equiv X_2\!-\!OH_2 \} [A^{z-}]}$$

式中：$* K_1^s$、$* \beta_2^s$ 为平衡常数；[ ]为平衡时溶质的浓度，mol/kg；{ }为平衡时氧化物表面活性成分的浓度，mol/kg。

例如邻苯二甲酸作为配体时，发生如下反应：

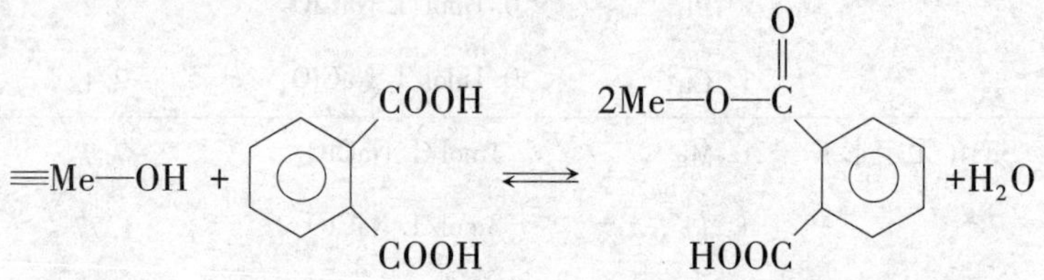

对于质子化的阴离子，配位交换是通过氧化物表面配体的脱质子化随之进行的。例如 HPO_4^{2-}：

$$\equiv X\!-\!OH + HPO_4^{2-} \rightleftharpoons \equiv XHPO_4^- + OH^- \rightleftharpoons \equiv XPO_4^{2-} + H_2O$$

$* K_1^s$ 与 $* \beta_2^s$ 平衡常数能够通过实验方法获得。针铁矿、$\gamma\text{-}Al_2O_3$ 与一些阴离子和共轭酸的配位平衡反应、平衡常数列在表 6.5。

表 6.5　　　　　　　　　　　阴离子配合物的固有稳定常数
（295K，离子强度未具体说明）

针　铁　矿	$\log K_{(int)}^s$
$\equiv FeOH + F^- \rightleftharpoons \equiv FeF + OH^-$	−4.8
$\equiv FeOH + SO_4^{2-} \rightleftharpoons \equiv FeSO_4^- + OH^-$	−5.8
$2\equiv FeOH + SO_4^{2-} \rightleftharpoons (\equiv Fe)_2 SO_4 + 2OH^-$	−13.5
$\equiv FeOH + HAc \rightleftharpoons \equiv FeAc + H_2O$	2.9
$\equiv FeOH + H_4SiO_4 \rightleftharpoons \equiv FeSiO_4H_3 + H_2O$	4.1
$\equiv FeOH + H_4SiO_4 \rightleftharpoons \equiv FeSiO_4H_2^- + H_3O$	−3.3
$\equiv FeOH + H_3PO_4 \rightleftharpoons \equiv FePO_4H_2 + H_2O$	9.5
$\equiv FeOH + H_3PO_4 \rightleftharpoons \equiv FePO_4H^- + H_3O^+$	5.1
$\equiv FeOH + H_3PO_4 + H_2O \rightleftharpoons \equiv FePO_4^{2-} + 2H_3O^+$	−1.5
$2\equiv FeOH + H_3PO_4 \rightleftharpoons (\equiv Fe)_2 PO_4H + 2H_2O$	8.5
$2\equiv FeOH + H_3PO_4 \rightleftharpoons (\equiv Fe)_2 PO_4^- + H_2O + H_3O^+$	4.5

续表

$\gamma\text{-}Al_2O_3$	$\log K^s_{(int)}$
苯甲酸	
$\equiv AlOH+HA \rightleftharpoons \equiv AlA+H_2O$	3.7
邻苯二酚	
$\equiv AlOH+H_2A \rightleftharpoons \equiv AlAH+H_2O$	3.7
$\equiv AlOH+H_2A \rightleftharpoons \equiv AlA^-+H_3O^+$	−5
邻苯二甲酸	
$\equiv AlOH+H_2A \rightleftharpoons \equiv AlAH+H_2O$	7.3
$\equiv AlOH+H_2A \rightleftharpoons \equiv AlA^-+H_3O^+$	2.4
水杨酸	
$\equiv AlOH+H_2A \rightleftharpoons \equiv AlAH+H_2O$	6.0
$\equiv AlOH+H_2A \rightleftharpoons \equiv AlA^-+H_3O^+$	−0.6

资料来源：同表 6.3。

(4)氧化物表面与金属离子和配体的相互作用

在水中，可能同时存在金属离子和不同的配体，金属氧化物表面通过两种反应与它们形成两种不同形态的表面配合物：

$$\equiv X\text{—}OH + L^- + Me^{z+} \rightleftharpoons \equiv X\text{—}OMe\text{—}L^{(z-2)+} + H^+$$

$$\equiv X\text{—}OH + L^- + Me^{z+} \rightleftharpoons \equiv X\text{—}L\text{—}Me^{z+} + OH^-$$

由第一个反应生成金属离子在氧化物表面与配体之间的配合物，称为 A 型三元表面配合物。在上述第二个反应，配体 L 为多齿配体，则生成配体在氧化物表面与金属离子之间的表面配合物，称为 B 型三元表面配合物。反应的倾向性同样可用平衡常数来表征。

(5)条件平衡常数与固有平衡常数

我们应注意氧化物表面配位平衡常数用两类符号表示，一类是 K^s_a、K^s_1 和 β^s_2，另一类是 $K^s_{a(int)}$、$K^s_{1(int)}$ 和 $\beta^s_{2(int)}$。前者称为酸度常数(K^s_a)、配合物稳定常数(K^s_1 和β^s_2)，它们为条件平衡常数，是在一定的实验条件(恒定温度、压力和离子强度下)下可获得的值，这些常数值取决于占优势的覆盖。后者称为固有酸度常数 $K^s_{a(int)}$、固有稳定常数 $K^s_{1(int)}$、$\beta^s_{2(int)}$，它们是氧化物自身禀赋的表面性质。可以通过一些方法由条件平衡常数估算固有平衡常数，Paul W. Schindler 和 Werner Stumm 给出了两类常数的经验关系式：

$$K^s(X) = K^s_{(int)}(X)\exp(-\alpha\{X\})$$

$$\log K^s(X) = \log K^s_{(int)}(X) - \frac{\alpha}{\ln(10)}\{X\}$$

此处，$K^s(X)$ 和 $K^s_{(int)}(X)$ 表示表面物种 X 的条件稳定常数和固有稳定常数，α 是经验常数，其值取决于所研究的体系。可以通过物种 X 的表面浓度（$\{x\}$）与其条件平衡常数对数（$\log K^s(X)$）的线性相关简单线性外推来估算固有常数（读者可参阅 Stumm 编著的 *Aquitic Surface Chemistry*）。

2. 氧化物/水表界面配合物的类型

在天然水-矿物系统中，金属氧化物表面可以与不同溶质形成不同类型的表面配合物，可根据配位键形成与否将其区分为内层（inner-sphere，IS）表面配合物和外层（outer-sphere，OS）表面配合物的结构形态。内层表面配合物含有共价键，水分子没有置入官能团或中心离子和键合的物种之间。外层表面配合物涉及静电作用，至少一个水分子插入配位的伙伴之间（图 6.7）。

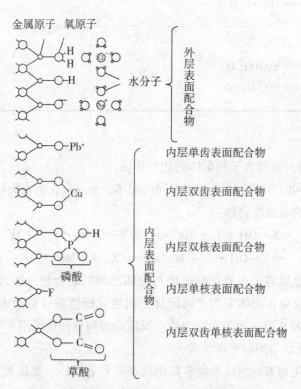

图 6.7　表面配位作用与表面配合物类型示意图

资料来源：Stumm, W., B. Wehrli, and E. Wieland, Surface complexation and its impact on geochemical kinetics, Croat. Chem. Acta, 60, 429-456, 1987：432.

1) 内层表面配合物（inner-sphere surface complexes）

在本节的表面配位模型已经指出，在氧化物、水合氧化物或硅酸盐等矿物表面，表面羟基可以通过后面 4 种表面配位反应与金属阳离子和其他的溶质分子形成表面配合物，其特点是它们之间形成化学键，这样的配合物称为内层（IS）表面配合物（图 6.7）。根据溶质分子与矿物表面官能团结合的状态，表面配合物又可以细分为：

（1）内层单齿表面配合物（inner-sphere surface complexes，monodentate）如图 6.7 中矿物表面与 Pb^{2+} 离子形成的表面配合物；

（2）内层双齿表面配合物（inner-sphere surface complexes，bidentate）如图 6.7 中矿物表面与 Cu^{2+} 离子形成的表面配合物。

（3）内层双核表面配合物（inner-spheric surface complexes，binuclear），如图 6.7 中矿物表面与磷酸盐形成期的表面配合物；

（4）内层单核表面配合物（inner-spheric surface complexes，mononuclear），如图 6.7 中矿物表面与 F^- 离子形成的表面配合物；

（5）内层双齿单核表面配合物（inner-sphere surface complexes，bidentate mononuclear），如图 6.7 中的草酸盐表面配合物；

2）外层表面配合物（outer-sphere surface complexes）

如果相反电荷的离子在临界距离内接近矿物的表面时，只是通过静电和/或氢键作用，配体被控制在矿物表面附近，形成外层（OS）表面配合物（图 6.7），其特点是在配合物模式之间至少有一个水分子。

3. 氧化物微粒/水界面的结构

前面一节已经指出，在水的作用下，金属和非金属元素的氧化物表面覆盖大量的表面羟基。表面配位模型将这类表面羟基化的氧化物微粒看作多氧酸或多氧碱，认为它们对 H^+、OH^- 以及阳离子、阴离子的专属吸附作用能够用在氧化物-水界面发生的配位反应来解释，其结果是生成内层与外层表面配合物，这些配合物处于双电层之内。1997 年，Stumm 给出了在氧化物微粒-水界面的分子水平的结构模型（图 6.8）。

4. 黏土矿/水界面的配位作用

黏土矿也称层状硅酸盐，是土壤黏粒的主要成分。层状硅酸盐的硅氧四面体片层表面具有双三角形表面空穴（也称六角形表面空穴），这是黏土矿表面特有的表面官能团。1984 年，Garrison Spositotic 指出，黏土矿物的表面配位作用与金属氧化物的表面配位作用有一定的差别，认为与硅氧烷的表面配位作用与双三角空穴密切相关，它通过六角共享硅氧四面体（图 6.3）形成。这样的空穴的直径约 2.6nm，由六组起源于氧原子环绕成环的孤对电子轨道构成，被认为是一种在初始的化学反应中可利用的双重占有电子轨道的分子单元。这些结构特征使双三角空穴具有 Lewis 碱的作用。

表面配位的活性取决于电荷在层状硅酸盐中的分布，主要有三种类型的配位作用。

1）表面空穴的弱 Lewis 碱的配位作用

电子分布在四面体片层表面六角形六个氧原子组成的环上，因此该空穴具有较丰富的电子云，呈现 Lewis 碱的作用。层状硅酸盐如果没有发生同晶取代，从而引起在下层内正电荷的不足，双三角形空穴的功能像一很弱的 Lewis 碱（电子供体），只能配位中性的偶极分子，比如水分子。所生成的配合物是很不稳定的。

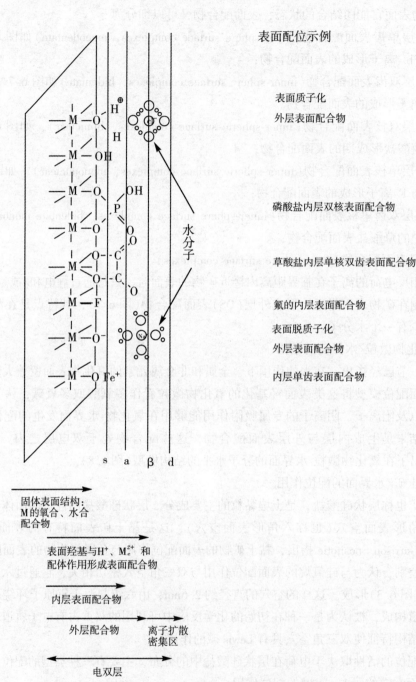

S—与表面羟基关联的平面；a—内层配合物；β—外层配合物；d—离子扩散密集区

图 6.8　矿物-水界面的结构与反应模型示意图

资料来源：Werner Stumm ，Reactivity at the mineral-water interface：dissolution and inhibition，*Colloids Surfaces A：Physicochem. Eng. Aspects* 120（1997）143-166.

2) 表面空穴的强 Lewis 碱的配位作用

如果在八面体片层发生 Fe^{2+} 或 Mg^{2+} 对 Al^{3+} 的同晶替代，所产生过量的负电荷自身能够分布在 4 个二氧化硅四面体的 10 个表面氧原子上，因为该层 4 个四面体是通过它们的顶点与 1 个八面体相结合的。负电荷这种分布增强了双三角形空穴的 Lewis 碱的特征，使其能与溶剂化的阳离子形成外层表面配合物（图 6.9(b)）。在这个例子中，它是熟知的钙-蒙脱土两层水合物，该水合物通过 6 个水分子溶剂化 Ca^{2+} 阳离子与两个独立硅氧表面的两个相对的双三角形空穴形成配合物。

3) 表面空穴与离子立体化学构型的内层表面配位作用

如果在四面体片层中发生 Si^{4+} 被 Al^{3+} 同晶取代，过剩的负电荷主要分布在一个四面体的三个表面氧原子上，因此使表面空穴电荷与阳离子和偶极分子的作用更为强烈。某些层状硅酸盐矿物的这种层电荷足够多，如伊利石云母（illitic micas）和蛭石（vermiculite），允许在矿物的基部平面内的每一个双三角形空穴配位一个 K^+，并且钾离子的离子直径（0.276nm）非常接近空穴的内径，这就需要钾离子与相近的两个相对的双三角形空穴的 12 个氧原子配位。在表面空穴负电荷的分布与立体化学因子的作用下使伊利石云母和蛭石与钾离子形成了稳定的内层表面配合物（图 6.9(a)）。众所周知，土壤中 K-云母和 K-蛭石表面配合物是稳定性的。

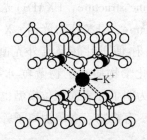 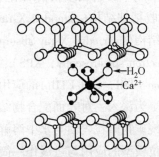

a. 内相表面配合：蛭石上的 K^+ b. 外相表面配合：蒙脱石上的 $Ca(H_2O)_6^{2+}$

图 6.9   阳离子与表面空穴的配合示意图

资料来源：G Sposito. The Surface Chemistry of Soils. Oxford University Press Inc, 1984：14.

5. 表面配位模型的基本要点

通过上述的讨论，可以把矿物-水界面的表面配位模型的基本要点概括如下。

1) 水中的矿物微粒具有表面官能团

矿物、有机固体微粒具有表面官能团，如金属、非金属氧化物含有表面羟基、氧基等，层状硅酸盐含有表面空穴等。这些官能团是使矿物微粒表面具有反应活性的原因。

2) 水中的金属氧化物微粒表面官能团能够进行配位反应

表面官能团能够与 H^+、阳离子、阴离子、有机物进行配位反应，可采用溶液中配体与金属离子的配位反应来表征，形成的配合物称为表面配合物。表面配位反应平衡能够运用质量作用定律描述。

3）金属与非金属氧化物表面能够生成不同类型的表面配合物

金属与非金属氧化物可形成内层、外层表面配合物，内层表面配合物的形成不是涉及离子就是涉及共价键合，或者两者兼而有之；外层表面配合物的形成涉及静电作用机理。

4）层状硅酸盐矿物表面能够发生特殊的配位作用

层状硅酸盐的表面配位作用与硅氧片层双三角空穴密切相关，与金属氧化物的表面配位作用有差别，主要有三种类型的配位作用。

5）表面配位模型能够适用于水中多种矿物的界面作用

表面配位模型源于金属氧化物、硅氧化物矿物吸附作用的研究，经不断发展，该模型同样能够应用于碳酸盐、磷酸盐、硫化物和二硫化物等矿物。相对于其他有关模型，表面配位模型已经得到更好的认同。

6. 表面配位模型的应用与进展

表面配位模型是在研究氧化物-水界面过程的机制中发展起来的，在应用-发展的循环过程中，表面配位模型不断完善，特别是在 20 世纪 80 年代以来，随着一些在分子水平探测液-固界面的高灵敏技术，如衰减全反射傅里叶变换红外光谱（attenuated total reflectance-Fourier transform infrared spectroscopies，ATR-FTIR）、原位衰减全反射傅里叶变换红外光谱（*in-situ* ATR-FTIR）、X 射线吸收精细结构（X-ray absorption fine structure，XAFS）光谱、扩展的 X 射线吸收精细结构（extended X-ray absorption fine structure，EXAFS）光谱、近边 X 射线吸收精细结构（near edge X-ray absorption fine structure，NEXAFS）光谱、X 光电子光谱（X-ray photoelectron spectroscopy，XPS）、圆柱形内反射-傅里叶转换红外光谱（cylindrical internal reflection-FTIR，CIR-FTIR）的应用，使人们对化学物质在矿物微粒-水界面配位作用机制的了解更为深入，对表面配合物结构的认识更为明了，表面配位模型也不断得以发展。下面将围绕矿物微粒表面与水中溶解的金属离子、有机物、含氧阴离子等相互作用的研究中表面配位模型的应用与进展作一简要介绍。

水环境中的金属离子与矿物微粒表面的相互作用，是表面配位模型最早关注的问题，已有大量的研究工作报道。2003 年 Paras Trivedi 等人采用 X 射线吸收近边结构（X-ray absorption near edge structure，XANES）谱和 X 射线吸收精细结构（Xray absorption fine structure，XAFS）谱研究 Pb（Ⅱ）在水铁矿-水界面的吸附，结果表明，Pb（II）离子主要通过内层配合作用吸附在水铁矿上，在吸附时并不保留它们最初的水合壳。在高 pH 值（pH ≥5.0），在氧化物表面主要形成边缘共享双齿配合物，与两个 Fe 原子定位于约 3.34 Å。相比之下，在 pH4.5，Pb（Ⅱ）在水铁矿吸附的 XAS 研究显示两种放射状距离为 3.34 和 3.89Å 的不同 Pb—Fe 键，表明单齿和双齿吸附配合物在氧化物表面存在（图 6.10）。有意思的是，在恒定 pH，吸附配合物的构型不依赖于被吸附物的浓度。上述只是诸多研究矿物微粒/水界面中金属离子表面配合物结构特征的一个例子。2003 年，Vicki H. Grassian 等人对 1994 年以来采用扩展的 X 射线吸收精细结构（EXAFS）光谱研究金属离子、金属离子的配合物在矿物/水界面的吸附及其机制作了总结（表 6.6）。

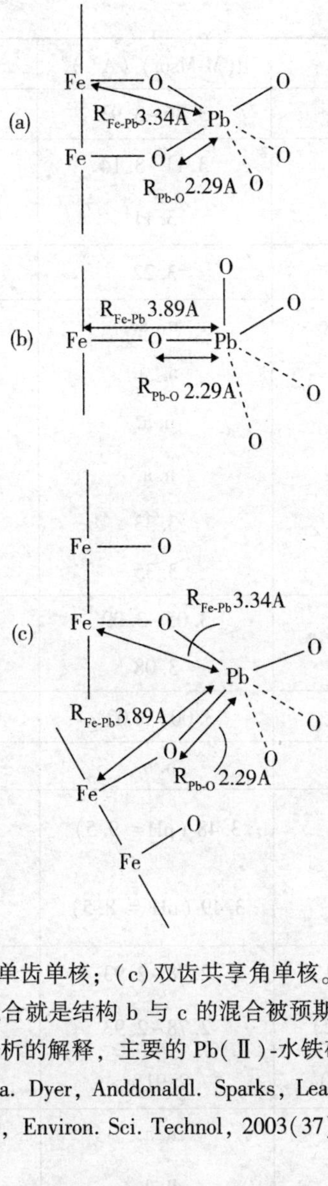

在(a)双齿共享边缘单核；(b)单齿单核；(c)双齿共享角单核。在 pH ≥ 5.0，仅结构 a 被观测到。At pH < 5.0，不是结构 a 与 b 的混合就是结构 b 与 c 的混合被预期i

图 6.10　根据 XAS 分析的解释，主要的 Pb(Ⅱ)-水铁矿吸附配合物的示意图

资料来源：Paras Trivedi, Jamesa. Dyer, Anddonaldl. Sparks, Lead Sorption onto Ferrihydrite. 1. A Macroscopic and Spectroscopic Assessment, Environ. Sci. Technol, 2003(37)：908-914.

表 6.6　　　　　**1994 年以来 EXAFS 研究金属离子在矿物/水界面吸附的概要**

Sorbate	Sorbent	d(M-Msor) (A°)[b]	mode of attachment of complexes
Pb(II)-SO$_4$	a-FeOOH	3.33~3.36	IS, OS, ternary
Pb(II)	goethite	3.31~3.36	mononuclear, bidentate
	hematite	3.27~3.31	mononuclear, bidentate
	α-Al$_2$O$_3$(0 0 0 1)[c]	5.78	OS
	α-Al$_2$O$_3$(1~1 0 2)[c]	No shell was fit	IS

Sorbate	Sorbent	d(M-Msor)(A°)[b]	mode of attachment of complexes
Pb(II)-Cl⁻	α-FeOOH	3.86~3.93	IS
As(V)	Al_2O_3	3.11~3.14	bidentate, binuclear
	γ-Al_2O_3[d]	3.11	IS
As(III)	γ-Al_2O_3[d]	3.22	IS, OS, bidentate, binuclear
Cd(II)	montmorillonite	n. a.	IS, OS
	kaolinite	n. a.	IS, OS
	Al_2O_3	n. a.	IS, OS
	SiO_2	n. a.	IS, OS
	γ-MnOOH	3.33	IS, OS
	γ-MnOOH	3.35	IS
Zn(II)	γ-MnOOH	3.05~3.09	multinuclear hydroxo complexes
	γ-MnOOH	3.08	IS
Zn	α-FeOOH	3.00, 3.02[e]	IS
ZnEDTA	α-FeOOH	n. o.	same as in ZnEDTA solution
Cu(II)-glutamate	γ-Al_2O_3	3.48(pH=9.5)	OS, ternary in acidic media, IS, in alkali media
	γ-Al_2O_3	3.49(pH=8.5)	OS, ternary in acidic media, IS in alkali media
Cu(II)	α-Al_2O_3(0 0 0 1)[c]	2.78~2.93	Monodentate, bridging bidentate
	α-Al_2O_3(1~1 02)[c]	2.78~2.93	Monodentate, bridging bidentate
	α-SiO_2(0 0 0 1)[c]	2.91 e	Monodentate, bridging bidentat
Sr(II)	kaolinite	n. a.	OS, mononuclear
	illite	n. a.	OS, mononuclear
	hectorite	n. a.	OS, mononuclear
	montmorillonite	n. a.	OS, mononuclear
Co(II)	α-SiO_2	3.37~3.46	large multinuclear Co complexes or disordered hydroxide-like precipitate
	TiO_2	2.95~3.83	Mononuclear or small multinuclear complexes
Co(II)-amine	γ-alumina	3.05~3.08	生成 CoAl 水滑石类型化合物
Ni(II)-amine	γ-alumina	3.05~3.08	生成 NiAl 水滑石类型化合物
	γ-alumina	3.06	生成 NiAl 水滑石类型化合物

续表

Sorbate	Sorbent	d(M-Msor)（A°）[b]	mode of attachment of complexes
Cr(Ⅲ)	silica	3.39	monodentate, polynuclear Cr hydroxide, γ-CrOOH-type local structure

a IS：inner-sphere；OS：outer-sphere；d(M-Msor)：distance between sorbate metal and a metal of the sorbent；n. a.：not available；n. o.：not observed.

b pH dependent. The reader is referred to the reference for the distance values at each pH.

c Grazing-incidence XAFS（GI-XAFS）has been also used.

d XANES has been also used.

e Depending on the orientation of the two metal complexes to each other（i. e. edge vs. corner sharing）.

　　a IS：内层，OS：外层，

资料来源：H. A. Al-Abadleh, V. H. Grassian , Oxide surfaces as environmental interfaces, Surface Science Reports，2003(52)：150-151.

　　水环境中的矿物微粒/水界面的行为对有机物与含氧阴离子污染物的迁移有重要影响，表面配位模型早期提出配位体交换，随着界面新技术的应用，人们对它们在界面上配合物的结构构型有了更深入的了解。1988 年，Murray B. McBrlde 和 Lambert G. Wessellnkt 采用傅里叶转换红外光谱技术，研究了邻苯二酚在三水铝石(gibbsite)、软水铝石(boehmite)的吸附所形成配合物的构型(图 6.11)。

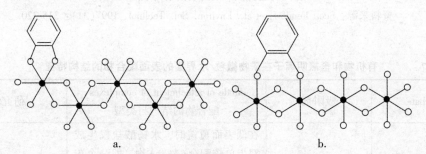

　　　　　　　　　　a.　　　　　　　　　　　　　　　b.

图 6.11　(a)邻苯二酚在三水铝石生成双齿配合物，(b) 邻苯二酚在一水铝石生成双核配合物

资料来源：Murray B. McBrlde 和 Lambert G. Wessellnkt, *Environ. Sci. Technol*, 1988(22)：703-708.

　　1997 年，Scott Fendorf 等人采用 EXAFS 光谱，研究了砷酸盐、铬酸盐在针铁矿(goethite，α-FeOOH)生成表面配合物的结构，指出砷酸根与铬酸根离子在针铁矿表面以单齿配合物、双齿-双核配合物和双齿-单核三种表面配合物存在。并给出了表面配合物的结构示意图(图 6.12)。

　　上述只是诸多研究矿物微粒-水界面中有机物、含氧阴离子的表面配合物结构特征的两个例子。我们选择了自 1990 年以来一些研究结果列在表 6.7 中。

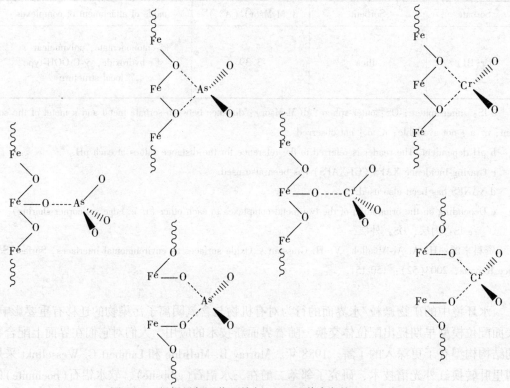

图 6.12　根据局部配位环境与 EXAFS 谱确定的 As(V)和
Cr(VI)在针铁矿中的表面结构示意图

资料来源：Scott Fendorf, et al.. Environ. Sci. Technol, 1997(31)：315-320.

表 6.7　　　　有机物和含氧阴离子在矿物微粒/水界面的表面配合物的结构特征

Sorbate	吸附剂	Mode of attachment of complexes 配合物的结构与类型	研究者
水杨酸盐	针铁矿 (α-FeOOH)	在低表面覆盖时，水杨酸盐仅生成双齿单核配合(螯合)物，即一个羧基氧和相邻羟基氧与针铁矿表面的铁原子键合。在较高表面覆盖时，螯合配合物与弱键配合物在双层的水杨酸盐离子共存。	Eric C. Yost、等人，1990.
磷酸盐	针铁矿 (α-FeOOH)	正磷酸盐离子与 α-FeOOH 的表面形成脱质子、未脱质子桥接双齿以及未脱质子单齿的三种不同类型的配合物，它们是 pH 和磷酸盐表面覆盖率的函数。	M. Isabel Tejedor-Tejedor 等人，1990.

续表

Sorbate	吸附剂	Mode of attachment of complexes 配合物的结构与类型	研究者
苯甲酸盐	针铁矿 (α-FeOOH)	苯甲酸盐阴离子与针铁矿表面铁原子生成桥接双齿配合物。	M. Isabel Tejedor-Tejedor 等人，1990.
2-羟基苯甲酸、3-氯-2-羟基苯甲酸、邻苯二甲酸、2-氨基苯甲酸	二氧化钛膜	苯甲酸羧基邻位取代的氨基和羟基（如水杨酸、3-氯水杨酸和邻氨基苯甲酸）能够与二氧化钛表面钛阳离子形成单核双齿配合物。	Simonetta Tunesi、Marc A. Anderson，1992.
邻苯二甲酸钠（PHTH）、对羟基苯甲酸钠（PHB）、2，4-二羟基苯甲酸钠（2，4DHB）	针铁矿 (α-FeOOH)	邻苯二甲酸钠、对羟基苯甲酸钠由羧基的两个氧原子分别与针铁矿表面的两个铁原子键合生成双齿双核配合物，2，4-二羟基苯甲酸钠表面铁配合物通过羧基氧原子和酚性氧原子与针铁矿表面一个铁原子键合生成双齿单核的螯合物。	M. Isabel Tejedor-Tejedor，等人，*Langmuir* 1992(8)：525-533.
草酸钾	TiO$_2$（Degussa P-25 锐钛矿，含有 15%～30%的金红石）	低 pH 条件下，草酸钾在 TiO$_2$（Degussa P-25 锐钛矿，含有 15%～30%的金红石）表面生成内层球形表面配合物。结合吸附数据，给出了 7 种配合物的可能构型，并作了分析。	Stephan J. Hug、Barbara Sulzberger，*Langmuir* 1994(10)：3587-3597.
Salicylic Acid	水合金属氧化物（δ-Al$_2$O$_3$ α-FeOOH 和 γ-FeOOH）	配体水杨酸盐直接与水合金属氧化物表面配位，生成内层表面配合物。在针铁矿上生成单核五元螯合物，而在铝氧化物上生成六元涉及氢键的伪螯合物。	Madeleine V. Blber' and Werner Stumm，*Environ. Sci. Technol.* 1994(28)：763-760.
亚硒酸盐	刚玉（α-Al$_2$O$_3$），水铝矿（γ-Al(OH)$_3$）	亚硒酸盐与 α-Al$_2$O$_3$ 和 γ-Al(OH)$_3$ 矿物形成表面配合物，它们的 Se—O 距离（1.69 ± 0.02 Å）和配位数（三个氧）都是恒定的，配合物为单核配合物。	Charalambos Papelis 等人，*Langmuir* 1995(11)：2041-2048.
邻苯二酚、8-羟基喹啉、乙酰丙酮	TiO$_2$、ZrO$_2$ 和 Al$_2$O$_3$ 的溶胶-凝聚	邻苯二酚、8-羟基喹啉、乙酰丙酮作为阴离子从溶液中吸附到 TiO$_2$、ZrO$_2$ 和 Al$_2$O$_3$ 溶胶-凝聚表面。被吸附物以双齿配体键合到氧化物表面金属离子。	Paul A. Connor，等人，*Langmuir* 1995(11)：4193-4195.

续表

Sorbate	吸附剂	Mode of attachment of complexes 配合物的结构与类型	研究者
邻苯二甲酸盐 o-Phthalate	一水软铝石 Boehmite（γ-AlOOH）	邻苯二甲酸盐在一水软铝矿表面生成外层配合物和内层配合物，具有螯合双齿结构。这些配合物的相关浓度随离子强度和pH变化。	Jan Nordin 等人 Langmuir 1997(13)：4085-4093.
Salicylic Acid	Illite Clay	水杨酸阴离子与伊利石黏土矿边沿的 Al^{3+} 八面体之间形成 Al—O—C 连接。在中性条件下，形成一个羧基氧的单齿配合物。在低 pH，涉及两个羧基氧原子和两个邻近 Al^{3-} 八面体的双齿配合物是占优势的。	JAMES D. KUBICKI, 等人，Environ. Sci. Technol. 1997（31）：1151-1156.
arsenite [As(III)]	goethite（α-FeOOH）	As(III) 在 α-FeOOH 表面生成内层、双齿双核桥接配合物，As(III)-Fe 原子间的平均距离 3.378±0.014 Å。	BRUCE A. MANNING, 等人，Environ. Sci. Technol. 1998（32）：2383-2388.
Polycarboxylic Acid (1, 2, 4, 5-benzenetetracarboxylate (pyromellitate)	Boehmite（γ-AlOOH），一水软铝石	在 4.4≤pH≤8.1 范围内，均苯四甲酸在一水软铝石-水界面的形成外层未质子化的配合物，为主要的配合物，次要的表面配合物初步归为内层配合物。	Jan Nordin, 等人，Langmuir 1998(14)：3655-3662.
草甘膦 glyphosate	针铁矿 goethite（α-FeOOH）	草甘膦通过其磷酸基与针铁矿表面的相互作用生成内层配合物。在低 pH，草甘膦主要以单齿配合物被吸附。在近中性和当草甘膦的表面浓度低时，生成较小量的双齿配合物。	Julia Sheals 等人，Environ. Sci. Technol. 2002(36)：3090-3095.
硒酸盐	赤铁矿、针铁矿铁的水合氧化物	硒酸盐在赤铁矿-水界面生成内层表面配合物，在针铁矿和铁的水合氧化物-水界面生成外层与内层表面配合物的混合物。	D. PEAK 等人，Environ. Sci. Technol. 2002(36)：1460-1466.
聚丙烯酸、庚二酸	赤铁矿胶体	在 pH＝2 时，聚丙烯酸、庚二酸通过其羧基官能团与赤铁矿表面铁离子相互作用，生成双齿螯合配合物。	Luke J. Kirwan, 等人，Langmuir 2003(19)：5802-5807.
草酸盐	aluminum oxide, corundum（α-Al₂O₃）	在低适中浓度[草酸]≤2.50mmol/L，草酸被吸附到刚玉，通过两个羧基主要形成双齿、单核内层配合物。在草酸盐浓度高时，观测到源草酸盐的外层配合物。	Stephen B. Johnson, 等人，Langmuir 2004, 20：11480-11492.

续表

Sorbate	吸附剂	Mode of attachment of complexes 配合物的结构与类型	研究者
苯六甲酸 mellitic Acid	针铁矿 Goethite	在 pH 值 6 以上，苯六甲酸在针铁矿上的吸附通过其脱质子的 L^{6-} 离子形成外层配合物。在低 pH 值，部分脱质子苯六甲酸形成外层配合物。	Bruce B. Johnson 等人，*Langmuir* 2004，20：823-828.
马来酸盐 maleate	刚玉 corundum（α-Al_2O_3）	在所研究马来酸盐的浓度和 pH 范围内，马来酸盐与 α-Al_2O_3 表面形成完全脱质子的外层配合物。	Stephen B. Johnson，等人，*Langmuir* 2004，20：4996-5006.
均苯四甲酸盐（pyromellitate）	α-Al_2O_3	在 pH≥5.0 时，被吸附的均苯四甲酸盐主要以单一的全脱质子均苯四甲酸盐的外层配合物（ $\equiv AlOH_2^+ \cdots Pyr^{4-}$ ）存在。在低 pH 条件下，存在两种另外的配合物：一个部分脱质子的外层配合物 $AlOH_2^+ \cdots H_2Pyr^2$ 和一个内层配合物。	Stephen B. Johnson 等人，*Langmuir* 2005，21：2811-2821.
苏旺尼河富里酸（suwannee River fulvic acid，SRFA）帕霍奇泥炭腐植酸（Pahokee peat humic acid，PPHA）	boehmite（γ-$AlOOH$）	在一水软铝石-水界面，SRFA 和 PPHA 主要以外层配合物模式存在，在完全酸性条件下，仅生成少量的内层配合物。	Tae Hyun Yoon，等人，*Langmuir* 2005，21：5002-5012.
砷酸盐 As（V）	Fe-Ce 双金属氧化物（不同氧化铁与氧化铈配比组成的吸附剂）	As（V）被 Fe-CeO$_8$ 的吸附主要通过定量的配体交换实现。双质子的单齿配合物（$SOAsO(OH)_2$）可能是占优势的配位模式。	YUZHANG，MIN YANG，等人，Environ. Sci. Technol，2005，39：7246-7253.
苯六甲酸 Mellitic Acid	Kaolinite	苯六甲酸通过外层配位作用吸附到高岭土表面羟基。提出了下列配位平衡反应：$SOH + L^{6-} + 2H^+ \rightleftharpoons [(SOH_2)^+(LH)^{5-}]^{4-}$ $SOH + L^{6-} \rightleftharpoons [(SOH)(L^{6-})]^{6-}$	Michael J. Angove，等人，*Langmuir* 2006，22：4208-4214.
砷酸钠 7H_2O 亚砷酸钠	TiO_2 纳米晶体	As（V）和 As（III）生成双齿双核表面配合物，Ti-As（V）平均键距 3.30 Å、Ti-As（III）平均键距 3.35Å。	MARIA PENA 等人 Environ. Sci. Technol. 2006，40：1257-1262.

续表

Sorbate	吸附剂	Mode of attachment of complexes 配合物的结构与类型	研究者
二元羧酸（丁二酸、戊二酸、己二酸、壬二酸）	高岭石 蒙脱石	在所实验的 pH 条件下，水环境中的二元有机酸主要通过外层配位作用吸附在黏土矿上，但是内层配位作用随 pH 降低而增加。	Seunghun Kang 和 Baoshan Xing，Langmuir 2007，23：7024-7031.
从土壤提取不同级分的腐殖酸（HA）	针铁矿（Goethite）	HA 的吸附过程以下列步骤发生：（1）小和中等分子量的 HA 级分（$MW_{AP} = 4.5$ kDa）的部分极性官能团在针铁矿发生外层配位作用；（2）HA 羧基的配体交换生成内层配合物；（3）高分子量的 HA（$MW_{AP} = 35$ kDa），在 HA-针铁矿发生疏水相互作用。	Seunghun Kang 和 Baoshan Xing，Langmuir 2008，24：2525-2531.
碳 4-二元羧酸（马来酸、反丁烯二酸和丁二酸）	赤铁矿	丁二酸和顺式构型的马来酸生成两种表面配合物，在高 pH，外层配合物显示优势；在低 pH，内层配合物具有优势。反丁烯二酸主要通过一个羧基形成脱质子外层配合物。	Yu Sik Hwang 和 John J. Lenhart，Langmuir 2008，24：13934-13943.
柠檬酸盐和丙三酸盐 Citrate and Tricarballylate	针铁矿 α-FeOOH	柠檬酸在低 pH 时，形成脱质子的外层配合物；在高 pH 时，通过羟基与羧基联合作用生成内层配合物。除了在高 pH 值没有内层表面配合物形成之外，丙三酸的行为类似柠檬酸。	Malin Lindegren 等人，*Langmuir*，2009，25（18）：10639-10647.
邻苯二酚	Cr_2O_3、MnO_2、Fe_2O_3 和 TiO_2	邻苯二酚以外层配合物占优势地键合在 MnO_2，以内层配合物键合在 Fe_2O_3、TiO_2 和 Cr_2O_3 底物上。	HEATHER GULLEY-STAHL 等人 *Environ. Sci. Technol.* 2010，44：4116-4121.
Mo(VI)（钼酸钠）	针铁矿 goethite	在近中性条件下，Mo(VI) 通过共享角、共享边的配位作用，形成占优势的内层表面配合物	YUJI ARAI，*Environ. Sci. Technol.* 2010，44：8491-8496.
水杨酸盐 salicylate	涂覆针铁矿的砂 goethite-coated sand	水杨酸盐在铁位点生成单核双齿表面配合物，该配合物配位反应可表达为：$\equiv FeOH + HL^- = \equiv FeL^- + H_2O$ 并给出了配位平衡常数。	B. RUSCH, K. HANNA, 和 B. HUMBERT, 2010, *Environ. Sci. Technol.* 2010, 44：2447-2453.

续表

Sorbate	吸附剂	Mode of attachment of complexes 配合物的结构与类型	研究者
月桂酸钠	150 纳米的赤铁矿（α-Fe$_2$O$_3$）微粒	在微粒表面生成外延的月桂酸盐层，表明形成内层、单齿单核配合物与外层配合物相等的混合物。	Irina V. Chernyshova 等人 *Langmuir* 2011，27：10007-10018.
2，5-二羟基苯甲酸	15 纳米的赤铁矿（α-Fe$_2$O$_3$）	所研究的 pH 范围，在赤铁矿-水界面，形成一个脱质子的内层、双齿配合物和一个外层配合物。在低 pH 值，内层配合物占优势，而随 pH 增加，外层物种的相对浓度增加。	K. Hanna and F. Quilès，Langmuir 2011，27：2492-2500.
邻苯二酚	针铁矿 goethite	在 pH5~9 的范围，邻苯二酚以单核单齿配合物和双核双齿配合物的结构吸附于针铁矿。在碱性条件下并随覆盖不断增加，部分的单核单齿结构能够转变为双核双齿配合物。	Yanli Yang 等人，*Langmuir* 2012，28：14588-14597.
Sb（III）and Sb（V）	水合氧化铝，高岭土（KGa-1b），被氧化和被还原的氯脱石（NAu-11）	Sb(III) 和 Sb(V) 以内层模式吸附于所研究的吸附剂上。表面配合物大部分是双齿角共享配合物，带有少量单齿配合物。	Anastasia G. Ilgen 和 Thomas P. Trainor，Environ. Sci. Technol. 2012，46：843-851.
Uranium(VI)（UO$_2$(NO$_3$)$_2$）	针铁矿 goethite.	在不存在磷酸盐、pH 处于 4~7 时，被吸附 U(VI) 生成双齿边共享 ≡Fe(OH)$_2$UO$_2$ 和双齿角共享（≡FeOH)$_2$ UO$_2$ 表面配合物，U-Fe 各自的配位距离 ~3.45 和 ~4.3Å。在磷酸盐、针铁矿存在、pH 为 4 时，U(VI)-磷酸盐-Fe(III)氧化物三元配合物是占优势的物种	Abhas Singh 等人，Environ. Sci. Technol. 2012，46：6594-6603.
硫酸盐 sulfate	六方针铁矿（ferri-hydrite）	硫酸盐在六方针铁矿表面形成双齿双核配合物，S—Fe 原子间距离为 3.22~3.25 Å。	Mengqiang Zhu 等人 *Environ. Sci. Technol. Lett.* 2014，1，97-101.

三、天然水体中微粒的吸附作用

前面的讨论已经指出，水中溶解的化学物质在矿物微粒的固-液微界面进行各种物质交换过程，其结果使得化学物质可在矿物-水界面累积，表现出来的宏观现象是矿物微粒对这些物质的吸附。天然水中矿物质的这种吸附作用对溶解化学物质在水体中的迁移与归宿有重要的影响，是环境化学十分关注的问题。本小节讨论溶解无机物与有机物在矿物微粒-水界面(金属氧化物-水界面)的吸附。

1. 吸附与吸附作用

1)吸附(adsorption)

吸附是指物质在表面或界面层积累或集中,其在边界内的浓度高于内部或相邻相的浓度。这一概念强调的是结果。

2)吸附作用(sorption) 一般指组分从一相到另一相积累的过程,被吸附的物质称为吸着物,吸附相称为吸附剂。这一概念强调的是过程。

2. 吸附等温线和吸附等温式

水体中颗粒物对溶质的吸附是一个动态平衡过程,在固定的温度条件下,当吸附达到平衡时,颗粒物表面上的吸附量 G 与溶液中溶质平衡浓度 C 之间的关系,可用吸附等温线来表达。在固定的温度条件下,当吸附达到平衡时,颗粒物表面上的吸附量 G 与溶液中溶质平衡浓度 C 之间关系的数学表达式称为吸附等温式。

水体中常见的吸附等温线有三类,即 Henry 型、Freundlich 型、Langmuir 型,简称为 H、F、L 型。

1)Henry 吸附等温线与吸附等温式

H 型吸附等温线为直线型(图 6.13),

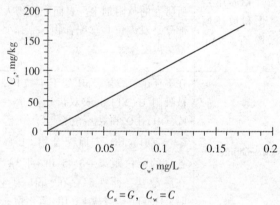

$$C_s = G, \quad C_w = C$$

图 6.13　Henry 吸附等温线

其吸附等温式为

$$G = kc \qquad\qquad k \text{ 为分配系数}$$

2)Freundlich 型吸附等温线与吸附等温式

F 型的吸附等温式为,

$$G = kc^{\frac{1}{n}}$$

若两侧取对数,则有:

$$\log G = \log k + \frac{1}{n}\log c$$

亦即在 $\log G$ 与 $\log c$ 的关系为一直线,即 Freundlich 吸附等温线(图 6.14),$\log k$ 为其

截距，$1/n$ 为斜率，F 型的等温线并未出现饱和吸附量。

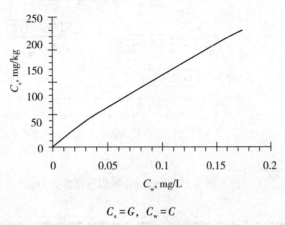

$$C_s = G, \quad C_w = C$$

图 6.14 Freundlich 型吸附等温线

3）Langmuir 型吸附等温线与吸附等温式

Langmuir 吸附模型有以下的假定

（1）吸附剂具有固定的吸附位置数，sorbent has fixed "number" of sites (saturable).

（2）所有的位置具有相等的作用力，all sites have equal binding enthalpies independent of the extent of coverage.

（3）最大的吸附作用为被吸附物表面的单层，maximum sorption is a monolayer on surface of substrate.

L 型吸附等温式的表达式为

$$G = G_0 c / (A + c)$$

等温式可变换为

$$\frac{1}{G} = \frac{1}{G^0} + \left(\frac{A}{G^0}\right)\left(\frac{1}{c}\right)$$

$1/G$ 与 $1/c$ 的关系应为一直线，即 Langmuir 型吸附等温线（图 6.15），L 型等温线在浓度升高后趋向于饱和吸附量 G^0，常数 A 值实际相当于吸附量达到 $G_0/2$ 时溶液平衡浓度。

这些等温线一定程度上反映吸附剂与吸附物的特性，但在不少情况下是与实验所用浓度区段有关。浓度甚低时，可能在初始区段中呈现 H 型，在浓度更高时，曲线表现可能是 F 型，但统一起来仍属于 L 型的不同区段。

影响吸附作用的因素很多，其中溶液的 pH 值是影响吸附的主要因素。

3. 胶体粒子对有机物的吸附

一些研究表明，在天然水或土壤中的体胶体粒子对有机物的吸附通常符合 F 型吸附等温线（表 6.8）。

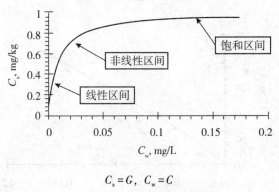

$$C_s = G, \quad C_w = C$$

图 6.15　Langmuir 吸附等温线

表 6.8　　　　　　　　　某些化合物在腐殖质和土壤的弗兰德利希吸附等温线参数

化合物	吸附剂	温度(℃)	斜率(1/n)	截距(log$k$)
2，4-D	HA	5	0.748	1.034
		25	0.789	0.869
2，4′-二氯-PCB	HA	24±2	0.860	3.600
	伊利黏土	24±2	0.084	1.301
2，5，2′，5′-四氯-PCB	HA	24±2	3.820	4.639
	伊利黏土	24±2	1.200	2.301

4. 胶体粒子对金属离子的吸附

天然水中胶体粒子对金属元素离子的吸附一般符合 Freundlich 吸附等温式。如金湘灿等人研究湘江底泥悬浮物对 Ca、Pb、As、Hg 吸附符合 F-型吸附等温式，见表 6.9。

表 6.9　　　　　　　　　镉、铜、砷、汞的吸附等温式及特征值

段面		Freudlich 式	r	k	n	T(℃)	元素
湘	SK-1	$a = 28.2C^{1/1.158}$	0.94	28.2	1.56	25	Cd
江		$a = 13.3C^{1/2.47}$	0.98	13.3	2.47	25	As
水		$a = 36.0C^{1/1.84}$	1.00	36	1.84	10	Hg
		$a = 469.9C^{1/2.91}$	0.9	469.9	2.91	12	Cu

第三节 微生物表面的微界面过程

环境中存在各种微生物，它们是体积微小、构造简单的单细胞和多细胞或没有细胞结构的生物。它们体积小，比表面积大，能够与环境中存在的化学物质相互作用，发生微界面过程。这一过程在宏观上表现出的是微生物对痕量金属离子、有机物、腐殖质等成分的吸附，其实质是微生物表面成分的化学官能团与这些成分发生物理、化学作用过程。

这一节将讨论环境中微生物与金属离子的表面配位作用，这对深入理解环境中金属元素的迁移与归宿以及金属元素的生物有效性具有重要的意义。

一、环境微生物及其表面结构

为了更好理解环境微生物与金属离子的作用，先简要介绍一些典型环境微生物及其表面结构的基本知识。

(一)环境微生物

微生物在环境中分布极其广泛，种类繁多，主要有真核细胞微生物、原核细胞微生物和非细胞微生物类群。

1. 真核细胞微生物。

这类微生物细胞核的分化程度较高，有核膜、核仁与染色体，其内有完整的细胞器。主要有真菌、单细胞藻类及单细胞原生动物等。真核细胞结构示意见图6.16。

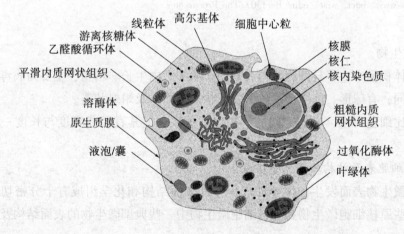

Golgi body—高尔基体；Mitochondrion—线粒体；Free ribosome—游离核糖体；Glyoxysome—乙醛酸循环体；Smooth endoplasmic reticulum—平滑内质网状组织；Lysosome—溶酶体；Plasmalemma—原生质膜；Vacuole/Vesicle—液泡/囊；Chloroplast—叶绿体；Peroxisome—过氧化酶体；Rough endoplasmic reticulum—粗糙内质网状组织；Chromatin in nucleus—核内染色质；Nucleolus—核仁；Nuclear membrane—核膜；Centrioles—细胞中心粒。

图 6.16 真核细胞结构示意图

资料来源：Cell Biology. Eukaryotic cell structure_www.steve.gb.com/ science/cell biology.html

2. 原核细胞微生物。

这类微生物的细胞仅有原始核，无核膜和核仁的分化，缺乏细胞器，主要有细菌、放射菌、蓝细菌、光合细菌等。环境中最常见、分布最广的是细菌(bacteria)。

细菌的基本形态主要有球状、杆状和螺旋状三种。球状细菌的直径一般在 $0.5\sim2\mu m$ 之间；杆状细菌的长度一般在 $1\sim5\mu m$ 之间，宽度在 $0.5\sim1\mu m$ 之间；螺旋菌的宽度一般在 $0.5\sim5\mu m$ 之间，而长度差异较大，一般在 $5\sim15\mu m$ 之间。

典型原核细胞的结构见图 6.17。

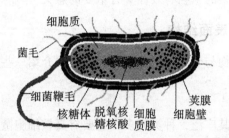

Cytoplasm—细胞质；pilus—菌毛；bacterial flagellum—细菌鞭毛；ribosome—核糖体；DNA—脱氧核糖核酸；plasma membrane—细胞质膜；cell wall—细胞壁；capsule—荚膜

图 6.17　典型原核细胞示意图 (Schematic drawing of a typical procaryotic cell)

资料来源：Biological Identity of Procaryotes , Kenneth Todar University of Wisconsin-Madison Department of Bacteriology-www. bact. wisc. edu/ Bact303/The Procaryotes

3. 非细胞微生物。

这类微生物体积最小，不具细胞结构，只能在活细胞内生长、增殖，主要为病毒。病毒的形状各有不同，有球形、卵圆形、砖形、杆状、多面体及蝌蚪状等。

大多数病毒比细菌要小，它们之间的体积差别很大，但其直径或宽度与长度一般在 nm 数量级。

(二)微生物细胞表面结构及其化学组成

在环境中，微生物表面发生的微界面过程与其表面结构和化学组成有十分密切的关系，下面讨论一些原核细胞微生物和真核细胞微生物中一些典型微生物的表面结构及其化学组成。

1. 细胞表面的结构及其主要成分

环境中微生物的种类繁多，结构各异，其表面的构成各有不同，以下将讨论主要类型微生物细胞表面的结构。图 6.18~6.21 给出了藻(褐藻)、真菌、革兰细菌表面结构的示意图。

2. 细胞表面主要成分的化学结构。

从以上讨论得知，这些微生物细胞表面的主要成分大多数由聚合物构成，这些成分分子的化学结构是环境化学十分关心的问题。

1）藻（褐藻）细胞表面成分的化学结构

褐藻门（phaeophyta）、红藻门（rhodophyta）、绿藻门（chlorophyta）等藻的细胞壁由纤维状的骨架和无定形的包埋基质构成，其结构如图 6.18 所示。主要成分有海藻酸基质（alginic acid matrix）、蛋白质（protein）、纤维素纤维（cellulose fiber）和生物质膜（Plasma membrane）。

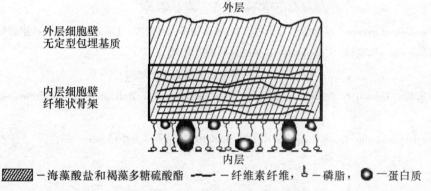

图 6.18　藻（如褐藻）细胞表面结构

资料来源：Regine H S，F. Vieira1，Boya Volesky Biosorption：a Solution to Pollution? INTERNATL MICROBIOL，2000（3）：17-24.

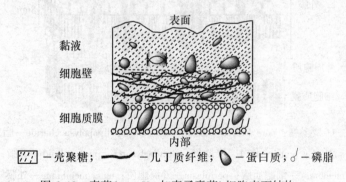

图 6.19　真菌（type V，如真子囊菌）细胞表面结构

资料来源：Thomas A Davis，Bohumil Volesky，Alfonso Mucci. A review of the biochemistry of heavy metal biosorption by brown algae，Water Research，2003（37）：4311-4330.

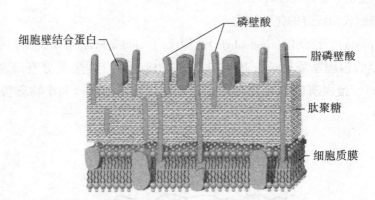

Wall-associated protein—细胞壁结合蛋白；Teichoic acid—磷壁酸；Lipoteichoic acid—脂磷壁酸；
Peptidoglycan—肽聚糖；Cytoplasmic membrane—细胞质膜

图 6.20　革兰阳性细菌细胞表面结构

资料来源：Lecture 6 Reading assignment. The Bacterial Cell Wall and Surface Structures. 64-81,
389-390.

http://www.lsic.ucla.edu/classes/ mimg/spring 05/mimg101/ g cell wall 4 15.pdf

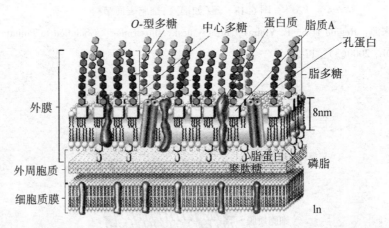

O-polysaccharide—O-型多糖；core Polysaccharide—中心多糖；lipopolysaccharide—脂多糖；protein—蛋
白质；lipid A—脂质 A；protein 蛋白，聚肽糖（peptidoglycan）、phospholipid—磷脂；lipoprotein—脂蛋
白；cytoplasmic membrane—细胞质膜；periplasm—外周胞质；outer membrane—外膜。

图 6.21　革兰阴性细菌细胞表面结构

资料来源：Lecture 6 Reading assignment. The Bacterial Cell Wall and Surface Structures.（64-81）：
389-390. http://www.lsic.ucla.edu/classes/ mimg/spring 05/mimg101/ g cell wall 4 15.pdf

（1）海藻酸。

海藻酸是 L-古洛糖醛酸与其立体异构体 D-甘露糖醛酸通过 α-(1，4)糖苷键连接而形成的一种无支链线性嵌段共聚物，属多糖，其化学结构如下：

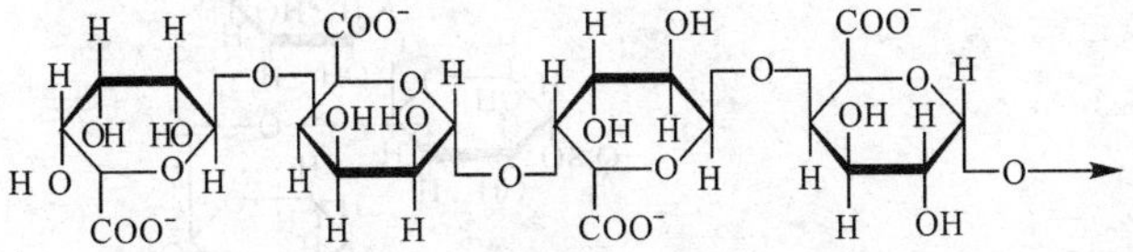

褐藻酸

（2）纤维素。

藻细胞中最普通的纤维状骨架由纤维素构成，褐藻细胞壁的纤维素为 β(1-4)-连接的直链葡聚糖（图 6.22a），另外两种纤维分子是木聚糖(xylan)和甘露聚糖(mannan)。木聚糖是 β(1→3)连接（主要）或 β(1→4)连接的 D-木糖（戊醛糖）聚合物（图 6.22b），甘露聚糖是 β(1→4)连接的 D-甘露糖聚合物（图 6.22c），它们在红藻和绿藻中都有发现。

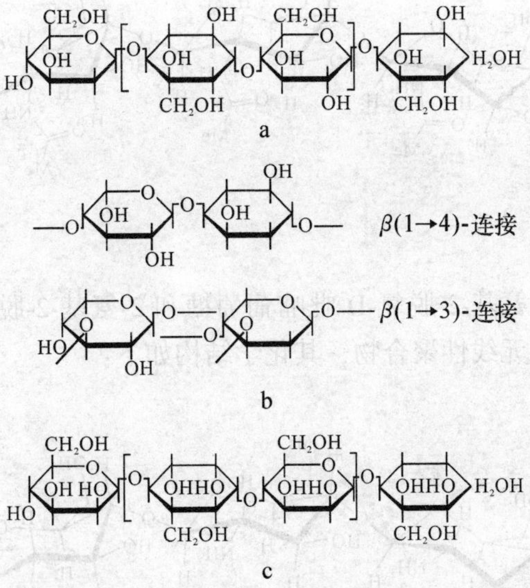

图 6.22 藻细胞壁的纤维素分子

（3）岩藻多聚糖硫酸酯(fucoidan)。

岩藻多聚糖硫酸酯（又称褐藻糖胶）是具有分支结构的多聚糖硫酸酯，其结构如下：

2) 真菌细胞表面主要成分的化学组成

由图 6.14 可以知道，真菌细胞表面的成分主要有壳聚糖基质(chitosan matrix)、蛋白质(protein)、几丁质(甲壳素，chitin)纤维和生物质膜(plasma membrane)。

(1)几丁质。

几丁质(或称甲壳素，chitin)为聚 β-(1→4)-2-乙酰氨基-2-脱氧-D-葡萄糖，其化学结构如下：

(2)壳聚糖。

壳聚糖是由 2-乙酰氨基-2-脱氧-D-吡喃葡萄糖和 2-氨基-2-脱氧-D-吡喃葡萄糖通过 β-(1→4)糖苷键连接的二元线性聚合物，其化学结构如下：

3) 细菌细胞表面主要成分的化学组成。

由图 6.20 和图 6.21 可知，革兰阳性(Gram-positive)细菌细胞表面的主要成分有磷壁酸(teichoic acid)、脂磷壁酸(lipoteichoic acid)、聚肽糖(peptidoglycan)、细胞质膜(cytoplasmic membrane)。革兰阴性细菌细胞表面的主要成分有脂多糖(lipopolysaccharide, lps)、孔蛋白、聚肽糖(peptidoglycan)、细胞膜。

（1）磷壁酸(Teichoic acid)。

磷壁酸是多羟基化合物与磷酸盐的复杂聚合物，一般结构如图 6.23 所示。它们具有磷酸甘油脂或磷酸核糖醇脂重复单元的骨架，这些脂结合有糖或氨基糖和 D-丙氨酸。

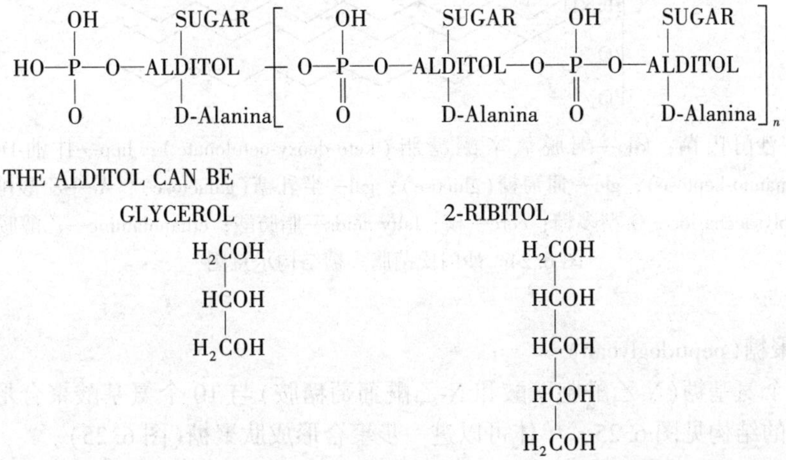

$$
\begin{array}{c}
\text{OH} \quad \text{SUGAR} \left[\quad \text{OH} \quad \text{SUGAR} \quad \text{OH} \quad \text{SUGAR} \right. \\
\text{HO—P—O—ALDITOL} \quad \text{O—P—O—ALDITOL—O—P—O—ALDITOL} \\
\text{O} \qquad \text{D-Alanina} \qquad \text{O} \qquad \text{D-Alanina} \qquad \text{O} \qquad \text{D-Alanina} \bigg]_n
\end{array}
$$

THE ALDITOL CAN BE

GLYCEROL   2-RIBITOL

H_2COH H_2COH

HCOH   HCOH

H_2COH HCOH

                         HCOH

                         H_2COH

Sugar—糖；Alditol—醛醇；*D*-丙氨酸；Glycerol—甘油；Ribitol—核糖醇；*D*-Alanina—丙氨酸

图 6.23 磷壁酸的化学结构示意图

（2）脂磷壁酸(lipoteichoic acid)

脂磷壁酸通过磷壁酸链的末端磷酸甘油脂残基连接到脂分子，从而形成脂磷壁酸。

（3）脂多糖(lipopolysaccharide, LPS)

脂多糖是由脂类与多糖结合构成的一类多糖，存在于革兰阴性细菌的细胞壁内，具有多态性。其结构一般可表示如下：

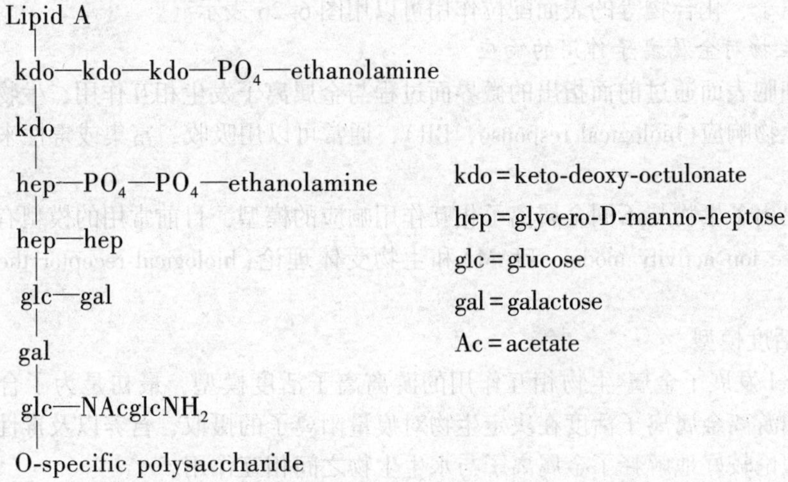

Lipid A
 |
kdo—kdo—kdo—PO_4—ethanolamine
 |
kdo
 |
hep—PO_4—PO_4—ethanolamine   kdo = keto-deoxy-octulonate
 |
hep—hep   hep = glycero-D-manno-heptose
 |
glc—gal   glc = glucose
 |
gal   gal = galactose
 |
glc—$NAcglcNH_2$ Ac = acetate
 |
O-specific polysaccharide

其中质脂 A(lipid A)的结构如图 6.24 所示:

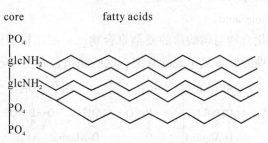

Salmonella—沙门氏菌;kdo—酮脱氧辛酮糖脂(keto-deoxy-octulonate);hep—甘油-D-甘露庚糖(glycero-D-manno-heptose);glc—葡萄糖(glucose);gal—半乳糖(galactose);Ac—乙酸酯(acetate);O-specific polysaccharide—O-型多糖;core—核;fatty acids—脂肪酸;ethanolamine—乙醇胺

图 6.24　沙门氏菌脂多糖结构示意图

(4)肽聚糖(peptidoglycan)

是由两个氨基糖(N-乙酰胞壁酸和 N-乙酰葡萄糖胺)与 10 个氨基酸聚合形成的多糖。肽聚糖单体的结构见图 6.25,单体可以进一步聚合形成肽聚糖(图 6.25)。

二、环境微生物细胞表面的微界面过程

从上面的讨论可知,微生物细胞表面的结构是复杂的,其表面的主要成分也各有不同,但从这些主要成分的化学组成分析可清楚了解到,这些成分大多数由多糖分子构成,因此其表面含有大量的羟基、氨基、羧基、酰氨基等基团,这就为微生物与金属离子或其他的化合物的作用提供了活性点位。

(一)微生物细胞表面的表面配位作用

1987 年 Sigg 指出,生物体系细胞表面与其他化合物的作用类似于金属氧化物表面与其他化学品的相互作用,可以用金属氧化物表面配位模型来描述这一过程。因此,微生物细胞表面与金属离子、化合物等的表面配位作用可以用图 6.26 表示。

(二)环境微生物对金属离子作用的响应

环境微生物细胞表面通过前面指出的微界面过程与金属离子发生相互作用,生物可以对这一作用产生生物响应(biological response,BR),通常可以用吸收、富集或毒性来表征生物响应。

当前,已经提出了生物与不同金属离子相互作用响应的模型,目前常用的模型有游离离子活度模型(free ion activity model,FIAM)和生物受体理论(biological-receptor theory,BRT)模型。

1. 游离离子活度模型

1983 年,Morel 发展了金属-生物相互作用的游离离子活度模型,最初是为了合理解释实验观测资料和游离金属离子活度在决定生物对痕量阳离子的摄取、营养以及毒性方面的重要性。这一理论较好地解释了金属离子与水生生物之间相互作用。

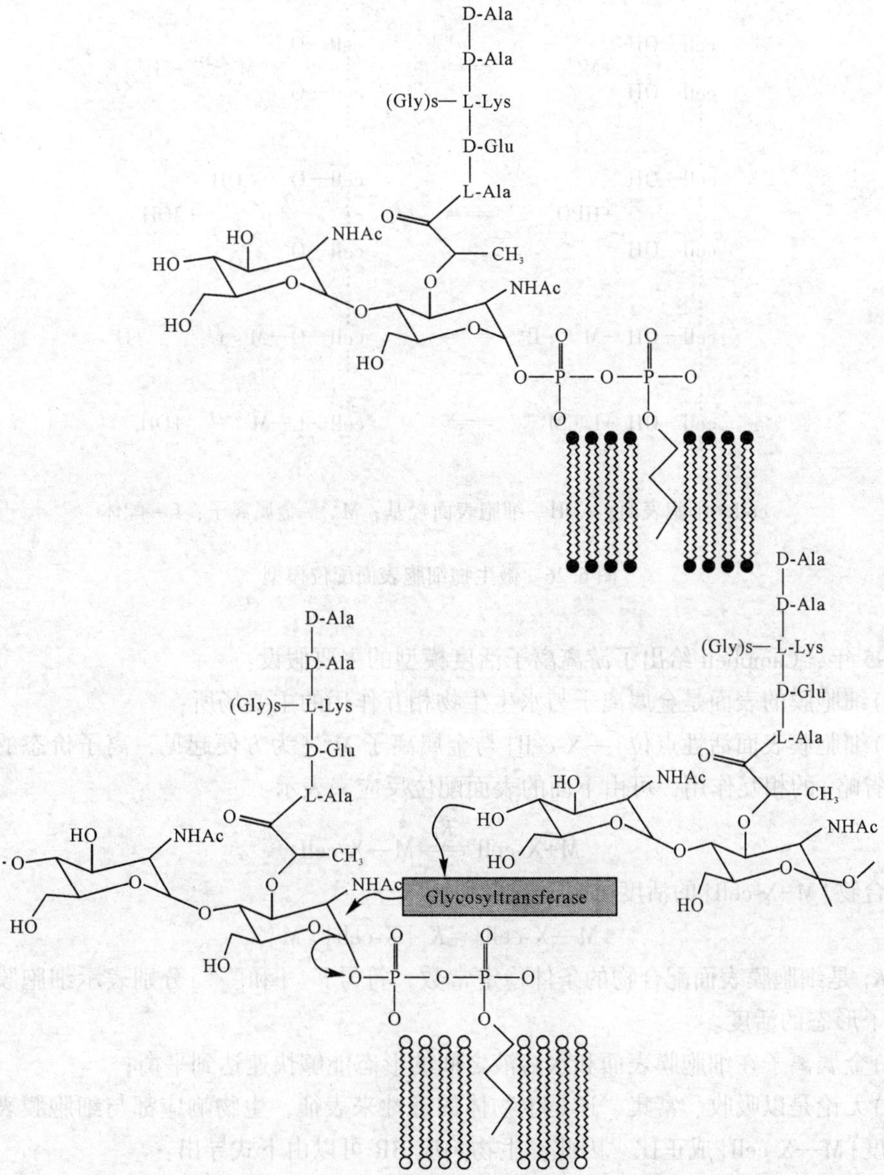

Ala—丙氨酸；Lys—赖氨酸；Glu—谷氨酸；Gly—甘氨酸

图 6.25 肽聚糖单体以及单体的聚合

资料来源：The Peptidoglycan Layer：http://www.omedon.co.uk/vrsa/pg/

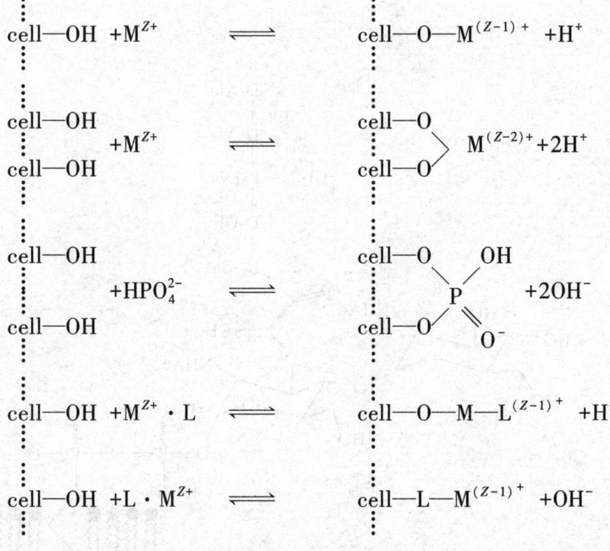

$$cell\!-\!OH + M^{Z+} \rightleftharpoons cell\!-\!O\!-\!M^{(Z-1)+} + H^+$$

$$\begin{matrix} cell\!-\!OH \\ cell\!-\!OH \end{matrix} + M^{Z+} \rightleftharpoons \begin{matrix} cell\!-\!O \\ cell\!-\!O \end{matrix}\!>\!M^{(Z-2)+} + 2H^+$$

$$\begin{matrix} cell\!-\!OH \\ cell\!-\!OH \end{matrix} + HPO_4^{2-} \rightleftharpoons \begin{matrix} cell\!-\!O \\ cell\!-\!O \end{matrix}\!\underset{O^-}{\overset{OH}{P}}\!\!\diagup + 2OH^-$$

$$cell\!-\!OH + M^{Z+} \cdot L \rightleftharpoons cell\!-\!O\!-\!M\!-\!L^{(Z-1)+} + H^+$$

$$cell\!-\!OH + L \cdot M^{Z+} \rightleftharpoons cell\!-\!L\!-\!M^{(Z-1)+} + OH^-$$

cell—细胞表面；-OH—细胞表面羟基；M^{Z+}—金属离子；L—配体

图 6.26　微生物细胞表面配位模型

1995 年，Campbell 给出了游离离子活度模型的主要假设：

（1）细胞膜的表面是金属离子与水生生物相互作用的主要场所；

（2）细胞膜表面活性点位{—X-cell}与金属离子 M^{Z+}（为方便起见，离子价态的上标在此后被省略）的相互作用，可由下面的表面配位反应来表示：

$$M + X\text{-cell} \overset{K_1}{\rightleftharpoons} M\!-\!X\text{-cell} \tag{6.1}$$

表面配合物{M–X-cell}的活度可由下式得到：

$$\{M\!-\!X\text{-cell}\} = K_1 \{X\text{-cell}\} [M] \tag{6.2}$$

式中：K_1 是细胞膜表面配合物的条件稳定常数，符号{　}和[　]分别表示细胞膜表面和水中离子形态的活度。

（3）金属离子在细胞膜表面和水溶液之间的形态能够快速达到平衡；

（4）无论是以吸收、富集、还是生物体的毒性来表征，生物响应都与细胞膜表面配合物的活度{M—X-cell}成正比。因此，生物响应 BR 可以由下式导出：

$$BR = kK_1 \{X\text{-cell}\} [M] \tag{6.3}$$

式中：k 是比例常数。

（5）在产生生物响应的金属离子浓度范围内，游离表面点位的活度{X-cell}可视为不变，表面配合物的活度{M—X-cell}与溶液中的离子 M 的活度成正比。

（6）表面配合物的存在，对细胞膜表面性质没有影响。

2. 生物受体理论

1986 年，Pfitzer 和 Vouk 提出了生物受体理论及其相关的模型，1997 年 Kenakin 发展了该模型，主要假设如下：

（1）生物细胞膜表面受体点位｛X-cell｝与金属离子发生可逆的键合，形成细胞膜表面配合物；

（2）生物的响应源于上述的平衡或表面受体点位｛X-cell｝的稳态占据；

（3）生物的响应直接与表面总的受体点位｛X-cell｝$_T$ 的分数成正比，即与表面受体点位键合率｛M—X-cell｝成正比；

（4）当细胞膜的所有受体点位｛X-cell｝$_T$ 都被金属离子键合时，生物响应达最大值 BR_{max}；

（5）键合于表面受体点位的金属离子活度｛M—X-cell｝比溶液中金属离子的活度［M］要小。

（三）微生物对金属离子的吸附

国内外的许多研究表明，淡水藻、海洋藻、细菌等微生物对重金属离子有强的吸附能力，如何描述它们的吸附行为，也是环境化学关注的问题。

2002 年，我国台湾地区学者 Tien 研究了四种淡水藻 *Oscillatoria limnetica*、*Anabaena spiroides*，*Eudorina elegans* 和 *Chlorella vulgaris* 干体对 Cu^{2+}、Cd^{2+}、Pb^{2+} 离子的吸附，根据对实验数据的拟合，发现这些藻无论是对单一金属离子还是对混和三种离子的吸附，均符合 Freundlich 吸附等温式：

$$X/M - K_f c^{1/2n}$$

式中：X/M 为单位干重吸附金属离子的量（mg g^{-1}）；c 为平衡时，溶液金属离子的浓度（mg l^{-1}）；K_f 和 $1/n$ 为常数（表6.10）。

表6.10　　　　　　　　藻吸附金属离子的 Freundlich 吸附等温式常数

单一金属离子				混合的三种金属离子			
藻/金属离子	K_f(mg·g^{-1})[a]	$1/n$(±SE)[a]	R^2	藻/金属离子	K_f(mg·g^{-1})[a]	$1/n$(±SE)[a]	R^2
O. limnetica				*O.* limnetica			
Cu	23.96	0.50(±0.14)	0.72	Cu	2.93	0.76(±0.06)	0.97
Cd	1.37	0.92(±0.19)	0.85	Cd	2.85	0.57(±0.15)	0.75
Pb	31.88	0.48(±0.12)	0.78	Pb	14.52	0.67(±0.15)	0.83
A. spiroides				*A.* spirodes			
Cu	0.20	1.17(±0.06)	0.99	Cu	1.28	0.84(±0.06)	0.98
Cd	0.92	0.85(±0.06)	0.97	Cd	1.13	0.75(±0.16)	0.81
Pb	1.46	0.88(±0.17)	0.87	Pb	2.23	0.73(±0.08)	0.94
E. elegans				*E.* elegans			
Cu	1.08	1.07(±0.13)	0.93	Cu	0.31	1.02(±0.21)	0.82
Cd	1.44	0.61(±0.09)	0.90	Cd	0.38	1.17(±0.19)	0.88
Pb	3.83	0.70(±0.13)	0.86	Pb	3.82	0.95(±0.17)	0.86

续表

单一金属离子				混合的三种金属离子			
藻/金属离子	$K_f(mg \cdot g^{-1})^a$	$1/n(\pm SE)^a$	R^2	藻/金属离子	$K_f(mg \cdot g^{-1})^a$	$1/n(\pm SE)^a$	R^2
C. rulgaris				*C. rulgaris*			
Cu	9.47	0.78(±0.21)	0.73	Cu	2.09	0.56(±0.15)	0.74
Cd	4.76	0.85(±0.11)	0.92	Cd	0.58	0.71(±0.14)	0.83
Pb	10.96	0.57(±0.10)	0.87	Pb	4.06	0.69(±0.13)	0.85

注：a，K_f 和 $1/n$ 为 Freundlich 常数；SE 为标准偏差。

资料来源：C J Tien. Biosorption of metal ions by freshwater algae with different surface characteristics. Process Biochemistry, 2002(38)：605-613.

　　2004 年，Zouboulis 等人研究了从被污染土壤中分离得到细菌对金属离子的吸附，试验结果说明，无论是活菌体还是死菌体，它们对 Cd^{2+} 离子的吸附可以用 Langmuir 吸附等温式表示(图 6.27)。

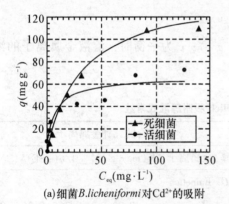 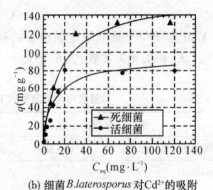

(a) 细菌 *B.licheniformi* 对 Cd^{2+} 的吸附　　　　(b) 细菌 *B.laterosporus* 对 Cd^{2+} 的吸附

图 6.27　不同细菌对 Cd^{2+} 吸附试验结果散点图及 Langmuir 等温线拟合

资料来源：A I Zouboulis, M X Loukidou, K A Matis. Biosorption of toxic metals from aqueous solutions by bacteria strains isolated from metal-polluted soils. Process Biochemistry, 2004(39)：909-916.

　　环境中的微生物种类繁多，细胞表面结构千差万别，因此发生吸附作用也各有不同，上面给出的仅仅是众多研究结果中的两个例子。

复习思考题

　　1. 在环境中的界面上，发生着哪些重要的天然过程？

　　2. 天然水体中有哪几种常见的胶体？

　　3. 金属元素氧化物胶体粒子具有哪些表面性质？

　　4. 黏土矿胶体粒子具有哪些表面性质？

5. 何谓表面配位模型？
6. 常见的吸附等温线有哪几种？写出它们的吸附等温式。
7. 环境微生物细胞表面的结构有何特征？有哪些主要成分？
8. 试述细胞表面主要成分分子的化学结构。
9. 为什么可以用氧化物表面配位来描述微生物细胞表面的微界面过程？

第七章 环境中的光化学过程

地球能量主要来自太阳辐射，地球上所有的生命过程几乎都依赖太阳辐射能来维持。太阳光能使全球各圈层中的化学物质发生直接或间接的光化学反应。由阳光引发的光化学过程是环境中所发生的重要的化学过程之一。诚然，环境中发生的光合成也是环境中重要的光化学过程，但这属于另外一个重要领域。

在阳光的作用下，化合物在各环境圈层中进行着各种光化学反应。这些反应影响化合物的迁移、转化、归宿及效应，一般情况下对人类及生态系统没有不良的影响，但是当人类的各种活动所产生的化学物质大量进入环境后，则有可能对环境中本身发生的光化学过程产生干扰或破坏，从而对生态环境和人类造成严重影响和危害。20世纪40年代，美国洛杉矶发生的光化学烟雾事件就是典型的例子。因此，研究环境中发生的各种光化学反应及其机理，研究人类活动所产生的污染物对这些过程的影响、干扰和破坏的机制，以及这种影响、干扰和破坏所产生的结果对生态环境和人类的影响是环境化学的重要课题。

第一节 光化学基础

一、光化学概念及光化学定律

1. 光化学

光化学是研究在紫外和可见光的作用下物质发生化学反应的科学。对在光的作用下物质发生化学变化现象的关注始于18世纪初。1727年Schulze发现银盐由于日光作用而变色；1844年Draper研究发现H_2和Cl_2在光的作用下发生爆炸而生成HCl；1900年Cimician和Silber发现羰基化合物与烯烃在光的作用下发生加成反应，这些工作奠定了光化学的基础。目前，光化学已成为化学学科中的一门分支学科，在工农业生产中得到广泛应用。

光化学反应不同于热化学反应：①光化学反应的活化主要是通过分子吸收一定波长的光来实现的，而热化学反应的活化主要是分子从环境中吸收热能而实现的。光化学反应受温度的影响小，有些反应可在接近0K时发生。②一般而言，光活化分子与热活化分子的电子分布及构型有很大不同，光激发态的分子实际上是基态分子的电子异构体。③被光激发的分子具有较高的能量，可以得到高内能的产物，如自由基、双自由基等。

2. 光的能量

一个光子的能量(E)可表示为

$$E = h\nu = \frac{hc}{\lambda}$$

式中：h 为 Planck 常数，6.626×10^{-34} J·s；ν 为光的频率，s^{-1}；c 为光速，2.9979×10^8 m·s^{-1}；λ 为光的波长（在紫外光和可见光的范围内，波长通常用 nm 表示，$1\text{nm} = 10^{-9}$m）。

一摩尔光子通常定义为一个 einstein，波长为 λ 的光的 1 einstein 的能量为

$$E = N_A h\nu = N_A hc/\lambda = 6.02 \times 10^{23} hc/\lambda$$

式中：N_A 为 Avogadro 常数（6.02×10^{23}/mol）。

红外、可见光与紫外光的能量见表 7.1。

表 7.1　　　　　　　　　电磁辐射典型波长、频率、波数和能量范围

电磁辐射	典型的波长范围（nm）	典型的频率范围 ν（s^{-1}）	典型的波数范围 ω（cm^{-1}）	典型的能量范围（kJ einstein^{-1}）
无线电波	$10^8 \sim 10^{13}$	$3 \times 10^4 \sim 3 \times 10^9$	$10^{-6} \sim 0.1$	$10^{-3} \sim 10^{-8}$
微　波	$10^7 \sim 10^8$	$3 \times 10^9 \sim 3 \times 10^{10}$	$0.1 \sim 1$	$10^{-2} \sim 10^{-3}$
远红外	$10^5 \sim 10^7$	$3 \times 10^{10} \sim 3 \times 10^{12}$	$1 \sim 100$	$10^{-2} \sim 1$
近红外	$10^3 \sim 10^5$	$3 \times 10^{12} \sim 3 \times 10^{14}$	$10^2 \sim 10^4$	$1 \sim 10^2$
可见光				
红	700	4.3×10^{14}	1.4×10^4	1.7×10^2
橙	620	4.8×10^{14}	1.6×10^4	1.9×10^2
黄	580	5.2×10^{14}	1.7×10^4	2.1×10^2
绿	530	5.7×10^{14}	1.9×10^4	2.3×10^2
蓝	470	6.4×10^{14}	2.1×10^4	2.5×10^2
紫	420	7.1×10^{14}	2.4×10^4	2.8×10^2
近紫外	$400 \sim 200$	$(7.5 \sim 15.0) \times 10^{14}$	$(2.5 \sim 5) \times 10^4$	$(3.0 \sim 6.0) \times 10^2$
真空紫外	$200 \sim 50$	$(1.5 \sim 6.0) \times 10^{14}$	$(5 \sim 20) \times 10^4$	$(6.0 \sim 24) \times 10^2$
X 射线	$50 \sim 0.1$	$(0.6 \sim 300) \times 10^{16}$	$(0.2 \sim 100) \times 10^6$	$10^3 \sim 10^6$
γ 射线	≤ 0.1	3×10^{18}	$\geq 10^8$	$> 10^6$

资料来源：B J Finlayson-Pitts and J N Pitts, et al. Atmospheric Chemistry：Foundamentals and Experimental Techniques. John Willey & Sons, Inc., 1986：62.

能量单位之间的换算关系见表 7.2。

表 7.2　　　　　　　　　常用能量单位之间的换算关系

（kJ mol^{-1}）×0.2930→kcal·mol^{-1} ×0.0104→eV ×83.59→cm^{-1} （kcal mol^{-1}）×4.184→kJ·mol^{-1} ×0.04336→eV ×349.8→cm^{-1}	（cm^{-1}）×1.196×10^{-2}→kJ·mol^{-1} ×2.859×10^{-3}→kcal·mol^{-1} ×1.240×10^{-4}→eV （eV）×96.49→kJ·mol^{-1} ×23.06→kcal·mol^{-1} ×8.066×10^3→cm^{-1}

二、光对分子的作用

(一)分子的能量

物质由分子组成,分子的运动有平动、转动、振动和分子的电子运动,分子的每一种运动状态都具有一定的能量。如果不考虑它们之间的相互作用,作为一级近似,分子的能量(E)可表示为

$$E = E_{平} + E_{转} + E_{振} + E_{电}$$

式中:$E_{平}$为分子的平动能(位移能)是温度的函数,分子平动时,不发生偶极变化;$E_{转}$为分子绕分子某一轴转动时所具有的能量;$E_{振}$为分子原子以较小的振幅在其平衡位置振动所具有的能量,可近似看做一谐振子;$E_{电}$是分子中电子运动所具有的能量。

由于分子平动时电偶极不发生变化,因而不吸收光,不产生吸收光谱。与分子吸收光谱有关的只有分子的转动能级、振动能级和电子能级。每个分子只能存在一定数目的转动、振动和电子能级(图 7.1)。和原子一样,分子也有其特征能级。在同一电子能级内,分子因其振动能量不同而分为若干"支级",当分子处于同一振动能级时还因其转动能量不同而分为若干"支级"。在分子的能级中,转动能级间的能量差最小,一般小于 0.05eV,振动能级间的能量差一般在0.05~1.00eV之间,电子能级间的能量差最大,一般在 1~20eV 之间。

由表 7.1 可知,紫外和可见光的能量大于 1eV,而红外光的能量小于或等于 1eV。因此,当红外光作用于分子时,只能引起分子转动能级与振动能级的改变,从而发生光的吸收,产生红外吸收光谱。当紫外与可见光作用于分子时,可使分子的电子能级(包括转动能级和振动能级)发生改变,产生可见-紫外吸收光谱。

(二)分子对光的吸收

分子吸收光的本质是在光辐射作用下,物质分子的能态发生改变,即分子的转动、振动或电子能级发生变化,由低能态被激发至高能态,这种变化是量子化的。按照量子学说,能态之间的能量差必须等于光子的能量:

$$E_2 - E_1 = \Delta E = E = h\nu$$

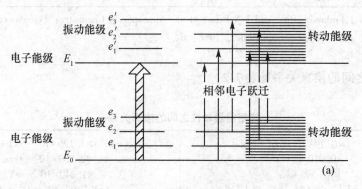

图 7.1　分子的能级图

式中：E_1 和 E_2 分别为分子的初能态和终能态。电子不能在任意两能级间跃迁，要产生跃迁，应遵循一定的规律(选律)，即：在两个能级之间的跃迁，电偶极的改变必须不等于零方能发生。

下面简要讨论光能如何转化为电子激发能。

光是电磁波的一部分，它以不断作周期变化的电场和磁场在空间传播，它可以对带电的粒子(如电子、核)和磁场偶极子(如电子自旋、核自旋)施加电力和磁力(图 7.2)。作用在分子电子上的总作用力(F)可表示为：

$$F = 电力 + 磁力 = e\varepsilon + \frac{evH}{c}$$

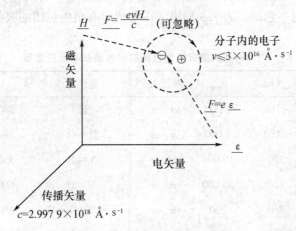

图 7.2　光对分子作用示意图

式中：e 为电子的电荷；v 为电子的速度，$3 \times 10^8 \mathrm{cm \cdot s^{-1}}$；$\varepsilon$ 为电场强度；H 为磁场强度；c 为光速，$3.0 \times 10^{10} \mathrm{cm \cdot s^{-1}}$。

由于 $c > v$，所以 $e\varepsilon > evH$，施加在电子上的作用力近似为：$F = e\varepsilon$。即光波通过时，作用在电子上的力主要来源于光波的电场 ε。

现在考虑光通过分子时光波电场对分子(即对分子的电子)的作用力。由于电场的周期变化(振荡电场)使得分子电子云的任一点也产生周期变化振荡偶极子)，即一个体系(光)的振动，通过电场力的作用与第二个体系(分子中的电子)发生偶合，从而引起后者的振动(即共振)。因此可以把光与分子的相互作用看做是辐射场(振荡电场)与电子(振荡偶极子)会聚时的一种能量交换。这种相互作用应满足能量守恒：

$$\Delta E = h\nu$$

另外，由于光波电场强度的变化是周期性的，即可从 0 开始，而后达到最大值(产生吸引)，再降到 0，然后产生一个相反的电场，达到极大值(产生排斥)，再降到 0，然后开始另一周期变化。这样的作用使分子产生瞬时偶极矩 μ_i(也称跃迁偶极矩)，μ_i 和 ε 之间的一个重要关系是 μ_i 的方向总是与外部电场的方向相反。瞬时偶极矩的产生类似于带电极板使分子产生诱导偶极矩，如图 7.3 所示。

图 7.3　电场诱导产生的偶极矩

有机分子吸收紫外和可见光后，一个电子就从原来较低能量的轨道被激发到原来空着的反键轨道上，被吸收的光子能量用于增加一个电子的能量，通常称为电子跃迁。有机分子电子跃迁的方式有 $\pi \to \pi^*$、$n \to \pi^*$、$n \to \sigma^*$、$\sigma \to \sigma^*$（表7.3和图7.4）。后两种跃迁需要的能量较高，一般需要波长小于 200nm 的真空紫外光。有机化合物中能够吸收紫外或可见光的基团称为生色团。表 7.3 列出了一些典型有机生色团的吸收波长和跃迁类型。

表 7.3　　　　　　　　　　　一些典型有机生色团的吸收波长和跃迁类型

生色团	λ_{max}(nm)	ε_{max}	跃迁类型	生色团	λ_{max}(nm)	ε_{max}	跃迁类型
C—C	<180	1 000	σ, σ^*	蒽	380	10 000	π, π^*
C—H	<180	1 000	σ, σ^*	C=O	280	20	n, π^*
C=C	180	10 000	π, π^*	N=N	350	100	n, π^*
C=C—C=C	220	20 000	π, π^*	N=O	660	200	n, π^*
苯	260	200	π, π^*	C=C—C=O	350	30	n, π^*
萘	310	200	π, π^*	C=C—C=O	220	20 000	π, π^*

资料来源：Nicholas J. Turro. Modern Molecular Photochemistry. Benjamin/Cummings Publishing Company Inc., 1978：77.

图 7.4　分子轨道能量和电子跃迁的可能方式示意图

（三）分子的电子组态

1. 分子基态的电子组态

分子的电子组态是指分子轨道中电子的分布及自旋状态。分子在基态时其轨道中电子的分布及自旋状态称为分子基态的电子组态。通常用分子最高占有分子轨道(HOMO)或者用两个最高能级的已填满电子的分子轨道来表示。例如甲醛、乙烯分子的基态电子组态可简化表示为

$$\Phi(H_2C{=}O)=K(\pi_{CO})^2(n_O)^2$$

$$\Phi(CH_2{=}CH_2)=K(\pi_{CC})^2$$

此处 K 表示分子的"核心"电子，它们受核的作用较强，在光物理和光化学过程中不受扰动。π_{CO} 指碳-氧键的 π 分子轨道，n_O 指氧原子上非键分子轨道，π_{CC} 指碳-碳键的 π 分子轨道。

2. 分子激发态的电子组态

分子激发态的电子组态通常用两个单电子占据的分子轨道来表示。当分子吸收紫外或红外光后，它的一个电子从基态跃迁到能量较高的空分子轨道。此时，它的两个电子分别占据原来的最高分子轨道（HOMO）和最低分子轨道（LOMO），分子电子激发态组态则由这两个分子轨道及轨道上电子的自旋状态来决定。

如果只笼统考虑分子轨道和轨道上电子的自旋，即不考虑分子轨道在空间的伸展方向，例如只考虑 π、π^*，而不考虑 π_x、π_y 和 π_x^*、π_y^*。那么，分子的电子激发态组态可分为单重态（singlet，S）和三重态（triplet，T）。

1）单重态（S）

在能量低的和能量高的分子轨道上两个电子自旋配对（反平行）时的状态称为单重态。这种态总的自旋磁矩为零。

2）三重态（T）

在能量低的和能量高的分子轨道上两个电子自旋不配对（自旋平行）时的状态称为三重态。这种态产生自旋磁矩。

单重态和三重态的名称来源于历史上的实验结果：当一束分子（或原子）射线通过强磁场时，处于某种电子组态的原子或分子，可以分裂为三个可分辨的状态（有三个能阶），就称这样的原子或分子处于三重态。如果磁场不分裂射线束，则称这样的原子或分子处于单重态。

一些常用的符号：

（1）S_0——分子基态单重态。

（2）S_1，S_2，…——表示分子激发单重态，脚标表示激发态相应的能级。S_1 为第一激发单重态，以此类推。

（3）T_1，T_2，…——表示分子激发三重态，脚标表示激发态相应的能级。T_1 为第一激发三重态，以此类推。

（四）氧分子的电子组态

环境中的光化学过程，氧分子是重要的参与者，这是由于它具有独特的分子结构。对氧分子的磁性研究表明，氧分子具有顺磁性，即在分子中存在未配对的电子（物质的磁性主要由物质的分子、原子或离子中电子的自旋磁矩产生的。如果分子存在未配对的电子，这些电子的自旋磁矩的取向将与外磁场方向一致，因而能被外磁场吸引，这就是顺磁性物质。如果物质分子内部的电子配对，两个电子产生的自旋磁矩因取向相反而抵消，这类物质在磁场中被排斥，称为抗磁性物质）。氧分子的分子轨道见图 7.5。

由于 π_x^* 和 π_y^* 轨道是简并的（能量相同），又由于基态时有两个电子占有了这些轨道，因此根据 Hund 规则，能量相等的轨道，电子尽可能以相同自旋方向分占不同的分子

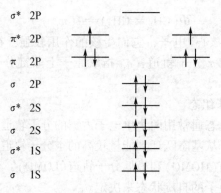

图 7.5　氧分子的分子轨道示意图

轨道。那么，分子氧的基态是三重态。如果考虑两个电子在 π_x^* 和 π_y^* 轨道的分布及它们相应的自旋状态，分子氧的电子组态就有一个最低能量三重态及三个单重态，可分别表示为：

$$T—(\pi_x^*\uparrow)(\pi_y^*\uparrow) \qquad \text{称为} ^3\Sigma$$
$$S—(\pi_x^*\uparrow)(\pi_y^*\downarrow) \qquad \text{称为} ^1\Sigma$$
$$S—(\pi_x^*\uparrow\downarrow) \qquad \text{称为} ^1\Delta x$$
$$S—(\pi_y^*\uparrow\downarrow) \qquad \text{称为} ^1\Delta y$$

这四个电子组态的光谱项符号分别为 $^3\Sigma$、$^1\Sigma$、$^1\Delta x$、$^1\Delta y$，两个电子分占 π_x^* 和 π_y^* 轨道，用 Σ 表示；两个电子同在 π_x^* 或 π_y^* 轨道，用 Δx 或 Δy 表示；左上标表示电子组态的多重度。两个 Σ 态的电子分布是绕键轴形成圆柱状对称，Δ 态的电子分布是两个电子同在一个 π^* 轨道 (π_x^* 或 π_y^*) 上，$^1\Delta x$ 和 $^1\Delta y$ 在零级近似中是简并的，其他的分子接近它们时就会引起这两个态的分裂。将简并态忽略不计，将 S_1 表示为 $^1\Delta$ (不是 $^1\Delta x$ 就是 $^1\Delta y$)，所以通常将具有 $^1\Delta$ 态的氧分子称为单重态氧，常以 $^1\Delta O_2$ 表示，为方便起见，可简化成 $^1O_2$。这样，分子氧的电子组态可以简化为三种，即 $^3\Sigma$，$^1\Sigma$ 和 $^1\Delta$。

　　研究表明，分子氧的三种电子组态能量次序为

$$^3\Sigma < {}^1\Delta(94\ 140\text{J}\cdot\text{mol}^{-1}) < {}^1\Sigma(156\ 900\text{J}\cdot\text{mol}^{-1})$$

　　氧分子处于基态时，两个电子分占两个 π^* 轨道，并且自旋平行，电子组态为 $^3\Sigma$，当氧分子吸收一定能量时，两个不成对的电子在一般情况下变为共占一个 π^* (π_x^* 或 π_y^*) 轨道，并且自旋相反，另一个 π^* 空着，此时电子组态为 $^1\Delta$。如果吸收的能量更大，在一个轨道上配对的两个电子就变为分占两个 π^* 轨道，并且自旋相反，电子组态为 $^1\Sigma$，此状态的能量比 $^1\Delta$ 高约 67%，因而不稳定，易向 $^1\Delta$ 转变，所以单重态氧分子常见的电子组态为 $^1\Delta$。

　　由于单重态氧是分子氧的一种激发态，具有较高的活化能，并因 $^1\Delta\rightarrow{}^3\Sigma$ 的无辐射跃迁是禁阻的，因此其寿命是可观的。$^1\Delta$ 的寿命为 $2.7\times10^3\text{s}$，而 $^1\Sigma$ 的寿命为 7.1s。$^1O_2$ 在溶剂中的寿命见表 7.4。

表 7.4 室温下单重态氧在不同溶剂中的寿命

溶剂	寿命 τ(μs)	溶剂	寿命 τ(μs)	溶剂	寿命 τ(μs)
H_2O	2	C_6H_6	24	C_6F_6	600
$HCON(CH_3)_2$	7	$(CH_3)_2CO$	25	CC_4	700
CH_3OH	7	$(CD_3)_2CO$	25	CF_3Cl(Freon 11)	1 000
EtOH	10	CH_3CN	30	蒸气（1 个大气压）	80 000
$CH_3CH_2CH_2Br$	10	$CHCl_3$	60		
D_2O	20	CS_2	200		
C_6H_{12}	16	$CDCl_3$	300		

资料来源：同表 7.3。

由于 $^1O_2$ 具有较高的能量，并在蒸气中存在的寿命较长，所以它在气相的光化学过程中起到较重要的作用。

三、光物理与光化学过程

（一）态能级图

态能级图是表示在一个给定的核几何构型中，分子的基态、激发单重态和三重态的相对能态图（图 7.6 和图 7.7）。一般假定在态能级图中，所有态的核几何构型与基态的核几何构型没有很大差别。

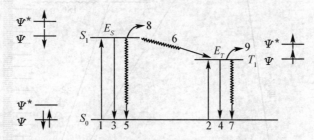

1—单重态-单重态吸收；2—单重态-三重态吸收；3—荧光；4—磷光；5—系内窜跃；
6—系间窜跃；7—系间窜跃；8—单重态反应；9—三重态反应

图 7.6 态能级图

（二）光物理过程

光物理过程可定义为各激发态间或各激发态与基态之间发生相互转化的跃迁。一些重要的光物理过程可分为辐射和无辐射过程，如图 7.6 中的一些过程。由态能级图我们可以了解一些重要的光物理过程。

1. 光物理辐射过程

1　$S_0 + h\nu \longrightarrow S_1$　单重态-单重态吸收

2　$S_0 + h\nu \longrightarrow T_1$　单重态-三重态吸收

3　$S_1 \longrightarrow S_0 + h\nu$　单重态-单重态发射，发射的光称为荧光。电子组态未改变。

4　$T_1 \longrightarrow S_0 + h\nu$　三重态-单重态发射，发射的光称为磷光。电子组态发生改变。

2. 光物理无辐射过程

5　$S_1 \longrightarrow S_0 + $热量　发生热失活，称为内转换（internal conversion，IC）或系内"窜跃"（intersystem Crossing，ISC），受激发的分子与其他分子碰撞，激发能以热能的形式耗散。

6　$S_1 \longrightarrow T_1 + $热量　不同电子激发态组态之间的跃迁，称为系间"窜跃"。

7　$T_1 \longrightarrow S_0 + $热量　激发三重态与基态之间的跃迁，也称为系间"窜跃"。

一些重要的光物理辐射过程可通过可见-紫外吸收光谱和分子荧光光谱、磷光光谱来了解。

（三）光化学过程

光化学过程是指分子吸收光能后变成激发态而发生各种反应，通常遇到的光化学过程类型较少，如图 7.6 中的 8 和 9 过程。

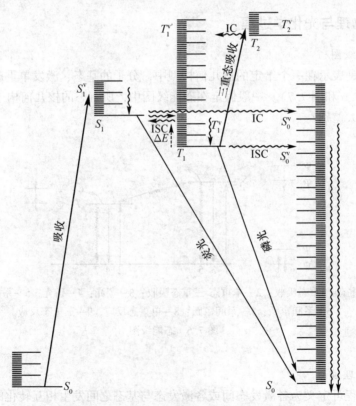

IC：Internal Conversion，内转换；ISC：Intersystem Crossing，系间窜跃

图 7.7　态能级图解

1. 光化学定律

(1)光化学第一定律。

光化学第一定律也称 Grothus-Draper 定律：只有被分子吸收的光，才能有效地引起分子的化学反应。

(2)光化学第二定律。

光化学第二定律也称 Stark-Einstein 定律：发生光化学变化是由于分子吸收一个光量子的结果。或者说，在光化学反应的初级过程，被吸收的一个光子，只能激活一个分子。

(3)量子产率。

光化学反应的效率通常用量子产率(Φ)来表示，其定义为：

$$\Phi = \frac{\text{分解或生成的分子数}}{\text{吸收的光量子数}}$$

2. 初级光化学过程与次级光化学过程

3. 初级光化学过程的主要类型

在对流层中发生不同类型的初级光化学过程，但是对于气相主要类型有：

(1)光解。一个分子吸收一个光量子的辐射能时，如果所吸收的能量等于或多于键的离解能，则发生键的断裂，产生原子或自由基。例如：

$$NO_2 + h\nu(290<\lambda<430\text{nm}) \longrightarrow NO + O$$

$$CH_3CH_2CH_2C(=O)H + h\nu(290<\lambda<340\text{nm}) \longrightarrow C_3H_7 + CHO$$

$$\longrightarrow C_3H_8 + CO$$

$$\longrightarrow C_2H_4 + CH_3CHO$$

(2)分子内重排。在某些情况下，化合物在吸收光量子后能够引起分子内重排。例如：

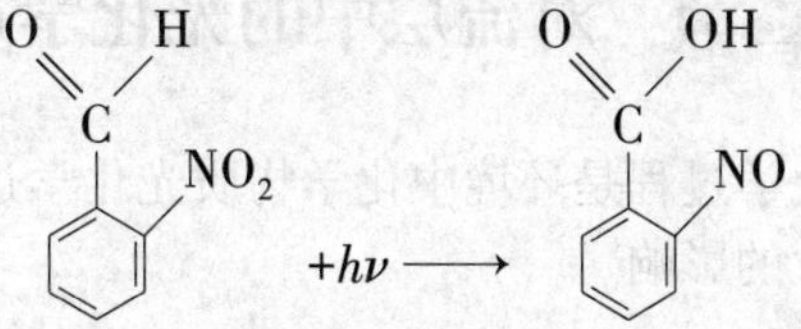

(3)光异构化。在气相中，某些有机化合物吸收光能后，发生异构化反应。例如：

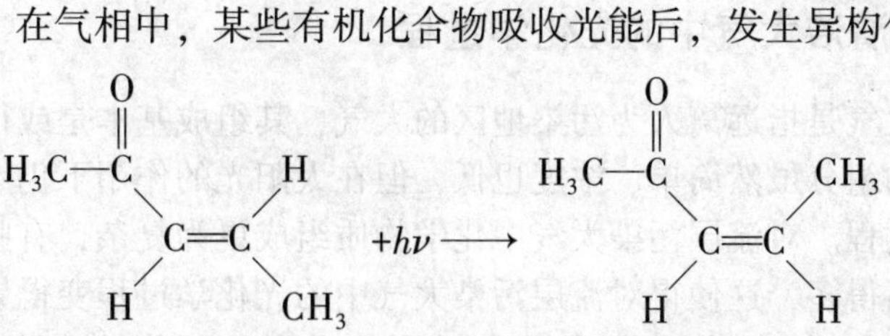

(4)光二聚合。某些有机化合物在光的作用下，能够发生聚合反应，生成二聚体。例如：

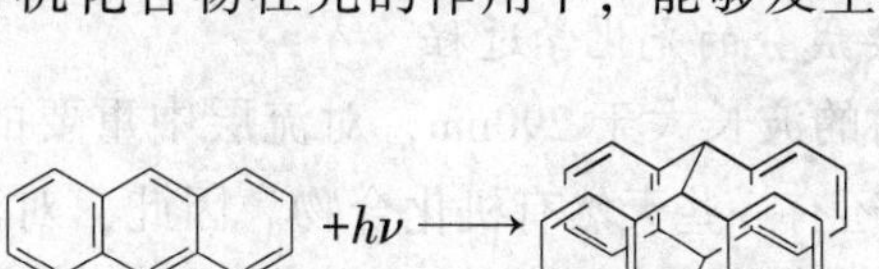

（5）氢的提取。羰基化合物吸收光能发生 $n \longrightarrow \pi^*$ 跃迁所形成的激发态，容易发生分子间氢的提取反应。特别在有氢原子供体存在时最典型的例子是：

$$\phi\text{—}\overset{\displaystyle O}{\overset{\|}{C}}\text{—}\phi + CH_3\overset{\displaystyle OH}{\underset{\displaystyle H}{\overset{|}{\underset{|}{C}}}}CH_3 + h\nu \longrightarrow \phi\text{—}\overset{\displaystyle OH}{\underset{\displaystyle \cdot}{\overset{|}{C}}}\text{—}\phi + CH_3\overset{\displaystyle OH}{\underset{\displaystyle \cdot}{\overset{|}{C}}}CH_3$$

（6）光敏化反应。

在光化学反应中，有些化合物能够吸收光能，但自身并不参与反应，而把能量转移给另一化合物，使之成为激发态参与反应，这样的反应称为光敏化反应，吸光的物质称为光敏剂（S），接受能量的化合物称为受体（A）。光敏化反应可表示如下：

$$S(S_0) + h\nu \longrightarrow S(S_1)$$
$$S(S_1) \xrightarrow{\text{系间蹿跃}} S(T_1)$$
$$S(T_1) + A(S_0) \xrightarrow{\text{能量转移}} S(S_0) + A(T_1)$$
$$A(T_1) \longrightarrow \text{参与反应}$$

对大气化学而言，上述这些过程，以光解最为重要，此过程可生成反应性极强的碎片，从而引发一系列的化学反应。

第二节　对流层中的光化学过程

在对流层中发生的光化学过程是环境中化学物质光化学过程中最重要的过程，它对化合物在大气中的转化有重大的影响。

一、对流层清洁大气中的光化学过程

对流层清洁大气是指远离人为污染地区的大气，其组成基本是或很接近天然大气的组成。这种大气中的组分虽然简单、浓度也低，但在太阳光的作用下仍然会发生一系列的初级和次级光化学过程。对流层污染大气中化学物质组成更为复杂，有些污染物浓度也较清洁大气中的浓度高得多，这使得对流层污染大气中的光化学过程变得异常复杂。下面我们按化学物质分类来介绍主要化学物质在对流层大气中的主要化学过程。

（一）清洁大气中重要成分的光化学过程

到达对流层太阳辐射的波长大于290nm，对流层中重要的光吸收物质是 O_2、O_3、氮氧化物、SO_2、甲醛等，还有一些天然有机化合物。因此，对流层清洁大气中的基本光化学过程主要涉及这些物质在波长大于290nm的太阳辐射作用下发生的光化学过程。在对流层中，这些物质在阳光的作用下通过初级光化学过程产生了各种自由基与活性物质。它们具有较高的能量，能与大气中各种天然化合物发生反应，从而构成了天然对流层大气化学。

1. O_2 的光化学过程

O_2 吸收光能后生成激发态的氧分子：$O_2(^3\Sigma)+h\nu \longrightarrow O_2(^1\Delta)+O_2(^1\Sigma)$ O_2 的这两个激发态是最低激发态，其能量分别高于基态约 90.1 和 156.8kJ。因为 $O_2(^1\Delta)$ 和 $O_2(^1\Sigma)$ 是单重态，而 O_2 的基态是三重态，所以它们返回基态的辐射跃迁是慢的，其天然寿命（即不存在碰撞失活）是相当长的，$O_2(^1\Delta)$ 的约为 2.7×10^3 s，$O_2(^1\Sigma)$ 的约为 7.1s。$O_2(^1\Sigma)$ 的寿命相对短些，易与大气中的其他分子发生碰撞失活。因此，对流层中 $O_2(^1\Delta)$ 引发的化学反应才是重要的。单重态氧分子的次级反应主要为与烯烃反应：

$$O_2(^1\Delta)+烯烃\longrightarrow 产物$$

应当指出，虽然还有其他一些反应可产生 $O_2(^1\Delta)$，但总的来说它在大气中的浓度低。研究结果表明，即使在污染条件下其浓度极值为 10^8 分子·cm^{-3}，·OH 与烯烃的反应速度仍约为 $O_2(^1\Delta)$ 与烯烃反应速度的 10^3 倍。因此，目前还不认为 $O_2(^1\Delta)$ 有足够的量对对流层中烯烃总的气相氧化作出贡献。

2. O_3 的光化学过程。

O_3 吸收光能后可以发生光解，生成不同电子组态的 O_2 和 O，这取决于光的能量：

$$O_3+h\nu(\lambda\leqslant320nm)\longrightarrow O_2(^1\Delta)+O(^1D) \tag{7.1}$$
$$O_3+h\nu(\lambda\geqslant320nm)\longrightarrow O_2(^1\Delta \ 或 ^1\Sigma)+O(^3P)$$
$$O_3+h\nu(\lambda 440\sim850nm)\longrightarrow O_2(基态)+O(^3P)$$

式中 $O(^3P)$ 为基态氧原子，$O(^1D)$ 为第一激发态氧原子。反应 (7.1) 是 O_3 最重要的初级光化学过程，产物 $O(^1D)$ 的量子产率见表 7.5，反应速率常数 $k(298K)=2.2\times10^{-10}$ cm^3·分子$^{-1}$·s^{-1}。在 1 个大气压，相对湿度为 50%和 298K 的条件下，通过反应 (7.1) 产生的约 10%的 $O(^1D)$ 与水反应生成氢氧自由基，其余通过空气去活化返回基态。

表 7.5 $O(^1D)$ 的量子产率

光解波长	$\Phi(^1D)$
290	0.95±0.02
270	~0.9
270	0.92±0.03
230~280	1.00±0.05
230~280	1.0
266	~0.9
266	0.88
254	0.92±0.04
248	0.85±0.02
248	0.91±0.03
248	0.94±0.01

O_3 的次级光化学过程主要有下面的几个反应:

$$O(^1D)+H_2O \xrightarrow{\text{a}} 2OH \tag{7.2}$$
$$\xrightarrow{\text{b}} O(^3P)+H_2O$$
$$O(^3P)+O_2+M \longrightarrow O_3 \tag{7.3}$$

研究指出,$O(^1D)$ 与水反应约 95% 是通过反应(7.2)的途径 a 完成的,通过途径 b 只有(4.9±3.2)%,此途径实际为碰撞失活反应。一般可以表示为:

$$O(^1D)+M \longrightarrow O(^3P)+M$$

反应(7.3)称为三体碰撞反应,这是对流层 O_3 的来源之一。

3. 氮氧化物的光化学过程

在对流层中,NO_x 有 NO、NO_2、NO_3、N_2O_3、N_2O_5、N_2O 等,它们在太阳光的作用下可发生多种光化学过程,本节仅讨论它们的初级光化学过程。

1)NO 的光化学过程

NO 是重要的一次污染物,其主要化学过程讨论如下。

(1)NO 可以被 O_2 氧化。

$$2NO+O_2 \longrightarrow 2NO_2$$

此反应的速率常数很小($k_1(298K)=2.0\times10^{-38} cm^6 \cdot molecule^{-2} \cdot s^{-1}$),在 NO 典型浓度的大气中,反应是很慢的。因此,NO 的浓度较高(烟羽中)时,才发生这一反应。

(2)NO 能够迅速地与 O_3 反应。

$$NO+O_3 \longrightarrow NO_2+O_2 \tag{7.4}$$

但是,在同一气团中,还未发现 NO 和 O_3 能够以显著的浓度同时存在。在光化学污染事件中,直到 NO 浓度降到最低值之前,O_3 不可能积累。因此,这一反应对于光化学氧化剂发展的控制策略有重要意义。

(3)NO 被自由基氧化。

大气中 NO 转化为 NO_2 还涉及 OH 自由基氧化有机物的链反应,例如:

生成的烷基过氧自由基发生以下两个途径:

$$RO_2+NO \xrightarrow{\text{a}} RO+NO_2$$
$$\xrightarrow{\text{b}} RONO_2$$

通常,途径 a 是占优势的反应,但是,当 C≥4 时,途径 b 变为较重要的反应。

通过途径 a 生成的 RO 自由基与 O_2 提取氢的反应生成醛和 HO_2 自由基:

$$RCH_2O+O_2 \longrightarrow RCHO+HO_2$$

HO_2 能够氧化 NO 为 NO_2,而重新生成 OH 自由基:

$$HO_2+NO \longrightarrow OH+NO_2$$

在此循环中，两分子的 NO 被氧化为 NO_2，并且 OH 自由基重新产生。此时丙烷已被氧化为丙醛，类似于上述循环，它可以进一步被 OH 自由基氧化。

NO 除了与上述物质发生反应外，还能够与 RO 和 NO_3 反应：

$$NO+RO \xrightarrow{\ a\ } RONO$$

$$\xrightarrow{\ b\ } R_1R_2CO+HNO$$

$$NO+NO_3 \longrightarrow 2NO_2$$

综上所述，在大气中 NO 能够与 HO_2、RO_2 以及 O_3、OH、RO、NO_3 反应。其中，NO 与 HO_2、RO_2 自由基的反应处于大气有机物被氧化而 NO 转化为 NO_2 这些链反应的中心位置。在污染大气中，NO 与 O_3 的反应控制 O_3 浓度的峰值；NO 与 OH，部分与 RO 的反应起着 NO 夜间临时贮存体的作用。

2）NO_2

在 $\lambda \leqslant 430nm$ 的太阳辐射作用下 NO_2 的光解是一重要的反应：

$$NO_2+h\nu(\lambda \leqslant 430nm) \longrightarrow NO+O(^3P) \tag{7.5}$$

反应(7.5)的重要性在于生成的 $O(^3P)$ 可与 O_2 和其他分子反应三体碰撞，生成 O_3，生成的 NO 参与各种反应。表 7.6 给出了此反应在 $375 \sim 420nm$ 的波长范围内，NO_2 光解的初级量子产率。

NO_2 被光激发后，有一部分不发生光解，而发生碰撞失活，如果与 O_2 碰撞，则发生能量转移，使 O_2 转化为 $^1O_2$：

$$NO_2^*+O_2 \longrightarrow NO_2+O_2(^1\Delta)$$

NO_2 可以与 OH、O_3、RO_2 反应：

$$NO_2+OH \longrightarrow HNO_3$$

$$NO_2+O_3 \longrightarrow NO_3+O_2$$

$$NO_2+RO_2 \Longleftrightarrow RO_2NO_2$$

表 7.6 　　　　　　　　　　　**反应 7.4 的初级量子产率**

$\lambda(nm)$	Φ	$\lambda(nm)$	Φ	$\lambda(nm)$	Φ	$\lambda(nm)$	Φ	$\lambda(nm)$	Φ
375	0.77	384	0.70	393	0.90	399	0.78	408	0.20
376	0.88	385	0.77	394	0.90	400	0.68	409	0.19
377	0.92	386	0.84	394.5	0.86	401	0.65	410	0.15
378	0.82	387	0.75	395	0.84	402	0.62	411	0.10
379	0.87	388	0.81	395.5	0.81	403	0.57	415	0.067
380	0.90	389	0.78	396	0.83	404	0.42	420	0.023
381	0.81	390	0.80	396.5	0.88	405	0.32		
382	0.70	391	0.88	397	0.82	406	0.33		
383	0.68	392	0.84	398	0.77	407	0.25		

资料来源：B J Finlayson-Pitts and J N Pitts, et al. Atmospheric Chemistry：Fundamentals and Experimental Techniques. John Wiley & Sons, Inc., 1986：155.

3）NO$_3$

NO$_3$ 的初级光化学过程是发生光解：

$$NO_3 + h\nu \xrightarrow{\text{a}} NO + O_2$$
$$\xrightarrow{\text{b}} NO_2 + O(^3P)$$

光解为一级反应，波长在 470~650nm 范围时，反应的途径 a 的光解速率常数为 $0.022\pm0.007s^{-1}$，途径 b 的光解速率常数为 $0.18\pm0.006s^{-1}$。

4）N$_2$O$_5$

在空气中的 N$_2$O$_5$ 是由下面的平衡形成的：

$$NO_3 + NO_2 \Longleftrightarrow N_2O_5$$

N$_2$O$_5$ 的初级光化学过程有

$$N_2O_5 + h\nu\,(\lambda < 1270nm) \longrightarrow NO_3 + NO_2$$
$$N_2O_5 + h\nu\,(248 < \lambda < 291nm) \longrightarrow 2NO_2 + O(^3P)$$
$$N_2O_5 + h\nu\,(\lambda < 1070nm) \longrightarrow NO_2 + NO + O_2$$
$$N_2O_5 + h\nu\,(\lambda < 300nm) \longrightarrow NO + O + NO_3$$

对流层清洁大气中，氮氧化物的光化学过程可以归纳如图 7.8 所示。

4. 亚硝酸及有机亚硝酸酯的光化学过程

在 $\lambda \leqslant 420nm$ 的太阳辐射的作用下，HNO$_2$ 的光解是氢氧自由基的一个重要来源：

$$HONO + h\nu\,(\lambda < 420nm) \longrightarrow OH + NO \tag{7.6}$$

是 OH 自由基引发重要的次级光化学过程。

有机亚硝酸酯发生类似的光解：

$$RONO + h\nu\,(\lambda \leqslant 440nm) \longrightarrow RO + NO \tag{7.7}$$

是烷氧自由基引发重要的次级光化学过程。

5. 硝酸和有机硝酸酯的光化学过程

硝酸的光解也可生成氢氧自由基：

$$HNO_3 + h\nu\,(200 < \lambda < 320nm) \xrightarrow{\text{a}} OH + NO_2$$

此反应的量子产率约为 1。另外 HNO$_3$ 还有两个光解途径，但量子产率较小（在 266nm 处：途径 b 的 $\Phi = 0.03$，途径 c 的 $\Phi < 0.002$）：

$$HNO_3 + h\nu \xrightarrow{\text{b}} O + HNO_2$$
$$\xrightarrow{\text{c}} H + NO_3$$

有机硝酸酯的光解有三个途径：

$$RCH_2ONO_2 + h\nu \xrightarrow{\text{a}} RCH_2O + NO_2$$
$$\xrightarrow{\text{b}} RCHO + HONO$$
$$\xrightarrow{\text{c}} RCH_2ONO + O$$

在对流层中途径 a 是重要的过程，生成的烷氧自由基引发的反应是重要的次级光化学反应。

6. H$_2$O$_2$ 的光化学过程

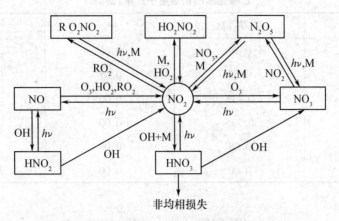

图 7.8 清洁对流层中氮氧化物的光化学过程

资料来源：B J Finlayson-Pitts and J N Pitts, et al. Atmospheric Chemistry: Fundamentals and Experimental Techniques. John Wiley & Sons, Inc., 1986: 973.

气相中，H_2O_2 的光解是初级光化学过程：

$$H_2O_2 + h\nu(\lambda \leqslant 360nm) \longrightarrow 2OH$$

这一反应的量子产率为 1，在大气悬浮水滴的化学反应中起重要作用。次级光化学过程则是产生的氢氧自由基引起的一系列反应。

7. 醛和酮光化学过程

1）醛。

甲醛的初级光化学过程是其光解，有两个途径（初级量子产率见表 7.7）：

$$HCHO + h\nu(\lambda < 370nm) \xrightarrow{a} H + HCO$$

$$\xrightarrow{b} H_2 + CO$$

表 7.7			甲醛光解的初级量子产率（300K）					101325Pa
$\lambda(nm)$	Φ_a	Φ_b	$\lambda(nm)$	Φ_a	Φ_b	$\lambda(nm)$	Φ_a	Φ_b
290	0.71	0.26	320	0.62	0.38	350	0	0.40
300	0.78	0.22	330	0.31	0.80	360	0	0.12
310	0.77	0.23	340	~0(<0.1)	0.69			

在对流层的光化学反应中，途径 a 特别重要，这是因为产生的 H 和 HCO 自由基能生成氢的过氧自由基：

$$H + O_2 \longrightarrow HO_2$$

$$HCO + O_2 \longrightarrow HO_2 + CO$$

这些反应属甲醛的次级光化学反应。

碳原子较多的醛类也可发生光解，乙醛的光解有四条途径（量子产率见表 7.8）：

表7.8	乙醛光解的初级量子产率($298K$)		101325Pa
$\lambda(nm)$	Φ_a	Φ_b	Φ_c
280	0.59	0.06	–
290	0.55	0.01	0.026
300	0.415	0.00	0.009
310	0.235	0.00	0.002
320	0.08	0.00	0.00
330	0.00	0.00	0.00

$$CH_3CHO+h\nu \xrightarrow{a} CH_3+HCO$$
$$\xrightarrow{b} CH_4+CO$$
$$\xrightarrow{c} H+CH_3CO$$
$$\xrightarrow{d} H_2+CH_2CO$$

丙醛的光解有两条途径：

$$CH_3CH_2CHO+h\nu \xrightarrow{a} C_2H_5+CHO$$
$$\xrightarrow{b} C_2H_6+CO$$

波长在 254~334nm 范围，a 途径的量子产率 $\Phi \approx 0.20\pm0.08$；波长 $\geqslant 280nm$，途径 b 的量子产率约为零。

醛类，尤其是甲醛，既是一级污染物，又可由大气中碳氢化合物氧化而产生。可以说几乎所有的大气化学反应机制中都有甲醛的参与。

（1）与 OH 的反应。

醛最主要的反应除了光解反应外，就是与 OH 基的反应：

$$OH+RCHO \longrightarrow RCO+H_2O \tag{7.8}$$

生成的产物继续发生反应，例如：

$$CH_3\overset{O}{\overset{\|}{C}} +O_2 \longrightarrow CH_3\overset{O}{\overset{\|}{C}}OO$$

$$CH_3\overset{O}{\overset{\|}{C}}OO +NO \longrightarrow CH_3\overset{O}{\overset{\|}{C}}O+NO_2$$
$$\downarrow$$
$$CH_3 + CO_2$$

HCHO 与 OH 的反应，只有一个氢被摘取：

$$HCHO+OH \longrightarrow HCO+H_2O \tag{7.9}$$
$$HCO+O_2 \longrightarrow HO_2+CO \tag{7.10}$$

反应(7.8)极快，因此反应(7.9)和(7.10)可合并写成：

$$HCHO+OH+O_2 \longrightarrow HO_2+CO+H_2O$$

HCHO 还能与 HO_2 很快反应：

$$HO_2+HCHO \Longleftrightarrow (HOOCH_2O) \Longleftrightarrow OOCH_2OH$$

生成的过氧化物比较稳定，会与大气中的 NO 作用，然后与 O_2 作用，最终导致生成甲酸：

$$OOCH_2OH+NO \longrightarrow OCH_2OH+NO_2$$

$$OCH_2OH+O_2 \longrightarrow HCOOH+HO_2$$

（2）与 NO_x 的反应。

醛与 NO_2 的反应是由其与 OH 反应引发的，反应产物为过氧酰基硝酸酯，例如乙醛与 NO_2 的反应，生成过氧乙酰硝酸酯（PAN）：

$$CH_3CHO+OH \longrightarrow CH_3CO+H_2O$$

$$CH_3CO+O_2 \longrightarrow CH_3C(O)OO$$

$$CH_3C(O)OO+NO_2 \longrightarrow CH_3C(O)OONO_2(PAN)$$

凡是能生成乙醛或乙酰基的化合物都可能是 PAN 的来源。PAN 没有天然源，全部为污染大气的反应产物。在污染大气中还发现了 PAN 的同系物，它们是光化学烟雾污染产生危害的重要二次污染物。它通常包括：过氧乙酰硝酸酯（PAN）、过氧丙酰硝酸酯（PPN）、过氧异丁酰硝酸酯（PISOBN）、过氧苯甲酰硝酸酯（PBZN）等，其中 PAN 发现得最早，是该系列的代表。例如：

$$C_2H_5C(O)+O_2 \longrightarrow C_2H_5C(O)OO$$

$$C_2H_5C(O)OO+NO_2 \Longleftrightarrow C_2H_5C(O)OONO_2 \quad (PPN)$$

$$Cl_2+h\nu \longrightarrow 2Cl$$

（PBZN）

PAN 是 20 世纪 50 年代在美国洛杉矶光化学烟雾事件的大气中发现的，之后，在全世界其他城市，边远地区、清洁大气中也都测出了 PAN。PAN 不仅是造成光化学烟雾的主要有害物，还是植物的毒剂、造成皮肤癌的可能试剂。由于它能在雨水中解离成硝酸根和有机物，还能参与降水的酸化。目前除 O_3 外，PAN 常被视为光化学烟雾的特征物质。

PAN 的主要汇是热分解反应。在遇热的情况下，PAN 会分解成 NO_2：

$$CH_3C(O)OONO_2 \xrightarrow{\triangle} CH_3C(O)OO+NO_2$$

此反应的一级反应速率常数与温度有关，例如：在 300K 时，PAN 的寿命为 30min；在 290K 时，PAN 的寿命为 3d；260K 时，PAN 的寿命为 1 个月。因此，它在低温时相对稳定，温度高时就分解。在低温地区对流层的中上部，PAN 相对稳定，就有可能输送到较远的地方。当 PAN 由较冷的上层输送到较暖的边界层就会发生热分解而释放出 NO_2，由于这个性质，它成为氮氧化物的贮存体，可使 NO_x 长距离传输。

甲醛与 NO_3 反应可生成 HNO_3：

$$NO_3 + HCHO \longrightarrow HNO_3 + HCO$$

$$HCO + O_2 \longrightarrow HO_2 + CO$$

$$HO_2 + NO_2 \longrightarrow HO_2NO_2$$

2) 酮。

在光的作用下，丙酮发生 α 断裂，生成甲基和乙酰基自由基：

$$CH_3\overset{\displaystyle O}{\overset{\displaystyle \|}{C}}CH_3 + h\nu \longrightarrow CH_3 + CH_3CO$$

不对称的酮光解时，键有两种断裂途径，生成不同的自由基，例如：

$$CH_3\overset{\displaystyle O}{\overset{\displaystyle \|}{C}}C_2H_5 + h\nu \xrightarrow{a} CH_3CO + C_2H_5$$

$$\xrightarrow{b} CH_3 + C_2H_5CO$$

8. 烷烃

在对流层中，烷烃的光化学主要是与 OH 自由基的反应，生成烷基自由基和 H_2O：

$$RH + OH \longrightarrow R + H_2O$$

正如前面的讨论所指出的，烷烃能与 NO_3 反应，生成烷基和 HNO_3。烷基则与大气中的其他成分发生各种反应：

$$R + O_2 \xrightarrow{M} RO_2$$

$$RO_2 + NO \longrightarrow RO + NO_2$$

生成的 RO_2 发生自身的双分子反应 $RO_2 + RO_2 \longrightarrow$ 产物，例如：

$$CH_3O_2 + CH_3O_2 \xrightarrow{a} 2CH_3O + O_2$$

$$\xrightarrow{b} CH_3OH + HCHO + O_2$$

$$\xrightarrow{c} CH_3OOCH_3 + O_2$$

$$\xrightarrow{d} CH_3O_2H + H_2COO$$

上述反应中，途径 a、b、c 是主要的，研究结果表明，它们分别占总反应途径约 35%、57% 和 8%。

生成的烷氧自由基可以与 O_2、NO 等物质发生反应或发生分解和异构化反应：

(1) 与 O_2 反应。

$$CH_3O + O_2 \longrightarrow HCHO + HO_2\cdot$$

$$CH_3-\overset{\displaystyle H}{\underset{\displaystyle CH_3}{C}}-O + O_2 \longrightarrow CH_3-\underset{\displaystyle CH_3}{C}=O + HO_2\cdot$$

(2) 与 NO 的反应。在典型的城市大气中，烷氧自由基与 NO 进行加成反应生成亚硝酸烷基酯或发生氢的提取生成羰基化合物：

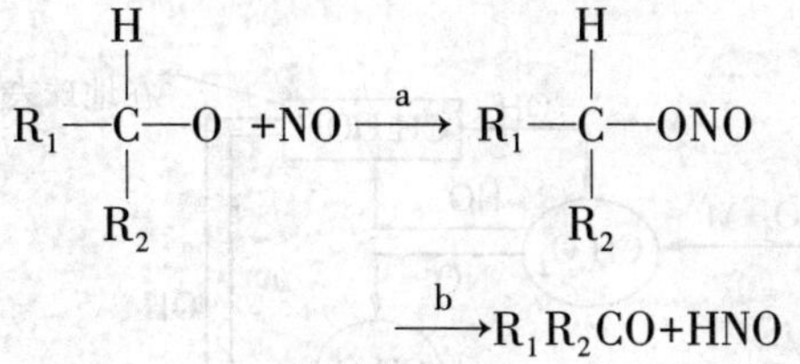

$$R_1-\underset{\underset{R_2}{|}}{\overset{\overset{H}{|}}{C}}-O +NO \xrightarrow{a} R_1-\underset{\underset{R_2}{|}}{\overset{\overset{H}{|}}{C}}-ONO$$

$$\xrightarrow{b} R_1R_2CO+HNO$$

$$CH_3O+NO \xrightarrow{a} CH_3ONO$$

$$\xrightarrow{b} HCHO+HNO$$

(3)异构化。碳原子数较多的烷氧自由基,可能进行1,4或1,5H的转移而发生异构化:

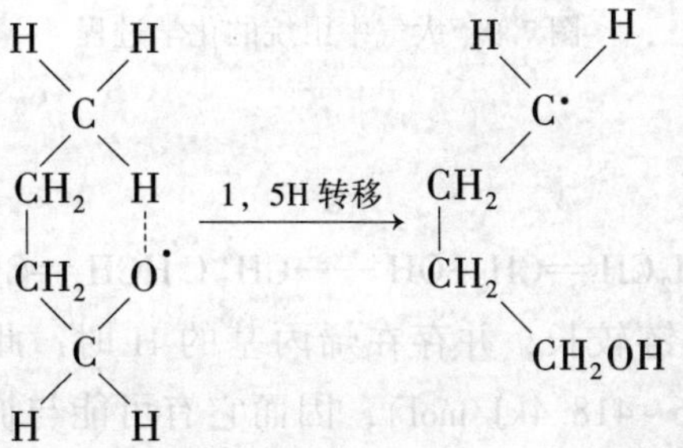

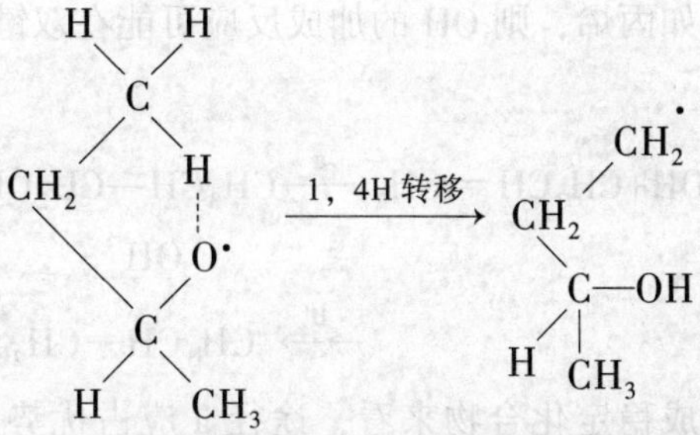

(4)分解。碳原子数较多的烷氧自由基还能够发生分解,生成羰基化合物和烷基自由基,例如:

以甲烷为例,其在对流层的基本光化学过程可归纳如图7.9所示。

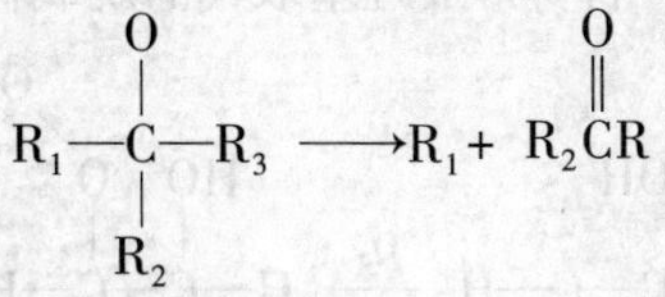

$$R_1-\underset{\underset{R_2}{|}}{\overset{\overset{O}{\|}}{C}}-R_3 \longrightarrow R_1+ R_2CR$$

9. 烯烃

烯烃能与 OH 自由基、O_3、NO_3 等物种反应。

1)与 OH 的反应有两条途径

(1)加成反应。

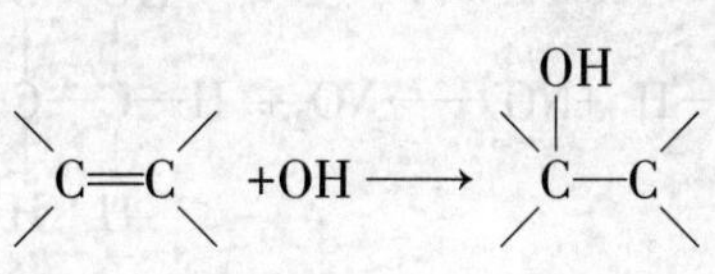

$$C=C +OH \longrightarrow \overset{\overset{OH}{|}}{C}-C$$

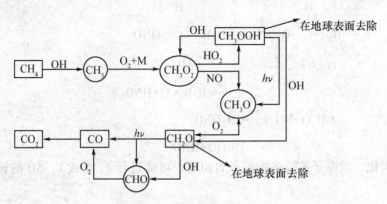

图 7.9　大气中甲烷的化学过程

（2）氢的提取。

$$CH_3CH_2CH \!=\! CH_2 + OH \longrightarrow CH_3\overset{\centerdot}{C}HCH \!=\! CH_2 + H_2O$$

当氢提取主要发生在链较长，并存在烯丙基的 H 时，此 C—H 键能量较低，约为 334.7kJ/mol（一般为 376.6~418.4kJ/mol），因而它有可能与加成反应发生竞争。目前认为，在一般大气条件下主要为加成反应。

对于非对称性烯烃，如丙烯，则 OH 的加成反应可能在双键的两头发生，生成不同的自由基加成物：

$$OH + CH_3CH \!=\! CH_2 \overset{a}{\longrightarrow} CH_3CH \!-\! CH_2OH$$
$$\overset{b}{\longrightarrow} \underset{OH}{CH_3CH \!-\! CH_2}$$

从基本有机化学原理和生成稳定化合物来看，途径 a 应占优势，1976 年报道的结果是途径 a 占 65%。

在对流层大气的条件下，烯烃与 OH 自由基反应的加成产物可与 O_2 反应生成过氧自由基，它可以氧化 NO 为 NO_2，自身形成羟基取代的烷氧自由基。例如：

$$OH + C_2H_4 \longrightarrow \underset{\substack{| \\ H}}{\overset{\substack{OH \\ |}}{H\!-\!C}}\!-\!\underset{\substack{| \\ H}}{\overset{\substack{| \\ |}}{C}}\!-\!H \overset{O_2}{\longrightarrow} \underset{\substack{| \\ H}}{\overset{\substack{HO \\ |}}{H\!-\!C}}\!-\!\underset{\substack{| \\ H}}{\overset{\substack{O\!-\!O \\ |}}{C}}\!-\!H$$

$$\underset{\substack{| \\ H}}{\overset{\substack{HO \\ |}}{H\!-\!C}}\!-\!\underset{\substack{| \\ H}}{\overset{\substack{O\!-\!O \\ |}}{C}}\!-\!H + NO \longrightarrow NO_2 + \underset{\substack{| \\ H}}{\overset{\substack{HO \\ |}}{H\!-\!C}}\!-\!\underset{\substack{| \\ H}}{\overset{\substack{O \\ |}}{C}}\!-$$

2) 与 O_3 的反应

烯烃与 O_3 的反应是很重要的。虽然 O_3 与烯烃的反应速度常数不如 OH 与烯烃反应的大，但是，O_3 在清洁或污染大气中的浓度要比 OH 基大得多，以致烯烃与 O_3 的反应的重要性增加了。当 O_3 在大气中仅为 30~40ppb（即每立方厘米 $(7\sim10)\times10^{11}$ 个 O_3 分子）时，烯烃的寿命随着取代烷基的增加而变短，如乙烯变为 2，3-二甲基-2-丁烯时，其寿命从 7~9d 缩短到只有 14~21min。

烯烃与 O_3 的反应机理是首先发生加成反应：

$$
O_3 + \quad
\begin{array}{c}
R_1 \\
\\
R_2
\end{array}
C = C
\begin{array}{c}
R_4 \\
\\
R_3
\end{array}
\longrightarrow
\begin{array}{c}
O \\
O \quad O \\
R_1 \quad\quad R_4 \\
C - C \\
R_2 \quad\quad R_3
\end{array}
$$

此化合物的 O—O 键和 O—C 键会断裂而生成一个羰基化合物和一个 Criegee 中间物。此中间物是 1957 年 Criegee 提出来的，故以他的名字命名。断键有两种可能：

$$
\begin{array}{c}
a\ \ O\ \ b \\
R_1\ \ O\ \ \ O\ \ R_4 \\
C - C \\
R_2 \quad\quad R_3
\end{array}
\quad
\begin{array}{l}
\xrightarrow{a}\ R_1R_2C{=}O + R_3R_4COO \\
\qquad\qquad\qquad\quad \text{Criegee中间体} \\
\\
\xrightarrow{b}\ R_1R_2COO + R_3R_4C{=}O \\
\qquad\qquad \text{Criegee中间体}
\end{array}
$$

在液相中，Criegee 中间体的结构通常写成 $R_1R_2\overset{+}{C}{-}O{-}O^-$ 或 $R_1R_2C{=}\overset{+}{O}{-}O^-$；在气相中，一般用 $R_1R_2\overset{\cdot}{C}O\overset{\cdot}{O}$ 表示，称为 Criegee 双自由基，为方便起见，自由基上的孤电子不写出来。在气相，两个由断键而生成的物种会很快分开，加上 Criegee 中间体带有过剩的能量（来自一级热反应），因而可能会进一步分解。

O_3 与乙烯反应的步骤大致如下：

$$
O_3 + H_2C{=}CH_2 \longrightarrow
\left[
\begin{array}{c}
O \\
O \quad\quad O \\
H \quad\quad\quad H \\
C - C \\
H \quad\quad\quad H
\end{array}
\right]^{++}
\longrightarrow HCHO + H_2COO
$$

$$
H_2COO^* + M \longrightarrow H_2COO
$$

$$
H_2COO^* \longrightarrow (\ \overset{\displaystyle O}{\overset{\|}{HCOH}}\ )^*
\begin{array}{l}
\xrightarrow{a} CO + H_2O \\
\xrightarrow{b} CO_2 + H_2 \\
\xrightarrow{c} CO_2 + 2H \\
\xrightarrow[d]{M} \overset{\displaystyle O}{\overset{\|}{HCOH}}
\end{array}
$$

CH_2OO^* 表示带有过剩的能量，它通常通过碰撞而稳定。按计算，在 93325Pa 时，在 O_2+ N_2 或空气中，有 35%~40%的 CH_2OO^* 被稳定，其余则通过途径a~d方式解离或异构化。

近年的研究表明，在双键的碳原子有氯原子取代的烯烃，与臭氧反应也生成 Criegee 中间体，但其分解方式与上述中间体不同：

$$O_3+CHCl=\!\!=CHCl\longrightarrow HCClO+CHClOO^*$$
$$CHClOO^*\longrightarrow Cl+H+CO_2$$

或　　　　　　　　　$$CHClOO^*\longrightarrow Cl+OH+CO$$

另外，还观察到有臭氧的生成，这是因为氯代的 Criegee 中间体分解生成$O(^3P)$：

$$CHClOO^*\longrightarrow O(^3P)+CHClO$$

3）与 $O(^3P)$ 的反应

烯烃能够与 $O(^3P)$ 发生加成反应，生成激发态的双自由基：

$$\begin{array}{c}\underset{R_2}{\overset{R_1}{C}}=\!\!=\underset{R_4}{\overset{R_3}{C}}\ +\ O(^3P)\end{array}$$

激发态的双自由基通过三个可能的途径继续反应：闭环生成激发态的环氧化物，重排生成激发态羰基化合物，分解为自由基(分解与压力无关)。例如：

$$CH_3CH=\!\!=CH_2+O_2\ \overset{a}{\longrightarrow}\ (CH_3\overset{\overset{O\cdot}{|}}{\overset{}{\dot C}H-\dot C H_2)^*}\qquad\qquad(\text{I})$$

$$\overset{b}{\longrightarrow}(\ CH_3\overset{\overset{O\cdot}{|}}{\dot C H}-\dot C H_2)^*\qquad\qquad\qquad(\text{II})$$

(1)闭环，生成激发态环氧化物。

$$(\text{I})\text{或}(\text{II})\longrightarrow(\ CH_3CH\overset{O}{\overset{/\backslash}{-}}CH_2)^*$$

激发态的环氧化物或是通过三体碰撞而生成稳定的环氧化物，或是分解(与压力有关)生成自由基而进一步反应。

(2)生成激发态羰基化合物。

$$(CH_3CH\overset{\overset{O\cdot}{|}}{-}\dot C H_2)^*\ \overset{H\,\text{转移}}{\longrightarrow}(CH_3CH_2\overset{\overset{O}{\|}}{C}H)^*$$
$$(\text{I})$$

$$(\ CH_3\overset{\overset{O\cdot}{|}}{\dot C H}-\dot C H_2)^*\ \overset{H\,\text{转移}}{\longrightarrow}(CH_3\overset{\overset{O}{\|}}{C}CH_3)^*$$
$$(\text{II})$$

激发态的羰基化合物或是通过三体碰撞而生成稳定的羰基化合物，或是分解(与压力有关)生成自由基而进一步反应。

（3）与压力无关的分解反应。

$$\begin{matrix} H & & H \\ & C=C & \\ R & & H \end{matrix} + O(^3P) \longrightarrow \begin{matrix} H & & H \\ & C=C & \\ \cdot O & & H \end{matrix} + R\cdot$$

4）与 NO_3 的反应

1974 年 Niki 等人首先指出 NO_3 能够与烯烃迅速反应，反应速度常数在室温时比 O_3 与烯烃反应的大 3~4 数量级。例如 NO_3 与丙烯的反应：

$$CH_3CH=CH_2 + NO_3 \xrightarrow{a} CH_3CH\!\!-\!\!CH_2 \qquad\qquad (\text{I})$$
$$\qquad\qquad\qquad\qquad\qquad\qquad\qquad |$$
$$\qquad\qquad\qquad\qquad\qquad\qquad\qquad ONO_2$$

$$\xrightarrow{b} CH_3CH\!\!-\!\!CH_2 \qquad\qquad\qquad\qquad (\text{II})$$
$$\qquad\qquad |$$
$$\qquad\qquad O_2NO$$

途径 a 是主要的，因为产物（I）较（II）稳定。产物（I）可以发生分解反应：

$$CH_3CH\!\!-\!\!CH_2 \longrightarrow NO_2 + CH_3CH\!\!-\!\!CH_2$$
$$\qquad |\qquad\qquad\qquad\qquad\qquad\qquad \backslash O /$$
$$\quad ONO_2$$
$$\qquad (\text{I})$$

因为产物（I）是烷基自由基，在空气中也能与 O_2 反应：

$$CH_3CH\!\!-\!\!CH_2 + O_2 \longrightarrow CH_3\!\!-\!\!CH\!\!-\!\!CH_2 \qquad (\text{III})$$
$$\qquad |\qquad\qquad\qquad\qquad\qquad\qquad\quad |\qquad\quad |$$
$$\quad ONO_2\qquad\qquad\qquad\qquad\qquad\quad O\quad ONO_2$$
$$\qquad (\text{I})\qquad\qquad\qquad\qquad\qquad\qquad\quad |$$
$$\qquad\qquad\qquad\qquad\qquad\qquad\qquad\qquad\quad O$$

产物（III）能够与 NO_2 反应生成 NPPN：

$$CH_3\!\!-\!\!CH\!\!-\!\!CH_2 + NO_2 \rightleftharpoons CH_3\!\!-\!\!CH\!\!-\!\!CH_2 \qquad (\text{NPPN})$$
$$\qquad |\qquad\quad |\qquad\qquad\qquad\qquad\qquad\qquad |\qquad\qquad |$$
$$\quad O\quad ONO_2\qquad\qquad\qquad\quad O_2NOO\quad ONO_2$$
$$\quad |$$
$$\quad O$$
$$\quad (\text{III})$$

产物（III）还发生双分子自身反应生成烷氧自由基（IV），产物通过两种途径进一步反应：

$$2CH_3\!\!-\!\!CH\!\!-\!\!CH_2 \longrightarrow 2CH_3\!\!-\!\!CH\!\!-\!\!CH_2 \qquad (\text{IV})$$
$$\qquad |\qquad\quad |\qquad\qquad\qquad\qquad\qquad |\qquad\quad |$$
$$\quad O\quad ONO_2\qquad\qquad\qquad\quad O\quad ONO_2$$
$$\quad |\qquad\qquad\qquad\qquad\qquad +NO_2 \swarrow\qquad\searrow$$
$$\quad O$$
$$\quad (\text{III})$$

$$CH_3\!\!-\!\!CH\!\!-\!\!CH_2 \qquad\qquad CH_3CHO + HCHO + NO_2$$
$$\qquad |\qquad\quad |$$
$$\quad O_2NO\quad ONO_2$$
$$\quad (\text{PDDN})$$

10. 炔烃

炔烃能够与 OH 自由基反应，但比烯烃与 OH 的反应要慢。例如：

$$C_2H_2+OH \rightleftharpoons (HC\!=\!CHOH)^* \overset{M}{\rightleftharpoons} CH_2C\overset{\displaystyle O}{\underset{\displaystyle H}{}}$$

$$CH_2C\overset{\displaystyle O}{\underset{\displaystyle H}{}} +O_2 \rightleftharpoons (CHO)_2+OH$$

目前，对炔烃的反应机制还未了解清楚。

11. 芳香烃

城市大气中的芳香烃主要来自汽车排放的尾气，主要有苯、甲苯、乙苯、二甲苯等，其中以甲苯的浓度为最高。芳香烃发生的主要反应是与 OH 和 NO_3 自由基的反应。

1) 与 OH 的反应

苯与 OH 自由基发生加成反应：

甲苯与 OH 的反应有两条途径：

(1) 氢提取反应。

生成的产物可以继续反应，生成各种产物：

（2）加成反应。

主要发生在邻位：

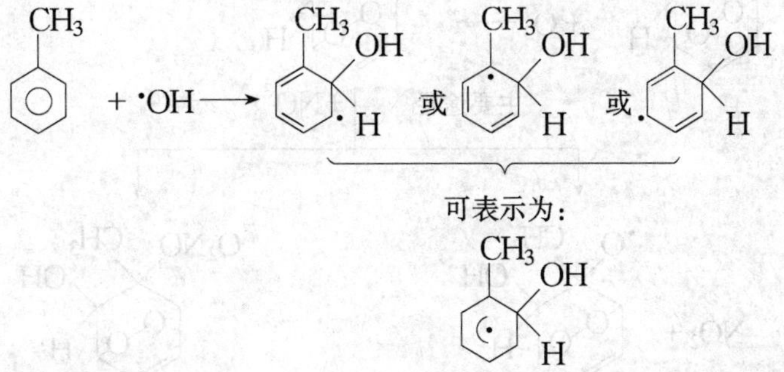

可表示为：

在通常的大气压条件下，这种中间体的归宿之一是与 O_2 很快反应生成邻甲酚：

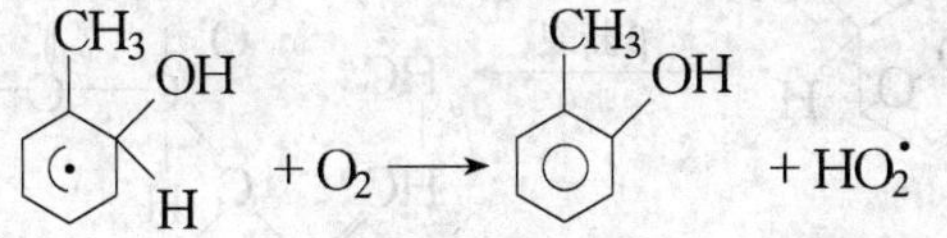

此中间体还发生与 O_2 的加成反应，这在 1、3 或 5 的位置都有可能发生，生成过氧自由基：

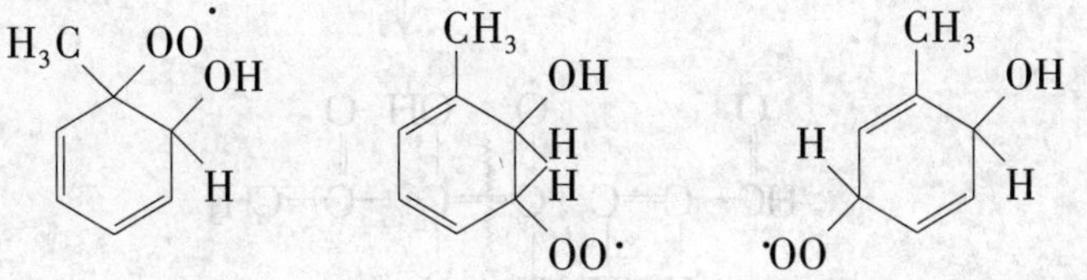

然后，通过下面的反应生成过氧双环自由基，再与 O_2、NO_2 反应，并发生键的断裂，生成开环产物：

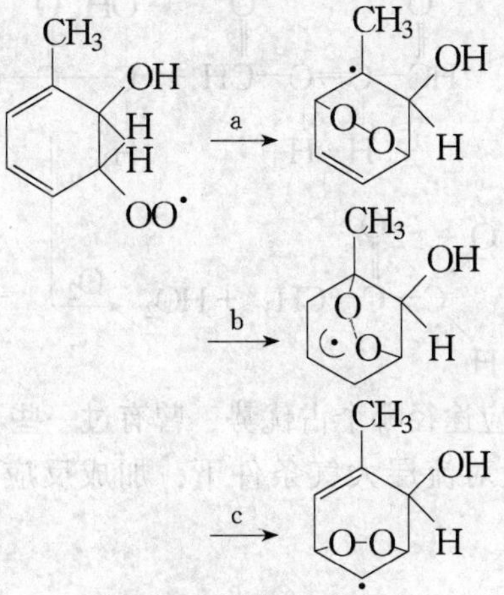

加成和氢提取这两个反应途径哪个占优势，曾有过一些不同的看法，并各自有其实验依据。但是目前认为在一般对流层大气条件下，加成反应是主要途径，且加成发生在邻位。

2) 与 NO_3 的反应

NO_3 能与酚、甲酚反应，主要是氢提取反应。

$$\text{邻甲酚} + NO_3 \longrightarrow \text{(酚氧自由基)} + HNO_3$$

这一反应很重要，可与甲酚与 OH 自由基的反应相比，如，[OH]=1×10^6/cm^3（白天），算出的邻甲酚的寿命为 7h。[NO$_3$]=30ppt（夜间），算出的邻甲酚寿命均为 1min。因此在考虑甲酚的反应时，NO$_3$ 反应必须与 OH 反应同时考虑。

12. 还原态含硫化合物

在天然排放的含硫化合物当中，还原态的化合物占优势。研究表明，从土壤、水、植物和海洋排放的含硫化合物有 H$_2$S，CH$_3$SCH$_3$，CS$_2$，COS，CH$_3$SH，CH$_3$SSCH$_3$。

在对流层中，还原态硫化合物主要发生与 OH 自由基的反应，其次是与 O$_2$ 的反应。

1）H$_2$S 的反应

$$H_2S + OH \longrightarrow H_2O + SH$$

产生的 SH 自由基继续反应生成 SO$_2$。

2）CS$_2$ 的反应

$$OH + CS_2 \xrightarrow{\ M\ } S-\underset{\underset{OH}{|}}{C}-S \xrightarrow{\ O_2\ } COS + SH$$

产生的 SH 自由基继续反应生成 SO$_2$。

3）有机硫化合物的反应

$$CH_3SCH_3 + OH \longrightarrow CH_3SCH_2 + H_2O$$
$$CH_3SCH_2 + O_2 \longrightarrow CH_3SCH_2OO$$
$$CH_3SCH_2OO + NO \longrightarrow CH_3SCH_2O + NO_2$$
$$CH_3SCH_2O \longrightarrow CH_3S + HCHO$$
$$CH_3S + NO \longrightarrow CH_3SNO$$
$$CH_3S + O_2 \longrightarrow (CH_3SO_2)^* \xrightarrow{\ a\ } CH_3 + SO_2$$
$$\xrightarrow{\ b\ } CH_3SO_2$$

产生的 CH$_3$SOH 和 CH$_3$S 继续反应生成 SO$_2$ 和 CH$_3$SO$_3$H。有机硫化合物与 OH 自由基的反应较重要。

13. 含卤素化合物

在对流层中已发现存在各种无机与有机卤化合物。甲基氯、甲基溴和甲基碘全部为天然产生，而海洋的产生占优势。

在对流层中 CH$_3$Cl、CH$_2$Br 的主要次级光化学过程是与 OH 自由基的反应，在 298K，其反应速率常数分别为 4.36×10^{-14} 和 3.85×10^{-14} cm^3·mol^{-1}·s^{-1}，其寿命较长，分别约为 1.5a 和 1.6a（OH 的浓度为 5×10^5cm^{-3}）。因此，它们可以通过扩散作用进入平流层。

CH$_3$Cl 和 CH$_3$Br 与 OH 自由基的反应以 CH$_3$Cl 为例说明：

$$CH_3Cl + OH \longrightarrow CH_2Cl + H_2O$$
$$CH_2Cl + O_2 \longrightarrow OOCH_2Cl$$
$$OOCH_2Cl + NO \longrightarrow OCH_2Cl + NO_2$$
$$OCH_2Cl + O_2 \longrightarrow HCOCl + HO_2$$

在对流层中 CH_3I 可发生光解，产生的 I 原子，随之发生一系列反应，这些反应在对流层化学中也是较重要的：

$$CH_3I + h\nu \longrightarrow CH_3 + I$$
$$I + O_3 \longrightarrow IO + O_2$$
$$IO + CO \longrightarrow I + CO_2$$

IO 自由基还有另一反应：　　　　　　$IO + IO \longrightarrow 2I + O_2$

研究表明，总压力在 1 333~53 329Pa 之间时，此反应还有两条途径：

与压力无关：　$IO + IO \xrightarrow{a} I_2 + O_2$

与压力有关：　$IO + IO \xrightarrow{b} I_2O$

IO 自由基还能与 NO_2 反应：　　　　$IO + NO_2 \xrightarrow{M} IONO_2$

(二) 大气中金属元素及其化合物的光化学过程

在对流层中，存在各种金属元素及其化合物，它们能够参与次级光化学过程。在此，主要讨论汞及其化合物的光化学过程。

据近年的报道，全球年度排放到大气的汞及其化合物为 $10^6 kg/a$，它们在大气中的寿命为 90d 至 2a，这取决于它们存在的形态及气象条件。汞元素主要以五种形态存在于大气中，即 Hg^0、$HgCl_2$、$Hg(OH)_2$、CH_3Hg^+ 和 $(CH_3)_2Hg$。

汞及其化合物在气相中占主导地位的化学转化是元素形态汞被氧化为 Hg^{2+}，氧化剂有 O_2、O_3、NO_2、H_2O_2 以及 NO_3、HO_2、OH、RO_2 等自由基。其中与 O_3 的反应被认为是最重要的氧化途径。汞一旦被氧化为 Hg^{2+}，就能够与大气中的阴离子络合，生成 HgX_2 类型的化合物。汞元素还能够直接与 Cl_2 反应生成 $HgCl_2$。Hg^0 能够与 H_2O_2 反应生成 $Hg(OH)_2$。有机汞可以发生光解和与 OH 自由基的反应，例如：

$$(CH_3)_2Hg \xrightarrow{h\nu} Hg^0 + 2CH_3$$
$$CH_3HgCH_3 + OH \longrightarrow CH_3HgOH + CH_3$$

汞在大气水相中(云、雾、雨、雪或气溶胶)被氧化的速率一般比在气相中的快几个数量级。汞元素在水相中的主要反应是与臭氧的反应，其次是与 H_2O_2 的反应：

$$O_3 + H_2O + Hg^0 \longrightarrow O_2 + 2OH^- + Hg^{2+}$$
$$H_2O_2 + 2H^+ + Hg^0 \longrightarrow 2H_2O + Hg^{2+}$$

1996 年 Stein 等人对汞在大气气相和水相中的反应作了总结(表 7.9)。

表 7.9　　　　　　　　　　　　　　　**大气中汞的化学反应**

反　　　　应	平衡或反应速率常数
$Hg^0(g) + O_3(g) \longrightarrow Hg(II)$	$1.7 \times 10^{-18} cm^3 \cdot mol^{-1} \cdot s^{-1}$
$Hg^0(g) + Cl_2(g) \longrightarrow HgCl_2(g)$	$4.1 \times 10^{-16} cm^3 \cdot mol^{-1} \cdot s^{-1}$
$Hg^0(g) + HCl(g) \longrightarrow$ 产物	$1.5 \times 10^{-17} cm^3 \cdot mol^{-1} \cdot s^{-1}$
$2Hg^0(g) + O_2 \longrightarrow 2HgO(s, g)$	$1 \times 10^{-23} cm^3 \cdot mol^{-1} \cdot s^{-1}$

续表

反 应	平衡或反应速率常数
$Hg^0(g) + H_2O_2(g) \longrightarrow Hg(OH)_2(g)$	$4.1 \times 10^{-16} cm^3 \cdot mol^{-1} \cdot s^{-1}$
$Hg^+(aq) \rightleftharpoons Hg^0(aq) + Hg^{2+}$	$K = 2.9 \times 10^{-9} mol^{-1} \cdot L^{-1}$
$Hg^{2+}(aq) + SO_3^{2-}(aq) \rightleftharpoons Hg(SO)_3(aq)$	$K = 5.0 \times 10^{-12} mol^{-1} \cdot L$
$HgSO_3(aq) + SO_3^{2-}(aq) \rightleftharpoons Hg(SO_3)_2^{2-}(aq)$	$K = 2.5 \times 10^{-11} mol^{-1} \cdot L$
$Hg^0(aq) + O_3 \longrightarrow Hg(II) + O_2$	$4.7 \times 10^7 mol^{-1} \cdot L \cdot s^{-1}$
$Hg(SO_3)_2^{2-}(aq) \longrightarrow Hg^0$	$1 \times 10^{-4} s^{-1}$
$HgSO_3(aq) \longrightarrow Hg^0 + SO_3^{2-}$	$0.6 s^{-1}$
$Hg^{2+} + 2OH \rightleftharpoons Hg(OH)_2$	—
$Hg^{2+} + 2Cl^- \rightleftharpoons HgCl_2$	—
$(CH_3)_2Hg + OH \longrightarrow CH_3HgOH + CH_3$	$19.7 \times 10^{-12} cm^3 \cdot mol^{-1} \cdot s^{-1}$

资料来源: E D Stein, et al. Environmental Distribution and Transformation of Mercury Compounds, Critical Rev. Environ. Sci. Technol., 1996, 26(1): 1-43.

(三) 对流层大气中的自由基

从上述讨论可知, 在对流层清洁大气气相中, 各种化学成分的初级光化学反应可生成各种自由基, 它们在大气中的浓度虽然很低, 但却在大气化学中扮演了重要的角色。大气中存在的重要自由基是 OH、HO_2、RO 等, 尤以 OH、HO_2 最为重要。

1. OH 自由基

OH 自由基的主要来源是 O_3 光解生成 $O(^1D)$, 随后 $O(^1D)$ 与 H_2O 反应生成 OH 自由基:

$$O_3 + h\nu(\lambda \leqslant 320nm) \longrightarrow O_2(^1\Delta) + O(^1D)$$

$$O(^1D) + H_2O \longrightarrow 2OH$$

OH 自由基的其他的来源是亚硝酸和过氧化氢的直接光解:

$$HONO + h\nu(\lambda < 400nm) \longrightarrow OH + NO$$

$$H_2O_2 + h\nu(\lambda \leqslant 360nm) \longrightarrow 2OH$$

OH 自由基在对流层中的浓度很低, 通常在 $10^5 \sim 10^6$ 个/cm^6 之间。其浓度的分布随纬度而变化, 最高浓度出现在热带。OH 在南北半球的分布是不对称的, 理论计算表明, 南半球比北半球约多 20%。OH 的浓度随时间变化, 白天高于晚上, 峰值出现在阳光最强的时间, 夏季高于冬季。在计算工作中需要应用 OH 自由基浓度的数据时, 清洁大气中 OH 自由基的浓度值一般采用约 1×10^6 个/cm^3。

2. HO_2 自由基

HO_2 自由基主要的来源是甲醛直接光解生成的 H 和 HCO 与大气中的氧反应:

$$HCHO + h\nu(\lambda < 370nm) \longrightarrow H + HCO$$

$$H + O_2 \xrightarrow{M} HO_2$$

$$HCO + O_2 \longrightarrow HO_2 + CO$$

在对流层中任何产生 H 和 HCO 的过程也是 HO_2 自由基的来源。

高级醛的初级光化学过程也产生 HCO 自由基，因此这一过程是 HO_2 自由基的来源之一。但由于在对流层中其浓度大大低于甲醛的浓度，使其作为 HO_2 自由基来源的重要性比甲醛要少：

$$RCHO + h\nu(\lambda < 370nm) \longrightarrow R + HCO$$
$$HCO + O_2 \longrightarrow HO_2 + CO$$

烷氧自由基与 O_2 的反应是 HO_2 自由基的另外一种来源，此外还来自 OH 自由基与烃的反应（在后面讨论）：

$$RCH_2ONO_2 + h\nu \longrightarrow RCH_2O + NO_2$$
$$RCH_2O + O_2 \longrightarrow RCHO + HO_2$$

二、光化学烟雾

（一）光化学烟雾的特征

1944 年，在美国的洛杉矶首次观察到植物受到空气污染伤害的现象，California 大学的 Middleton 等人认为不同于二氧化硫、氟等化合物对植物的伤害，但对这种伤害产生的机制不甚了解，只是指出这种现象仅在空气污染严重并出现雾状颗粒物时发生，烟雾中含有还未了解其性质的污染物。

1951 年，HaggenSmit 等人初次提出了有关烟雾形成的理论，确定了空气中的刺激性气体为臭氧。认为洛杉矶烟雾是由阳光引发了大气中存在的碳氢化合物和氮氧化物（NO_x）之间的化学反应造成的，并认为城市大气中，碳氢化合物和 NO_x 的主要来源是汽车尾气。

含有氮氧化物和烃类的大气，在阳光中紫外线照射下发生反应，产生出一些氧化性很强的产物如 O_3、醛类、PAN、HNO_3 等，所产生的产物及反应物的混合物被称为光化学烟雾。London 的二氧化硫污染类型和洛杉矶的光化学烟雾污染类型一般特征的比较见表 7.10。

继洛杉矶之后，光化学烟雾在世界各地不断出现，如日本的东京、大阪，英国的伦敦以及澳大利亚、德国等地的大城市。因此，自 1951 年至今，对光化学烟雾的研究，包括发生源、发生条件、反应机制及模型、对生物的毒性、监测和控制等方面都开展了大量的工作，并已经取得了较好的效果。

表 7.10　　二氧化硫（London）和光化学烟雾（Los Angeles）污染一般特征的比较

特　　征	二氧化硫污染类型	光化学烟雾污染类型
首次记录	20 世纪前	20 世纪 40 年代中期
一次污染物	SO_2、煤烟颗粒	有机物、NO_x
二次污染物	H_2SO_4、气溶胶、硫酸盐、亚硫酸等	O_3、过氧乙酰硝酸酯（PAN）、HNO_3 醛类、颗粒物、硝酸盐、硫酸盐等
温度	冷（≤35℉）	热（≤75℉）

特　　征	二氧化硫污染类型	光化学烟雾污染类型
相对湿度	高，通常多雾	低，通常热和干燥
转化类型	发散	下沉
污染峰值时间	早晨	中午

资料来源：B J Finlayson-Pitts and J N Pitts，ed al. Atmospheric Chemistry：Fundamentals and Experimental Techniques. John Wiley & Sons，Inc.，1986：7.

(二)光化学烟雾形成的机制

采用烟雾箱实验研究光化学烟雾产生的机理，即在一大容器内通入含非甲烷烃和氮氧化物的反应气体，在人工光源照射下，模拟大气光化学反应。图 7.9 为照射 NO_x-C_3H_6 空气混合物的结果。

图 7.10 说明碳氢化合物和氮氧化合物共存时，在紫外射线的作用下会出现：①NO 转化为 NO_2；②碳氢化合物氧化消耗；③臭氧及其他氧化剂如 PAN、HCHO、HNO_3 等二次污染物的生成。其中关键性的反应类别是：①NO_2 的光解导致了 O_3 的生成；②碳氢化合物的氧化生成了活性自由基，尤其是 HO_2、RO_2 等；③HO_2、RO_2 引起了 NO 向 NO_2 转化，进一步提供了生成 O_3 的 NO_2 源，同时形成了含 N 的二次污染物如 PAN、HNO_3。

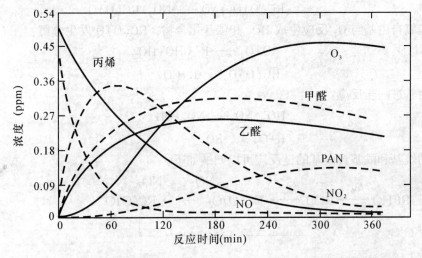

图 7.10　典型烟雾箱实验中丙烯-NO_x 反应物和产物的浓度变化

资料来源：B J Finlayson-Pitts and J N Pitts，et al. Atmospheric Chemistry：Fundamentals and Experimental Techniques. John Wiley & Sons，Inc.，1986：392.

这三个关键反应类别涉及的反应很多，这里仅归纳提出其中最关键的反应。

1)O_3 的生成反应

$$NO_2 + h\nu \xrightarrow{1} NO + O$$

$$O + O_2 \xrightarrow[M]{2} O_3$$

在大气中，除了反应 2 外，O_3 没有其他显著的来源，反应 1 和 2 可生成少量的 O_3，它一旦生成，就与 NO(原来存在或由反应 1 生成)迅速反应：

$$O_3 + NO \xrightarrow{3} NO_2 + O_2$$

如果无其他物种，三者之间就会达成稳态，其稳态关系式为

$$[O_3] = \frac{k_1 [NO_2]}{k_2 [NO]}$$

2) OH 自由基引发的反应

在光化学烟雾中，关键的反应是 OH 自由基与许多有机物的反应：

与烷烃的反应 $RH + OH \longrightarrow R + H_2O$

$$R + O_2 \longrightarrow RO_2$$

与醛的反应 $RCHO + OH \longrightarrow RCO + H_2O$

$$RCO + O_2 \longrightarrow RC(O)O_2$$

3) NO 向 NO_2 的转化

生成的过氧自由基与 NO 迅速反应生成 NO_2 和其他的自由基：

$$RO_2 + NO \longrightarrow NO_2 + RO$$
$$\longrightarrow RONO_2$$
$$RC(O)O_2 + NO \longrightarrow NO_2 + RC(O)O$$

一般而言烷氧自由基与 O_2 反应生成 HO_2 和羰基化合物，$RC(O)O$ 发生分解：

$$RO + O_2 \longrightarrow R'CHO + HO_2$$
$$RC(O)O \longrightarrow R + CO_2$$

生成的自由基进一步反应：

$$HO_2 + NO \longrightarrow NO_2 + OH$$
$$R + O_2 \longrightarrow RO_2$$

这些典型的烷基和酰基自由基的链反应可以归纳如下：

$$RCHO \xrightarrow{h\nu} RCO \xrightarrow{O_2} RC(O)O_2 \xrightarrow[NO \quad NO_2]{} RC(O)O$$

$$RH \longrightarrow R \xrightarrow{O_2} RO_2 \xrightarrow[NO \quad NO_2]{} RO \xrightarrow{O_2} HO_2 \xrightarrow[NO \quad NO_2]{} OH$$

上述反应生成的自由基再与 NO_2 反应生成二次污染物如 PAN、HNO_3 等。

从上述讨论可知，一个自由基自形成之后直到它猝灭以前可以参加许多个自由基传递反应。这种自由基传递反应提供了 NO 向 NO_2 的转化。而 NO_2 既起链引发作用，又起链终止使用，最后生成 O_3、HNO_3、PAN 等稳定化合物。

形成光化学烟雾的反应很复杂，Seinfeld(1986)用 12 个反应概括整个过程(表 7.11)。

表中，第 1~3 个反应为 O_3 生成与消除的反应，第 4~6 个反应为自由基链反应的引发反应，第 7~9 个反应为自由基链反应的传递反应，第 10~12 个反应为链终止反应。

表 7.11　　　　　　　　　　　　　光化学烟雾形成的一般反应机制

$$O_3\ 生成与消除 \begin{cases} NO_2 + h\nu \longrightarrow NO + O \\ O + O_2 + M \longrightarrow O_3 + M \\ NO + O_3 \longrightarrow NO_2 + O_2 \end{cases}$$

$$链反应的引发 \begin{cases} RH + OH \xrightarrow{O_2} RO_2 + H_2O \\ RCHO + OH \xrightarrow{O_2} RC(O)O_2 + H_2O \\ RCHO + h\nu \xrightarrow{2O_2} RO_2 + HO_2 + CO \end{cases}$$

$$自由基传递 \begin{cases} HO_2 + NO \longrightarrow NO_2 + OH \\ RO_2 + NO \xrightarrow{O_2} NO_2 + RCHO + HO_2 \\ RC(O)O_2 + NO \xrightarrow{O_2} NO_2 + RO_2 + CO_2 \end{cases}$$

$$链终止 \begin{cases} OH + NO_2 \longrightarrow HNO_3 \\ RC(O)O_2 + NO_2 \longrightarrow RC(O)OONO_2 \\ RC(O)OONO_2 \longrightarrow RC(O)O_2 + NO_2 \end{cases}$$

资料来源：J H Seinfield. Atmospheric Chemistry and Physics of Air Pollution. John Wiley & Sons, Inc., 1986：159.

第三节　平流层的光化学过程

臭氧(O_3)是平流层大气的关键组分，它集中在离地面 10~50km 的范围内，浓度峰值在 20~25km 高度处。平流层中臭氧的存在对于地球生命物质至关重要，这是因为，首先它能够吸收波长低于 290nm 的紫外光，阻挡了高能量的太阳辐射到达地面，而保护了地球生命系统。另外臭氧吸收了 200~300nm 的阳光紫外辐射而使平流层得以加热，臭氧是其主要的热源，因此，臭氧在平流层的垂直分布对平流层的温度结构和大气运动起决定性的作用。

1985 年英国科学家 Farmen 等人首先报道了哈雷湾(Halley Bay)观察站观测到自 1980 年起每年 10 月份期间南极上空臭氧急剧减少，这一报道成为国际上最关注的全球环境问题之一。对平流层臭氧损耗的物理或化学的原因、由损耗引起的生态后果、臭氧浓度分布的模式预测及控制对策等的研究，已成为环境科学、大气科学、生态学等诸多学科研究的重大课题。

平流层臭氧损耗的理论涉及大气运动和太阳辐射的季节变化等大气物理因素，涉及火山爆发等自然现象，也涉及多种化学物质的多个化学、光化学反应，许多问题至今仍有争议。本节仅介绍与环境化学有关的问题，通过十多年来的研究，人们认识到平流层大气中的一些微量成分，如含氯、含氢自由基、氮氧化物等对平流层臭氧的分解具有催化作用，而人类的某些活动能直接或间接地向平流层提供这些物种，致使平流层臭氧浓度的稳定性受到威胁。

一、平流层化学

(一)发展概况

平流层中发生的化学过程实际上都与光化学有关。平流层化学与对流层化学不同之处在于两者发生的条件显著不同：在平流层，有波长低于290nm直到180nm的太阳辐射射入；并被O_2和O_3分子吸收，因此，平流层温度随高度而上升，其温度的范围在210~275K之间。平流层的气压很低，为133~1 332Pa。

1930年，Chapman提出了平流层臭氧生成的光化学模型，它在三十多年的时间里起了重要作用。20世纪60年代由于超音速飞机的出现，平流层大气直接受到飞机排放的水蒸气、氮氧化物等物质的污染，Hampson等人提出了含氢自由基与臭氧反应的机理以及水蒸气损耗平流层臭氧的可能性，对Chapman机理进行了修正。之后Crutzen提出了氮氧化物分解臭氧的催化机理，开创了氮氧化物污染臭氧层的研究。1974年Molina和Rowland提出，被广泛用作制冷剂和喷雾剂的氟利昂(如$CFCl_3$、CF_2Cl_2等卤代烃)，在高平流层中被光解产生氯自由基而导致臭氧的损耗。1977年以后一些关键性的自由基，如OH、HO_2、NO、NO_2、Cl和ClO都先后在平流层观测到，大大推动了平流层光化学反应机理的研究。

1995年，Nobel化学奖授予了Sherwood Rowland、Mario Molina和Paul Crutzen三位环境化学家，正是他们开创性的奠基工作促进了平流层化学研究的迅速发展。关于平流层臭氧化学的研究虽然发展很快，但其理论还不够完善，观测数据还不够充分，模型计算结果与实测结果还存在着较大的分歧，尚需进一步开展观测及研究。

(二)主要成分的基本光化学过程

1. O_x的基本光化学过程

在平流层中氧类($O_x=O_2$，O，O_3)物质在太阳辐射的作用下，进行着各种光化学反应。1930年，Chapman对它们之间的相互转化作了定量处理，提出了下列反应：

$$O_2+h\nu(\lambda \leqslant 220nm)\longrightarrow 2O$$

$$O+O_2 \xrightarrow{\text{M}} O_3$$

$$O+O_3 \longrightarrow 2O_2 \tag{7.11}$$

$$O_3+h\nu \longrightarrow O+O_2 \tag{7.12}$$

现在通常称这四个反应为Chapman循环，其中O为$O(^3P)$态。反应(7.12)并不能真正清除O_3，因为光解后产生的原子氧很快与分子氧结合重新生成O_3。但此过程中，臭氧吸收了大量的太阳辐射，有效地保护了地球生命免遭过量辐射的危害。因此，真正起清除O_3作用的应是反应(7.11)。1974年Johmston作了计算，在45km以下的平流层中，通过反应(7.11)消耗及迁移到对流层的臭氧仅占臭氧生成量的20%左右。由此推测，在全球臭氧平衡中一定存在着一些除反应(7.11)以外的更重要的清除O_3的机制。

2. 卤代烃

平流层中的卤代烃主要有CH_3Cl和氟利昂。CH_3Cl是海洋生物产生的，在对流层中大部分被 OH 自由基分解，生成可溶性氯化物后又被降水清除，少部分 CH_3Cl 则进入平流层。CH_3Cl 能吸收紫外线，放出 Cl：

$$CH_3Cl + h\nu \longrightarrow Cl + CH_3$$

人类活动产生的氟利昂，由于化学性质稳定，在对流层难以光解，因此可以进入平流层而发生与上式相同的光解：

$$CF_2Cl_2 + h\nu \longrightarrow CF_2Cl + Cl$$

$$CFCl_3 + h\nu \longrightarrow CFCl_2 + Cl$$

上述反应产生的原子氯量很少，但生成的 Cl 可进行下列催化反应：

$$Cl + O_3 \longrightarrow ClO + O_2 \tag{7.13}$$

$$ClO + O \longrightarrow Cl + O_2$$

净反应 $O + O_3 \longrightarrow O_2 + O_2$

从上述反应可知，平流层中存在着一些微量成分，能使 O 与 O_3 转换成 O_2，使臭氧破坏，而本身只起催化剂的作用。已知的物种有 NO_x（NO、NO_2）、HO_x（H、OH 和 HO_2）、ClO_x（Cl、ClO）。这些直接参加破坏臭氧的催化循环的物种被称为活性物种或催化性物种。NO_x、HO_x 和 ClO_x 有时也被称为奇氮、奇氢和奇氯。这些活性物种在平流层的浓度虽然仅为 ppb 量级，但是由于它们以循环方式进行反应，往往一个活性分子将导致上百、上千，乃至上万个 O_3 的破坏，因此影响很大。

活性物种 NO_x、HO_x、ClO_x 如果直接产生在对流层地表，它们能通过与其他物种间的相互作用而转化为稳定的（或化学惰性的）分子（如气态硝酸 HNO_3、气态氯化氢 HCl 等），并能很快被降水清除，因此，近地面释放出来的 HO_x、NO_x、ClO_x 不会危及平流层。但是，如果这些催化性物种是由各种不溶于水且寿命长的分子（如 CH_3Cl、N_2O、$CFCl_3$（CFC-11）、CF_2Cl_2（CFC-12）和甲烷 CH_4 等）输送进入平流层后再释放出来，NO_x、HO_x、ClO_x 就会起催化清除 O_3 的作用。

3. NO_x

平流层中对臭氧有影响的 NO_x 主要是 NO 和 NO_2。

NO 的主要天然源是 N_2O 的氧化：

$$N_2O + O(^1D) \longrightarrow 2NO$$

N_2O 则由地表产生，大气中不存在主要的 N_2O 的化学或光化学来源，由于 N_2O 不溶于水，故在对流层中基本上是惰性的，可以扩散进入对流层。另外还可发生下面的反应：

$$N_2O + O(^1D) \longrightarrow N_2 + O_2$$

此外，超音速和亚音速飞机排放的 NO_x 也是平流层 NO、NO_2 的一个来源。

平流层中 NO_2 易发生光解：

$$NO_2 + h\nu \longrightarrow NO + O$$

NO 有类似于 Cl 原子的催化循环式：

$$NO + O_3 \longrightarrow NO_2 + O_2 \tag{7.14}$$

$$NO_2 + O \longrightarrow NO + O_2 \tag{7.15}$$

净反应 $O + O_3 \longrightarrow 2O_2$

NO$_x$ 对 O$_3$ 的清除效应受制于排放高度，在中、上平流层的 NO 会进行反应(7.14)和 (7.15)而导致 O$_3$ 的破坏。但在低平流层将会增加 O$_3$ 浓度，其主要原因是存在着与反应 (7.15)式竞争的反应。在低平流层，O 原子浓度低，因此由反应(7.14)生成的 NO$_2$ 更易进行光解：

$$NO_2 + h\nu \longrightarrow NO + O$$

$$O + O_2 \longrightarrow O_3$$

于是再加上 ClO$_x$ 作用的结果可能导致了 O$_3$ 的增加。

NO$_x$ 与 ClO$_x$ 的反应之间有紧密的耦合，反应(7.11)生成的 ClO 能与 NO$_2$ 反应：

$$ClO + NO_2 \longrightarrow ClONO_2$$

此反应产率达 100%，ClONO$_2$ 可以作为 ClO 或 Cl 的夜间的暂时贮库，黎明时 ClONO$_2$ 会发生光解再生成 Cl 原子：

$$ClONO_2 + h\nu \longrightarrow Cl + NO_3$$

4. HO$_x$

平流层中的含 H 自由基主要是由甲烷、水蒸气或 H$_2$ 与激发态原子氧 O(^{1}D)反应产生的，而 O(^{1}D)是由 O$_3$ 的光解产生：

$$O_3 + h\nu(\lambda \leqslant 310nm) \longrightarrow O_2 + O(^1D)$$

$$CH_4 + O(^1D) \longrightarrow OH + CH_3$$

$$H_2O + O(^1D) \longrightarrow 2OH$$

$$H_2 + O(^1D) \longrightarrow OH + H$$

HO$_x$ 清除 O$_3$ 的主要催化循环在低平流层：

$$OH + O_3 \longrightarrow HO_2 + O_2$$

$$HO_2 + O_3 \longrightarrow OH + 2O_2$$

净反应　$2O_3 \longrightarrow 3O_2$

$$H + O_3 \longrightarrow OH + O_2$$

$$OH + O_3 \longrightarrow H + 2O_2 \tag{7.16}$$

净反应　$2O_3 \longrightarrow 3O_2$

在高平流层，由于 O(^{1}D)的浓度相对较大，因此：

$$OH + O_3 \longrightarrow HO_2 + O_2$$

$$HO_2 + O \longrightarrow OH + O_2 \tag{7.17}$$

总反应　$O_3 + O \longrightarrow 2O_2$

其中反应(7.16)和反应(7.17)是速度决定步骤。

在对流层中，ClO$_x$ 与 HO$_x$ 之间的相互作用也是重要的。因为 Cl 原子还能与 HO$_2$ 反应：

$$Cl + HO_2 \longrightarrow HCl + O_2$$

ClO$_x$ 还能与 HO$_2$ 反应：

$$ClO + HO_2 \longrightarrow HOCl + O_2$$

这一反应是 Cl 原子的暂时贮库，生成的 HOCl 光解后重新生成 Cl 原子：

$$HOCl+h\nu \longrightarrow OH+Cl$$

上述平流层中 NO_x、HO_x、ClO_x 和 CH_4 的基本化学过程及它们之间的偶合可归纳如图 7.10 所示。

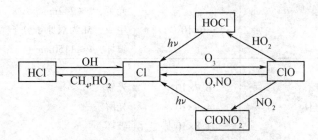

图 7.11 平流层 ClO_x、NO_x 和 HO_x 之间的主要反应

资料来源：B J Finlayson-Pitts and J N Pitts, et al. Atmospheric Chemistry：Fundamentals and Experimental Techniques. Joohn Wiley & Sons, Inc., 1986：1020.

5. 含溴有机物的基本光化学过程

在平流层化学中，除含氯有机物的光化学过程外，有机溴化合物的光化学过程也是一类重要过程。

进入对流层的有机溴化合物，其源有人工和天然源。其中 CH_3Br 主要来源于海洋的生物活动，$C_2H_4Br_2$、$CBrF_3$ 和 CBr_2F_2 则来源于人类活动。在对流层中，有机溴化合物的寿命较长，如 CH_3Br 与 OH 基的反应：

$$CH_3Br+OH \longrightarrow CH_2Br+H_2O$$

在 $[OH]=1.6\times10^6 cm^{-3}$ 时，其寿命为 1a，因此，有机溴化合物能扩散进入对流层。

在平流层中，有机溴化合物有仅能继续与 OH 自由基反应，而且能光解生成 Br 原子。Br 原子则发生类似 Cl 原子破坏 O_3 的反应，溴原子在平流层的主要光化学过程归纳如图 7.12 所示。

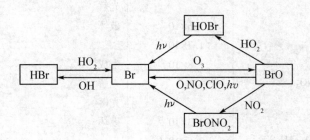

图 7.12 平流层中 Br 的反应

资料来源：B J Finlayson-Pitts and J N Pitts, et al. Atmospheric Chemistry：Fundamentals and Experimental Techniques. John Wiley & Sons, Inc., 1986：1027.

1990 年，Bridgman 对平流层的主要光化学过程作了总结(表 7.12)。

表 7.12　　　　　　　与平流层臭氧和主要痕量气体有关的基本化学过程

一般反应	速率常数(s^{-1}) *	注　释	O_3 损失
A. 氧类			
$O_2+h\nu \longrightarrow O+O$		光解，$\nu \leqslant 242nm$	
$O+O_2+M \longrightarrow O_3+M$	6×10^{-34}	生成，M 为双原子分子	
$O_3+h\nu \longrightarrow O+O_2$		破坏，$\nu \leqslant 1150nm$	平衡
B. 氮类			
$N_2O+O(^1D) \longrightarrow 2NO$	6.7×10^{-11}	光解	
or $N_2O+(^1D) \longrightarrow N_2+O_2$	4.9×10^{-11}	光解	
$NO+O_3 \longrightarrow NO_2+O_2$	1.8×10^{-14}	破坏	
$NO_2+O \longrightarrow NO+O_2$	9.3×10^{-12}	离解	$O+O_3 \longrightarrow 2O_2$
or $NO_2+h\nu \longrightarrow NO+O$		光解	
C. 氢类			
$OH+O \longrightarrow H+O_2$	2.3×10^{-11}	40km 以上	
$H+O_3 \longrightarrow OH+O_2$	2.9×10^{-11}	破坏	$O+O_3 \longrightarrow 2O_2$
or $H+O_2+M \longrightarrow HO_2+M$	5.5×10^{-32}		
和 $HO_2+O \longrightarrow OH+O_2$	5.9×10^{-11}		$O+O \longrightarrow O_2$
$OH+O_3 \longrightarrow HO_2+O_2$	6.8×10^{-14}	接近对流层	
$HO_2+O_3 \longrightarrow OH+2O_2$	2.0×10^{-15}	破坏	$2O_3 \longrightarrow 3O_2$
D. 氯			
$CF_2Cl_2+h\nu \longrightarrow CF_2Cl+Cl$	3×10^{-7}	光解	
$CFCl_3+h\nu \longrightarrow CFCl_2+Cl$	3×10^{-8}	光解	
$Cl+O_3 \longrightarrow ClO+O_2$	2.8×10^{-11}	破坏	
$ClO+O \longrightarrow Cl+O_2$	4.0×10^{-11}	释放 Cl	$O+O_3 \longrightarrow 2O_2$
$ClO+h\nu \longrightarrow Cl+O$		光解	
E. 链复合过程			
$ClO+HO_2 \longrightarrow HOCl+O_2$	5.0×10^{-12}	近 20km 处重要	
$HOCl+h\nu \longrightarrow Cl+OH$		光解	
$OH+O_3 \longrightarrow HO_2+O_2$	1.6×10^{-12}	破坏	$2O_3 \longrightarrow 3O_2$
$ClO+NO \longrightarrow Cl+NO_2$	1.7×10^{-11}		
$ClO+NO_2 \longrightarrow ClONO_2$	1.8×10^{-31}	生成	
$ClONO_2+h\nu \longrightarrow Cl+NO_3$		光解	
$NO_3+h\nu \longrightarrow NO+O_2$		光解	
$NO+O_3 \longrightarrow NO_2+O_2$	2.3×10^{-12}	破坏	$2O_3 \longrightarrow 3O_2$
$NO_2+OH+M \longrightarrow HNO_3+M$	2.6×10^{-30}		
$HNO_3+h\nu \longrightarrow OH+NO_2$		光解，$\lambda \leqslant 330nm$	

注：(^1D) 为激发态氧原子；* 温度为 298K 或 300K。

资料来源：H A Bridgman. Global Air Pollution：Problems for the 1990s. Belhaven Press，1990：48.

(三) 臭氧损耗

近年来已得到不少数据,表明大气正在发生全球尺度的变化,大气中 N_2O、CO、CH_4、CO_2、CCl_4、CH_3CCl_3 和 CFC_S(CFC-11、CFC-12、CFC-113)的浓度都在增加,这些现象部分地反映了生物圈新陈代谢的变化,更主要地是由于人类活动的影响。上述气体的变化直接或间接地影响到对流层和平流层的化学及全球气候。

从上述的讨论可知 CFC_S、N_2O 和 CH_4 的变化会直接影响平流层 O_3,因为它们在平流层中是奇氯、奇氮和奇氢活性物种的主要来源,而活性物种又控制了平流层 O_3 的分布。

前面的讨论指出,由 CH_3Cl 产生的 Cl 原子的量极微,因而对 O_3 的破坏是很小的。但上述人造化合物(氯氟烃)在平流层中的光化学反应可使 Cl 浓度大大增加,从而加快了臭氧的破坏反应。在平流层催化反应中一个氯原子可以和 10^5 个 O_3 分子发生链反应,因此,即使排入大气进入平流层的 CFC_S 量极微,也能导致臭氧层的破坏。

CH_4 能通过将原子氯转化成非活性形式 HCl 而降低 Cl 的催化效率。CO_2 能改变平流层的温度结构,从而影响 O_3 生成和消耗的反应速度。CO 和 CH_4 在控制对流层 O_3 和 OH 浓度上起主要作用;而 OH 则控制含氢气体(如 CH_4、CH_3Cl、CH_3CCl_3)在对流层的光化学寿命,从而控制了它们进入平流层的通量。

N_2O 是平流层臭氧损耗的重要氮氧化物,但目前对 N_2O 源与汇的认识尚不充分,因此其造成的影响难以作出定量估计。关于超音速飞机排放的 NO_x 对 O_3 浓度的影响目前仍有争议。

二、南极"臭氧洞"形成的化学机制

自从英国南极考察站的科学家 Farmen 等人于 1985 年报道南极每年早春期间总臭氧减弱大于 30% 以来,多来的研究已经证明,南极春季(9、10月份)期间,一个"臭氧洞"(Ozone hole)正覆盖着南极大陆的大部分地区。1986 年、1987 年在南极地区的观测说明了"臭氧洞"依然存在,且总臭氧仍在继续减少。据美国国家环境保护局(U. S. EPA)估计,1987 年时南极上空受到破坏的臭氧层已经超过 10%,其中一半的损耗发生在 1987 年 9—10 月间,并且,臭氧的减少不只限于极地区域,已逐年显著地向赤道方向扩展至南纬 20°。

由于目前尚缺乏在南极地区存在的各种微量组分的数据,要想彻底地解释南极出现臭氧空洞的现象还不可能。现在归纳起来,对南极臭氧空洞的成因,至少有四种推测:人为影响——人类活动产生的氯化物进入了大气层,与太阳活动周期有关的自然现象,当地天气动力学过程以及火山活动等。

第四节　水生系统中的光化学过程

地表水占据了地球表面约 70% 的面积,水中含有各种天然和人工化合物,波长大于 290nm 的太阳辐射可到达地球表面。当地表水暴露于太阳辐射时,在其透光层中,阳光可引发各种光化学反应,这对水中各种天然和人工化合物的迁移转化以及对水生生物都会产生影响,长时间以来,这一领域的研究实际上没有受到重视,通过近二十年的努力,人们对天然水的光化学反应有了较多的了解，但是，相对于大气光化学还是少得多，许多问题还有待研究。

环境水生系统光化学(photochemistry of environmental aquatic systems)或天然水光化学(photochemistry of natural waters)，主要研究淡水(湖泊、河流)和海洋(海湾、海、洋)中阳光引发的光化学反应及其对化合物在天然水中的迁移、转化、归缩以及对水生生物和水生生态系统的影响。

一、水生系统中活性物质生成的光化学过程

淡水系统和海水系统的化学组成和物理性质等对在其中发生的光化学过程有很大影响，这两个系统既有显著的相似性，也存在重要的差别。

两个系统都含有大量具生色团而且是未鉴定的有机物，这些有机物都与初级光化学过程和能量的转化有关；在这两个系统中，氧和水合电子是普遍存在的，并参与了次级光化学反应；在这两个系统中都存在有机和无机自由基参与的各种反应；污染物的直接光解比低分子量、已知结构的天然物的直接光解易发生。

(一)活性物质生成的光化学过程

天然地表水中，存在着许多天然的化合物和人工合成的化学品，太阳光可使这些化合物发生初级光化学过程，生成各种活性物种，从而引发各种光化学次级过程。

1. 水合电子(e_{aq}^-)生成的光化学过程

20世纪60年代，许多学者研究发现含有可溶性有机化合物的水溶液，在光的作用下可生成水合电子。1963年，Grossweiner等人和Swenson等人在同一期Science杂志发表了他们研究水溶液中水合电子光化学生成的结果。同年，Jortner等人研究了含酚水溶液的光化学行为，他们用一些特殊的清除剂获得了瞬间溶剂化电子生成的化学证据。1965年，Dobson等人用闪光光解技术研究了酚和甲酚水溶液的光化学现象，得到了这些水溶液的闪光光谱，他们认为在400nm附近的一系列吸收带是酚氧自由基的吸收产生的，而可见区的宽吸收带则是水合电子产生的，这一结果进一步证实了水合电子的存在。1977年，Zafiriou等人指出，海水中溶解的无机及有机化合物在太阳光的作用下能生成水合电子：

$$Fe^{2+} + h\nu \longrightarrow Fe^{3+} + e_{aq}^-$$

$$I^- + h\nu \longrightarrow I + e_{aq}^-$$

$$有机色素 + h\nu \longrightarrow (色素)^* + e_{aq}^-$$

$$酚类物质 + h\nu \longrightarrow 酚氧自由基 + e_{aq}^-$$

水中溶解有机质在阳光的作用下生成水合电子(e_{aq}^-)有两个过程：

1)单光子过程

$$DOM + h\nu \longrightarrow DOM^*$$

$$DOM^* \longrightarrow \overline{DOM^{\cdot +} + e^-}$$

$$\overline{DOM^{\cdot +} + e^-} \longrightarrow DOM'$$

$$\overline{DOM^{\cdot +} + e^-} \longrightarrow DOM^{\cdot +} + e_{aq}^-$$

2) 双光子过程

$$DOM^* + h\nu \longrightarrow DOM^{\cdot+} + e^-_{aq}$$

式中：DOM 为溶解有机质；DOM^* 为溶解有机质激发态；DOM' 为复合产物。

天然水中发生的许多反应都涉及水合电子：

$$e^- + H_3O^+_{aq} \longrightarrow H^+ + H_2O$$

$$e^-_{aq} + H_2O \longrightarrow H^+ + HO^-_{aq}$$

$$e^-_{aq} + H^{\cdot} \xrightarrow{H_2O} H_2 + HO^-_{aq}$$

$$e^-_{aq} + O_2 \longrightarrow O_2^{\cdot -} \xrightarrow{H^+} HO_2$$

$$e^-_{aq} + ClCH_2CH_2OH \longrightarrow Cl^- + {\cdot}CH_2CH_2OH$$

$$e^- + N_2O \longrightarrow N_2 + O^-$$

$$2e^- + 2O_2 \longrightarrow 2O_2^- \xrightarrow{2H^+} H_2O_2 + O_2$$

2. $^1O_2$ 生成的光化学过程

溶解氧在天然水中是普遍存在的。1977 年，Zepp 等人研究发现，天然水在阳光的照射下有单线态氧生成。这是因为水中一些物质(用 S 表示)吸光后变为激发态单线态，然后与水中氧作用生成单线态氧，其生成可以用下列反应表示：

$$S + h\nu \longrightarrow {}^1S$$

$${}^1S \longrightarrow S + h\nu'$$

$${}^1S \longrightarrow S$$

$${}^1S \longrightarrow {}^3S$$

$${}^3S \longrightarrow S + h\nu''$$

$${}^3S \longrightarrow S$$

$${}^3S + O_2 \longrightarrow S + {}^1O_2$$

这样的物质称为光敏化剂(S)，其能量迁移过程见图 7.13。

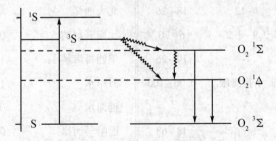

图 7.13 光敏化剂受光激发能量迁移示意图

在天然水中 $^1O_2$ 的浓度很低，一般为 $10^{-14} \sim 10^{-15}$ mg/L 的范围，其寿命短，半衰期仅 2μs。单线态氧可以与烯烃、2，5-二甲基呋喃和有机硫化合物反应：

$$（C_2H_5）_2S + {}^1O_2 \longrightarrow （C_2H_5）_2S—O—O \longrightarrow 产物$$

但是 ${}^1O_2$ 在天然水中所发生的次级光化学反应起多大作用并不清楚。

3. H_2O_2 生成的光化学过程

1961 年，Persohke 报道了测定天然水中 H_2O_2 的结果。1966 年，Van Baalen 等人对墨西哥海湾水中 H_2O_2 的含量进行了测定。现在已知道各种天然水中 H_2O_2 浓度一般在 $(0.03 \sim 32) \times 10^{-7} mol/L$（表 7.13）。

表 7.13　　　　　　　　　　　地表水中 H_2O_2 的浓度

地表水	[H_2O_2]×10^{-7}mol/L		地表水	[H_2O_2]×10^{-7}mol/L	
	天然水平	阳光照射后水平		天然水平	阳光照射后水平
淡水			海水		
伏尔加流域河水	13~22	—	德克萨斯海岸水	0.14~1.7	—
水库(前苏联)	7~13	18~26	北大西洋	—	0.35~1.5
美国东南	0.9~3.2	6~70	比斯开尼湾	0.8~2.1	—
加利福尼亚	—	19~26	墨西哥海峡	1.2~1.4	—
地下水(美国)	低于检测限	0.06~100	海岸水	1.0~2.4	—
农业用水			近海水	0.9~1.4	—
灌溉水		18~68	巴哈马河岸	0.5~1.9	—
流失水		23~53	秘鲁海岸及近海处	0.08~0.7	—
污水			海湾		
原水		25	切萨皮克湾	0.03~17	—
池塘水(美国)		125~325		0.54~0.75	—

　　天然地表水中 H_2O_2 主要来自降水，一般而言，降水中过氧化氢的浓度在 mmol/L ~ μmol/L 范围内。降水中过氧化氢的含量随地点、时间而变化，其昼夜变化表现为下午最高，晚上最低；季节变化表现为夏天高，冬天低；地点的变化则为南方高于北方。

　　除降水的来源外，天然地表水中发生的光化学过程可以产生过氧化氢。

　　源于水体中光化学生成的水合电子引发的反应。前面的讨论指出，天然水在阳光的作用下可以生成水合电子，它能迅速地与水中的溶解氧反应生成 O_2^-，O_2^- 进而发生歧化反应生成过氧化氢：

$$e_{aq}^- + O_2 \longrightarrow O_2^-$$

$$2O_2^- + 2H^+ \longrightarrow H_2O_2 + O_2$$

　　1985 年，Fisher 等人用纳秒激光光谱法直接测定了圣·弗朗西斯科海湾地区的一些含腐殖质的湖水、塘水和地下水的光瞬变吸收光谱，当用 266nm 光激发未浓缩的水样时，在 720nm 具有瞬变态吸收，与水合电子的瞬变态吸收相当。当水溶液用 N_2O、O_2 饱和时瞬变态吸收消失，当用氩除掉它们时，在 720nm 又重新出现瞬变态吸收。他们把这些现象归因于在溶液中发生了以下的光化学反应：

$$HS(腐殖质) + h\nu \longrightarrow HS^{\cdot +} + e_{aq}^-$$

$$e_{aq}^- + N_2O \longrightarrow N_2 + O^-$$

$$e_{aq}^- + O_2 \longrightarrow O_2^-$$

$$2O_2^- + 2H^+ \longrightarrow H_2O_2 + O_2$$

H_2O_2 的生成一般可表示如下：

$$Org \xrightarrow{h\nu} Org^+ + e_{aq}^-$$

$$e_{aq}^- + O_2 \longrightarrow O_2^-$$

$$2O_2^- + 2H^+ \longrightarrow H_2O_2 + O_2$$

天然水中 H_2O_2 的生成与去除过程可用图 7.14 表示，其中一些过程还涉及生物的参与。

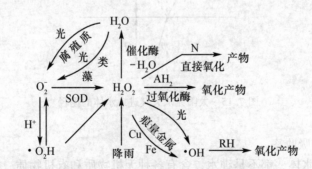

SOD—超氧化歧化酶；N—与 H_2O_2 反应的亲核试剂；
AH_2—能够被过氧化酶、H_2O_2 氧化的底物；RH—有机化合物
图 7.14　水生环境中过氧化氢的生成与去除

天然水中的 H_2O_2 是 OH 自由基的一个主要来源。H_2O_2 参与的反应主要是其光解后生

成 OH 自由基的反应。如：

$$(CH_3)_3COH + \ \dot{}OH \longrightarrow (CH_3)_2C\begin{smallmatrix}\dot{C}H_2 \\ \\ OH\end{smallmatrix} + H_2O$$

$$\begin{matrix}HCO_3^- \\ \Updownarrow \\ CO_3^{2-}\end{matrix} + \ \dot{}OH \xrightarrow[4\times10^8 mol^{-1}\cdot s^{-1}]{2\times10^7 mol^{-1}\cdot s^{-1}} \begin{matrix}HCO_3^- \\ \Updownarrow \\ CO_3^{2-}\end{matrix} + OH^-$$

二、天然水中化合物的直接光解

天然水中的化合物(天然或人工)的直接光解是其转化的一个重要途径。

1. 水体对光的衰减

当阳光射到水体表面，一部分以入射角(z)相等的角度反射回大气，从而减少光在水体中的可利用性，进入水体的光穿射到较深的时候，光被吸收并且被颗粒物、可溶性物质和水本身散射，因而进入水体后折射而改变方向(图 7.15)。

光程 L 是光在水体内所走的距离，直射光程 L_d 等于 $D\sec\theta$，D 为水体深度，θ 为折射角。入射角 z(又称天顶角)与 θ 的关系为 $n=\sin z/\sin\theta$，n 为折射率。对于大气与水，$n=1.34$。天顶角增加，折射角也增加。来自接近于水平(例如 $z>85°$)的光束将会强烈地弯曲。天空散射光程 Ls 等于 $2D\,n(n-\sqrt{n^2-1}\,)$。令 $n=1.34$，计算出 Ls 为 $1.20D$，考虑到反射，光程为 $1.19D$。以上讨论的是外来光强的情况，下面将讨论水体对光的吸收作用。

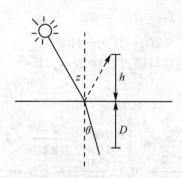

图 7.15　太阳光从大气进入水体的途径

2. 水体对光的吸收率

任何一个天然水体，都不是纯水，含有各种无机物质和有机物质，特别是淡水变化更大，但是对每一个具体水体其吸收率是基本不变的。在一完全混匀的水体，某一波长 λ 的平均光解速率 $\left(-\dfrac{d[P]}{dt}\right)_\lambda$ 正比于单位体积内污染物的吸光速率。单位时间内被吸收的光量 I_λ 由 Beer-Lambert 定律决定，因此对于水体的光吸收可表示为

$$I_\lambda = I_{0\lambda}(1-10_{\lambda l}^{-\alpha})$$

式中：α_λ 为水体十进制吸收系数；$I_{0\lambda}$ 为入射光源；l 为光程。

对于水体的吸收，必须考虑太阳的直接辐射和天空辐射。那么，在水深 D 处的平均吸收 $I_{\alpha\lambda}$ 变为

$$I_{\alpha\lambda} = \frac{I_{d\lambda}(1-10^{-\alpha_\lambda l_d}) + I_{s\lambda}(1-10^{-\alpha_\lambda l_s})}{D}$$

式中：l_d 为直接辐射光程；l_s 为天空辐射光程。

当污染物进入水体后，吸收系数由 α_λ 变为 $(\alpha_\lambda + \varepsilon_\lambda[P])$。式中 ε_λ 为摩尔吸收系数，$[P]$ 为污染物浓度。光被污染物吸收的部分则为 $\varepsilon_\lambda[P]/(\alpha_\lambda + \varepsilon_\lambda[P])$。由于污染物在水中浓度很低，因此 $(\alpha_\lambda + \varepsilon_\lambda[P]) \cong \alpha_\lambda$，那么，污染物的平均吸收 $I'_{\alpha\lambda}$ 与体系的吸收 $I_{\alpha\lambda}$ 有如下关系：

$$I'_{\alpha\lambda} = I_{\alpha\lambda} \cdot \frac{\varepsilon_\lambda[P]}{j \cdot \alpha\lambda}$$

$$I'_{\alpha\lambda} = K_{\alpha\lambda} \cdot [P]$$

式中：$K_{\alpha\lambda} = (I\alpha_\lambda \cdot \varepsilon_\lambda)/j\alpha_\lambda$；$j$ 为光强单位转化为与 $[P]$ 单位相适应的常数。例如 $[P]$ 以 mol·L^{-1} 和光强以光子·厘米$^{-2}$·秒$^{-1}$ 表示时，j 等于 6.02×10^{-20}。在下面两种情况下，$K_{\alpha\lambda}$ 方程可以简化：

(1)如果 $\alpha_\lambda l_d$ 和 $\alpha_\lambda l_s$ 两者都大于 2，即几乎所有引发光解的阳光都被体系吸收，$K_{\alpha\lambda}$ 表达式变为

$$K_{\alpha\lambda} = \frac{W_\lambda \varepsilon_\lambda}{j \cdot D \cdot \alpha_\lambda}$$

式中：$W_\lambda = I_{\alpha\lambda} + I_{s\lambda}$。此式适用于水体深度大于透光层 D 的情况，平均光解速率反比于深度 D。

(2)如果 $\alpha_\lambda l_d$ 和 α_λ 两者都小于 0.02，那么 $K_{\alpha\lambda}$ 变得与 α_λ 无关，$K_{\alpha\lambda}$ 表示式可近似为

$$K_{\alpha\lambda} = \frac{2.303\varepsilon_\lambda(I_{d\lambda}l_d + I_{s\lambda}l_s)}{jD}$$

即使 $\varepsilon_\lambda[P]$ 大于 α_λ，只要 $(\alpha_\lambda + \varepsilon_\lambda[P]$ 低于 0.02，即被体系吸收的光小于 5%，上式就可用。用 $l_d = D\sec\theta$ 和 $l_s = 1.2D$ 代入上式，则可得

$$K_{\alpha\lambda} = (2.303\varepsilon_\lambda Z_\lambda)/j$$

此处
$$Z_\lambda = I_{d\lambda}\sec\theta + 1.2I_{s\lambda}$$

上式特别适用于天然水体的浅层及深达半米的蒸馏水。

平均光解速率也正比于反应的量子产率，因此直接光解的动力学表达式为

$$-\left(\frac{d[P]}{dt}\right)_\lambda = \Phi_\lambda K_{\alpha\lambda}[P]$$

一般而言，水溶液中复杂分子反应的量子产率与波长无关，因此表达式为

$$\left(\frac{d[P]}{dt}\right) = \Phi_\lambda K_\alpha[P]$$

此处 $K_\alpha = \Sigma K_{\alpha\lambda}$。此动力学表达式具有一级速率方程的形式，因此污染物直接光解的半衰期 $t_{1/2}$ 为

$$t_{1/2} = 0.693/\Phi K_\alpha$$

三、天然水中化合物的光氧化降解

由天然水中吸光物质(天然产物或人工合成化合物)吸收太阳辐射，从而引发一系列的次级光化学过程，生成各种活性物质(OH 自由基、单线态氧等)使水中的化合物被氧化。目前对脂肪烃、芳香烃和多环芳烃的光氧化过程有了一定的了解。

1. 脂肪烃的光氧化降解

脂肪烃通常是通过光敏化反应而发生光氧化，例如正构烷烃的光氧化：

$$X + h\nu \longrightarrow X^*$$
$$X^* + RH \longrightarrow XH \cdot + R \cdot$$
$$XH \cdot + O_2 \longrightarrow X + HO_2$$
$$R \cdot + O_2 \longrightarrow RO_2^\cdot$$
$$RO_2 + RH \longrightarrow RO_2H + R \cdot$$
$$RO_2^\cdot + XH \longrightarrow RO_2H + X$$
$$RO_2H \longrightarrow RO \cdot + \cdot OH$$
$$RO \cdot + RH \longrightarrow ROH + R \cdot$$
$$RO_2H + R \cdot \longrightarrow RO \cdot + ROH$$

式中：X 为甲氧杂蒽酮；X^* 为甲氧杂蒽酮的三重态；RH 为正十六烷。

2. 芳香烃的光氧化降解

在氧和酚的存在下，烷基苯(RH)的光氧化按下面的反应进行：

$$AroH \xrightarrow{h\nu,\ O_2} ArO \cdot + HO_2^\cdot$$
$$RH + ArO \cdot \longrightarrow R \cdot + ArOH$$
$$R \cdot + O_2 \longrightarrow ROO \cdot$$
$$ROO \cdot + RH \longrightarrow ROOH + R \cdot$$
$$R''OOH + R'OOH + ArO \cdot \longrightarrow R'OH + R'R''C = O + ArOR'' + \cdot OH$$

此处 AroH 为 1-萘酚，R′ 和 R″ 为碳原子数比 R 少的基团。

3. 多环芳烃(PAH)的光氧化

在水环境中，多环芳烃通过不同的过程进行降解，最重要的降解过程是光氧化、化学氧化和生物转化。

水环境中多环芳烃的光氧化是通过光引发生成的单线态氧、OH 自由基等进行的。例如 9,10-二甲基蒽：

再如：

上述反应所生成的产物还可以进一步发生反应而降解。

1984年，Zafiriou对天然水中发生的光化学过程作了总结(表7.14)。

表 7.14　　　　　　　　　　　　天然水的光化学过程

环境	反应物	产物	可能的机理	可能的影响
海洋与淡水	天然有机生色团	$C\cdot+HO_2$ 或 $C\cdot+AH$	H 转移到 O_2 或 A	
	与色素 C	$C^++\cdot O_2^-$	电子迁移到 O_2	
		C^*+O_2	能量转移到 O_2	
		HOOH	$\cdot O_2^-$	
	NO_2^-	$\cdot NO+OH$	直接光解	改变氮的形态，NO 进入大气
	Br^-, CO_3^{2-}, RH	$\cdot Br_2^-$, $\cdot CO_3^-$, $R\cdot$	$\cdot OH$ 自由基参与	
		ROO$\cdot$	O_2 加成	氧化有机自由基

续表

环境	反应物	产物	可能的机理	可能的影响
海洋	CH_3I	$\cdot CH_3 + I \cdot$	直接光解	改变碘的形态，大气-海洋交换
	MnO_2(胶体)	$Mn^{2+}_{水合}$		生物有效性 Mn
	$Cu(II)$	$Cu(I)Cl$	$Cu(II)$ 被 $HO_2 \cdot / O_2^-$ 还原	改变铜毒性循环
	$Cu(II)$-有机配合物		电荷迁移至金属元素	
淡水	$Fe(III)$-有机配合物	$Fe(II) + CO_2$	耗氧	有机质的氧化
	$Fe(III)$-有机 P 配合物	$Fe(II) + PO_4^{3-}$		胶体态铁的溶解，P 的生物有效性
被污染的水				
石油	RH，ArH，R_2S	$R{=}O$，RCO_2^-，$ArOH$，R_2SO	自由基，单重态氧参与反应，直接光解	
	$Ar(CH_2)_nCH_3$	苯基烷基酮、醇	蒽醌光敏化	

资料来源：Zafiriou O C，et al. Environ. Sci. Technol.，1984，18(12)：365A.

复习思考题

1. 何谓光化学？简述光化学第一定律。
2. 试解释分子对光吸收的原因。
3. 何谓分子的电子组态？
4. 何谓生色团？试举一例。
5. 氧分子有哪几种电子组态？为什么单重态氧在气相光化学能够起较重要的作用？
6. 分子可以发生哪些重要的光物理过程？
7. 在对流层的气相中初级光化学过程主要有哪些类型？
8. 臭氧有哪些重要的光化学过程？
9. NO 有哪些重要的光化学过程？
10. 醛和酮有哪些重要的光化学过程？
11. 对流层大气中有哪些重要的自由基？试述它们的来源。
12. 试述气相中烷烃的主要光化学过程。
13. Cregee 双自由基是如何生成的？
14. 芳香烃有哪些重要的光化学过程？
15. 过氧乙酰硝酸酯是如何生成的？
16. 对流层气相中，汞及其化合物有哪些重要的化学过程？
17. 何谓光化学烟雾？试述其形成机理。

18. 何谓 Chapman 循环？
19. 试述平流层中卤代烃的基本光化学过程。
20. 试述平流层中 NO_x 的基本光化学过程。
21. 试述平流层中 HO_x 的基本光化学过程。
22. 在平流层中能够对臭氧产生催化破坏作用的物种有哪些？
23. 水生系统光化学主要研究的内容有哪些？
24. 天然水溶解的有机质在阳光作用下生成水合电子有哪两个过程？
25. 天然水中的单重态氧是如何生成的？
26. 天然水中的过氧化氢是如何生成的？
27. 天然水中脂肪烃的光降解是如何发生的？

第八章　环境中化合物的微生物转化

微生物在环境中普遍存在，它可通过酶催化反应，使环境中各种化学物质发生转化或降解，在元素的生物地球化学循环中起着重要的作用。本章主要讨论有重要环境意义的有机化合物及金属元素的微生物转化。

第一节　C_1 化合物的微生物转化

一、环境中 C_1 化合物的来源

分子中含碳原子，但不含碳-碳键的化合物称为 C_1 化合物。这类化合物通常也称为还原态 C_1 化合物，其中最重要的是 CH_4，因为它是碳循环中一种主要的中间物，CH_4 在生物圈中碳循环所起的作用可见图 8.1。

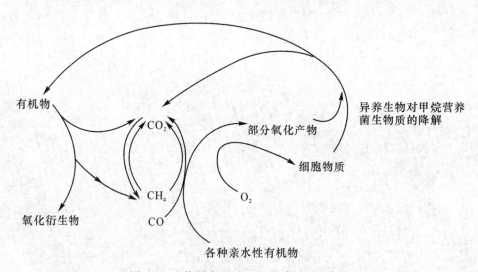

图 8.1　生物圈中通过 CH_4 的碳循环示意图

环境中有重要影响的 C_1 化合物列于表 8.1。另外一些 C_1 化合物在碳的循环中起的作用较小，但在氧、硫、磷和金属元素的循环中却起着重要作用（表 8.2）。

表 8.1   环境中有重要影响的 C_1 化合物

化合物	分子式	说　明
甲烷	CH_4	厌氧发酵的最终产物，由产甲烷生物、反刍动物产生
甲醇	CH_3OH	产生于天然含甲酯和甲醚物质的降解，从甲烷营养微生物产生
甲醛	$HCHO$	普通燃烧产物，其他 C_1 化合物和具有甲基的生物化学品的微生物氧化中间物
甲酸离子	$HCOO^-$	存在于动、植物组织内，碳水化合物发酵的一般产物
甲酰胺	$HCONH_2$	由植物中的氰化物生成的天然产物
二氧化碳	CO_2	燃烧、呼吸、发酵的最终产物，地球上碳的主要贮库
一氧化碳	CO	燃烧产物，常见污染物，动、植物和微生物的呼吸产物
氰离子	CN^-	由植物、真菌、细菌产生；工业污染物
二甲醚	CH_3OCH_3	由甲烷通过甲烷营养生物产生，工业污染物
甲胺 二甲胺 三甲胺	CH_3NH_2 $(CH_3)_2NH$ $(CH_3)_3N$	在动物、植物、鱼组织内都存在的物质，含氮化合物的降解产物，排泄产物
三甲基铵化氧	$(CH_3)_3NO$	
四甲基铵盐	$(CH_3)_4N^+$	卤盐用作杀菌剂
三甲基锍盐	$(CH_3)_3S^+$	工业化学品
尿素	$CO(NH_3)_2$	动物重要排泄物
氨基甲酸	NH_2COOH	尿素、肥料、用作农药的 N-甲基和 N, N-的衍生物水解产物
N-甲基脲	$CH_3NHCONH_2$	含氮化合物的降解产物

资料来源：Gibson，1984.

表 8.2   环境中另外一些 C_1 化合物

化合物	分子式	说　明
硫氰酸盐	CNS^-	植物、动物和微生物的天然产物；工业的副产物
氨基氰	$NCNH_2$	用作肥料的氰胺化钙，在煅烧骨料中发现
二甲砜	$(CH_3)_2SO_2$	人尿中的天然产物
二甲亚砜	$(CH_3)_2SO$	在发芽大麦中发现的天然产物
硫醚	$(CH_3)_2S$	三甲基锍盐代谢的产物，二甲亚砜的还原产物，制木浆的副产物

续表

化合物	分子式	说　明
二硫化碳	CS_2	工业污染物，大气二氧化硫的源，从地壳释放，在缺氧的湖泊底泥中由微生物活动产生
甲硫醇	CH_3SH	工业产物，木浆制造过程和革兰阴性菌分解
硫化羰	COS	从地壳释放，涉及大气中硫的循环；燃烧和厌氧降解产物
甲基胂	例如：$(CH_3)_3As$	由微生物产生，有毒性
甲基磷	例如：$(CH_3)_3P$	工业上使用，有毒性
氯代甲烷	CH_3Cl，CH_2Cl_2，$CHCl_3$，CCl_4	全都有毒性，引起哺乳动物肝脏的损伤，Br^-、F^-、I^- 代化合物类似
光气	$COCl_2$	工业品
金属元素甲基化合物	CH_3Na，$(CH_3)_2Zn$，$(CH_3)_3Al$，$(CH_3)_4Pt$，$(CH_3)_5Sb$	大多数不稳定，在空气中自燃或与水反应生成金属元素和烷烃

资料来源：同表 8.1。

二、利用 C_1 化合物的微生物

许多微生物都与 C_1 化合物的转化有关，表 8.3 列出了利用 C_1 化合物的微生物。

表 8.3　　　　　　　　　　利用 C_1 化合物的微生物的分类

分　组	例	生长底物或代谢的 C_1 化合物
细菌		
专性甲基营养生物 （类型 I 食甲烷菌）	甲基菌属 甲基球菌属 甲基单胞菌属	
专性甲基营养生物 （类型 II 甲烷营养菌）	甲基孢囊菌属 甲基弯曲菌属 氧化甲烷甲烷单胞菌	甲烷、甲醇、一氧化碳（仅被氧化）
兼性食甲烷菌 （类似于类型 II 专性甲基营养菌） 专性甲基营养生物	嗜有机甲基杆菌	甲烷、甲醇、各种异养的底物 甲胺、二甲胺、三甲胺
不能够利用甲烷	无芽孢杆菌 4B6 甲基单胞菌 M15 噬甲基甲基单胞菌 微生物 W1	甲醇 甲醇、甲胺

分　组	例	生长底物或代谢的 C₁ 化合物
兼性的甲基营养生物 （全部生长在某些异养底物中）	芽孢杆菌 PM16	甲胺、二甲胺、三甲胺、三甲基磺酸盐
	无芽孢杆菌 5H2	
	无芽孢杆菌 5B1	甲醇，甲酸，甲胺，二、三甲胺， N-氧三甲胺
	生丝芽孢微菌	甲醇，甲酸，甲胺，三甲胺，甲酰胺，脲
	假单胞菌 AM1	甲醇，甲酸，甲胺，三甲胺
	假单胞菌 SL4	甲酰胺
	噬氨假单胞菌	甲酸，甲酰胺，二、三甲胺， N-氧三甲胺
	假单胞菌 MA	甲胺
	假单胞菌 MS	甲胺，二、三甲胺，三甲基磺酸盐
	假单胞菌 M27	甲醇，甲酸，甲胺
自养生物	解草酸弧菌	甲酸
	解草酸假单胞菌	甲酸
	脱氮副球菌	甲醇，甲胺，甲酸
	新型硫杆菌	甲醇
	水生微环菌	甲醇
	无色芽孢杆菌	甲醇
	分枝芽孢杆菌	甲醇
	噬一氧化碳氢单胞菌	CO
	噬一氧化碳假单胞菌	CO
	赛里伯氏菌	CO
光养生物	阴性红假单胞菌	甲酸
	胶状红假单胞菌	甲烷，甲醇
	嗜酸红假单胞菌	甲酸，甲醇
	万尼氏红微球菌	甲醇
	深红红螺菌	甲酸，甲醇
	纤细红环菌	甲酸，甲醇
	绿假芽孢单胞菌属	甲酸
非光合成，非产甲烷的 厌氧菌	红假芽孢单胞菌	CO
	巴氏梭菌	CO
	韦氏梭菌	CO
	热醋酸梭菌	CO
	蚁酸醋酸梭菌	CO
	未鉴定的硫酸盐还原生物	甲烷
产甲烷厌氧菌	甲烷芽孢杆菌	甲烷，甲醇，甲胺，甲酸
	甲烷芽孢螺菌	甲烷，甲醇，甲胺，甲酸
	甲烷芽孢球菌	甲烷，硫醇，二甲亚砜
	甲烷芽孢八叠球菌	

资料来源：同表 8.1。

三、C_1 化合物的微生物转化

1. 甲烷的氧化

研究表明，甲烷的氧化是通过一系列的两电子氧化步骤完成的，可用图 8.2 表示。

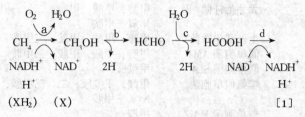

图 8.2　甲烷的氧化过程

在单加氧酶作用下，CH_4 被氧化为甲醇(a)；在甲醇脱氢酶作用下，甲醇进一步被氧化为甲醛(b)；在甲醛脱氢酶作用下，甲醛转化为甲酸(c)；在甲酸脱氢酶作用下生成 CO_2。

2. 甲醇的氧化

甲醇可被甲醇脱氢酶氧化为甲醛，见图 8.2。已经从以甲烷为营养和利用甲醇的 16 种菌株中分离纯化了甲醇脱氢酶。

3. 甲醛的氧化

在微生物的 C_1 化合物代谢过程中，甲醛处于中心位置，许多 C_1 化合物都可转化为甲醛(图 8.3)。

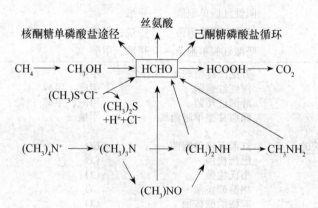

图 8.3　在 C_1 化合物的微生物代谢中甲醛处于中心位置

4. 甲基胺的氧化

许多微生物能够在这一类的 C_1 化合物中生长或氧化这些化合物，它们通过去除 N-甲基化反应而使其不断发生降解。

1) 四甲基氯化铵的氧化

四甲基氯化铵氧化的第一步是通过非正铁血红素单氧酶的催化发生下面的反应：

$$(CH_3)_4N^+Cl^- + O_2 + NAD(P)H + H^+ \longrightarrow (CH_3)_3N + HCHO + H_3O^+ NAD(P)^+ + Cl^-$$

生成的三甲基胺通过三甲基胺氧化物、二甲基胺、甲胺等步骤进一步降解。

2）三甲基胺的氧化

许多生长在三甲基胺上的微生物可诱发出单氧酶，使之发生下面的反应：

$$(CH_3)_3N+O_2+NAD(P)H+H^+ \longrightarrow (CH_3)_3NO+H_2O+NAD(P)^+$$

生成的 N-甲基取代的氮氧化物通过去甲基酶的作用转化为二甲基胺和甲醛：

$$(CH_3)_3NO \longrightarrow (CH_3)_2NH+HCHO$$

（3）二甲基胺的氧化

二甲基胺通过含细胞色素 P_{420} 的仲胺单氧酶的作用转化为甲胺和甲醛：

$$(CH_3)_2NH+O_2+NAD(P)H+H^+ \longrightarrow CH_3NH_2+HCHO+NAD(P)^++H_2O$$

第二节　有机化合物的微生物降解

一、脂肪烃的微生物降解

人们对脂肪烃的微生物降解的了解与石油工业的发展密切相关。脂肪烃是原油和石油产品的主要组分，早期研究的思想源于利用微生物处理精炼原油、石油化学品和其他工业化合物的废物。

（一）能降解脂肪烃的微生物

许多微生物能氧化脂肪烃，见表 8.4。

早期研究中，Zobell(1950)提出过关于烃类可氧化性的四条规律，后来 Shennan 和 Lev(1974)对此作了修正：

（1）脂肪烃能被许多微生物同化；芳香烃可以被氧化，但被同化的效率要低。

（2）长链的正构烷烃比短链的正构烷烃更容易被微生物同化；碳原子数量小于 9 的正构烷烃能被微生物氧化，但一般不被同化。

（3）饱和脂肪烃比不饱和脂肪烃更容易降解。

（4）直链脂肪烃比支链脂肪烃更易降解。

表 8.4　　　　　　　　　　　能氧化脂肪烃的细菌和酵母

细　菌		酵　母	
无色杆菌属	不动细菌属	甲丝酵母属	红酵母属
放射菌属	气单胞菌属	隐球酵母属	糖酵母属
产碱菌属	节细菌属	德巴利酵母属	新月酵母菌
芽孢杆菌属	贝内克菌属	内孢酵母属	锁掷酵母菌
短杆菌属	棒状杆菌属	汉逊酵母属	掷孢酵母菌
黄杆菌属	甲基菌属	念球菌属	球拟酵母属
甲基菌属	甲基球菌属	毕赤氏酵母属	毛孢子菌属
甲基孢囊菌属	甲基单胞菌属		
甲基弯曲菌属	小单胞菌属		
分枝杆菌属	诺卡氏菌属		
假单胞菌属	螺菌属		
弧菌属			

资料来源：同表 8.1。

（二）饱和脂肪烃的降解途径与机理

1. 正构烷烃

正构烷烃降解的最常见途径是末端甲基被氧化为伯醇（图 8.4），已经提出了正构烷烃被氧化为相应伯醇的三种机理：

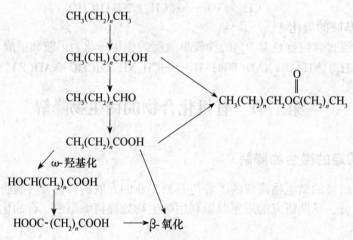

图 8.4　正构烷烃的甲基氧化

$(1) RCH_2CH_3 \longrightarrow RCH_2CH_2OOH \xrightarrow{NAD(P)H} RCH_2CH_2OH+H_2O+NAD(P)^+$

$(2) RCH_2CH_3+NAD(P)^+ \longrightarrow RCH=CH_2 + NAD(P)H + H^+$

$\qquad\qquad RCH=CH_2 + H_2O \longrightarrow RCH_2CH_2OH$

$(3) RCH_2CH_3+O_2+NAD(P)H+H^+ \longrightarrow RCH_2CH_2OH+NAD(P)^++H_2O$

2. 支链烷烃

一般而言，支链烷烃对于生物降解的敏感比直链烷烃要低，一些具有叔碳原子的支链烃能够抵御微生物的降解。

3. 烯烃的微生物降解途径

烯烃生物氧化途径研究得较多并已确认是末端烯烃。末端烯烃的氧化产物随初始进攻的位置（甲基或双键）而变化，可生成：①ω-不饱和醇或脂肪酸；②伯醇或仲醇或甲基酮；③1，2-环氧化物；④1，2-二醇（图 8.5）。

二、卤代苯的细菌氧化

一般而言，卤代苯对细菌的氧化作用不是很敏感的。然而某些卤代苯可以被细菌氧化，可用图 8.6 说明。

三、芳香烃的微生物降解

1. 苯的细菌氧化

苯被微生物利用的首次报道是在 1913 年，随后对苯的微生物降解进行了许多研究。

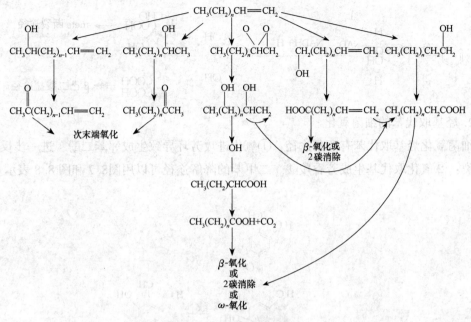

图 8.5 1-烯烃的降解途径

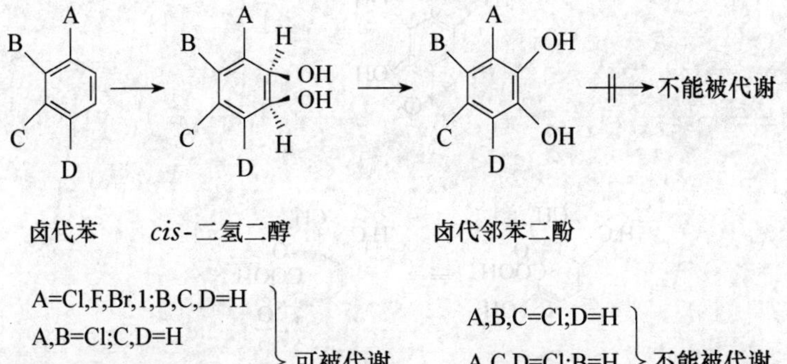

卤代苯   *cis*-二氢二醇   卤代邻苯二酚

A=Cl,F,Br,I;B,C,D=H
A,B=Cl;C,D=H
A,C=Cl;B,D=H 可被代谢
A,D=Cl;B,C=H

A,B,C=Cl;D=H
A,C,D=Cl;B=H 不能被代谢
A,B,C,D=Cl

图 8.6 卤代苯的微生物降解

初期的研究认为苯被氧化为邻苯二酚：

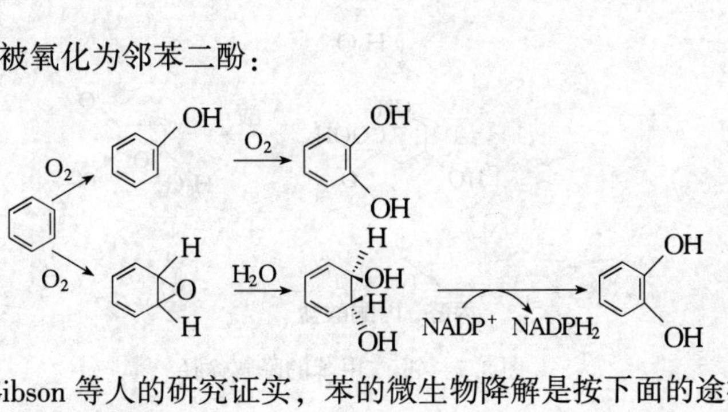

$$O_2 \quad\quad O_2 \quad\quad\quad\quad$$

$$O_2 \quad H_2O \quad NADP^+ \quad NADPH_2$$

1968 年以后，经 Gibson 等人的研究证实，苯的微生物降解是按下面的途径进行的：

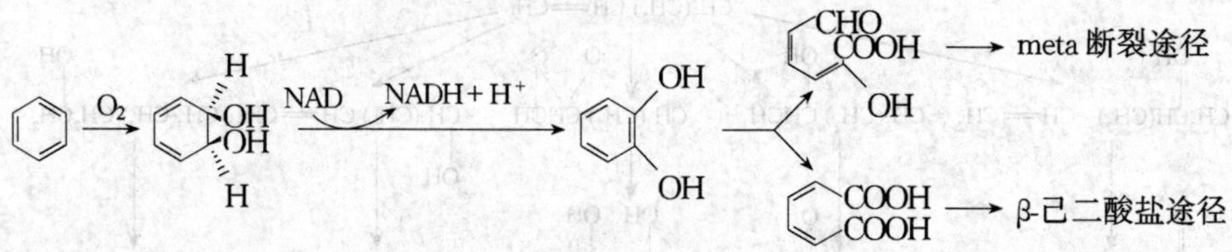
O2
H
OH
OH
H
NAD
NADH + H+
OH
OH
CHO
COOH
OH
meta 断裂途径
COOH
COOH
β-己二酸盐途径

2. 烃基取代苯的细菌氧化

细菌氧化烃基取代苯有两条途径：①氧化进攻芳环导致生成邻苯二酚，进一步反应使环断裂；②氧化取代基生成芳香羧酸。二甲苯的降解途径可以用图8.7和图8.8表示。

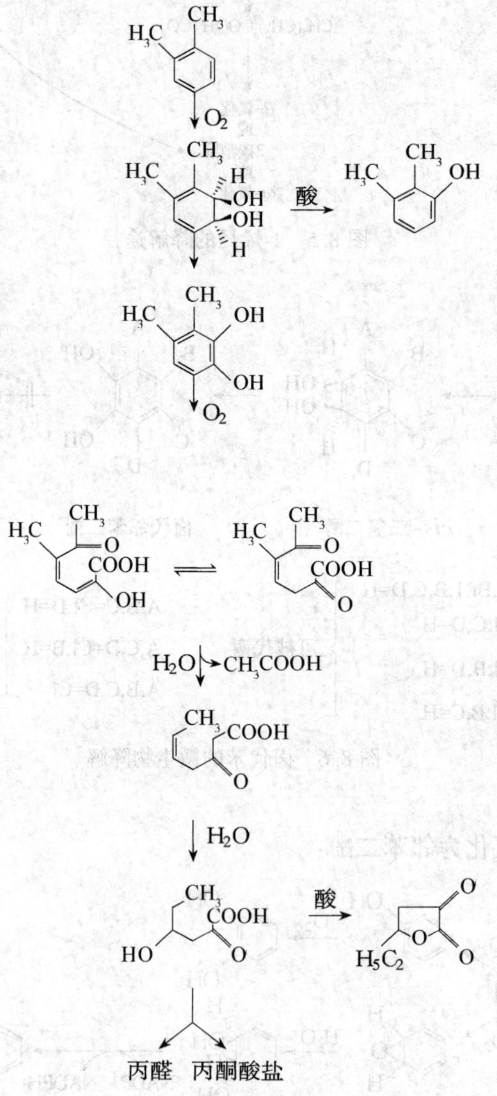
H3C
CH3
O2
酸
OH
H2O
CH3COOH
COOH
HO
H5C2
丙醛　丙酮酸盐

图8.7　邻-二甲苯的降解途径

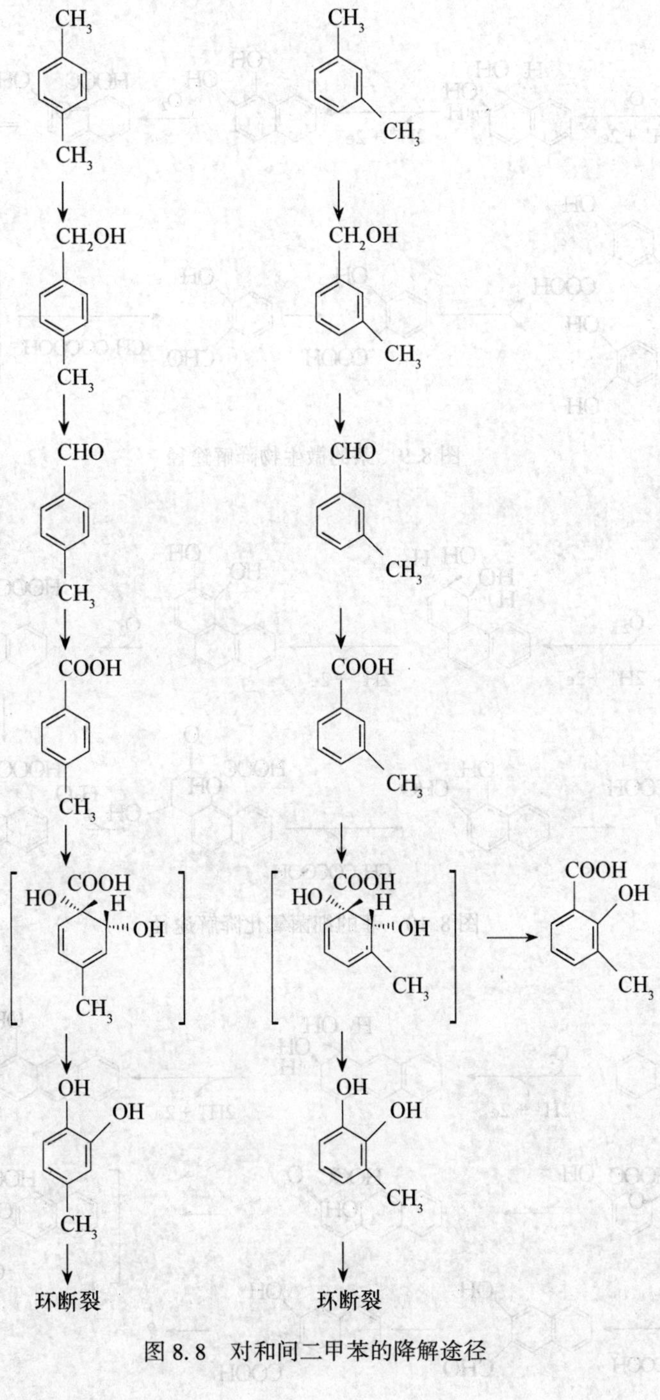

图 8.8　对和间二甲苯的降解途径

四、多环芳烃的微生物降解

萘、菲、蒽的细菌氧化可分别用图 8.9、图 8.10、图 8.11 表示。

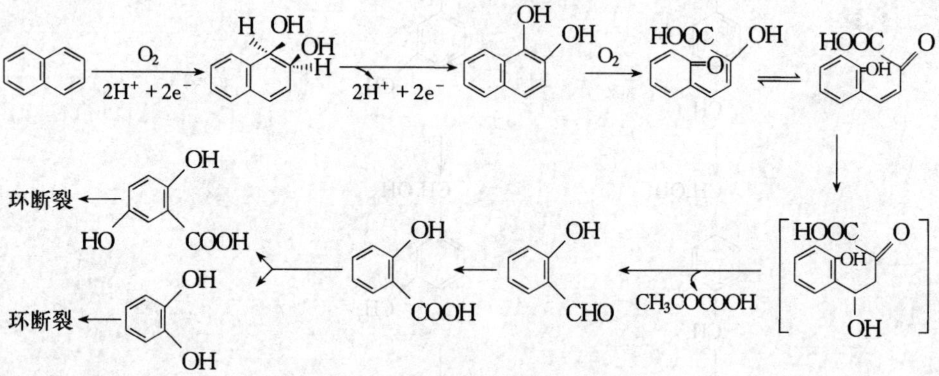

图 8.9 萘的微生物降解途径

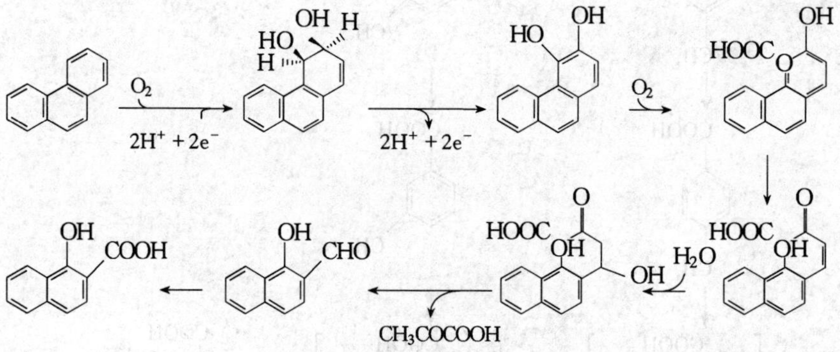

图 8.10 菲的细菌氧化降解途径

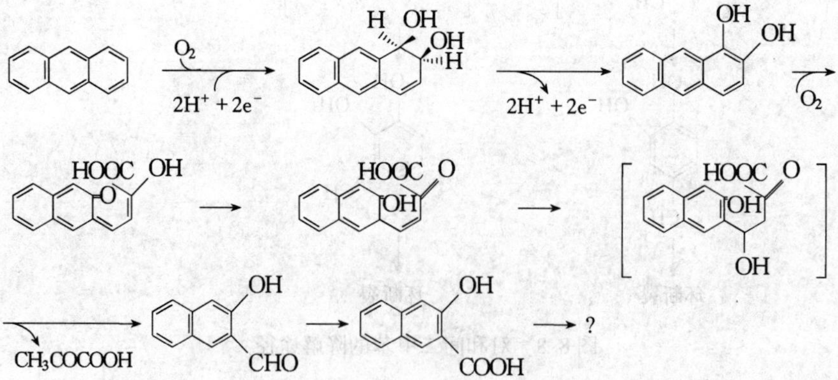

图 8.11 蒽的细菌氧化途径

五、多氯联苯的微生物降解

多氯联苯(PCBs)是联苯氯化的产物，商品多为不同氯取代的混合物。多氯联苯的微生物降解首先是从联苯的芳环上开始的，类似于联苯的微生物降解(图8.12)。

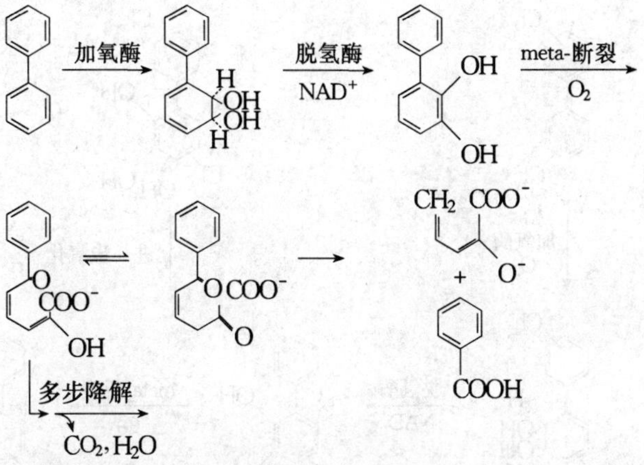

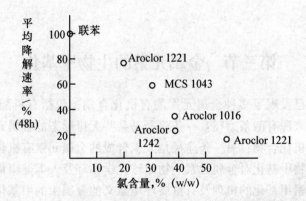

图 8.12　联苯的微生物降解途径

多氯联苯微生物降解的程度与其结构和微生物有关，Furukawa(1979)指出有以下关系：

(1)PCBs 的微生物降解速率一般随环上氯代程度的增加而减小(图8.13)；

图 8.13　商品 PCBs 降解速率(活性污泥)与氯含量的关系

(2)两个苯环上氯取代数不相等的多氯联苯的降解，优先发生在最少氯取代的环上；

(3)2，4′-二氯代 PCB 易发生 meta 环断裂；

(4)初始的氧化通常发生在 2，3-位置上，生成顺式 2，3-二氢-2，3-二羟基代谢中物；

（5）在许多情况下，在两个环上的 2 或 3 位置上有取代基的 PCBs 不易发生微生物降解；

（6）微生物不同，PCBs 的代谢产物亦不同。

多氯联苯的微生物降解途径可用图 8.14 所示。

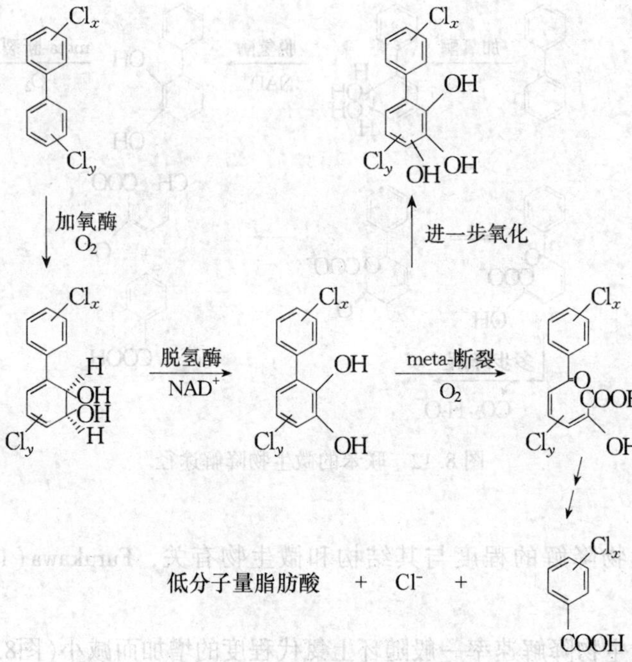

图 8.14　PCBs 的微生物降解途径

第三节　金属元素的生物甲基化

在天然环境中已发现了多种金属元素的有机化合物，包括有机配合物和离子型化合物。这类化合物的来源有两条途径：一条途径是某些无机形态的金属元素通过天然过程转化为金属元素的有机化合物；另一条途径是人工合成的金属元素有机化合物的引入。

金属元素的生物甲基化对金属元素生物地球化学循环及人类健康都有重要的影响。本节主要讨论金属元素甲基化的机理及有重要环境意义的金属汞的甲基化。

一、环境中金属元素甲基化的机理

在天然环境中的某些无机形态的金属元素能转化为有机金属化合物，其中主要的过程是环境甲基化，通常称为生物甲基化。

目前，一般认为环境中金属元素的甲基化机理有以下四种类型：

1. 机理 I ——直接取代

$$CH_3CoB_{12}+Hg^{2+}\xrightarrow{H_2O}CH_3Hg^++H_2OCoB_{12}^+$$

在这种类型的机理中，甲基钴氨素（coenzyme，CH_3CoB_{12}）是提供甲基的试剂，其结构见图 8.15。

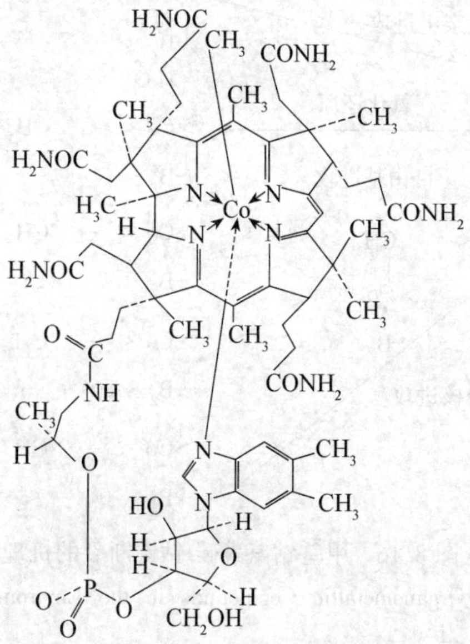

图 8.15 甲基钴氨素（CH_3CoB_{12}）结构示意图

资料来源：P J Craig. Organometallic Compounds in the Environment Principles and Reactions. Longman Group Limited，1986：3.

甲基钴氨素转移甲基有以下 6 种途径（图 8.16）：

（1）通过电子受体进行的甲基钴氨素的单电子氧化，氧化的甲基钴氨素极不稳定，故生成甲基自由基及水合钴氨素；

（2）亲电进攻，使 Co—C 键异裂，生成 CH_3^-；

（3）氧化还原转化，生成 CH_3^-；

（4）自由基进攻 Co—C 键，生成 $CH_3\cdot$；

（5）反应物将单电子转移到甲基钴氨素，反应产物极不稳定，生成甲基自由基；

（6）亲核进攻，使 Co—C 键异裂，生成 CH_3^+。

一般认为途径②和④是许多金属元素及类金属元素在不同环境条件下甲基化的主要反应途径。甲基钴氨素对亲核作用不敏感，但对亲电作用及自由基的作用很敏感。

2. 机理 II——自由基加成

机理 II 的甲基化过程可用 Sn(II) 的甲基化过程说明：

$$CH_3CoB_{12}+Sn(II)\longrightarrow CH_3Sn(III)^{\cdot}+CoB_{12}^{\cdot}$$

$$CH_3Sn(III)^{\cdot}+O_2\longrightarrow CH_3Sn(IV)^++O_2^-$$

或 $CH_3Sn(III)^{\cdot}+H_2OCoB_{12}\longrightarrow CH_3Sn(IV)^++H_2O+CoB_{12}^{\cdot}$（厌氧）

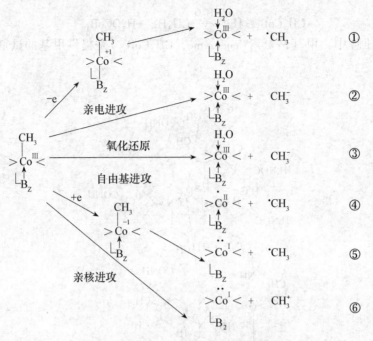

图 8.16 甲基钴氨素碳-钴键断裂的机理

资料来源：P J Craig. Organometallic Compounds in the Environment Principles and Reactions. Longman Group Limited, 1986: 4.

机理 II 能否进行决定于金属元素从低价态到稳定高氧化态的氧化是否容易发生，通常用氧化还原电位 E 来判断。Wood(1975) 的研究表明，金属元素的 E 大于 0.8V，才能发生元素的最高氧化态与 CH_3^- 反应生成甲基化合物。较容易被氧化的金属元素，即 E 较低的金属元素易发生机理 II 的反应，表 8.5 给出了一些金属元素的 $E°$ 值和甲基化原理。

表 8.5   氧化还原电位和甲基化机理

氧化还原电对	$E°(V)$	机理	氧化还原电对	$E°(V)$	机理
Pb(IV)/Pb(III)	+1.46	类型 I	Sn(IV)/Sn(II)	+0.154	类型 II-V
Tl(III)/Tl(I)	+1.26	类型 I	Pb(II)/Pb(0)	−0.13	类型 II-V
Se(VI)/Se(IV)(酸)	+1.15	类型 I	Ge(IV)/Ge(II)	−0.13	类型 II-V
Pd(II)/Pd(0)	+0.987	类型 I	Sn(II)/Sn(0)	−0.14	类型 II-V
Hg(II)/Hg(0)	+0.854	类型 I	Cr(III)/Cr(II)	−0.41	类型 II-V
Sb(V)/Sb(III)	+0.678	类型 II-V	As(V)/As(III)(碱)	−0.67	类型 II-V
As(V)/As(III)	+0.662	类型 II-V	Si(IV)/Si(0)(酸)	−0.84	类型 II-V
S(VI)/S(IV)	+0.20	类型 II-V			

资料来源：同图 8.16。

3. 机理Ⅲ——氧化加成

机理Ⅲ的甲基化过程可用 Sn(Ⅱ) 的配合物的甲基化过程来说明：

$$CH_3I + Sn(Ⅱ)(acac)_2 \longrightarrow CH_3Sn(Ⅳ)(acac)_2I$$

式中：acac 为双配位体乙酰丙酮 $CH_3COCH_2COCH_3$。

天然形成的碘甲烷可进行氧化加成使 Sn(Ⅱ) 转化为高价态的甲基锡衍生物。对于具较低还原电位的金属元素除可进行机理Ⅱ的反应外，也可发生氧化加成反应。

4. 机理Ⅳ——正碳离子转移

机理Ⅳ的反应可用 As(Ⅲ) 的甲基化过程来说明：

$$CH_3^+ + As(Ⅲ)(OH)_3 \longrightarrow CH_3As(OH)_3^+$$

$$CH_3As(OH)_3^+ \longrightarrow CH_3As(Ⅴ)O(OH)_2 + H^+$$

上述甲基转化过程是酶促的。

二、环境中汞的甲基化

日本的水俣病和瑞典湖泊"死鸟事件"，引起人们对环境中金属元素形态与有机形态之间转化的关注。经过多年的研究，人们认识到上述两事件的发生均与鱼体内所含的有机汞有关，并找出了有机汞产生的原因。

环境中汞的甲基化过程有两种途径：生物甲基化过程和非生物甲基化过程。

1. 汞的生物甲基化

许多纯菌株能使无机汞转化为甲基汞，而另一些菌株可使甲基汞发生去甲基化(表8.6)汞的生物甲基化主要是通过甲基钴氨素的甲基化过程来完成的：

表 8.6　　　　　　　　　　　　**能使汞甲基化和去甲基化的细菌**

能使 $HgCl_2$ 甲基化的细菌	能使 CH_3Hg^+ 去甲基化的细菌
荧光假单胞菌	黏质沙雷氏菌
费氏微杆菌	普罗威登斯芽孢菌
巨芽孢杆菌	荧光假单胞菌
大肠埃希氏杆菌	费罗因德氏柠檬酸细菌
乳酸杆菌属	紫茉莉变形杆菌
双歧杆菌属	阴沟肠杆菌
产气肠杆菌属	带疫无色杆菌
黑曲霉属	普城沙雷氏菌
短触角帚霉属	葡萄球菌
人类肠细菌(链球菌，葡萄球菌，	铜绿假单胞菌
大肠杆菌，酵母)	枯草芽孢杆菌
	典型海水黄杆菌
	中间柠檬酸杆菌
	莓实假单胞菌
	脱硫去磺弧菌(厌氧)

资料来源：P J Craig. Organometallic Compounds in the Environment Principles and Reactions. Longman Group Limited，1986：87.

$$CH_3CoB_{12}+Hg^{2+}\xrightarrow{H_2O}CH_3Hg^++H_2O\ CoB_{12}^+$$

甲基汞离子一旦生成，可进一步与甲基钴氨素作用生成二甲基汞：

$$CH_3Hg^++CH_3CoB_{12}\xrightarrow{H_2O}(CH_3)_2Hg+H_2OCoB_{12}^+$$

甲基钴氨素可使醋酸汞甲基化：

$$CH_3CoB_{12}+Hg(CH_3CO_2)_2\xrightarrow{H_2O}H_2OCoB_{12}^++CH_3Hg(CH_3CO_2)+CH_3CO_2^-$$

无机汞与甲基钴氨素反应生成甲基汞的速率与其存在的形态有关，Hg^{2+} 的亲电能力最强，HgX^+ 次之，HgX_2 的亲电能力最弱。因此，Hg^{2+} 最易与甲基钴氨素反应。另外，X^- 基团对甲基化速率也有影响，研究表明 HgX^- 与甲基钴氨素反应速率决定于 X^- 基团，即 $CH_3CO_2^->>Cl^->>SCN^-\geqslant Br^->>CN^-$。

如果存在 S^{2-} 或 H_2S，甲基汞离子还可通过歧化过程生成二甲基汞：

$$2CH_3Hg^++S^{2-}\longrightarrow(CH_3Hg)_2S\longrightarrow(CH_3)_2Hg+HgS$$

$$2CHSHgCl+H_2S\longrightarrow(CH_3Hg)_2S+2HCl\longrightarrow(CH_3)_2Hg+HgS$$

2. 汞的非生物甲基化

当有适合的甲基供体时，在光的作用下，汞也可发生甲基化。甲基供体化合物有醋酸根、碘甲烷和氨基酸等。

$$Hg(CH_3CO_2)_2\xrightarrow[Hg(\text{II})]{h\nu}CH_3Hg^+$$

$$Hg+CH_3I\xrightarrow{\text{阳光}}CH_3HgI$$

$$D,L\text{-}RCH(NH_2)CO_2H+HgCl_2\longrightarrow CH_3HgCl$$

$$R=\text{—}CH_3,\ \text{—}C_3H_7,\ \text{—}C_4H_9\text{等}。$$

从富含有机质的河流沉积物中提取的黑腐酸（腐殖酸的一种）和富里酸可使 Hg^{2+} 甲基化，并且富里酸的甲基化作用比黑腐酸强，而分子量小于 200 的富里酸是最活泼的甲基化试剂。

复习思考题

1. 何谓 C_1 化合物？
2. 试述甲胺的微生物转化。
3. 试述正构烷烃的微生物降解的机理与途径。
4. 试述苯的微生物降解途径。
5. 卤代苯的微生物降解有何规律？
6. 甲基钴氨素转移甲基有哪几种途径？
7. 环境中金属元素甲基化有哪几种机理？
8. 试述环境中汞甲基化的途径。

第九章　环境中元素的化学形态

　　环境中，各种金属元素的迁移、转化、归宿、生物效应等环境行为不仅仅与其存在的总浓度有关，而与其在环境中存在的形态有关。例如，$Cr(\text{VI})$的毒性大于$Cr(\text{III})$；甲基汞的毒性导致了水俣病；重金属元素对水生生物的毒性，与水环境中金属元素的总浓度关系不大，主要取决于游离态离子的浓度；金属元素的有机配合物具有脂溶性，容易透过生物膜，对细胞产生破坏作用；在大气环境中，金属元素在大气液相的形态，决定了它们的催化性能；在土壤环境中，金属元素存在的形态，对于向提供植物必需的营养元素的能力以及对生物的毒性作用也有很大的影响。

　　因此，环境中金属元素的形态一直是环境化学研究的重要课题之一，有关形态研究的报道不断增加。本章从化学形态的基本概念、化学形态与性质和效应以及形态分析方法等方面介绍有关环境中元素化学形态的基本知识。

第一节　化学形态与效应

一、化学形态的基本概念

　　化学形态的概念(英文术语包括 species 和 speciation)是借鉴生物学术语物种(species)而来的，用于界定可以区分开的不同化学物质。从某种程度上讲，化学形态的概念是独特的。多数学者认同的观点是"化学形态是指元素原子存在的特定形式"。对于化学形态的定义消除了相互分离的"级分(fractions)"之间大多数差异，而各种分级的级分名称常常会被错误的使用，如溶解态/颗粒态、无机态/有机态、稳定态/非稳定态等。而通常使用的一些分离技术如过滤、筛分、渗析、电化学分析等实质上应该从操作上定义为分级技术而不是形态分析技术。

　　关于环境中金属元素形态的定义，目前尚未统一。已故"国际水化学之父"，瑞士联邦工学院水环境中心 EAWAG 的 Stumn 教授认为，化学形态(chemical species)是指元素在环境中以某种分子或离子存在的实际形式。这一定义过于宽泛，在研究形态的理论上有指导意义，但是在实际研究工作中不够明确，而且缺乏可操作性。

　　国内一些学者则认为，形态实际上包括价态、化合态、结合态和结构态等。这一概念更具有实际应用性价值和可操作性。表 9.1 对形态概念在上述四个层面上作了举例说明。

表 9.1		形态概念的含义与实例
形态	价态	$Cr(VI)/Cr(III)$、$As(V)/As(III)$、$Hg(II)/Hg(0)$、$NH_4^+/NO_2^-/NO_3^-$
	化合态	NO_2/N_2O_4、$Fe_2O_3/Fe(OH)_3$；$FeO/FeS/FeSO_4$、
		CH_3-Hg/CH_3CH_2-Hg/C_6H_5-Hg、$Cr_2O_7^{2-}/CrO_4^{2-}$、
		$Fe^{3+}/Fe(OH)^{2+}/Fe(OH)_2^+...$、
	结合态	$Hg^{2+}/HgCl^+/HgCl_3^-/HgCl_4^{2-}$、
		$Fe(OH)^{2+}/FeOx^+/Fe(O_x)_2^-/Fe(O_x)_3^{3-}$（$O_x$ 表示草酸根离子）。
	结构态	α-$FeOOH/\beta$-$FeOOH/\gamma$-$FeOOH$

　　2000 年，IUPAC 给出了化学形态的定义。表 9.2 给出了 IUPAC 对化学形态和形态分析的英文定义与中文对照。在这里，我们认为英文原文的表达更加准确。

表 9.2　　　　　　　　IUPAC 对化学形态和形态分析的英文定义与中文对照

英　文	中　文
Speciation analysis **Speciation analysis** is the analytical activity of identifying and/or measuring the quantities of one or more individual chemical species in a sample.	形态分析 形态分析是对样品中一种或多种单一化学形态进行定性和定量分析的活动
Chemical species The **chemical species** are specific forms of an element defined as to isotopic composition, electronic or oxidation state, and/or complex or molecular structure.	化学形态 化学形态是指元素存在的特定形式，如同位素组成、电子或氧化状态、配位或分子结构等不同的形式
Speciation The **speciation** of an element is the distribution of an element amongst defined chemical species in a system.	形态（分布） 元素的形态（分布）是一个体系中某种元素各种确定的化学形态的分布
Fractionation	分级
Fractionation is the process of classification of an analyte or a group of analytes from a certain sample according to physical (e. g. size, solubility) or chemical (e. g. bonding, reactivity) properties.	根据物理性质（如粒径大小、溶解度）或化学性质（如结合、反应性）对样品中一种分析物或一类分析物进行分类的过程

　　根据 IUPAC 对"形态分析（speciation analysis）"的定义，形态分析是对样品中存在的一种元素的各种不同化学与物理形式的定性和定量分析过程。尽管这一定义倾向于把形态（speciation）这个术语限定在表述样品中各种不同元素化学形态（species）的分布状态，但是实际上这个术语使用非常广泛，既用于描述形态的转化或分布，也用在描述化学形态的分析活动上（即特指形态分析）。所以在用英文表达"形态"术语时，IUPAC 建议描述形态转化和分布是分别用"species transformation"和"species distribution"，而在表达"形态分析"

时用"speciation analysis"。另外，在一特定的基质中有时不可能分别测定各种不同的单一化学形态的浓度，这意味着不可能确定该元素的形态(分布)，用分级来替代形态分析在实际工作中是非常有用的。

二、形态与物理化学性质

各种不同化学形态之所以能够被客观的区分，就是基于形态之间不同的物理化学特性。下面以不同铁(Ⅲ)/铁(Ⅱ)形态的光化学性质举例来说明。

在 pH≤4 的水溶液中，至少有 4 种不同的 Fe(Ⅲ)离子形态共存于 Fe(Ⅲ)盐溶液中，即 Fe^{3+}、$Fe(OH)^{2+}$、$Fe(OH)_2^+$ 和 $Fe_2(OH)_2^{4+}$(图 9.1)。除了最具活性的 $Fe(OH)^{2+}$(λ_{max} 297nm，$\varepsilon = 2\ 030 L\cdot mol^{-1}\cdot cm^{-1}$)外，其他Fe(Ⅲ)-OH配合物也各自具有一定的光化学活性(表9.3)。

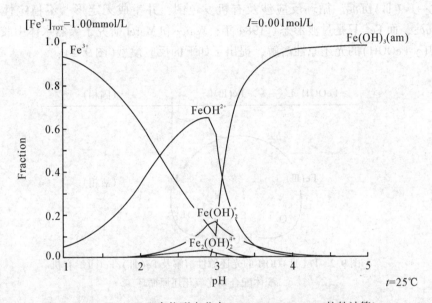

图 9.1　Fe(Ⅲ)-OH 配合物形态分布(HYDRA/MEDUSA 软件计算)

在 $Fe(H_2O)_6^{3+}$ 的吸收光谱中，只有一个主峰，约在 $\lambda = 240nm$ 处($\varepsilon = 4\ 250 L\cdot mol^{-1}\cdot cm^{-1}$)，相应于水→Fe(Ⅲ)离子的电荷转移带的能量。1975 年，Langford和Carry 利用 254nm 紫外光源(电荷转移辐射)，研究得到$Fe(H_2O)_6^{3+}$光解生成·OH 自由基的量子产率为 0.065，其光化学反应可以表示为

$$Fe^{3+}+H_2O+h\nu(254nm)\longrightarrow Fe^{2+}+\cdot OH+H^+$$

1995 年，有作者给出了相似的结果(光源的波长 $\lambda < 300nm$，$\Phi_{OH} = 0.05$)。图 9.1 显示 $Fe(OH)_2^+$ 和 $Fe_2(OH)_2^{4+}$ 两种形态在各种 Fe(Ⅲ)-OH 配合物形态中只占很小一部分，所以对它们光化学性质的研究很少。表 9.3 仅给出了 $Fe_2(OH)_2^{4+}$ 的光化学性质。

表 9.3　三种主要 Fe(Ⅲ)-OH 配合物形态的光谱和光化学产生 OH 自由基的量子产率

形态	λ_{max}	摩尔吸光系数 ε ($M^{-1} \cdot cm^{-1}$)	OH 自由基量子产率	
			辐射光波长 $\lambda(nm)$	Φ_{OH}
Fe^{3+}	240	4 250	254	0.069
$Fe(OH)^{2+}$	297	2 030	280	0.31
	205	4 640		
$Fe_2(OH)_2^{4+}$	335	5 000	350	0.007

　　铁的氧化物(氢氧化物)也具有不同的形态和光化学活性。1991 年,Wells 等人研究了海水中铁氧化物胶体的光溶解,指出太阳光可以增强 Fe(Ⅲ)氧化物分解并释放不稳定的 Fe(Ⅲ)离子,并且认为这些光化学过程明显形成一个循环:Fe(Ⅲ)光还原溶解→快速重新氧化→Fe(Ⅲ)沉淀。循环反应涉及有机发色团,并生成无定形、不稳定性较大的 Fe(Ⅲ)沉淀,而 Fe^{2+} 只是过渡形态。1984 年,Waite 和 Morel 研究了天然水体中胶态 Fe(Ⅲ)氧化物(γ-FeOOH)的光还原性溶解,提出了如下的反应模型(图 9.2):

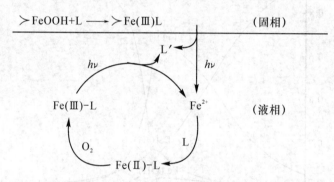

图 9.2　Fe(Ⅲ)OOH 的光还原性溶解及 Fe(Ⅲ)/Fe(Ⅱ)-有机
配体配合物光氧化还原循环

　　图 9.2 中≻FeOOH 表示铁氧化物和氢氧化物;L 表示有机配体;L′表示有机配体的氧化产物。这一模型基本上表明了 Fe(Ⅲ)-有机配体配合物在胶体表面的光还原,同时生成 Fe(Ⅱ)进入溶液的反应历程。

　　除了前面提到的铁-羟基配合物和水解形成的氧化物或氢氧化物等形态具有不同的光化学反应特性以外,前人还较早发现某些形态的铁-有机配体配合物具有光化学活性。多羧酸(如柠檬酸、丙酮酸、草酸等)能与 Fe^{3+} 形成稳定常数较大的配合物,其在阳光下经历快速光化学反应。

　　以铁的草酸盐配合物为例,我们知道即使是铁的草酸盐配合物也存在不同的配合物形态,而溶液 pH 值对含 Fe(Ⅲ)和草酸盐的溶液中各种铁形态的分布有重要影响(图 9.3)。表 9.4 显示不同铁-草酸盐配合物形态具有不同的吸收光谱特性和光反应活性。

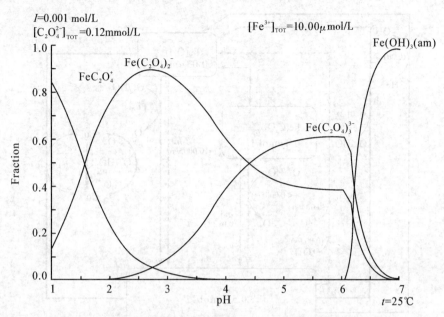

图 9.3　Fe(Ⅲ)-草酸盐配合物形态分布(HYDRA/MEDUSA 软件计算)

表 9.4　　　　波长 254nm 光照下不同形态 Fe(Ⅲ)草酸盐配离子的光化学性能

形态	摩尔吸光系数 $\varepsilon(L \cdot mol^{-1} \cdot cm^{-1})$	Fe(Ⅱ)量子产率 Φ
$Fe(C_2O_4)^+$	2 750±160	0
$Fe(C_2O_4)_2^-$	4 400±300	0.59±0.03
$Fe(C_2O_4)_3^{3-}$	7 170±460	0.80±0.03
$Fe(C_2O_4)H^{2+}$	5 130±80	0.82±0.02

　　实验所得酸化 Fe(Ⅲ)-草酸盐配合物体系中 Fe(Ⅱ)量子产率同溶液中 Fe(Ⅲ)-草酸盐配合物的组成，即草酸盐配体的配位数有关。不同配位数的配离子光解生成 Fe(Ⅱ)的量子产率不同，且随配位数的增加而增加(表 9.4)。这是因为配合物中多余的配体通过离解，消耗掉过量的激发能的缘故。

　　从上面的讨论，我们不难看出不同铁形态的光化学特性是有差异的。而在大气液相中 Fe(Ⅲ)-草酸盐配合物存在于一个更为复杂的体系中，相互关联的反应很多，它们之间普遍存在竞争。具体的主要反应是由体系的特性决定的。图 9.4 给出了含草酸盐的大气水滴中铁的氧化还原循环反应模型，该模型还包括了 Cu^{2+}/Cu^+、O_2、O_3 等大气中的常见成分参与的重要反应。

　　Sedlak 和 Hoigne 指出自由 Fe(Ⅲ)离子在大气水中，主要以 $Fe(OH)^{2+}$ 形态存在，在数秒之间与 $HO_2 \cdot /O_2^-$ 或 Cu(Ⅰ)反应。$Fe(Ⅲ)-O_x$ 不易与它们反应，但能发生快速光解(数分钟之间)。上述反应均使得 Fe(Ⅲ)还原为 Fe(Ⅱ)。在白天这些还原反应比 Fe(Ⅱ)

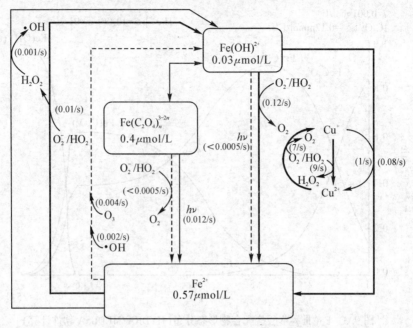

线条粗细表明反应的重要性；虚线代表反应不明显。括号中的数据为线条所示 Fe 或 Cu 氧化还原反应的假一级反应速率。

图 9.4　大气水滴中草酸盐存在下 Fe 与 Cu 的氧化还原循环

的氧化反应快得多。因此观测到的大气水总铁中大多数为还原态的 Fe(Ⅱ)。而在夜间，这些光能驱动的反应停止，Fe(Ⅱ)主要通过 H_2O_2 和 O_3 得到缓慢氧化成为 Fe(Ⅲ)。

铁的光化学氧化还原循环伴随着有机配体的氧化降解，不仅是小分子羧酸还包括腐殖质。对于难降解有机物的破坏和降解，生成小分子，增强其可生物降解性有作用。此外，光氧化不仅降低了溶解有机物的浓度，还减少了这类物质特有的光吸收，因此，铁的循环不仅影响小分子有机物质的归宿，也改变了难降解的和有色的溶解有机物，它们对湖泊生态系统有重要影响。

（1）亚铁离子是浮游植物可直接利用的铁形态，在中性有氧条件下，易于被氧化成热动力学稳定性高而溶解度低的 Fe(Ⅲ)(氢)氧化物。而快速的氧化还原循环强烈干扰缓慢的铁(氢)氧化物的聚合与沉淀，促进其还原与溶解，因而能增强无机 Fe(Ⅲ) 形态和胶体的反应性和生物有效性(bioavailability，有的又译作生物可给性或生物可利用性)。

（2）铁作为限制性营养元素和影响因子，其形态和生物有效性对于藻类的生长和不同藻类间的竞争有选择性影响，可能限制初级生产者的数量，减弱光合作用，影响水生生态系统的基础生产力；同时生物异化作用以及非生物质氧化作用产生的 CO_2 或其他含碳气体的累积，对 CO_2 的全球循环和 C 元素的生物地球化学循环都有影响。

（3）水生生物直接或间接地受太阳紫外光(主要是 UV-B 部分的紫外光)辐射的强烈影响，间接影响主要来自包括光化学反应生成的活性氧类物质。而铁光化学循环对于活性氧类物质的生成起到催化作用，如果铁循环是足够快的，它可能在很大程度上决定了水体中

H_2O_2、OH 等活性物种的浓度，也就间接影响到水生生物的生存环境。

此外，铁的光化学反应对水体颗粒物（铁的氧化物和有机质等）的浓度、颗粒粒径和表面性质等均有影响，仅就颗粒物表面的吸附作用而言，对重金属、营养物和生物残骸等许多物质的生物地球化学循环有一定影响。

三、形态与效应

人们知道，痕量有害元素的毒性常常不是取决于其总量，而是与其存在的化学形态有密切的关系，铬(Ⅵ)是水体中的重要污染元素，有包括致癌作用在内的多种毒性，而铬(Ⅲ)则是维持生物体内葡萄糖平衡以及脂肪蛋白质代谢所必需的元素之一。尽人皆知，砷和汞是有毒元素，其对生物与人体毒性的大小与其存在的形态密切相关，无机砷毒性最大，甲基化胂毒性较小，而砷甜菜碱(AsB)与砷胆碱(AsC)常被认为是无毒的；甲基汞的毒性大于苯基汞和乙基汞。元素不同化学形态不仅直接影响它的毒性与生态效应，而且也影响它们在生物体内和生态环境中的迁移转化的过程。

1. 砷的形态与毒性

砷在自然界中的丰度排第二十位，它存在于沉积岩和熔积岩中，自然界中主要与硫形成矿物形式。每年生产的近一半砷用于农药和木材防腐剂，其他少量用于生产单质砷、特殊合金、催化剂、颜料以及用于玻璃工业中。在空气、土壤、沉积物、水和生物样品中发现的主要砷形态如表 9.5 所示。在海洋食品中主要以砷甜菜碱(AsB)和砷胆碱(AsC)形式存在。元素的毒性和生物有效性都依赖于其化学形态，主要砷化物的半致死量 LD_{50}(mg/kg)列于表 9.6。由表 9.6 可见，砷化合物的毒性有如下顺序：$AsH_3 > As^{Ⅲ} > As^{V} > RAsX > As^0$，单质砷因不溶于水，所以常被认为是无毒的。

表 9.5   环境与生物体系中检测到的 As 形态

形态名称	缩写表达	化学式
亚砷酸及其盐	$As^{Ⅲ}$	$As(OH)_3$
砷酸及其盐	As^{V}	$AsO(OH)_3$
一甲基亚胂酸	$MMA^{Ⅲ}$	$CH_3AsO(OH)_2$
一甲基胂酸	MMA^{V}	$CH_3As(OH)_2$
二甲基亚胂酸	$DMA^{Ⅲ}$	$(CH_3)_2AsO(OH)$
二甲基胂酸	DMA^{V}	$(CH_3)_2As(OH)$
二甲基亚胂乙醇	DMAE	$(CH_3)_2AsOCH_2CH_2OH$
三甲基胂氧化物	TMAO	$(CH_3)_3AsO$
四甲胂离子	Me_4As^+	$(CH_3)_4As^+$
砷甜菜碱	AsB	$(CH_3)_3As^+CH_2COO^-$
砷甜菜碱 2	AsB-2	$(CH_3)_3As^+CH_2CH_2COO^-$
砷胆碱	AsC	$(CH_3)_3As^+CH_2CH_2OH$

续表

形态名称	缩写表达	化学式
三甲基胂	TMA^{III}	$(CH_3)_3As$
胂	AsH_3，$MeAsH_2$ 或 Me_2AsH	$(CH_3)_xAsH_{3-x}$，$(x=0-3)$
甲基乙基胂	Et_xAsMe_{3-x}	$(CH_3CH_2)_xAs(CH_3)_{3-x}$，$(x=0-3)$
苯基亚胂酸	PAA	$C_6H_5AsO(OH)_2$
动物饲料添加剂中的砷		
p-氨基苯亚胂酸	p-ASA	$NH_2C_6H_4AsO(OH)_2$
4-硝基苯基亚胂酸	4-NPAA	$NO_2C_6H_4AsO(OH)_2$
4-羟基-3-硝基苯基亚胂酸	3-NHPAA	$NO_2(OH)C_6H_4AsO(OH)_2$
p-酰脲苯基亚胂酸	p-UPAA	$NH_2CONHC_6H_4AsO(OH)_2$
含砷核糖甙	Arsenosugars X-XVI	—

表 9.6　　　　　　　　　　　常见砷形态化合物的毒性

砷形态	毒性 $LD_{50}(mg/kg)$
胂(AsH_3)	3
砒霜(As_2O_3)	34.5
亚砷酸(As^{III})	14
砷酸(As^V)	20
一甲基胂酸(MMA)	700~1 800
二甲基次胂酸(DMA)	700~2 600
三甲基胂氧化物(TMAO)	10 600
砷甜菜碱(AsB)	>10 000
砷胆碱(AsC)	6 500
四甲基亚砷酸离子($TMAs^+$)	890

注：表中 LD_{50} 为对于小鼠的急性半致死剂量。

砷的毒性与它同人体内蛋白质结合的能力大小以及其从体内排泄的速度有关，无机 As(III)化合物能与人体内蛋白质中的疏基作用故毒性大，而有机 As(V)化合物与疏基结合力较弱，故毒性小些。排泄越慢的砷化物毒性越大。

我们知道饮用水中砷含量必须小于 10ng/mL，而鱼体内砷含量往往是水中砷的 100 倍。水中砷是以三价、五价的无机砷为主，而鱼中的砷多是以砷甜菜碱(AsB)形式存在的，因而食用鱼类对人体不会产生毒害。研究也发现：各种形态砷在人体中的分布，无机砷只占总砷的 5%，主要是通过饮用水摄入的；MMA 和 DMA 分别占 10%和 20%；是经人体肝脏对无机砷转化后所生成的代谢物；而 AsB 占 60%，是通过食用鱼虾等水产品积累的。由于不同砷化物的毒性不同，不同形态的砷在人体内的转化就决定了其致毒和去毒的机理。砷在体内的代谢过程一般为：$As^{III} \rightarrow As^{V} \rightarrow MMA \rightarrow DMA \rightarrow$ 尿排出，而 AsB 在体内不经任何转化即排出。这说明 $As^{III} \rightarrow DMA$ 是主要的去毒过程。一般认为无机砷在体内发生甲基化作用前先与组织蛋白质结合，在致毒方面，亚砷酸盐通过阻止含邻位巯基的酶在活性中心作用而表现其急性毒性，而砷酸盐由于其结构与磷酸盐类似，在 ATP 形成过程中可取代磷酸盐而破坏磷酰化作用从而产生毒性作用。

2. 磷形态的生物有效性

磷是最重要的营养元素之一。陆地风化过程中释放的磷，包括各种磷酸盐、溶解的磷酸钙和胶体磷酸钙等无机磷，其中一部分与难溶的矿物结合磷一起直接沉积，另一部分在水体的表层(透光层)被浮游植物摄取进入食物链中而成为有机磷，当生物体死亡和分解后，部分磷又重新溶解到水中，其余的沉积于水底，构成磷在地表环境中的循环。

土壤学家很早就对土壤中磷的各种形态及有效性进行了研究。土壤中磷形态的分级方法较为公认的是 20 世纪 80 年代提出的"Hedley"法。如表 9.7 所示，这个方法将土壤磷形态分为 7 大类，其中一部分类别又区分为无机态和有机态两个部分。我国 5 种典型土壤中磷形态的含量列于表 9.8。

表 9.7　　　　　　　　　　　　　　　　土壤磷形态分级(Hedley 法)

磷形态	形态特点
树脂交换态磷	是用阴离子交换树脂代出的磷。这一部分磷是与土壤溶液磷处于同一平衡状态的土壤固相无机磷，所以它是充分有效的。在土壤溶液被移走之后，它可迅速进行补充。这部分磷构成了土壤活性磷(labile P)的大部分
NaHCO$_3$ 提取态	这部分磷包括无机态(Pi)和有机态(Po)两部分，无机部分主要是吸附在土壤表面的磷。所以这一部分磷也是有效的。有机部分主要是可溶性的有机磷，它易于矿化
微生物细胞磷	这部分是土壤先用氯仿处理，目的是把土壤中微生物细胞中的磷溶解出来，再用 NaHCO$_3$ 溶液提取出来，然后减去 NaHCO$_3$ 溶解磷的差值。这部分的磷主要是溶解的微生物细胞磷，也包括有机和无机两部分。用这种方法实际上并不能把土壤中全部微生物细胞磷提取出来。研究表明，它能提取的磷不到 40%。微生物细胞磷在某些条件下可以较快的矿化后为作物利用
NaOH 溶解性磷	这一部分磷主要用 0.1mol/LNaOH 提取，它们是以化学吸附作用吸附于土壤 Fe、Al 表面的磷。它也包括有机和无机两部分
土壤团聚体内磷	这部分磷是土壤先经过超声分散然后用 NaOH 提取的磷，也包括有机和无机两部分。这些磷主要存在于土壤团聚体内表面的磷
磷灰石型磷	它是用 0.5mol/LH$_2$SO$_4$ 提取的，在石灰性土壤中主要提取的是磷灰石型磷，但在高度风化的土壤(如红壤)中也能提取部分称为闭蓄态的磷
残留磷	它是在以上各试剂中不能提取的比较稳定的磷，也包括有机和无机两部分

表9.8　　　　　　　　　　我国几种类型土壤的磷形态含量(P，mg/kg)

形态	红壤	潮土	黑土	荒漠土	黄绵土
无机磷					
树脂 Pi	–	10.2	77.0	32.8	12.3
NaHCO$_3$Pi	1.4	–	57	–	1.8
细胞 Pi	7.8	12.3	63.9	39.3	4.3
NaOH Pi	47.9	14	106.2	14.2	13.3
超声 Pi	18.3	8.3	44.2	9.2	8.0
HCl Pi	29.4	395	169	911	455
合计	104.8	439.8	517.3	1 006.5	494.7
有机磷					
NaHCO$_3$Po	–	17.4	75.8	–	15.5
细胞 Po		15.7	111	27.2	25.6
NaOH Po	13.5	11.3	183.6	9.1	22.2
超声 Po	–	6.8	3.7	1.3	1.1
合计	13.5	51.2	374.1	37.6	64.4
残留磷	141	96	122.3	91	147
总量	259.3	587	1 013.7	1 135.1	706.1

注："–"表示极少；Pi 为无机磷；Po 为有机磷。

　　土壤中磷形态之间发生着化学的和生物的转化作用。这些转化作用极大地影响着磷形态的有效性。土壤磷形态的有效性受到土壤对磷的固定作用和磷在土壤中的运动性的限制。运动性差导致生物有效性差的原因是因为磷必须与根系接触才能被农作物真正吸收，这就涉及生物有效性的问题。过去对磷等营养成分的研究着重在化学有效性上，即研究什么化学形态对作物是有效的。但有些在化学上有效的养分，由于各种原因作物并不能吸收利用，所以实际是"无效"的。后来才提出了生物有效性的概念，即化学有效性的养分必须被作物实际吸收，才真正是对生物有效的，所以称为生物有效性。当然，生物有效性的前提是化学有效性。

　　表9.9 给出了我国红壤中磷形态有效性的一个实验结果。不难看出在无机磷形态中树脂交换态、NaHCO$_3$ 提取态、微生物细胞磷和 NaOH 溶解性磷四种磷形态在作物种植前后的减少量比例明显比土壤团聚体内磷和磷灰石型磷减少量的比例要高，在总生物吸收量的比例也明显高于后两种磷形态，因此前面的四种磷形态是生物有效性磷。另外，有机磷在作物种植前后几乎没有减少，有的甚至增加，可见有机磷是不具有生物有效性的。

表9.9　　　　　　　　　　　　　　　红壤磷形态的有效性

形态	原土(施磷后)	种5季作物后	减少量	减少量占原土(施肥后)的%	占总吸收量的%
无机磷					
树脂 Pi	11.6	1.5	10.1	87.1	5.9
NaHCO$_3$ Pi	51.8	10.4	41.4	79.9	24.2
细胞 Pi	55.0	16.5	38.5	70.0	22.5
NaOH Pi	140	75.0	65.0	46.4	38.8
超声 Pi	26.1	16.2	9.9	37.9	5.8
HCl Pi	24.4	21.7	2.7	11.1	1.6
合计	308.9	141.3	167.6	332.4	98.8
有机磷					
NaHCO$_3$ Po	–	–	–	–	–
细胞 Po	29.0	28.2	0.8	2.8	0.5
NaOH Po	9.0	12.3	+3.3	+36.7	
超声 Po	–	–	–	–	–
合计	38.0	40.5	+4.1	+39.5	0.5
残留磷	208	206	2.0	0.96	1.2
总量	554.9	387.8	173.7	372.86	100.5

从上面关于砷和磷形态及其效应的例子我们不难看出元素形态研究的重要意义。在2001年4月12日发表的《自然》杂志还报道了George等人对海洋热液区多种生物物种生理学和生物化学的研究结果。而在该文发表前20年来的研究一直认为,控制这些物种分布的物理化学因素仍然是一个谜。在这样的极端水生环境中控制这些物种生物群落结构的主要因素被认为是特定元素(氧、铁和硫)的化学形态。在较高温度($>30℃$)的微生物环境中,可溶解的 FeS 分子束的形成会明显减少可被热液区微生物利用的自由的 H_2S/HS^-,因此热液区的生态学受到化学形态的驱动。我们也可以认为整个生物圈都受到元素化学形态的驱动。

四、影响化学形态的因子

如图9.6所示,对于一个复杂的多相体系,金属形态可以通过各种过程发生转化。这些过程主要包括挥发/溶解、吸附/解析、沉淀/溶解以及配位/离解,等等。能够影响这些过程的因素都可以影响元素化学形态的分布。图9.6以铜形态为例,说明影响金属化学形态的因素很多,包括体系的组成、pH 值、温度、离子强度和时间等。而在考查体系中元素的形态时,通常是针对热力学平衡体系或要假定体系达到热力学平衡。

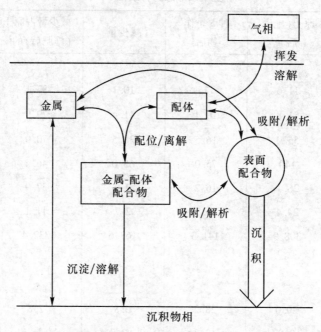

图 9.5　不同环境介质中金属形态的相互转化过程模拟计算的概念模型

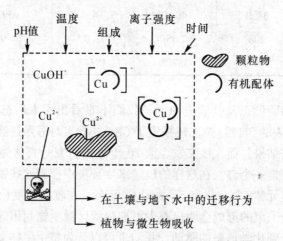

图 9.6　影响水中金属形态及其迁移转化的因子

1. pH 值

金属离子的水解作用实际上即是羟基对金属离子的配合作用。这种作用受水体 pH 值的影响。离子电位小的金属离子，离子半径大、电价低，对 OH^- 的吸引力小于 H^+，这类离子只有在很高的 pH 值下才能发生水解作用。因此，这类金属离子常常以简单的水合离子形式存在于水中，如 K^+、Na^+、Cs^+、Ca^{2+} 等。而离子电位大的金属离子，离子半径小，电价大，在水溶液中的存在形式取决于溶液的 pH 值，因为这些离子对 OH^- 的吸引力和

H^+相近。若 pH 值较低，因 H^+ 对 OH^- 争夺作用，使金属呈简单的离子形式存在；若 pH 值较高，则金属离子形成羟基配离子。图 9.1 说明了 Fe(Ⅲ)-OH 配离子形态分布受 pH 值的影响。当然，pH 值对水中的吸附/解析、沉淀/溶解过程也有十分重要的影响。图 9.1 和 9.3 均显示在较高 pH 值下会生成 $Fe(OH)_3$ 沉淀。

2. 水中溶解态无机离子

天然水体中，能够影响金属离子存在形态的无机阴离子主要包括 OH^-、F^-、Cl^-、I^-、CO_3^{2-}、HCO_3^-、SO_4^{2-}，在某些情况下还包括硫化物（HS^-、S^{2-}）、磷酸盐（$H_2PO_4^-$、HPO_4^{2-}、PO_4^{3-}）等。这些无机阴离子可以配位体的形式与金属离子发生配合作用，从而影响水中金属离子的存在形态。另外，共存的无机离子也可以通过影响体系的离子强度来影响整个体系的形态分布。

3. 水中的溶解有机物

水环境中的有机配位体包括动、植物组织的天然降解产物，包括氨基酸、糖、脂肪酸、尿素、芳香烃、维生素和腐殖酸等。但是，能够在水体中达到一定浓度可对金属离子起到影响作用的主要还是腐殖质和一些生物分泌物。而金属离子种类、有机质（主要是腐殖质）的来源与成分、环境体系的 pH 值和盐度及 Ca^{2+}、Mg^{2+}、Cl^- 等常量离子含量都对金属-有机配合物形态有影响。

4. 水体中的悬浮颗粒物

天然水是一个多相分散系统，其中的分散相分为无机粒子、有机粒子以及无机和有机聚合体。这些微粒在水中能够吸附水中的金属或有机物，使它们的存在形态、环境行为发生明显改变，污染物的生物效应也将受到影响。

当然能够影响化学反应平衡的因素，如温度和压力，也是影响元素形态分布的重要因素。

第二节　不同环境介质中金属元素的化学形态

一、土壤中金属元素的化学形态

土壤中每一种金属元素都以不同的形态存在。

1. 土壤中汞的形态

汞在工业、农业、医药卫生等领域得到广泛应用，它可以通过各种途径进入土壤。在世界范围内，土壤中汞的含量在 $0.03 \sim 0.3 mg/kg$ 之间，我国土壤中汞的含量在 $0.006 \sim 0.272 mg/kg$ 之间变化，背景值为 $0.04 mg/kg$。

土壤中汞的化学形态可分为金属汞、无机化合态汞和有机化合态汞。

（1）金属汞：土壤中金属汞的含量甚微，但迁移性很强，可从土壤向大气挥发，并随着土壤温度的增加，其挥发速率加快。

（2）无机化合态汞：无机化合态汞有 $HgCl_2$、$HgCl_3^-$、$HgCl_4^{2-}$、$Hg(OH)_2$、$Hg(OH)_3^-$、$HgSO_4$、$HgHPO_4$、HgO 和 HgS 等。

（3）有机化合态汞：以有机汞（如甲基汞、乙基汞等）和有机配合汞（如土壤腐殖质配合汞等)普遍存在。

2. 土壤中镉的形态

镉在地壳中的丰度为 0.2mg/kg，在世界范围内，未污染土壤中镉的含量在 0.01 ~ 0.7mg/kg 之间。我国土壤中镉的含量在 0.017 ~ 0.332mg/kg 之间，其背景值为 0.079mg/kg。

土壤中镉的形态通常分为以下 7 类：

(1)可交换态镉：通过静电吸附于黏粒、有机颗粒和水合氧化物的可交换负电荷点上。

(2)铁锰氧化物结合态镉：与 Fe、Mn 以及 Al 的氧化物、氢氧化物和水合氧化物的吸着作用或共沉淀，以及作为黏土矿物被包裹或可分离颗粒的形式存在。

(3)碳酸盐态镉：土壤中游离 $CaCO_3$、碳酸氢盐和碱的含量很高，镉与之反应生成碳酸盐沉淀(还与磷酸盐反应生成沉淀)。

(4)有机态镉：镉与有机成分起配合作用，形成螯合物或被有机物所束缚，这部分镉通常还包括硫化物态镉。

(5)硫化物态镉：在通气不良的土壤中，镉以极不溶和稳定的硫化物形态(如 CdS)存在。

(6)晶格态镉：又称残余态镉，是指固定于矿质颗粒晶格内的那部分镉。

(7)可溶态镉：以离子态(Cd^{2+})或硫化物形式如 $CdCl_4^{2-}$、$Cd(NH_3)_4^{2+}$、$Cd(HS)_4^{2-}$ 等存在于土壤溶液中的那部分镉。

3. 土壤中铜的形态

世界土壤中铜的含量在 2 ~ 250mg/kg 之间，我国土壤中铜的含量在 3 ~ 300mg/kg 之间，平均值为 22mg/kg。

土壤中铜的形态随土壤的性质不同而变化，如土壤的矿物质的组成、土壤胶体的种类、pH 值、土壤质地和土壤有机质等，其中 pH 值和有机质对其存在形态的影响较大。

目前，一般把土壤中铜存在的形态划分为以下几种：

(1)水溶态铜：指存在于土壤溶液中的铜离子和铜的可溶性化合物。一般而言，水溶态铜的含量很低，有时难以检出，常与交换态铜一并测定。在土壤溶液中的水溶态铜绝大部分以稳定的 Cu^{2+}-有机配合物的形式存在，很少以 Cu^{2+} 的形式存在。

(2)交换态铜：吸附于土壤胶体的铜，是可被其他阳离子交换出来的形态。一般而言，土壤中交换态铜的含量占总铜的 1% 以下。

(3)铁锰氧化物结合态铜：与铁锰氧化物表面形成配位化合物，或在铁锰氧化物中发生同晶置换而存在于其中的铜。土壤中此形态铜的含量较高，有时可达 30% 以上。

(4)有机质结合态铜：通过螯合作用与土壤有机质形成稳定性强的螯合物的铜。有机质结合态铜一般占总铜的 10% ~ 15%。

(5)碳酸盐结合态铜：与碳酸盐结合在一起的铜。在 pH 值较高的含碳酸盐矿的土壤中，此形态的含量较高，可达 20% ~ 30%。不含碳酸盐的土壤不作此区分。

(6)残余态铜：土壤样品中，上述各种形态铜被连续提取后剩余的铜。通常存在于原生矿物和次生矿物的晶格中，其含量一般在 20% ~ 40%。

4. 土壤中锌的形态

目前，一般把土壤中锌存在的形态划分为以下几种：

(1)交换态：吸附于土壤胶体，可被其他阳离子交换出来的形态。

(2)碳酸盐结合态：与碳酸盐结合在一起的锌。在 pH 值较高的含碳酸盐矿的土壤中，此形态的含量一般为 4% ~ 16%。不含碳酸盐的土壤不作此区分。

(3)有机质结合态：通过配合或螯合作用与土壤有机质结合的锌。

(4)氧化锰结合态：被吸附在无定形氧化锰或与之形成共沉淀的锌。

(5)无定形铁结合态：被无定形铁吸附或共沉淀的锌。

(6)晶型铁结合态：被晶型铁吸附或共沉淀的锌。

(7)残渣态：土壤样品中，上述各种形态锌被连续提取后剩余的锌，通常与原生矿物和次生矿物结合较牢固。

5. 土壤中铬的形态

世界范围内，土壤中铬的含量在 5 ~ 1500mg/kg 之间，其背景值为 70mg/kg。我国土壤铬的含量在 17.4 ~ 118.8mg/kg 之间变动，背景值为 57.3mg/kg。

土壤溶液中，Cr(Ⅲ)存在的形态主要为 $Cr(H_2O)^{3+}$ 及其水解产物 $Cr(H_2O)_5(OH)^{2+}$、$Cr(H_2O)_4(OH)_2^+$、$Cr(OH)_3(H_2O)_3$ 以及它们的聚合物。在 pH 值为 8 ~ 9 的碱性土壤和氧化能力强的土壤中，Cr(Ⅵ)多以 CrO_4^{2-} 形态存在。

6. 土壤中砷的形态

世界范围内，土壤中砷的含量一般在 0.1 ~ 58mg/kg 之间。我国土壤砷的含量在 2.5 ~ 33.5mg/kg 之间变动，背景值为 9.6mg/kg。

土壤中砷的形态可分为离子吸附态、结合态、砷酸盐或亚砷酸盐态、有机态等几种形态。

(1)离子吸附态砷：指被胶体吸附的部分，另外还包括水溶性砷和部分可交换态砷。

(2)离子结合态砷：指被土壤吸附并与钙、铝、铁等离子结合形成复杂的不溶于水的砷化物。

(3)砷酸盐或亚砷酸盐态：旱地土壤中的砷以砷酸为主要存在的形态，在水淹没情况下，随氧化还原电位降低亚砷酸形态增加。

(4)有机态砷：在一般情况下，土壤中的砷大多以无机形态存在，也发现有有机砷存在，多为一甲基胂酸盐和二甲基胂酸盐。

二、水中金属元素的化学形态

天然水是一组成复杂的系统，其中可发生多种物理、化学过程，水体中金属元素的化学形态决定于与水中其他物质能够发生的多种可能的相互作用。因此，天然水中金属元素的化学形态是复杂的。目前已经对多种金属元素在天然水中的存在形态做过不同程度的研究。

1. 金属元素形态的划分

天然水中金属元素形态的划分的一般方法是根据金属元素化合物的溶解性，首先将水样品中的金属元素划分为溶解态和颗粒态金属元素，样品中能通过孔径为 0.45μm 的微孔滤膜(有的学者也使用 0.22μm 的微孔滤膜)的部分称为溶解态金属元素，被截留在滤膜上的部分称为颗粒态金属。然后，再对这两部分做进一步具体的划分(图 9.7)。

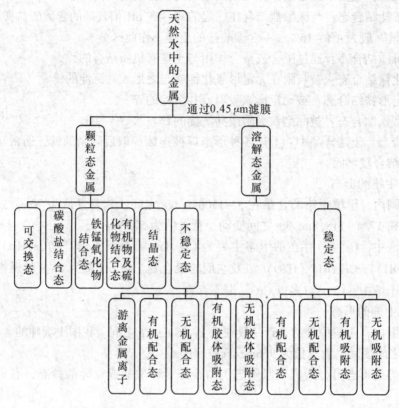

图 9.7　天然水中金属形态划分示意图

2. 颗粒态金属元素的形态

颗粒态金属元素形态的区分方法是在土壤中金属元素的区分方法的基础上发展起来的。水中颗粒态金属元素可以进一步被划分为五种形态(图 9.7)：

(1)可交换态。悬浮的沉积物通过主要成分(如粘土、铁锰水合氧化物、腐殖酸及二氧化硅胶体等)对微量金属的吸附作用而形成的级分称为"可交换态"(或称被吸附态)。

(2)碳酸盐结合态。微量金属元素与悬浮沉积物中的碳酸盐结合在一起的这一级分称为碳酸盐结合态，这种形态对 pH 值的变化是敏感的。

(3)铁锰氧化物结合态。微量金属元素与天然水中的铁锰氧化物以铁、锰结核或凝结物或胶结形式存在于颗粒内，或是成胶膜覆盖在颗粒上，这样的级分称为铁锰氧化物结合态。这一形态在缺氧条件下是不稳定的。

(4)有机物及硫化物结合态。微量或痕量的金属元素结合在各种形式的有机质的这一级分称为有机物结合态。有机质包括活体微生物、腐殖质、矿物颗粒上的有机胶体层等。在天然水中，有机质可能发生降解，导致有机结合态释放溶解的金属元素。另外，这部分形态也包括在还原环境中生成的硫化物沉淀。

(5)残渣态，即指可能包含在矿物晶格中而又不会释放到溶液中去的那部分金属。

三、溶解态金属元素的形态

水环境中溶解态的金属元素通常可划分为不稳定态与稳定态。不稳定态一般是指可以用阳极溶出伏安法直接测定的金属元素，稳定态则是指总溶解态减去不稳定态的那一部分金属元素。这两种形态还可以根据要求分别进一步划分为不同的形态(图9.7)，一般情况下通常只作以下的区分。

1. 胶体态和离子态的区分

在天然水中溶解态的金属元素可以离子或胶体状态存在。通常采用离子螯合树脂来分离胶体态和离子态。将水样通过树脂柱，不被截留的部分就是胶体态。采用离子螯合树脂来分离胶体态与离子态，应注意 pH 值的影响。当 pH 值较低时，某些包含在胶体颗粒中的金属会溶解出来，那么将降低胶体形态的测定值。其次是胶体态被树脂吸附的问题。

2. 有机态和无机态的区分

天然水中溶解态金属元素离子可以与有机配体形成配合物，或是吸附在有机胶体上，通常要对金属元素的有机态与无机态进行区分。

一般采用差减法进行区分，即通过有机质被破坏前后水中金属元素浓度的变化求出与有机物结合金属元素浓度。紫外光氧化破坏有机质是常用的方法，此外也有用氧化剂破坏有机质，然后测定有机质被破坏前后金属元素浓度，以求出有机态的含量。

溶解态金属元素中包含有许多化学形态，企图要找出一种都能够分辨出这些不同的化学形态的分析方法是很困难的。

第三节　形态分析方法与模拟计算

形态分析在各个领域的化学分析中扮演着独特角色。在化学物质生物地球化学循环研究、特定元素的毒性和生态效应研究、食品质量控制、医药产品质量控制、工业过程控制、工程设施对环境影响的评估、危险物质的职业暴露检查与职业健康保证、临床分析等领域，形态分析都有着重要的应用。表9.10对形态分析的主要应用领域作了举例。

表 9.10　　　　　形态分析的主要应用领域举例

元素	形态分析的应用领域
Al	铝的聚合产物分析；血清中铝的形态(如不稳定态、配位化合态等)分析；食品中铝的形态分析
Sb	环境与食品中锑的氧化还原形态和有机锑化合物分析
As	环境中砷的氧化还原形态和有机砷化合物分析；血清和血红蛋白中砷结合蛋白的测定；食品中的砷分析；工作场所室内空气中氢化砷(胂)的形态分析
Cd	镉的有机金属配合物、金属硫化物等形态分析
Cr	铬的氧化还原形态分析；环境中的 Cr(Ⅵ)分析；蛋白质结合态铬的分析

续表

元素	形态分析的应用领域
Pb	环境中铅形态(如有机铅)分析
Hg	环境与食品中汞形态(如有机汞)分析
Pt	环境中无机铂形态分析；药物中有机铂形态分析
Se	环境与食品中无机硒和有机硒形态分析
Sn	环境与食品(如海产品)中有机锡形态分析
Ac(锕系)	环境与放射性废料贮存场所的锕系化合物形态分析
P	富营养化水体磷形态分析；工作场所室内空气磷化氢(膦)分析
I	环境与生物样品中碘形态分析

资料来源：Agata kot and Jacek Namiesnik. The role of speciation in analytical chemistry. Trends in Analyt-tcal Chemistry，2000，19：2/3.

一、形态分析的发展

第二次世界大战以后，由于原子光谱分析的发展使得无机物仪器分析迅速发展。这也使得分析化学家们有可能仔细研究痕量元素分析在健康、环境、地球化学和材料科学等领域中的应用问题。战后 30 年间，"痕量元素分析"(trace element analysis)的概念发展很快，对于社会和政治发展(如生态运动和环境保护的概念)都产生了重要影响。在此期间，不论在讨论生物活性、环境化学还是材料特性等方面的问题时，痕量元素都被认为是发挥了主要作用的。而对于环境问题，通过痕量分析问题的讨论使得人们越来越认识到化学元素的分布、活动性和生物有效性不仅简单的取决于它们的浓度，更重要的是取决于它们在天然系统中的化学和物理的结合方式。而"元素形态"(element speciation)的概念强调根据特殊的性质来对元素存在的级分进行区分，如 20 世纪 50 年代起开始受到重视的生物有效性。然而直到 20 世纪 80 年代末期，元素的仪器分析才达到测定环境和生物样品中痕量元素不同级分的检测限要求。现在的形态分析科学寻求对至少是比较重要的元素多个形态的表征，以更好地理解不同形态之间发生的转化，并由此推断可能的结果(毒性和生物活性)和进行风险评估。因此，多学科背景科学家如化学家、毒理学家、生物学家、土壤与沉积物学家、物理学家以及各种营养和药物学家等，都需要应用形态分析方法获取元素形态方面的信息。事实上，形态分析已经成为分析化学中至关重要的、富有挑战性的分支领域。

通常，给定样品中存在的化学形态并不稳定以至于无法测定。实际测定中常常是确定元素的某一类形态并测定其总浓度，这就是我们所说的分级。这种确定方法常常是根据化学形态的某种特性来进行分级的。如根据粒径大小、溶解度、亲和性、电荷和疏水性来对不同化学形态类别进行分级。这种分级通常按照操作方式或程序的不同来进行定义，如物理分离(筛分、过滤)或化学分离(在特定溶剂中溶解)。这些按照操作方式定义的分级提供的信息对实际分析是很有用的，在某些实际测定工作中能够突出分析目的，尽管比较笼统，有时与具体形态之间缺乏对应关系，但是还是被广泛采用并且会持续发展下去。

二、形态分析的类型与特点

图 9.8 给出了化学分析领域中形态分析的基本类型。对于各种形态分析的基本类型、应用领域及其特点的评估列于表 9.11。

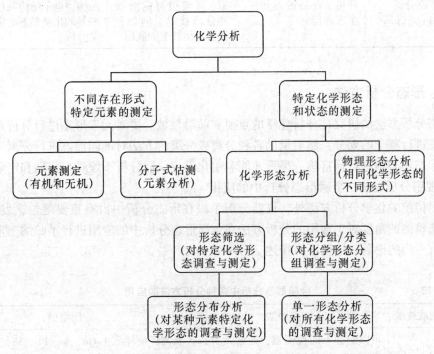

图 9.8　化学分析领域中形态分析的基本类型

表 9.11　　　　　　　　　　　　形态分析的基本类型及其特点评估

形态分析类型	应用领域	特点评估	举例
形态筛选（screening speciation）	环境污染分析	物理形态分析对环境中某种元素的物理、化学和生物的过程研究都很重要	水中痕量金属分析（包括溶解态和颗粒态）；土壤或沉积物中各种金属形态的逐级提取分析
	环境、食品污染分析、生态毒理学	化学形态分析是最简单的形态分析类型，对某种特定的形态进行定性和定量检测	测定海水、沉积物和生物组织中的三丁基锡或甲基汞
形态分组/分类 group speciation	环境、食品污染分析；生态毒理学	以不同化合物或形式以及特定氧化态存在的某一特定化合物或元素类别的浓度水平	Cr（Ⅵ）的测定；水样 TOC 测定；空气 TH 测定；元素汞、无机汞和有机汞的浓度水平测定

续表

形态分析类型	应用领域	特点评估	举例
形态分布分析 distribution speciation	环境污染分析；生态毒理学	通常与生物样品分析有联系	血清和血细胞中痕量金属测定；植物不同部分中重金属测定
单一形态分析 individual speciation	环境、食品污染分析；生态毒理学	最困难的形态分析类型；需要很好的分级和分离技术，例如色谱与其他技术的联用	对于不同分子结构、配合物结构、电子结构和核结构有差异的化学形态的定性和定量分析

三、形态分析方法

形态分析方法的研究是分析化学的重要和前沿领域。要对元素形态进行分析首先要对元素形态进行科学的划分，然后借助各种分离或分级的方法对不同形态进行分离，对于痕量元素形态还必须进行预富集，最后才能利用化学或仪器分析手段进行定性和定量检测。

1. 常用分析方法在金属形态分析中的应用

除了传统的化学分析方法外，仪器分析手段在形态分析中占有重要地位。表 9.12 从元素形态检测的角度对于常用的分析方法在金属形态分析中的应用进行了归纳。常用的分离方法有专门的论著，这里不再赘述。

表 9.12　　　　　　金属形态分析中各种分析方法的应用

分析方法或技术	特点评估	应用举例
气相色谱(GC)	可以配备不同检测器，通常没有选择性	检测环境样品中 Ge、Sn、Pb、Sb、As、Se、Hg 等元素的有机化合物；分离金属卟啉
高压液相色谱（HPLC）	通常使用反相液相色谱，UV-Vis 检测器灵敏度低，应用较少；荧光检测器或电化学检测器应用更多	分析环境样品中的 Al、Cr、V、Hg、Se 等元素的形态
	尺寸排斥色谱	动物肝和肾组织中有机金属硫化物；检测血清中与蛋白质结合的金属如 Al 和 Se；海洋生物体内的 Cd、Cu 和 Zn 的金属硫因；原油中的 V 和 Ni 的卟啉；药物中的铁蛋白、血红蛋白、肌红蛋白、细胞色素等
	阴离子交换色谱	Cd 硫因分析；尿液中 Se(Ⅳ)、Se(Ⅵ) 和甲基硒检测；环境样品中 As 的形态分析
	阳离子交换色谱	水样中 Se、Hg、Sn 的形态分析；海洋食品中 As 的形态分析；生物样品中 Cr 的形态分析

分析方法或技术	特点评估	应用举例
电泳	应用受到非元素特异性检测器的限制	复杂样品中 As 和 Se 形态的分离；肌肉中 Hg 的分析；分离金属酶和蛋白质
极谱法和循环伏安法	区分元素的不同氧化态；比较适于分析含有腐殖酸和富里酸的样品。	金属硫因分析；锡的形态分析
离子选择电极法 ISE	用于分析不同元素的氧化态；但灵敏度很低	测定含有腐殖酸和富里酸的 Cd 和 Cu 的形态；测定 Al 存在下的 F 离子
俄歇电子能谱法 AES 和电子顺磁共振法 EPR	很少应用	测定抗坏血酸和氧存在下生物样品中的铁形态
核磁共振法 NMR	尽管受灵敏度限制，但是该方法在定量分析中越来越得到广泛应用	铜的形态分析；环境和地质样品中 Al 的形态分析

2. 金属形态分析中联用技术的应用

前面已经提到，形态分析的前提是对不同形态进行分离。在混合样品的分离技术方面，已经有了较为快捷、方便的现代仪器分离的方法，把这些分离技术与先进的检测手段结合起来，组成所谓"联用技术"。表 9.13 列出了这些联用技术在金属形态分析中的应用。这些联用技术在元素形态分析方面已经有了非常广泛的应用，这方面的研究也相当活跃，呈现出令人欣喜的非常有希望的前景。

表 9.13　　　　　　　　金属形态分析中联用技术的应用

联用技术	评价	可能存在的问题	应用举例
气相色谱-质谱 GC-MS	需要升温	待测物具有挥发性或需要衍生化处理	测定苯中的有机铅；石油中的金属卟啉；环境样品中的有机锡
液相色谱-质谱 LC-MS	已经具有较多接口形式，常用的包括粒子束、热喷雾、大气压化学离子化和电喷雾接口	对流动相的流速和组成有限制	有机锡化合物形态分析
气相色谱-原子吸收光谱 GC-AAS	仪器接口采用小孔径短管以防止峰展宽	由于灵敏度不适于环境样品分析，需用电热的硅管炉达到原子化温度	适于分析如 Pb、Sn、As 和 Se 的有机金属化合物；检测海水中的三丁基锡

续表

联用技术	评价	可能存在的问题	应用举例
高压液相色谱-火焰原子吸收光谱 HPLC-FAAS	直接将毛细管接入雾化器可以实现简单的联用	样品中的有机物不完全燃烧可能堵塞雾化器	环境样品和生物样品中有机锡测定；As、Sb、Se、Hg、Pb 和 Cr 的形态分析
高压液相色谱-电热原子吸收光谱 HPLC-EFAAS	色谱柱流出液在加热的硅毛细管中挥发成气溶胶，然后通过石墨管进入炉体	对流动相中的溶剂和缓冲液有限制，只有分离很好的形态可以被区分开	锡的形态分析；有机铅化合物分析
流动注射-火焰原子吸收 FIA-FAAS	结合非常简单	样品中的有机物不完全燃烧可能堵塞雾化器	水样中无机 Se 和 Cr 的形态分析
毛细管电泳-火焰原子吸收光谱 CE-FAAS	从技术观点来看，很难实现联用。因为毛细管区带电泳中流动相的流速与原子吸收光谱仪中样品的流速难以匹配。结合相对比较简单		少有报道
氢化物发生-原子吸收光谱 HG-AAS	对 As、Se、Sn、Bi、Te、Sb、Pb 和 Hg 等元素形态灵敏度较高	不能用于还原后生成挥发性衍生物的形态	环境样品中 As、Se、Sn、Bi、Te、Sb、Pb 和 Hg 的形态分析
气相色谱-原子发射光谱 GC-AES	GC 流出的待测样品可以直接引入 AES		水样中有机铅形态分析
气相色谱-感应耦合等离子体-质谱 GC-ICP-MS	对于微波感应等离子体，GC 流出物通过加热的管线直接导入等离子体		环境样品中 Hg、Se、Sn 等的形态分析；配合吹扫捕集对样品预浓缩然后测定 Sb、Se、Sn、Te、Hg、Pb、Bi 等元素形态
气相色谱-感应耦合等离子体-原子发射光谱 GC-ICP-AES	等离子体气流大会导致分析物被稀释	检测限低，死体积大，对非金属的激发和离子化较差	Hg 的形态分析
液相色谱-感应耦合等离子体-质谱 LC-ICP-MS	有必要使用雾化器喷雾室(等离子体对流动相中的有机物敏感)；有不同的样品导入技术(玻璃烧结雾化器、热喷雾挥发器、超声雾化器等)	样品雾化效率低是影响灵敏度的主要原因；等离子体对有机蒸汽不稳定	有机砷、有机铬和有机铅的形态分析；海水中三丁基锡测定
液相色谱-感应耦合等离子体-原子发射光谱 LC-ICP-AES	同上	同上	有机砷形态分析；Cr(III)/Cr(VI)的形态测定；金属蛋白质的测定

四、土壤或沉积物中化学形态的逐级提取法

1. 磷形态的逐级提取法

沉积物中磷以无机磷及有机磷两大类形式存在。其中无机磷的存在形式还可以进一步分为易交换态或弱吸附态磷、铝结合磷、铁结合磷、钙结合磷和原生碎屑磷。不同区域由于各种物理化学条件和生物环境的变化，对沉积物中磷的形态分布有很大的影响。因此，探讨沉积物中磷的存在形态，有助于获得沉积环境的有关信息，了解物质迁移、成岩过程以及磷和其他生物元素的循环。

沉积物中磷的形态分布研究起始于土壤学家在农业研究上对土壤中磷的各种形态及有效性的探讨，并总结出了较为成熟的分步提取和分析方法。近年来，随着生物地球化学研究的深入，地质学和地球化学家将土壤中磷的分析方法引入沉积物中磷的研究并加以改进。但不同学者所采用的分析方法不尽相同并各有其局限性，导致其结果的片面性和不可比性。图 9.9 是一种比较常用的沉积物中磷形态的分级方法。

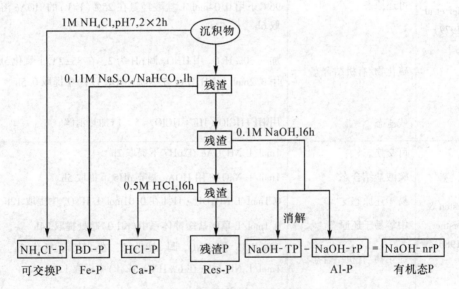

图 9.9　沉积物中磷形态的分级

2. 金属形态的逐级提取法

关于颗粒物中金属形态的逐级提取方法有很多种，至今仍然没有统一的为广大分析家们接受的方法。表 9.14 列出了三种常用的土壤或沉积物中金属形态的逐级提取法。1979年加拿大学者 Tessier 等在美国《分析化学》杂志上发表了颗粒态金属形态分析的逐级提取操作方法。1986 年 Kersten 与 Förstner 在《水科学与技术》杂志上发表了针对河口和海洋沉积物中重金属形态分析的逐级提取方法。BCR 方法是 1992 年由 Bureau Communautaire de Référence（BCR）提出的。Usero 等比较了上述三种常用的逐级提取方法对四种海洋沉积物

中 Cu、Pb、Zn、Cr、Mn 和 Fe 六种金属的形态分析结果，发现三种逐级提取方法所获得的结果差别很大。Tessier 等的方法测定的酸溶解性和可氧化的金属形态最低，而测定的残渣态浓度最高。对于可还原态的测定，K&F 方法测定的 Cu、Cr 和 Fe 的浓度最大，而 Tessier 法对 Zn、Mn 和 Pb 的测定值最大。

图 9.10 给出了另外一种逐级提取方法。这种方法与 BCR 方法较接近，其中残渣态的消解所用的氧化剂是王水，这一步提取方法是国际标准方法。

表 9.14　　　　　　　　　　　　　三种常用逐级提取方法

名称	分级	提取方法
Tessier et al.(1979)	可交换态	用 1mol/L $MgCl_2$(pH 7.0) 或 1mol/L NaAc(pH8.2)，室温下连续搅动提取 1h
	吸附态/碳酸盐结合态	1mol/L NaOAc，用 HOAc 调节 pH 为 5，连续搅动提取 5h
	可还原态	用 $Na_2S_2O_4$+0.175mol/L 柠檬酸钠+0.025mol/L 柠檬酸，或在 96℃下用 0.04mol/L 盐酸羟氨在 25%(V/V) 的 HOAc 溶液中提取 6h
	硫化物/有机结合态	加入 30%H_2O_2 用 HNO_3 调 pH 为 2，在 85±2℃下氧化 5h，然后用 3.2mol/L NH_4OAc 在 20%HNO_3(V/V)中提取 0.5h
	残渣态	用 HF+$HClO_4$(HF：$HClO_4$=5∶1)加热消解
Kersten & Förstner (1986)	可交换态	1mol/L NH_4OAc 在 pH7 下提取 2h
	碳酸盐结合态	1mol/L NaOAc 用 HOAc 调节 pH5 下提取 5h
	易于还原态	0.1mol/L $NH_2OH·HCl$ 在 0.01mol/L HNO_3 中提取 12h
	中等易于还原态	0.1mol/L 草酸盐缓冲体系中(pH 3)暗处提取 24h
	硫化物/有机结合态	30%H_2O_2 用 HNO_3 调 pH 为 2，在 85℃下氧化 2h，然后用 1mol/L NH_4OAc 在 6%HNO_3(V/V)中提取 12h
	残渣态	HNO_3 加热消解
BCR(1992)	酸可溶解态	0.11mol/L HOAc 提取 16h
	可还原态	0.1mol/L $NH_2OH·HCl$，pH 2(HNO_3)提取 16h
	可氧化态	85℃下用 30%H_2O_2，pH 2(HNO_3)氧化 2h，再用 1mol/L NH_4OAc 在 pH 2(HNO_3)下提取 16h
	残渣态	HNO_3 加热消解

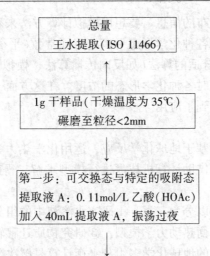

图 9.10　土壤样品中金属形态逐级提取方法过程示意图

五、模拟计算方法

要直接测定复杂体系中痕量元素存在的化学形态往往会遇到很大的困难。困难就在于，体系中元素的各种化学形态处于动态平衡中，进行任何处理，比如加热或冷却、调节 pH 值、加入某些试剂等，都会影响和破坏体系中原有的平衡关系，这时所测得的元素形态分布已非原有的形态分布了。随着计算机和数学模拟方法的发展，研究者开始采用模拟计算方法来获取化学形态分布的信息。要想用模拟计算方法来获得化学形态的信息，就需要：一是想方设法得到表征各种化学形态平衡的特征常数（平衡常数、累积稳定常数、配合常数等）；二是选择一种合适的算法（如反向传播算法、模拟退火算法、遗传算法等）计算在体系能量最低的平衡态时各种化学形态的浓度。在这方面，地球化学反应模型发展迅速，诸多模型和计算软件得到了应用。

1. 地球化学反应模型

地球化学反应模型主要基于地球化学反应，运用化学热力学和化学动力学等物理化学理论，建立数学模型，进而借助计算机技术进行模型求解，得出研究体系中物质的形态、分布、迁移和转化等信息。

地球化学模型大体上可以分为三类：①研究水溶液中的组分分布模型；②研究水溶液体系中物质形成和转化的平衡热动力学模型；③研究物质迁移转化反应途径模型。不论哪种模型的建立，其中最基本的地球化学多组分平衡计算是解决平衡体系问题中非常关键的一个环节，而进行溶液多组分平衡的计算，则要依赖于地球化学反应平衡模型的建立。

在混合体系中各种组分之间可能相互作用，使得体系中的形态分布变得复杂。如果所有的反应物、产物以及反应的平衡常数都是已知的，那么从理论上说可以通过计算来确定各种形态的分布情况。但是实际情况有时过于复杂使得模拟计算难以很好的完成。所有的模拟计算都建立在共同的热动力学原理基础上。在给定的温度、压力和组成的体系中，当体系达到平衡时，系统总的 Gibbs 自由能最小。

传统的平衡常数法较多地被用来建立地球化学反应平衡模型，基本原理是通过求解质量作用定律、质量守恒定律、电荷平衡定律等条件所构成的多元非线性方程组，进而运用数学法求解，从而得出所求物质组分的存在形式和浓度。这为接下来进行另外的动力学模型、质量传输模型、反应路径模型等的建立提供了一个良好的基础和背景信息。

随着地球化学热力学平衡模型的不断发展和完善，相应的计算机程序软件也在不断更新和发展，使其更具有通用性和实用性，并且随着 Internet 的普及，许多软件已能通过网上远程访问使用或免费下载使用，实现全球资源共享。一般用于平衡计算的软件有 EQ 3/6，PHREEQE，MIN TEQA2，SQLV EQ、MINEQL、WATEQ、REDEQL、MICROQL、HYDRA/MEDUSA 等。图 9.1 和图 9.3 就是利用 HYDRA/MEDUSA 软件计算得到 Fe(Ⅲ) 的形态分布结果。

2. HYDRA/MEDUSA 软件简介

HYDRA/MEDUSA 软件是由瑞典皇家技术研究院(KTH)的无机化学专家 Ignasi Puigdomenech 研发的，包括 2 个基本组成组件，即 HYDRA 和 MEDUSA。其中 HYDRA 组件是水化学平衡常数数据库(Hydrochemical Equilibrium-Constant Database)，它是作为计算基础的，包含了诸多基本化学反应平衡的常数($\log K$，25℃)。HYDRA 组件的界面，能够方便的通过选择元素来确定平衡体系的形态组成。MEDUSA 组件是根据 HYDRA 确定的化学平衡体系进行计算与制图的组件，MEDUSA 全称是 Make Equilibrium Diagrams Using Sophisticated Algorithms，即使用复杂算法进行平衡绘图。在 MEDUSA 组件的初始界面，选择运行(run)下拉菜单中的绘图(make a diagram)后，弹出新的制图对话框，能够方便的通过设定平衡条件与参数范围，选择绘图类型获得平衡体系的形态分布，也可直接计算反应体系的

pH 和 Eh(氧化还原电位)。目前该软件的版本是 2010 版，数据库更新时间是 2013 年 1 月。KTH 为这套软件提供了免费下载的网址(www. kemi. kth. se/medusa)，并且提供了使用者与开发者之间的联络渠道，方便对软件进行持续的补充与改进。

HYDRA 提供了常见的 166 种基本化学成分(component)的数千种化学形态(species)之间的各类化学反应平衡常数(活度常数、形成常数或氧化还原电位)，这些平衡常数受到温度、压力、离子强度等影响，因此在数据提供同时，还标明了数据应用的条件，通常是 25℃，1atm，离子强度是 0、1 或者其他。涉及的化学物质包括了气体、液体和固体，其中固体包括了无定型(am)、晶体(c)和未知晶型(s)三类。平衡常数除了来自实验测量，有一部分平衡常数是通过热力学数据计算而来，因此数据库中还包括一部分热力学常数。这些平衡常数通过文献报道获取，被录入到数据库中，构成基本的 HYDRA 数据库(Complex. db)。这个数据库具备检索(search)、添加(add)和去除(remove)数据功能。

HYDRA 数据库的特点是简单、开放、灵活。对于数据库中没有的组成、反应及其平衡常数进行添加，这样就可以用它来研究新的反应体系。新添加的数据文件是 txt 格式的，简单，容量小，除了反应平衡本身，还包括了参考文献，以便使用者加以甄别。HYDRA 组件的灵活性表现在对固体形态的处理上，可以通过选择不考虑固体选项，将体系中默认的大量固体形态从平衡体系中删去。这种情况尤其适用于短时间反应的非平衡体系表达，例如配制一个含有 0.1mol/L Fe^{3+} 离子的水溶液，调节 pH 到 3 后，通常不会马上产生沉淀，而在观察到沉淀之前，溶液中的各个主要铁离子形态(Fe^{3+}、$Fe(OH)^{2+}$、$Fe(OH)_2^+$ 等)的分布情况与所有铁氧化物或氢氧化物固体($FeOOH$、Fe_2O_3 等)无关，这些固体不应该考虑。

MEDUSA 绘图选择中包括了优势区分布图(predominance area)、浓度对数分布图(logarithmic)、分布系数图(fraction)、固体的溶解度浓度图(log solubilities)、相对活度分布图(relative activities)。此外还包括直接计算体系的 Eh 和 pH。这些形态分布图的横坐标一般是 pH 或某成分总浓度的对数(Log(Total conc.))；纵坐标一般是电子势(pε)或者氧化还原电位(Eh)、某种成分的总浓度对数(或形态分布系数)、或者某种成分的某种特定形态的浓度对数。

MEDUSA 主要有三个特点：①作图类型丰富，涉及基本的沉淀-溶解、酸碱、配位和氧化还原等平衡的面积分布、浓度分布、比例分布都能绘制成图，应用面宽。②表现力强。MEDUSA 绘制的形态分布图色彩亮丽，线条清晰，信息全面，形态的化学式规范。③兼容性好。MEDUSA 读取由 HYDRA 生成的 *. dat 数据文件，输出数字化图像文件 *. plt，该图像可以任意缩放，通过剪贴板直接输入到 Word 等文字编辑工具，还可以直接转化成 pdf、PostScript、LaTex、HPGL、BMP 和 Meta 等格式，兼容性好，非常适合于发表论文使用。

以上，我们给大家介绍了有关元素化学形态及其效应和形态分析方法等方面的基础知识和某些相关领域的研究进展。不论从化学观点还是从生物学观点出发，元素的总量和各种元素不同形态的含量是不同的概念。总量是总含量，形态的量才与生物、药物、毒性、营养等有关。元素的形态就是元素各物理化学的形式，只有元素的形态才真正体现了物质变化过程的实质。而形态分析研究对于研究物质变化过程(例如地球化学过程、环境化学过程、生命过程等)具有十分重要的意义和实际价值。

复习思考题

1. 何谓化学形态？它在环境化学研究中有何意义？
2. 举例说明元素的化学形态及其生物有效性。
3. 环境中的汞有哪几种形态？它们之间是如何转化的？
4. 天然水中金属元素的形态如何划分？
5. 颗粒态金属元素可划分为哪几种形态，如何区分之？
6. 比较几种常用的沉积物中金属形态逐级提取方法的异同。分析它们之间的差异可能带来的实验结果差异。
7. 学习使用化学平衡计算软件对元素形态分布进行模拟计算。

第十章　化学物质在环境相间的迁移

在环境中，化合物处于不断的运动之中，可以进行化学转化，也可以物理运动方式从某一相迁移至另外一相。化合物在环境相间的迁移是指化合物由其原所在的环境相运动到另外一相的过程，是一类重要的迁移过程。

化合物在环境相间的迁移有许多不同的过程，有大气与地表水的气相-液相交换迁移过程，有化合物由大气向陆地和地表水迁移的大气沉降过程等等，这些过程对化合物在全球系统中的循环有重要的影响。

本章将围绕气态化合物在大气-水之间的迁移以及大气中气态化合物从气相向气溶胶相的转化迁移两方面的问题作基本的讨论。

第一节　气态化合物在大气-水界面的迁移

地球表面的约71%被水覆盖，而地球又被大气包裹。仅从大气与水接触的面积之大，就可想象化合物在大气-水之间迁移的重要性。这一过程对于化学物质的生物地球化学循环、大气化学与物理过程和海洋生态系统的正常运转等都有重要影响。如何描述、表征化合物在这两相间的迁移，已有许多研究，如双膜理论、表面更新理论、滞留膜模型（stagnant film model）。本节围绕双膜理论及其应用展开讨论，以便了解气态化合物在大气-水两相间的迁移。

一、双膜理论

1923年，Whitman W. G. 为解决化工装置气-液系统中气体吸收和逸散的机制和控制因素问题，提出了双膜理论（two-film theory）。此后，该模型经多次改进，成为化工气-液界面传质过程的经典理论。20世纪70年代，一些学者开始将双膜理论用于环境中化合物在大气-水界面传质的研究。其中，以 P. S. Liss 和 P. G. Slater 的"跨越空气-海洋界面的气体通量"（flux of gases across the air-sea interface）工作最具代表性（论文发表于1974年《自然》（*Nature*）杂志上）。他们采用改进的双膜理论（也称双层模型（two-layer model））估算了多种气体越过空气-海界面的通量。此后，双膜理论成为研究大气-水界面气态化合物迁移的理论基础。文献还常出现与双膜理论稍有不同的称谓，如双膜模型（two films model），双阻力理论（two resistance theory），双阻力模型（two-resistance model），双阻力扩散模型（two-resistance diffusion model），双膜阻力模型（two-film resistance model），边界层模型

(boundary layer model)等等。

（一）双膜理论的基本要点

（1）在两相（气-液、蒸汽-液）界面两侧的每一相内，都存在一层边界薄膜——气膜和液膜（图 10.1），在此膜以外为完全混合的整体相。气膜和液膜对化合物从一相迁移至另一相产生阻力。

（2）在两相的界面上，即在两层膜内可建立动态平衡，换言之可达稳定的传质过程。在膜内，化合物的传送是靠分子扩散，而且边界层是静止的。化合物通过膜的通量 $F(\mathrm{mol \cdot m^{-2} \cdot h^{-1}})$ 可用 Ficks 第一定律来描述：

$$F = D\left(\frac{\mathrm{d}C}{\mathrm{d}Z}\right) \tag{10.1}$$

式中：D——分子扩散系数，$\mathrm{m^2 \cdot h^{-1}}$；

　　　C——化合物（未电离、未被吸附的）浓度，$\mathrm{mol \cdot m^{-3}}$；

　　　Z——膜厚度，m；

　　　$\mathrm{d}C/\mathrm{d}Z$——膜中的浓度梯度。

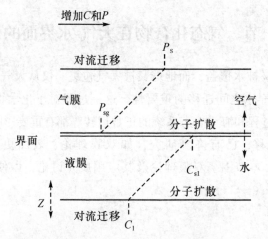

C_1—化合物在水相中的浓度$(\mathrm{mol/m^3})$；P_g—化合物在空气中的分压(Pa)；

C_{s1}—化合物液膜中的浓度；P_{sg}—化合物在气膜中的分压

图 10.1　气-液界面的惠特曼阻力（或称双膜）模型

根据式（10.1）可导出化合物通过液膜通量 F 的表达式：

$$F = D_1\left(\frac{\mathrm{d}C}{\mathrm{d}Z}\right)$$

式中：D_1——化合物在液膜中的扩散系数，$\mathrm{m^2 \cdot h^{-1}}$；

　　　C——化合物（未电离、未被吸附的）浓度，$\mathrm{mol \cdot m^{-3}}$；

　　　Z——膜厚度；

$\mathrm{d}C/\mathrm{d}Z$——液膜中的浓度梯度。

同理可得化合物通过气膜通量 F 的表达式：

$$F = D_\mathrm{g}/R \cdot T\left(\frac{\mathrm{d}P}{\mathrm{d}Z}\right) \tag{10.2}$$

式中：D_g——化合物在气膜中的扩散系数，$\mathrm{m}^2 \cdot \mathrm{h}^{-1}$；

Z——膜厚度；

$\mathrm{d}P/\mathrm{d}Z$——气膜中化合物的分压梯度；

R——气体常数；

T——开氏温度，K。

如果迁移界面是稳定的，可用 Ficks 第一定律的另一种形式：

$$F = D\frac{\Delta C}{Z} \tag{10.3}$$

则有：

$$F = k \cdot \Delta C \tag{10.4}$$

式中：ΔC——膜两侧化合物的浓度差；

k——交换常数（也称传质系数或渗透系数），$k = D/Z$，表示膜对化合物迁移的传导性，具有速率量纲，$\mathrm{m} \cdot \mathrm{h}^{-1}$；

根据式（10.4），化合物通过液膜和气膜的通量可分别表示为：

$$F = k_1 \Delta C \tag{10.5}$$

$$F = k_\mathrm{g}\frac{\Delta P}{RT} \tag{10.6}$$

以上两式可写成：

$$F = k_1(C_\mathrm{sl} - C_1) \tag{10.7}$$

$$F = \frac{k_\mathrm{g}}{RT}(P_\mathrm{g} - P_\mathrm{sg}) \tag{10.8}$$

式中：k_1——液相交换常数，$\mathrm{m} \cdot \mathrm{h}^{-1}$；

k_g——气相交换常数，$\mathrm{m} \cdot \mathrm{h}^{-1}$；

ΔC——液膜两侧浓度差；

ΔP——气膜两侧分压差；

C_1 和 C_sl——分别为化合物在水相和液膜中的浓度（图 10.1）；

P_g 和 P_sg——分别为化合物在空气和气膜中的分压，单位 Pa（图 10.1）；

R——气体常数，$8.31\mathrm{J} \cdot \mathrm{mol}^{-1} \cdot \mathrm{K}^{-1}$；

T——开氏温度，K。

化合物在空气-水界面的分配由 Henry 定律决定：

$$P_\mathrm{sg} = K_\mathrm{H} \cdot C_\mathrm{sl} \tag{10.9}$$

把式（10.9）代入式（10.7），并与式（10.8）解联立方程可得：

$$F = K_1\left(\frac{P_g}{K_H} - C_1\right) \tag{10.10}$$

式中：K_1 称为界面总交换常数(总传质系数或挥发速率常数)。它等于：

$$K_1 = \left(\frac{1}{k_1} + \frac{RT}{K_H k_g}\right)^{-1} \tag{10.11}$$

式(10.10)把迁移通量与物质在液相的浓度联系起来。K_1 的倒数如用 R_t 表示，R_t 则称为化合物通过气-液界面总的迁移阻力：

$$R_t = \frac{1}{K_1} = \left(\frac{1}{k_1} + \frac{RT}{K_H k_g}\right) \tag{10.12}$$

从式(10.12)可以看出，R_t 由两项组成。第一项($1/k_1$)与液相交换常数有关，可认为是液相迁移阻力，用 R_1 表示；第二项($RT/K_H k_g$)与气相交换常数有关，认为是气相迁移阻力，用 R_g 表示。那么，总的迁移阻力 R_t 则可表示为液相和气相迁移阻力之和：

$$R_t = R_1 + R_g \tag{10.13}$$

设想空气-水界面存在双膜是不符合实际的，但这一理论明确了分子扩散对化合物在相间的迁移起控制作用，在空气一侧和水一侧的区域内存在迁移阻力，导出了迁移通量、迁移总阻力表达式，并且这一理论的预测结果与较复杂的模式(如表面更新理论)的预测结果差别不大，因此双膜理论的应用更广泛些。

(二)双膜理论的计算

双膜理论已经用于计算大气污染物(SO_2、CCl_4 等)向海洋的迁移和有机污染物从水中的挥发。根据双膜理论估算化合物从水中的挥发速率常数及通量通常计算 k_1 和 k_g 值。

现在再把双膜理论的三个方程式列出：

$$F = K_1\left(\frac{P_g}{K_H} - C_1\right)$$

$$K_1 = \left(\frac{1}{k_1} + \frac{RT}{K_H k_g}\right)^{-1}$$

$$R_t = R_1 + R_g$$

由此可知，如果知道了空气-水界面化合物的液相和气相交换常数(k_1 和 k_g)，则可求出化合物在空气-水界面的总迁移阻力(R_t)和总交换常数(K_1)，进而可计算化合物的挥发迁移通量(F)。

化合物在空气-水界面气相和液相的迁移阻力受界面区域内的物理湍流、对流运动强度和时间控制，为求 k_1 和 k_g，Liss 和 Slater(1974)提出应将化合物在界面的迁移阻力与已详细研究过的一些化合物在空气-水界面的交换性质联系起来，即以这些物质作为参考物，以其界面交换常数为基准，找出欲研究的化合物的交换常数与该基准的关系。他们认为，作为研究界面交换的参考化合物应符合两个条件：

(1)液相参考物的交换性质仅受液相控制，气相的参考物的交换性质仅受气相控制；

(2)参考物不应污染环境。

　　氧和水符合上述条件，并且被较详细地研究。氧穿过空气-水界面的迁移(复氧)受液相迁移阻力控制，氧的交换常数可反映界面液相的湍流强度。水穿过水-空气界面的迁移受气相迁移阻力影响，而水在界面液相中的迁移本身没有阻力，它向空气的迁移受界面气相迁移阻力的控制。因此，根据氧和水的交换常数，可导出化合物的液相和气相的迁移阻力。

　　1. 化合物气相迁移阻力 R_g

　　根据环境参考物质(氧、水)的迁移阻力导出化合物的迁移阻力的研究方法指出，在界面内的所有化合物具有相同的平均分子动能。所以在多组分混合物中，各组分的平均分子速率按其分子量平方根的比例分布，这种方法是由 Liss 和 Slater(1974) 提出的，他们采用这种方法把水蒸气的交换常数与化合物的气相迁移阻力联系起来。假定水蒸气的温度与水温相等，则可用下面的方程计算化合物的气相迁移阻力：

$$R_g = \frac{RT}{k_{H_2O} K_H \sqrt{18/M}} \tag{10.14}$$

式中：R_g——气相迁移阻力，$h \cdot m^{-1}$；

　　　　k_{H_2O}——水蒸气交换常数，$m \cdot h^{-1}$；

　　　　K_H——Henry 定律常数，$Pa \cdot m^3 \cdot mol^{-1}$；

　　　　M——化合物的摩尔质量；

　　　　18——水的分子量；

　　　　T——开氏温度，K；

　　　　R——气体常数。

　　Liss 从一系列的风洞实验中发现水蒸气的交换常数与风速有以下线性关系：

$$k_{H_2O} = 0.185\ 7 + 11.3v \tag{10.15}$$

式中：v 为水面上 10cm 处的平均风速，$m \cdot s^{-1}$。如为其他高度的平均风速，则按下式转化为 10cm 高的平均风速(Israelsen 和 Hansen，1962)：

$$\frac{v_1}{v_2} = \frac{\lg(h_1/h_0)}{\lg(h_2/h_0)} \tag{10.16}$$

式中：v_1，v_2——高度分别为 h_1，h_2 的平均风速，$m \cdot s^{-1}$；

　　　　h_0——有效粗糙高度，mm，一般为 1mm。

　　应用此式时，风速测量高度的单位应采用 mm。

　　2. 液相迁移阻力

　　Liss 和 Slater(1974) 提出的分子量效正法，把化合物的液相迁移阻力与氧交换常数(k_{O_2})联系起来，可用下面的方程计算化合物的液相迁移阻力：

$$R_1 = \frac{1}{k_{O_2} \sqrt{32/M}} \tag{10.17}$$

式中：R_1——液相迁移阻力，$h \cdot m^{-1}$；

k_{O_2}——氧的交换常数，$m \cdot h^{-1}$；

M——化合物摩尔质量；

32——氧的分子量；

R——气体常数；

T——开氏温度，K。

对于氧（k_{O_2}）的交换常数的计算可分两种情况：

（1）氧在海洋的交换常数：Liss 和 Slater 认为在海洋，氧的交换常数可用20cm·h^{-1}，水的交换常数可用3 000cm·h^{-1}。

（2）在湖泊和池塘氧的交换常数：氧的交换常数由风速决定，Babks 等人指出风速对氧的交换常数的影响有两种情况：

$$k_{O_2} = 4.19 \times 10^{-6} \sqrt{v} \quad v < 5.5 \mathrm{m \cdot s^{-1}} \tag{10.18}$$

$$k_{O_2} = 3.2 \times 10^{-7} v^2 \quad v > 5.5 \mathrm{m \cdot s^{-1}} \tag{10.19}$$

式中：k_{O_2}——氧的交换常数，$m \cdot s^{-1}$；

v——10m 处的平均风速，$m \cdot s^{-1}$。实际测定风速的高度要按式（10.16）换算到此参照高度的风速。

从上述讨论可知，根据水和氧的交换常数，则可方便地计算化合物气相和液相的迁移阻力，进而可计算化合物在气-水界面总的交换常数 K_1。

$$R_g = \frac{RT}{k_{H_2O} K_H \sqrt{18/M}} \tag{10.20}$$

$$R_1 = \frac{1}{k_{O_2} \sqrt{32/M}} \tag{10.21}$$

$$R_t = R_g + R_1 \quad K_1 = 1/R_t$$

二、双膜理论的发展与应用

1. 双膜理论的发展

1974 年后，许多学者围绕低溶解度有机污染物从水体的蒸发、高分子量有机污染物、有机物质量迁移系数与挥发作用的相关性、风速对气体交换的影响、雨水的影响、冰的影响、潮汐的影响等问题开展了研究，进一步完善了双膜理论。下面，我们以表格的形式简要介绍自 20 世纪 70 年代以来，一些对双膜理论发展有重要影响的研究工作（表 10.1）。

表 10.1　　　　　　　　　双膜理论的发展简介

时　间	研究者与主要研究内容
1970 年代	1975 年，Mackay D. 等人提出了能够用于预测低溶解度的污染物在空气-水系统中蒸发损失速率的方程。

续表

时 间	研究者与主要研究内容
1980 年代	1980 年，Hasse L. 和 Liss P. S. 讨论了空气-海界面边界层条件、波浪对气体迁移的影响，比较了现场观测值与预测值。 1981 年，Liss P. S. 等人应用风-水隧道实验室装置，完成了水分子蒸发与冷凝对氧在空气-水界面迁移影响的研究。 1982 年，Glam C. S. 等人通过实验研究，表明双膜理论能够解释分子量大的有机污染物在空气-水界面的质量迁移。 1983 年，Mackay D. 等人研究了有机溶质从水的质量迁移系数与其挥发作用的相关性，确认了双阻力膜理论的准确性。 1983 年，Sebacher D. I. 等人研究了空气速率对甲烷在淡水湿地空气水界面的迁移通量的影响。 1983 年，Khalil M. A. K 等人通过氯仿在全球空气和海水中浓度的观测值，应用双膜理论研究了氯仿的海洋-空气交换与全球质量平衡。 1985 年，Wanninkhof R. 等人应用 SF_6 作为跟踪剂，研究了湖泊的气体-水交换系数与风速的相关性。 1987 年，Wanninkhof R. 等人应用 SF_6 作为跟踪剂，研究了淡水 Crowley 湖和 Mono 盐湖的气体交换系数
1990 年代	1990 年，Hasse L. 指出，表面更新理论不适用于通过表面张力波进行的剧烈气体交换。 1990 年，Upstill-Goddard R. C. 等人以 SF_6 作为跟踪剂，研究了两个小的、风快速无常的山地湖泊的气体迁移速率，扩展了 Wanninkhof R. 等人 1985 年和 1987 年的研究工作。 1991 年，Watson A. J. 等人采用 SF_6 和 ^3He 二元跟踪剂，研究了在汹涌和暴风雨的海况下，气体在空气-海洋界面的交换。 Schroeder, W.; Lindqvist, O.; Munthe, J.; Xiao, Z. *Sci. Total Environ.* 1992, 125: 47. 1992 年，Wanninkhof R. 进一步研究了海洋上面风速与二氧化碳交换之间的关系，着重讨论了风速的变化对计算二氧化碳迁移速率的影响，指出在低风速条件下，化学品能够的交换。增加二氧化碳交换。 1993 年，Livingstone D. M. 与 Imboden D. M. 研究了在小型和中等尺度湖泊，非线性风速对空气-水界面气体交换的影响。 1994 年，Ocampo-Torres F. J. 和 Donelan M. A. 采用气体迁移水槽的实验室装置，测定了 $1 \sim 24m/s$（以 10m 风速为参考）条件下 CO_2、H_2O 的质量迁移速率。 1997 年，Ho D. T. 等人，实验研究了气体迁移速率与雨强之间的相关性。 1999 年，Wanninkhof R. 探讨了空气-海 CO_2 气体交换与瞬间（或短时间）风速之间的立方相关性及其对全球空气-海通量的影响。 1999 年，Cor M. J. Jacobs 等人根据 ASGAMAGE 项目的结果，分析评价了北海海面 CO_2 在空气-海界面的通量与迁移速率数据

续表

时　间	研究者与主要研究内容
2000 年代	2000 年，Nightingale P. D. 等人首次将细菌孢子-*Bacillus globigii var. Niger* 作为传统的跟踪剂，用于原位空气-海洋的气体交换试验。 2001 年，Eisenreich S. J. 等人应用双膜理论研究了多氯联苯在纽约-新泽西港口空气-水的动态交换通量。 2001 年，Hornbuckle K. C. 等人应用双膜理论研究多氯联苯在 Michigan 湖的气态通量。 2002 年，Baker J. E. 等人研究了多环芳烃在美国 Baltimore 港口和北 Chesapeake 湾的空气-水的交换。 2003 年，Totten L. A. 等人采用经修正的 PCB 亨利定律常数与新的空气-水界面质量迁移速率，校正了先前的计算。认为多氯联苯从 Green 海湾和 Michigan 湖的水至空气的通量更为重要。 2003 年，Zhao D. 等人研究风浪对空气-海气体交换的影响，指出传统的气体迁移速率与风速的相关性存在很大的不确定性，是因为忽视了风浪的影响。提出、证明了气体迁移速率作为破浪波参数的函数的新方程。 2003 年，Vincentl ST. Louis 等人采用三种方法(都含用双层模型计算通量)，研究了被遮蔽水表面 CO_2、CH_4 扩散交换通量，并对结果进行了比较。 2003 年，O'driscoll N. J. 等人测量了两个淡水湖气态汞的浓度、汞通量水体的变量(pH、氧化还原电位、水温)以及气象变量(风速、气温、相对湿度、太阳辐射)的日动态，并以溶解有机碳浓度为对照。利用这些定量数据检验了包括双膜理论在内的三个通用的预测汞通量的模型。发现这些数据与预测通量之间有一些相关性，但拟合精度较差。从而发展了新的预测模型。 2005 年，Woolf 等人研究了溶解性差的气体迁移速率与和依赖海浪破碎海况的真实相关性，展望了今后用于估算气体迁移速率算法的前景。 2005 年，Kim G. 等人研究了韩国南海滨海湾的潮汐对甲烷由海至空气迁移的影响。 2006 年，Nomurail D. 等人采用海冰形成槽的实验，研究了海冰发展过程对空气-海界面 CO_2 通量的影响。 2006 年，Krakauer N. Y. 等人通过碳同位素 ^{14}C 和 ^{13}C 在大气和海洋的观测值，探究了在 CO_2 在空气-海界面迁移速率的碳同位素约束及风速依赖。 2007 年，Odabasi M. 和 Cetin B. 研究了多溴联苯醚在土耳其 Izmir 湾的 Guzelyali 港口的空气-水交换。 2007 年，REPO M. E. 等人采用流动腔技术测定西西伯利亚湿地小型湖泊 CO_2 和甲烷的释放通量，并应用薄边界层模型验证
2010 年代	2011 年，Terry F. Bidleman 等人研究了加拿大北极地区冰覆盖对有机卤代烃空气-水交换的影响，采用双膜模型估算了有机卤化合物净的挥发通量。 2012 年，Schubert C. J. 等人采用包括边界层模型计算方法在内的四种方法，研究了瑞士小型湖泊(Lake Rotsee)甲烷的排放，发现商定的三种方法结果相当一致，边界层模型的估算结果偏低

2. 双膜理论的应用

1974 年，Liss 和 Slater 计算了 SO_2、N_2O、CO、CH_4、CCl_4、CC_3F、MeI 和（Me）$_2$S 在空气-海界面的通量。此后，有的学者围绕环境中典型有机污染物开展工作，如许多人研究了 PAHs、PCBs、杀虫剂、多溴联苯醚等污染物在空气-水界面的交换。有的学者研究了在不同的水体（如五大湖、贝加尔湖、海湾、港口、小型湖泊等等）中有机污染物的空气-水界面的迁移通量。表 10.2 简要介绍了自 20 世纪 70 年代以来较重要的双膜理论应用的研究工作。

表 10.2　　　　　　　　　　　　双膜理论的应用简介

时间	研究者与主要研究内容
1970 年代	1979 年，D. Mackay 等人将双膜理论用于测定环境中疏水性有机物的亨利定律常数。
1980 年代	1980 年，在 Hutzinger 主编的环境化学手册中，D. Mackay 介绍了双膜理论在环境中的应用。 1981 年，S. J. Eisenreich 等人将双膜理论用于研究五大湖生态系统中的痕量有机污染物。 1981 年，A. W. Andren 等人研究了 Michigan 湖大气多氯联苯越过空气-水界面的通量。 1983 年，M. A. K. Khalil 等人将双膜理论用于研究 $CHCl_3$ 海洋-空气的交换及其全球质量平衡
1990 年代	1990 年，S. J. Eisenreich 和 J. E. Bakert 等人采用基于逸度的空气-水界面化合物交换的模型，研究了五大湖西部 Superior 湖 PAHs 和 PCBs 的通量。 1993 年，S. J. Eisenreich 等人定量表征了 Michigan 湖 Green 湾 PCBs 在空气-水界面迁移的趋势与量值。 1993 年，Laura L. McConnell 等人采用逸度梯度确定通量的方向、基于逸度的双膜阻力模型估算的方法，研究了四大湖六氯环己烷交换通量的方向与程度。 1994 年，Kerl C. Hornbuckle 等人采用双膜理论量化了 Superior 湖空气-水界面 PCBs 的即时通量及其季节变化趋势。 1996 年，Jeffrey J. Ridal 等人应用双膜理论计算了 Ontario 湖空气-水界面六氯环己烷的通量。 1996 年，Laura L. Mcconnell 等人应用双膜理论计算了贝加尔湖空气-水界面有机氯杀虫剂和多氯联苯的净通量。 1997 年，Kurt E. Gustafson 等人采用修正的双膜交换模型计算了南 Chesapeake 湾空气-水界面 PAHs 的交换通量。 1998 年，Joel E. Baker 等人采用双膜模型研究了 Chesapeake 湾空气-水界面气态 PAHs、PCBs 扩散交换。 1999 年，Deborah L. Swackhamer 等人应用双膜理论研究了毒杀芬在五大湖空气-水界面的交换与质量平衡。 1999 年，Cor M. J. Jacobs 等人研究了整个北海 CO_2 的空气-海界面的通量和迁移速率

续表

时间	研究者与主要研究内容
2000 年代	2001 年，Keri C. Hornbuckle 等人研究了 Michigan 湖地区大气的 PCBs 与反式-九氯的浓度与通量。
	2001 年，Steven J. Eiseneich 等人研究了在 New York 港与 Raritan 湾的 PCBs 空气-水交换通量的动态变化。
	2002 年，Joel E. Baker 等人计算了美国 Baltimore 港和北部 Chesapeake 湾空气-水界面 PCBs 的季度与年度交换通量。
	2004 年，Joachim Kuss 和 Klaus Nagel 给出了波罗的海空气-海界面 CO_2 交换速率增强的证据。
	2005 年，Keri C. Hornbuckle 等人研究了在美国 Milwaukee 市 Michigan 湖 PCBs 的空气-水界面的净交换通量。
	2006 年，Keri C. Hornbuckle，在环境化学手册中介绍了双膜理论在研究五大湖中多氯联苯迁移的应用。
	2007 年，Banu Cetin 和 Mustafa Odabasi 研究了土耳其 Izmir 湾沿海多溴联苯醚空气-水界面交换通量的方向与量值。
	2007 年，M. E. Repo 等人采用双层模型计算了西西伯利亚三个小型湿地湖泊 CO_2 和 CH_4 的通量。
	2009 年，William P. Johnson 等人，采用双膜理论在内的方法，估算了美国 Utah 州大盐湖挥发性硒从水至大气的通量
2010 年代	2012 年，Michael Schubert 等人应用了双膜模型评估了检测水中氡浓度的三种现场提取方法与装置，确定了平衡时间。
	2012 年，Carsten J. Schubert 等人认为湖泊是甲烷重要的源，采用包括边界层模型在内的 4 种不同方法，研究了小型、完全混合的湖泊(瑞士的 Rotsee 湖)甲烷的排放

第二节　大气中气态化合物从气相向气溶胶相的转化迁移

在大气中，气态化合物有一类重要的迁移过程，即气态化合物因化学反应而转化成气溶胶微粒的过程，表观现象是气态化合物由气相向大气气溶胶相(aerosol phase)迁移。这一过程与气溶胶粒子因吸附作用而使气态化合物向微粒迁移不同，其特征是化合物发生了化学反应，生成了平衡蒸汽压低的新化合物分子，然后以它们为核，通过成核作用(nucleation)形成气溶胶，简称气-微粒转化(gas-particle conversion)迁移过程。因此，这一过程控制着大气二次气溶胶粒子的形成、组成以及初级气溶胶的成长与化学组成的变化，是环境化学研究的一个重要领域，对于了解大气气溶胶的来源、形成机制及其控制有十分重要的意义。

大气中存在种类繁多的气态化合物，它们当中的相当多数能够发生大气化学反应，但不是全都可以转化为气溶胶粒子。气态化合物能否转化为气溶胶微粒，受诸多因素控制，如反应条件、反应物与反应产物的性质等等。另外，什么样的气态化合物可以转化为气溶胶粒子，有哪些转化途径以及它们转化的机制等，都是人们十分关心的问题。本节将围绕这些问题作基本介绍。

一、化合物由气相向气溶胶相转化迁移概述

大气中，不管是气态无机化合物还是气态有机化合物，它们由气相向气溶胶相的迁移，无论是迁移途径、迁移过程的控制因素还是参与反应的物质，都有一定的共性。

1. 迁移的途径

在大气中，气态化合物转化为气溶胶粒子的途径有两种：一是化合物与气态的活性物质反应，生成产物分子，再经成核作用，形成气溶胶粒子，称为气相迁移过程；二是气态化合物在大气中固态的一次气溶胶粒子表面发生催化反应，生成的产物与该气溶胶粒子结合，使粒子生长，可称之为多相催化迁移过程。这两种途径可以用图 10.2 表示。

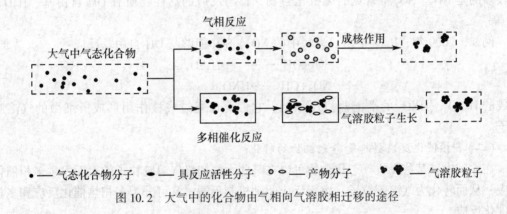

图 10.2　大气中的化合物由气相向气溶胶相迁移的途径

从图可以知道，气相迁移和多相催化迁移这两个途径的控制步骤是气相反应、多相催化反应。通过这两类反应，大气中气态化合物发生了化学转化，生成了平衡蒸汽压低的化合物，为气溶胶粒子的生成提供了基础。

2. 迁移过程的控制因素

许多气态化合物可以参与气相反应或多相催化反应，它们能否实现由气相向气溶胶相的转化迁移，受诸多因素的影响，主要有：气态化合物的性质、活性物质的性质、催化剂的性质、反应产物的性质(产物是否为液态或固态)等。一般根据反应产物的蒸汽压来判断转化的可能性，只有那些通过气相或多相催化反应生成低平衡蒸汽压分子或固态产物的气态化合物，才能实现由气相向微粒的转化迁移。

3. 参与气相和多相催化反应的成分

从前面相关章节的讨论可知，在大气气相中，有各种具反应活性的物质。另外，大气无机固体构成的一次气溶胶粒子含有各种金属元素的氧化物和盐，它们为气态化合物转化的可能性提供了化学基础。

对于气态化合物在气相的反应，大气中的 OH、NO_3 自由基和 H_2O_2、O_3 等可以与之发生反应。

在多相催化反应中，尘埃颗粒物起着十分重要的作用，这是因为它们通常含有金属元

素组成的化合物，如 Fe_2O_3、TiO_2、ZnO、MgO、CaO、MgO、CdO、CuO、NiO、$CdSe$、ZnS 等，其中一些是化合物半导体，具有半导体光催化性质。在一定条件下，这类半导体在光的作用下，可以产生电子-空穴对，并运动到粒子表面，从而捕获其表面的具有电子受体或电子供体的化合物，使化合物发生还原或氧化反应。具有半导体光催化作用的化合物有 TiO_2、ZnO、Fe_2O_3、CdO、CuO、NiO 和金属元素的多氧酸盐等。

二、气态无机化合物由气相态向气溶胶相的迁移

无机化合物由气相向气溶胶相的迁移涉及气相迁移过程和多相催化迁移过程，其中转化过程涉及大气化学的气相和多相催化反应。

(一) 气相反应引起气态无机物的转化

气相迁移过程的控制步骤是气态无机化合物与气态活性物质在气相发生反的反应。研究较多的是 NO_2、SO_2 等常见的无机化合物，参与反应的活性物质有 OH 自由基、H_2O_2、O_3 等。

例如，2000 年，Raes 指出，大气中的 NO_2、SO_2 能够与 OH 自由基反应：

$$SO_2 + OH \longrightarrow \longrightarrow H_2SO_4$$

$$NO_2 + OH \longrightarrow HNO_3$$

生成的 H_2SO_4、HNO_3 的平衡蒸汽压很低，它们可以通过成核作用形成极细微的气溶胶粒子。

(二) 多相催化反应引起气态无机物的转化

在大气中，某些无机气态化合物可以在某些大气初级气溶胶粒子的表面发生多相催化反应，从而转化为气溶胶粒子。由于反应驱动机制不同，又可分为多相热催化反应和多相光催化反应。

1. 多相热催化反应

这类反应是由催化剂周围环境的热能驱动，称为多相热催化反应。

1997 年，Parmon 指出在平流层中，一些 NO_x 在冰晶的表面能够发生表面催化反应，例如，N_2O_5 或 $ClONO_2$ 通过下面的反应转化为 HNO_3，可以是固态的：

$$N_2O_5(g) + H_2O(s) \longrightarrow 2HNO_3(g)$$

$$N_2O_5 + (HCl/H_2O)(s) \longrightarrow ClNO_2(g) + HNO_3(s)$$

$$ClONO_2 + H_2O(s) \longrightarrow HOCl(g) + HNO_3(s)$$

$$ClONO_2 + (HCl/H_2O)(s) \longrightarrow Cl_2(g) + HNO_3(s)$$

2004 年，陈建民等人研究了在常温和试验条件下，COS 在元素氧化物表面的多相催化反应，发现 COS 可在氧化物表面发生反应，羰基硫化物，形成 CO_2、固态的单质 S 以及 SO_4^{2-}：

$$COS(g) + O_2(g) \xrightarrow{M} CO_2(g) + S(s) + SO_4^{2-}(s)$$

式中，M 为金属元素氧化物。

他们认为氧化物表面吸附的氧和表面羟基，对 COS 转化成 S 和 SO_4^{2-} 的起着十分重要的作用，该多相催化反应的机制如图 10.3 所示：

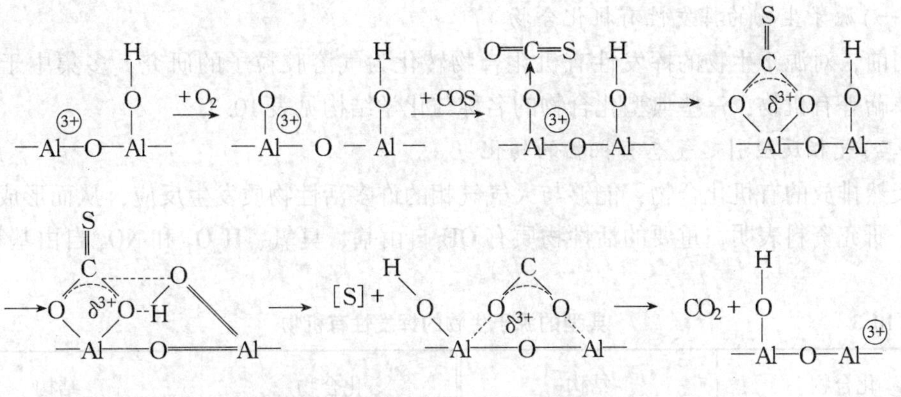

图 10.3　COS 与 γ-Al_2O_3 表面反应机理

资料来源：吴洪波，王晓，陈建民，等. 羰基硫化物与气溶胶典型组分的复相反应机制. 科学通报，2004，49(8)：739-743.

他们还比较了各种氧化物对 COS 催化反应的能力，发现有较大差异，Al_2O_3 有很强的催化能力，Fe_2O_3 次之，CaO 催化作用微弱，SiO_2 和 MnO_2 则无明显催化作用。

2. 多相光催化反应

催化剂的催化作用是在光的作用下产生的，因此称为多相光催化反应。由于催化剂多为化合物半导体，反应也称半导体光催化反应。

1999 年，Parmon 指出，在光的作用下，CdSe 和 ZnS 可以使 H_2S 氧化，生成 H_2 和 S：

$$H_2S \xrightarrow[\text{CdSe, ZnS}]{h\nu} H_2 + S$$

大气中的尘埃微粒，在阳光的作用下，能够把 SO_2 氧化为 H_2SO_4：

$$SO_2 + \frac{1}{2}O_2 + H_2O \xrightarrow[\text{尘埃}]{h\nu} H_2SO_4$$

三、气态有机化合物由气相向气溶胶相的迁移

在对流层中，有各种挥发性的有机化合物，大量的资料表明，源于生物的挥发性有机化合物(biogenic volatile organic compounds，BVOC)大大超过人类活动产生的挥发性有机化合物(volatile organic compounds，VOC)，全球排放通量估计大于 1 000Tg C/年。源于生物的挥发性有机化合物主要有异戊二烯、单萜，它们占了生物排放的非甲烷烃的 55%，另外还有醛、醇等。这些化合物的一个重要特征是它们比人类活动排放的挥发性有机化合物要活泼，倾向于与大气中的氧化剂反应。因此，这类化合物对二次气溶胶的生成有重要的贡献。

自 20 世纪 80 年代末以来，许多学者开展了对源于生物挥发性有机化合物转化为二次气溶胶的研究，对它们的反应机理、反应产物及气溶胶粒子的生成等问题都有了较多的了解。本小节将以这些化合物为对象，讨论它们由气态向大气气溶胶粒子态迁移的相关

问题。

（一）源于生物的挥发性有机化合物

当前，对源于生物的挥发性有机化合物转化为气溶胶粒子的研究，多集中于异戊二烯、单萜等有机物，一些典型化合物的名称与化学结构见表 10.3。

（二）气相反应引起气态有机物的转化

天然排放的有机化合物，能够与大气气相的许多活性物质发生反应，从而形成二次气溶胶，研究资料表明，重要的活性物质有 OH 自由基、臭氧、H_2O_2 和 NO_3 自由基等。

表 10.3　　　　　　　　　　　　　典型的源于生物的挥发性有机物

化合物	结构	化合物	结构
异戊二烯 Isoprrene	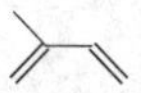	Δ^3-蒈烯 Δ^3-Carene	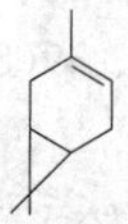
α-蒎烯 α-Pinene	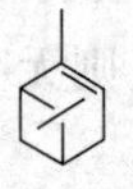	桧烯 Sabinene	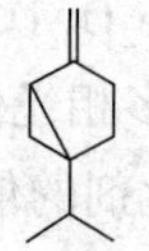
β-蒎烯 β-Pinene	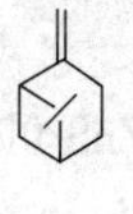	异松油烯 Terpinolene	
柠檬油精 Limonene	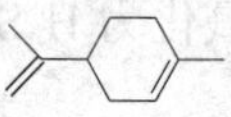		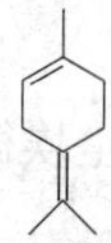
对异丙基苯甲烷 Cymene	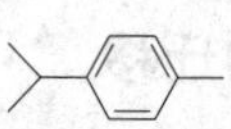	香叶烯 Myrcene	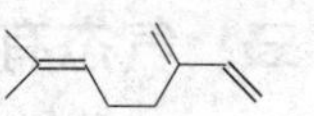

1. 与 OH 自由基反应

OH 自由基具有很高的反应活性，能够与许多有机化合物反应。

2005 年，Librando 等人在研究了 OH 自由基 of α-蒎烯、β-蒎烯、桧烯、Δ^3-蒈烯和柠檬油精的反应。

引发 α-蒎烯的氧化降解和二次有机气溶胶的生成。结果表明，二次气溶胶的生成是由于 OH 自由基与 α-蒎烯首先发生氢的提取反应，随之引发一系列的反应，使 α-蒎烯最终转化为二元羧酸——松脂酸（pinic acid），由此形成二次气溶胶。这一反应的历程如图 10.4 所示。

2. 与 O₃ 反应

许多天然排放的有机化合物能够与大气中的臭氧反应，含烯键的萜首先与臭氧进行亲电加成反应，随后发生一系列的反应，最终生成蒸汽压很低的二元羧酸，例如，2000 年，Koch 等人研究了在 295±2 K 的实验条件下，*β*-蒎烯、桧烯、*α*-蒎烯、Δ³-菖烯、柠檬油精、萜品油烯六种单萜化合物在气相中与臭氧的反应，结果发现，在气相的产物是一系列的有机酸甲酯，以及 6 碳、7 碳和 9 碳的二元羧酸，同时观察到微粒的生成，研究结果表明，新的气溶胶微粒主要由 9 碳的二元羧酸构成。反应机理如图 10.5 所示。

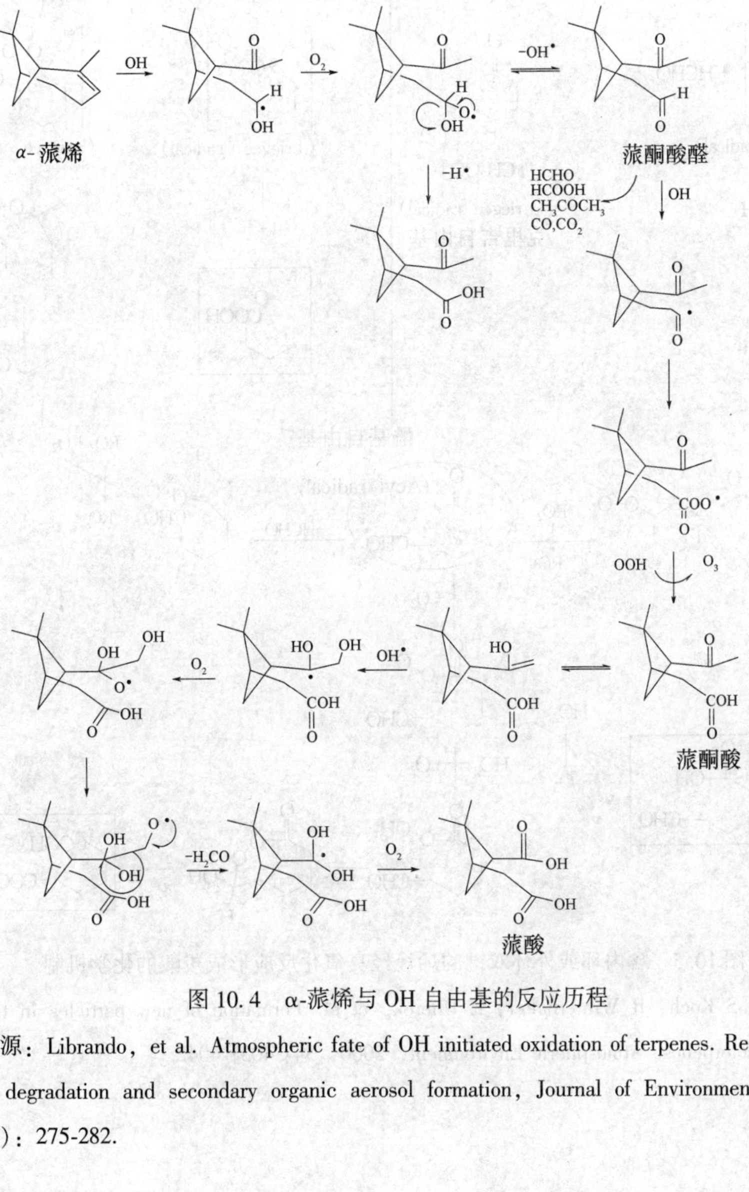

图 10.4　α-蒎烯与 OH 自由基的反应历程

资料来源：Librando, et al. Atmospheric fate of OH initiated oxidation of terpenes. Reaction mechanism of α-pinene degradation and secondary organic aerosol formation, Journal of Environmental Management, 2005, 75(3): 275-282.

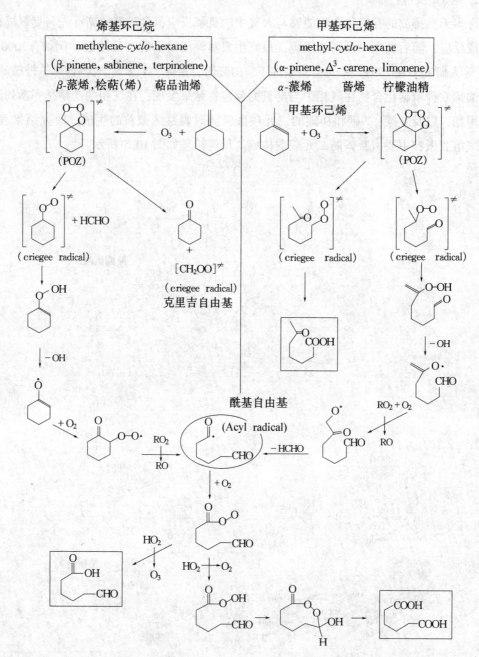

图 10.5　含内环或外环双键的烯烃经臭氧化反应形成羧酸的化学机制

资料来源：S Koch, R Winterhalter, E Uherek, et al. Formation of new particles in the gas-phase ozonolysis of monoterpenes. Atmospheric Environment, 2000, 34: 4031-4042.

2004 年，Jaoui 等人研究了 α-雪松烯（α-cedrene，$C_{15}H_{24}$）与臭氧反应的机制以及气体和颗粒物产物的分布。它们反应开始于臭氧与雪松烯的碳碳双键亲电加成反应，最初生成臭氧化物（primary ozonide，'POZ'），由于臭氧化物具有剩余的能量（图 10.6 中 * 号标记），随后通过两个途径迅速分解，生成两个 Criegee 双自由基，也称 Criegee 中间体（criegee intermediates）。中间体通过碰撞稳定（SCI-1 和 SCI-2），随后与水反应，生成不同的产物（图 10.6）。

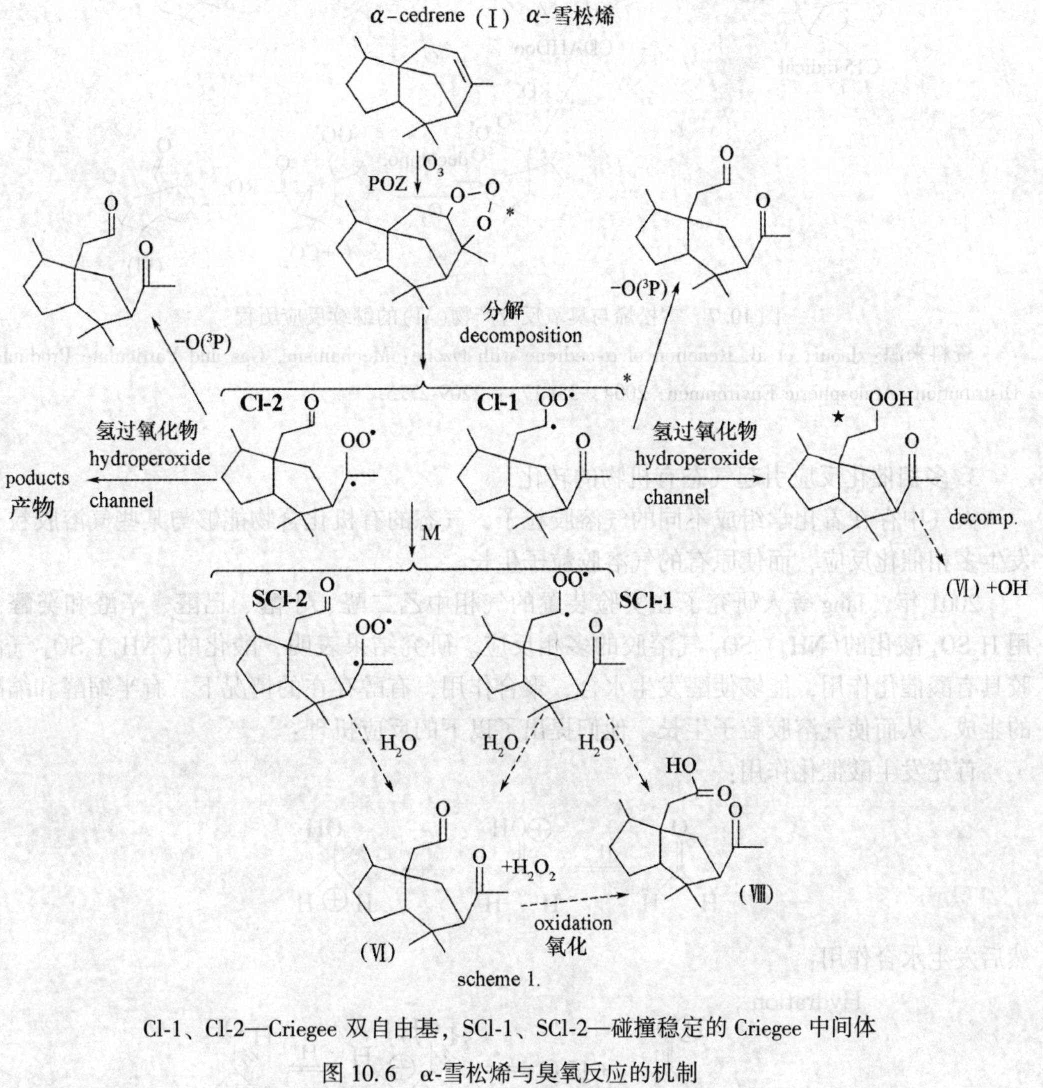

Cl-1、Cl-2—Criegee 双自由基，SCl-1、SCl-2—碰撞稳定的 Criegee 中间体

图 10.6 α-雪松烯与臭氧反应的机制

资料来源：Jaoui, et al. Reaction of α-cedrene with Ozone：Mechanism, Gas and Particulate Products Distribution. Atmospheric Environmen, 2004, 38(17): 2709-2725.

产物Ⅵ（α-cedronaldehyde）可以进一步发生反应（图 10.7）。

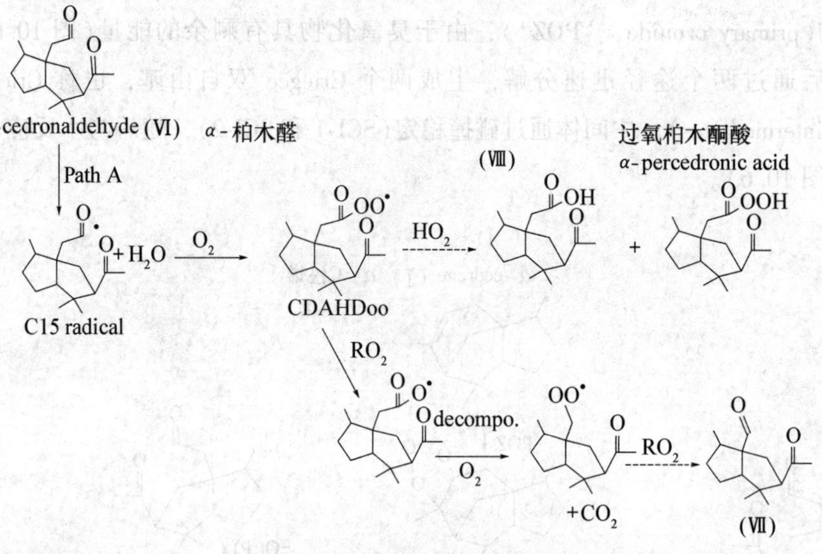

图 10.7 雪松烯与臭氧反应产物（Ⅵ）的继续反应历程

资料来源：Jaoui, et al. Reaction of α-cedrene with Ozone: Mechanism, Gas and Particulate Products Distribution. Atmospheric Environmen, 2004, 38(17): 2709-2725.

3. 多相催化反应引起气态有机物的转化

大气中存在着化学组成不同的气溶胶粒子，气态的有机化合物能够与某些气溶胶粒子发生多相催化反应，而使原有的气溶胶粒子生长。

2001 年，Jang 等人研究了在实验装置的气相中乙二醛、丁醛、己醛、辛醛和癸醛与用 H_2SO_4 酸化的 $(NH_4)_2SO_4$ 气溶胶的多相反应。研究结果表明，酸化的 $(NH_4)_2SO_4$ 气溶胶具有酸催化作用，能够使醛发生水合、聚合作用，有醇存在的情况下，有半缩醛和缩醛的生成，从而使气溶胶粒子生长。他们提出了以下的反应机理：

首先发生酸催化作用：

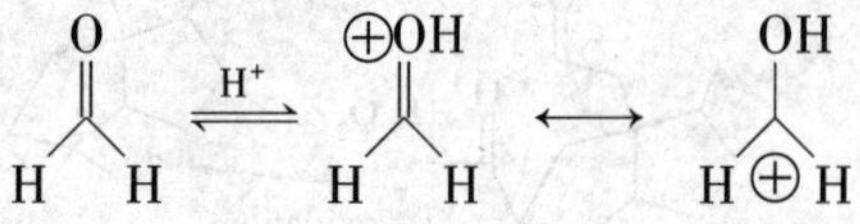

然后发生水合作用：

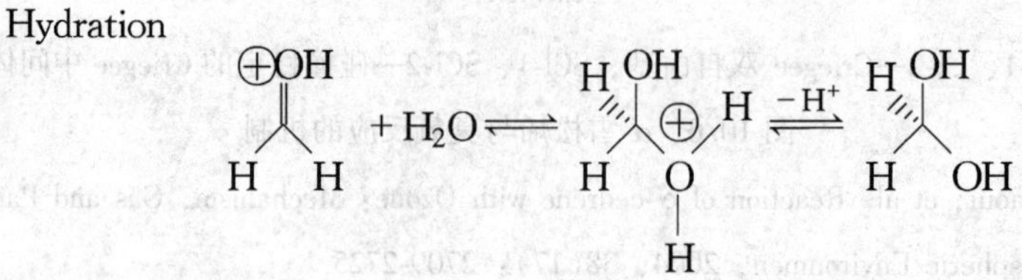

Hydration

再进行聚合反应：

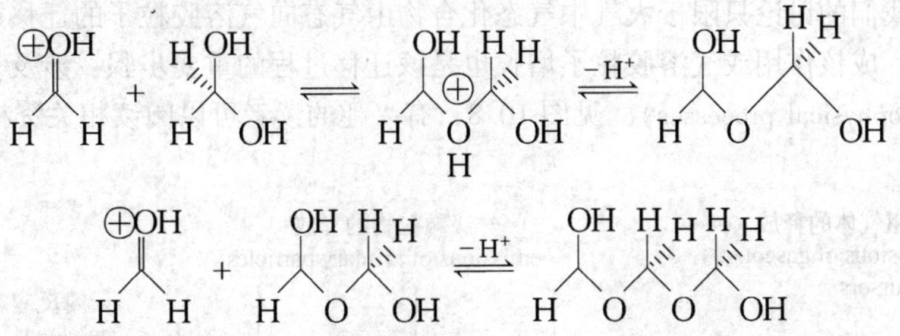

如果在反应器中加入醇，则有半缩醛和缩醛的生成：

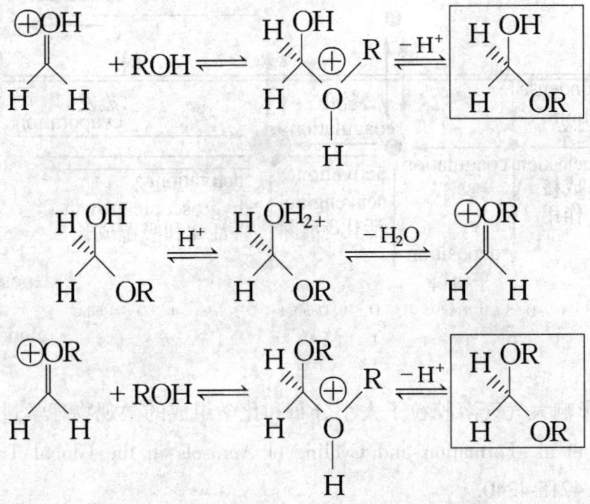

2004 年，Claeysa 等人研究了森林排放的异戊二烯如何转化为二次有机气溶胶（secondary organic aerosols）。他们发现，异戊二烯的转化有两条途径，第一条途径是直接溶解于水气溶胶粒子，然后与过氧化氢发生酸催化氧化，生成 the 2-methyltetrols, 2-methyl-threitol（1）和 2-methylerythritol（2）。第二条途径是异戊二烯在气相被 O_3/OH 自由基首先氧化为甲基丙烯醛或甲基丙烯酸，它们溶解于水气溶胶粒子，然后与过氧化氢发生酸催化氧化，生成 2，3-dihydroxymethacrylic acid（3）。反应机理如下所示。

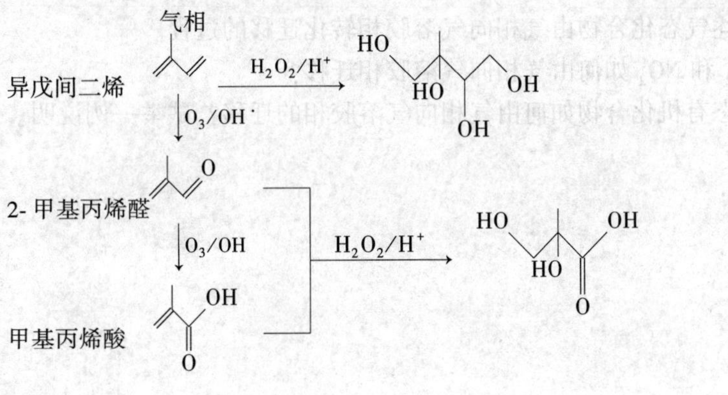

异戊间二烯　$\xrightarrow{\text{H}_2\text{O}_2/\text{H}^+}$

$\downarrow O_3/\text{OH}\cdot$

2-甲基丙烯醛

$\downarrow O_3/\text{OH}$　$\xrightarrow{\text{H}_2\text{O}_2/\text{H}^+}$

甲基丙烯酸

以上，我们的讨论只限于大气中气态化合物由气态向气溶胶粒子的迁移过程的化学转化这一阶段，成核作用或气溶胶粒子增长也是该迁移过程的重要步骤，涉及复杂的微观物理过程(microphysical processes)，见图10.8，有兴趣的读者可以阅读相关资料。

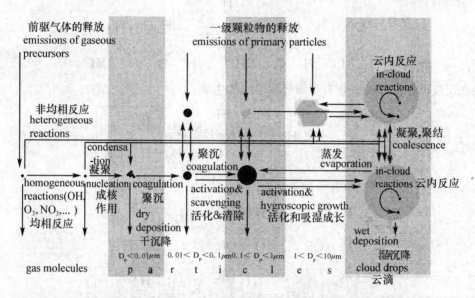

图 10.8 影响大气气溶胶粒子大小分布和化学组成的微观物理学过程示意图

资料来源：Raes, et al. Formation and Cycling of Aerosols in the Global Troposphere. Atmospheric Environment, 2000, 34: 4215-4240.

复习思考题

1. 试述双膜理论的基本要点。

2. 某湖泊水已受 1,2-二氯苯污染，试计算该化合物的总挥发速率常数(总的交换常数)K_l。已知 1,2-二氯苯的分子量为 147，其亨利定律常数为 $1.93×10^{-3}$ atm·m³·mol⁻¹，水面 2m 处的平均风速为 2.0m·s⁻¹，$R=8.206×10^{-5}$ m³·atm·mol⁻¹·K⁻¹，水温为 15℃。

3. 试述气态化合物由气相向气溶胶相转化迁移的过程。

4. SO_2 和 NO_2 如何由气相向气溶胶相迁移？

5. 气态有机化合物如何由气相向气溶胶相的迁移？试举一例说明。

参 考 文 献

[1] 陈静生主编. 水环境化学[M]. 北京：高等教育出版社，1987

[2] 唐孝炎主编. 大气环境化学[M]. 北京：高等教育出版社，1990

[3] 王晓蓉编著. 环境化学[M]. 南京：南京大学出版社，1993

[4] 陈甫华，等译. 环境化学[M]. 天津：南开大学出版社，1993

[5] 戴树桂主编. 环境化学[M]. 北京：高等教育出版社，1997

[6] R A Bailey, H M Clarke and J P Ferris, et al. Chemistry of the Environment[M]. Academic Press, Inc. 1978

[7] O Hutzinger. The Handbook of Environmental Chemistry[M]. Vol.1, Part A. Springer-Veralg, Berlin Heidelberg, 1980

[8] O Hutzinger. The Handbook of Environmental Chemistry[M]. Vol.1, Part B. Springer-Veralg, Berlin Heidelberg, 1982

[9] O Hutzinger. The Handbook of Environmental Chemistry[M]. Vol.2, Part A. Springer-Veralg, Berlin Heidelberg, 1980

[10] O Hutzinger. The Handbook of Environmental Chemistry[M]. Vol.3, Part A. Springer-Veralg, Berlin Heidelberg, 1980

[11] O Hutzinger. The Handbook of Environmental Chemistry[M]. Vol.3, Part B. Springer-Verlag, Berlin Heidelberg, 1982

[12] O Hutzinger. The Handbook of Environmental Chemistry[M]. Vol.4, Part A. Springer-Verlag, Berlin Heidelberg, 1984

[13] S E Manaha. Environmental Chemistry[M]. 4 ed. Wadsworth Publishing Co., Belmont Heidelberg, CA, 1984

[14] P J Craig. Organometallic Compounds in the Environment, Principles and Reaction[M]. Longman Group Limited, 1986

[15] G Sposito. The Surface Chemistry of Soils[M]. Oxford University Press Inc, 1984

[16] H L Bihn, B L McNeal and G A O'connor. Soil Chemistry[M]. 2nd ed. John Wiley & Sons Inc., 1985

[17] J H Seinfeld. Atmospheric Chemistry and Physics of Air Pollution. John Wiley & Sons Inc., 1985

[18] B J Finlayson-Pitts and J N Pitts, et al. Atmospheric Chemistry：Fundamentals and Experimental Techniques. John Wiley & Son Inc., 1986

[19] 邓南圣，吴峰. 环境光化学. 北京：化学工业出版社，2003

[20] T G Spiro and W M Stigliani. Chemistry of the Environment. Prentice Hall, 2003

[21] 瑞恩 P·施瓦茨巴赫(瑞士), 菲利普 M·施格文(美国), 迪特尔 M·英博登(瑞士) 著. 环境有机化学[M]. 王连生, 等译. 北京: 化学工业出版社, 2004

[22] 戴树桂主编. 环境化学[M]. 第2版. 北京: 高等教育出版社, 2006

[23] 唐孝炎, 张远航, 邵敏主编. 大气环境化学[M]. 第2版. 北京: 高等教育出版社, 2006

[24] Werner Stumm (Editor), Aquatic Surface Chemistry: Chemical Processes at the Particle-Water Interface[M]. John Wiley & Sons, Inc., 1987

[25] Werner Stumm, and James J. Morgan, Aquatic Chemistry: Chemical Equilibria and Rates in Natural Waters, 3rd Edition[M]. John Wiley & Sons, Inc., 1995

[26] F. J. Stevenson, Humus Chemistry: Genesis, Composition, Reactions [M]. 2nd. John Wiley & Sons, Inc., 1994